U0230863

CHP

Sustainable On-Site CHP Systems

Design, Construction, and Operations

可持续分布式热电联产系统

设计建造与运行

（美）弥尔顿·梅克勒（Milton Meckler, P.E.）
（美）卢卡斯 B. 海曼（Lucas B. Hyman, P.E. editors）　　　著

中燃分布式能源事业部　／译

化学工业出版社
·北京·

Milton Meckler，P. E.，and Lucas B. Hyman，P. E.
SUSTAINABLE ON-SITE CHP SYSTEMS：Design，Construction，and Operations
ISBN 978-0-07-160317-1

图书在版编目（CIP）数据

可持续分布式热电联产系统：设计建造与运行/（美）弥尔顿·梅克勒（Milton Meckler），（美）卢卡斯 B. 海曼（Lucas B. Hyman）著；中燃分布式能源事业部译.—北京：化学工业出版社，2018.11
书名原文：Sustainable On-Site CHP Systems：Design，Construction，and Operations
ISBN 978-7-122-32868-7

Ⅰ.①可… Ⅱ.①弥… ②卢… ③中… Ⅲ.①热电厂-研究 Ⅳ.①TM621

中国版本图书馆 CIP 数据核字（2018）第 192898 号

责任编辑：王　烨　　　　　文字编辑：陈　喆
责任校对：宋　夏　　　　　装帧设计：刘丽华

出版发行：化学工业出版社（北京市东城区青年湖南街 13 号　邮政编码 100011）
印　　装：三河市航远印刷有限公司
787mm×1092mm　1/16　印张 23¾　字数 581 千字　2019 年 11 月北京第 1 版第 1 次印刷

购书咨询：010-64518888　售后服务：010-64518899
网　　址：http://www.cip.com.cn
凡购买本书，如有缺损质量问题，本社销售中心负责调换。

定　　价：128.00 元　　　　　　　　　　　　　版权所有　违者必究

现阶段我们处于对电力以及能源生产历史有着共同兴趣的时刻。这一兴趣不仅源于我们试图减少对国外燃料以及能源的依赖，更多地源自我们需要发展经济且本土化的电力及能源，而这些电力及能源是安全、可靠且对环境有益的。对电力或者能源"物尽其用"的众多可靠的方法当中就包括充分利用电力及热能的每一个有用的单元。电能及热能可以从单一燃料能源中提取，并尽可能利用任何与环境温度相近的"废弃能源"。这一情况不仅对效率提出了要求（来自热力学第一定律），但同样也对实际可行的尽可能达到高效能提出了要求（来自热力学第二定律）。这就是热电联供系统（CHP）或者热电联产涉及的电力与能源领域。

CHP系统不仅提供有效率的能源，并且在电网电力之外提供紧急备用能源，以及为工厂、中央能源站、建筑或者综合商业体提供热力管网。衡量的CHP热效率达到65%～80%，根据原动机（内燃机或者燃气轮机）、排烟质量（温度、压力以及焓）以及余热锅炉（HRSG）的效能，余热锅炉生产有用的热能经热力管网输送至各建筑物。这就意味着典型的CHP系统在运行与维修计划与体系方面是非常复杂的。它要求给予运行人员专业的培训，不仅要求他们做到维持系统正常时间内的运行，还需要预测问题发生的各种情况，并且在问题发生之前具备解决问题和防止系统停运的能力。

本书由6个部分组成，主要关于CHP的规划、设计、建造以及运行。第1部分概括了CHP系统以及监管的基本知识；第2部分探讨了如何完成热电联产可行性研究以及生命周期成本分析；第3部分集中分析了设计以及如何规划CHP能源站和处理风险管理的问题，而这一问题制约着项目的经济性；第4部分提供了包括运行等建设过程的指导原则；第5部分详述了能源站运行以及持续的维护。本书同样囊括了源自该行业引领者、贡献者以及专家关于各种类型CHP案例的研究（第6部分）。 CHP也提供了这样一种机会，即通过使用生物燃料作为CHP系统的一次能源可以使客户在开展业务的同时，对其生产活动中产生的碳排放进行中和，即减少排放。

本书也包含了与机械及电气工程师、建筑业主、开发商、建筑及能源站运行人员、建筑师以及承包商相关内容的探讨。 21世纪，以上人员会参与到建筑以及工业供热、供冷及电力需求的设计以及管理当中。随着能源使用及能源价格的持续上涨，必须寻找CHP安装的契机以提高建筑、工业以及制造业的能源使用效率，通过更有效地利用废热生产的有用能源以及/或者电能来替代一次能源，从而减少购买一次能源的费用。

最后，本书向CHP系统的管理者提供了多种关于可持续运行的实用建议。以最高效经济的方式对CHP系统实施诊断以及专业的控制，不仅能以可靠的方式提供电、冷和热，并且减少了对环境产生的碳排放。

  CHP 系统通常是构成分布式能源（DE）的重要组成部分，并且可以单独与电网融合或者与多种集成的多个千瓦级别的建筑街区相结合。正如我的 PNNL 同事（Don Hammerstrom）在一篇文章当中提及的，分布式能源在未来电网系统全面更新的领域内扮演的角色将会越来越重要，该领域被称作"智能电网"，该文章被大卫·恩格尔称之为"电网智慧未来"。此外，分布式能源特别是在包括了备用应急电力系统的备用发电机领域里发挥的作用也会越来越大。因此，展望未来， CHP 系统可能比现在所想象的能提供更广泛的应用。

DR. SRIRAM SOMASUNDARAM，FASME，FASHRAE
Pacific Northwest National Laboratory, Richland, Washington

得益于现代科技的进步与发展，现代热电联产或者 CHP，是一项经过实践证明的成熟技术。这项技术从出现到现在延续了一个世纪。此项技术是可持续的，并且可以看到，它在 CO_2 整体减排方面具有重要优势。因此，本书为读者提供了可持续性用户端 CHP 能源站的规划、设计、建设和运行方面的介绍。读者可通过本书熟悉并了解上述内容。本书分为 6 个部分：

第 1 部分　CHP 基础

第 2 部分　可行性研究

第 3 部分　设计

第 4 部分　建设

第 5 部分　运行

第 6 部分　案例分析

第 1 部分，主要提供了关于 CHP 重要定义及概念、电力设备以及余热利用方案的讨论、模块化热电联产系统、核心的监管问题及挑战、排放影响以及减排控制方案、CHP 系统的可靠性以及公用事业电力及燃气公司价格等方面的总体概述。第 1 部分的研究将使读者很好地了解什么是 CHP，CHP 的工作如何创造不一样的可持续性未来、发电设备的可选类型、余热回收以及有益的热能使用、需要考虑的监管问题、可行的排放控制方案，以及 CHP 可靠性等内容。

第 2 部分，回顾了一些必要的基础概念，包括合理规划可持续 CHP 能源站、如何实施生命周期成本分析（LCC），以及对系统进行优化。可行性研究主要对重要问题以及备选方案进行调研审查，以及对能源站进行优化。完成并经过核准的研究为工程设计师提供了路线，接下来工程设计师们将根据它进行具体的设计［举例来说，设计一个 1500kW 内燃发电机组与热水直燃型吸收式制冷机结合的 CHP 系统，与 2MW 燃气轮机（CTG）与余热锅炉（HRSG）相结合的设计进行比较］。

第 3 部分，讨论了一些重要的工程设计问题，包括电气并网设计问题，规划的核准以及如何获得建设许可（也就是开始建设的核准）等内容。第 4 部分，详述了建设过程中的问题，包括了不同的合同、组织架构和合同交付方式以及风险管理。第 5 部分，详述了维持 CHP 能源站如预想的一样可持续性运行所要达到的条件，以及最重要的是如何对能源站进行监控从而提升其性能达到可持续性。第 6 部分，提供了一系列案例分析来说明可持续性用户端 CHP 系统是如何规划、设计、建设以及可持续运行的。

作者诚挚地感谢为编写本书各章节或者案例研究自愿投入大量时间的撰稿人。同样，作者真诚地希望读者能从本书当中学习和获得有用的信息并应用到 CHP 的实践当中，为创造一个更加可持续性的世界添砖加瓦。

MILTON MECKLER（弥尔顿·梅克勒）， P. E.
LUCAS B. HYMAN（卢卡斯 B. 海曼）， P. E.

译者前言

　　中国燃气控股有限公司（简称：中国燃气）是中国最大的跨区域综合能源供应及服务企业之一。通过多年的发展，中国燃气成功构建了以城市和农村管道天然气业务为主导，液化石油气、液化天然气、车船燃气、分布式能源、天然气发电、供热、合同能源管理服务以及燃气设备、厨房用具制造、网络电商并举的全业态发展结构。目前公司市值 1700 多亿元，位列中国全球上市公司前 100 位。

　　中国燃气是中国最早开展分布式能源及能源互联网业务的城市燃气集团之一，目前是中国城市燃气协会分布式能源专委会常务副主任委员单位。通过发展集中供热、天然气分布式能源、燃气发电、配售电以及多能互补项目，中燃正在快速搭建由气、热、电业务构成的能源互联网产业蓝图。

　　除继续拓展传统热、电业务外，中国燃气还通过积极发展光伏发电、储能、热泵、充电桩等多种新能源业务，结合分布式能源进一步提高能源综合利用效率，真正实现能源梯级利用和多种可再生能源与天然气分布式能源耦合的多能互补，进一步向低碳、环保能源供应模式转变。通过多种延伸业务的发展，中国燃气将在节能、减排环保领域以身作则，迈向国际一流的综合能源服务企业。

　　作为清洁能源提供者，中国燃气将推动资源与环境协调发展作为企业发展的重要目标，积极推动着清洁能源的广泛应用。利用"4G"能源体系优化城镇和乡村能源结构，助力"气化城镇"和"美丽乡村"工程。中国燃气积极响应国家雾霾治理号召，开展"气代煤"能源替代工程，为全国超过 3000 万户城乡家庭在改善居住环境、提高生活品质等方面发挥了重要作用。

　　同时，中国燃气倡导节约型发展模式，降低能源消耗，不断为提高能源利用效率做出应有的贡献。为此，中国燃气组织翻译了《可持续分布式热电联产系统：设计建造与运行》一书，希望抛砖引玉，积极倡导高效清洁能源利用。本书译者组成员：刘明辉、黄勇、陈新国、龚中杰、胡效臣、胡难、闫志鹏。本书英文版作者弥尔顿·梅克勒先生以及卢卡斯 B·海曼先生以其专业性著称，译者组在繁忙的工作中精心组织翻译，但在本书的未尽议题以及翻译的准确性方面难免出现错误和疏漏，在此译者组欢迎各位读者以及专家批评指正！

　　此外，本书翻译出版过程中获得了行业内各位专家及同仁的鼎力支持，包括但不限于：哈尔滨工业大学张兴梅教授、中国能源建设集团江苏省电力设计院有限公司刘明涛先生。对于本书出版工作中做出贡献的专家以及合作伙伴，再次表示诚挚的感谢。译者组希望国内天然气分布式能源事业在国家的大力倡导以及各位业界同仁的共同努力下蓬勃发展。

本书译者组

二〇一九年一月于深圳

CONTENTS

目 录

第2部分 可行性研究

第3部分　设计

第4部分 建设

第5部分 运行

CHP基础

第**1**章

概　述

（Lucas B. Hyman
Milton Meckler）

热电联产（Combined Heat and Power，CHP）❶ 又名 "Cogeneration" 等，是利用单一燃料同时提供热能和动力（通常为电力）的技术，因此它被视为一项融合了多个最先进工程学科的综合技术。经过长期的实践检验，建于用户端的 CHP 技术已被证明可以为建筑区域电网电力系统、国家经济竞争力与安全，甚至全人类带来重大意义。可持续性用户端 CHP技术的重要贡献在于：

- 提高整个系统的热效率。
- 降低整体能源消耗成本。
- 改善系统整体可靠性。
- 减少对公用电网及满载的发电设备的供电需求。
- 减少能源使用（举例：燃料消耗）。
- 减少造成全球变暖的二氧化碳整体排放。
- 能有效利用生物燃料，实现可持续性发展及碳平衡。

第 2 章中将谈到，在工业化世界中，各行各业已大量采用 CHP，并产生了巨大的贡献，其中包括：

- 区域能源系统。
- 大学城。

---

❶ 中文直译名：热电联产，国外学术界及技术领域中 CHP 又称作冷、热、电三联供；因在我国规范了天然气热电冷三联供形式为天然气分布式能源以区别于国内存在的大型热电联产热电厂，结合该情况，本文 CHP 泛指热电联产技术及其延伸热电冷三联供技术，其内涵意义远大于特指的天然气分布式能源，为避免缩小 CHP 原有含义，本文中 CHP 不做翻译，但可以理解为所有热电两联供、三联供，同时包括燃气分布式能源。

- 医院。
- 市政机构。
- 商业中心。
- 大型商业楼群。
- 数据中心。
- 监狱及拘留所。
- 石油炼化厂。
- 废水处理中心。
- 制药工业园。
- 热过程工业。
- 住宿区。

虽然储备热能可以实现供冷、供热的转换，但可持续性用户端 CHP 系统的核心优势在于除了能提供电力，还可同时供热或通过热能制冷，以及实现其他热能驱动技术。使用 CHP 的驱动因素主要有两点：①投资回报率（ROI）；②断供造成的能源可靠性及盈利性问题。终端客户考虑使用 CHP 的主要原因还包括价格、供电有效性以及资金约束。在现有建筑或设施存在分布式能源设施，或者当新建筑项目需要安装 CHP 系统，或公共电网输配系统出现限制，又或者相对于燃料成本、购电成本较高的情况下，使用 CHP 通常最具经济性。

现今常用的燃料包含天然气、燃料油，还包括其他常见的可持续性燃料，如生物质气、生物燃料（液体的诸如乙醇及生物柴油等）、瓦斯、垃圾填埋气、城市废弃物及垃圾。另外，CHP 通过回收余热以减少燃料使用，可以有效地降低二氧化碳排放。

大部分 CHP 能源站与地方电网公司联网并平行运行。在某些情况下，CHP 能源站可以脱离公用电网单独运行，这种方式称作孤网运行。

如果可持续性用户端 CHP 能得到正确的规划、设计、建设以及运行，它就能发挥巨大作用：①降低建筑设施能源消耗及成本；②减少整个电力系统燃料消耗。另外，需要重新思考的问题是：在未来对能源需求不确定的时代背景下，如何扩大现有及未来的电力基础设施，特别是当一些地区的电力基础设施已经老化且使用受限的情况下，CHP 则为减少对基本能源如电力的依赖和降低电力输配系统带来的限制提供了一个选择。

可持续性用户端 CHP 能源站相对于常规远距离发电厂来说，其生命期内成本价格至少是合算的，并且年平均能源综合利用率达到 70%。为了促使持续增加的碳排放重新下降，使用生物燃料（固体、液体、气体）将大大提升 CHP 能源站的可持续性。目前人们已经认识到，全球变暖要求使用可替代的方式来满足日益增长的人口以及对电力的需求，并且还要持续削减二氧化碳的年排放量。这在可预见的将来都将是一个挑战，而 CHP 是短期和长期可持续解决方案的一部分。

1.1　为什么选择 CHP

CHP 系统使用的燃料比传统电厂及地方供热锅炉使用燃料的 60% 还少。传统的发电厂燃烧燃料单纯用来生产电力。一般来说，这种电力生产过程使用以下两种形式当中的一种。第一种形式为利用锅炉燃烧产生蒸汽，通过蒸汽推动带有发电机的蒸汽轮机。蒸汽轮机排汽（余热不能排放到大气中）被凝结成水，冷凝水被送回锅炉重新循环。第二种电力生产形式为燃料在活塞式内燃机（简称内燃机）或者燃气轮机中燃烧并驱动连接于其上的发电机发电。

两种发电形式有一个很大的相似性，即燃料燃烧产生的大部分能源（热能）都被当作废热排放而不是转化为有用的能源或者做功。一座典型的发电厂内，只有约 1/3 的燃料化学能被转化成电能。相反，CHP 设施除了发电，排气余热、主机冷却水系统产生的热以及其他可利用废热中的至少一半被重新利用来满足设施的用热需求。图 1-1 对传统电厂和 CHP 系统输入燃料时以热和电形式提供的净能量进行了对比。

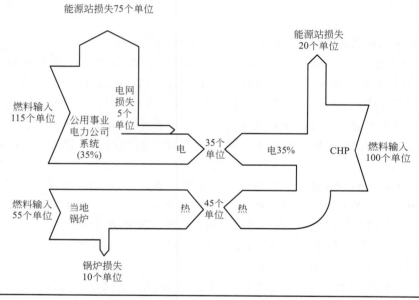

图1-1 常规公用电力公司发电和当地烧锅炉供热与 CHP 的对比

特别值得注意的是，传统发电厂利用化石燃料在距离用户遥远的地方以 35%～40% 的效率生产电力。整个系统效率由于电力传输中 10% 及以上的损耗而进一步减少。在电力从电厂到终端建筑或者工业用户的输送途中，由于输送带来的损失相当于发电燃料的 6%。对比传统电厂及供热锅炉，安装恰当的 CHP 系统可以使每输送一度电所产生的能源损耗降低 2～3 点。再者，通过使用 CHP（对比传统从大电网购电），用户可以受益于余热驱动的制冷和加热，再次降低了用户对电力的需求。此外，减少 15% 化石燃料用于发电，可以使 CO_2 净排放率下降，从而可以提高 CHP 能源站 2.6～3.3 个百分点的收益。而这些益处的获得无需对电网进行额外投资，还可以突破用电高峰时期的电网瓶颈。

1.2 历史

工程学以专业的角度被广泛运用起源于 18 世纪，主要在数学及科学领域运用并交叉使用。工程学的专业化促使理论与机器快速发展并通过机械技术手段实现了从创新理念到实际应用的跨越。机械化替代了动物及人力劳动，以更高效及经济的方式操作机器。

早期军事工程师与土木工程师从古数学中学习了独特技术，而个人的洞察力在大型建筑工程、精巧的机械装置及军事武器当中也被广泛运用。19 世纪中后期，迪赛公司和西屋电气公司的这类创新者着手对汽车设计进行改进，这些改进融入了 18 世纪中后期由萨弗里、瓦特发明的动力装置技术并促进了特殊专业机械工具的发展，而这些也构成了机械工程学的基础。

随着电的出现，富兰克林（Franklin）、法拉第（Faraday）、麦克斯韦（Maxwell）、欧姆（Olm）、赫兹（Hertz）、赛贝克（Seeback）、帕尔贴（Peltier）及其他科学家的研究成果使得电子学、化学及物理学逐步发展成独立的学科，这促使了电气工程学科的建立。19 世纪后期，规模化的工业制造要求新材料与新工艺的发展。这一发展需要大量的化学制品，从而形成一项新的产业，致力于新兴工厂中发展与大规模生产化学用品。这项产业奠定了化学工程专业的基础，经由 19 世纪中后期及 20 世纪早中期的快速发展，化学工业演变至今。

在上述时期内，工程学科随着时间的推移，汇聚并交叉引领了第一次英国工业革命，并迅速扩展至欧洲及美洲，最终迎来了多样化的现代工程学并以更快的速度发展着，以适应不断变化的人类社会工业化及健康安全需求，以及未来的不确定性等带来的全球性挑战。

所有这些学科随着热电联产的运用变得更加明朗。热电联产的首次出现可追溯到 14 世纪的欧洲对烟囱罩的使用。烟囱里不断上升的热气流推动涡轮转动产生动力，烟囱罩利用从涡轮中获得的动力驱动壁挂式烤肉架。烟囱罩是首例高温空气透平设备，也是螺旋桨与燃气轮机的始祖。早在 17 世纪，工程师们已经发现无需通过燃烧而仅通过蒸汽注入排气烟囱的方式也可以让烟囱架旋转。于是工程师们反复试验蒸汽驱动的轮机或者"蒸汽套"。在 17 世纪 30 年代，有报道称，某项目使用单一燃料燃烧提供机械能、工艺热及采暖。首个蒸汽套由约翰·贝利于 1792 年在纽约城获得专利。

18 世纪后期，包括詹姆斯·瓦特在内的工程师与科学家们开始钻研在工厂及农场等实际应用中使用单一燃料同时生产热和动力（例如：CHP）。瓦特的公司开始宣传他们可以做到在提供蒸汽机产生机械能的同时提供蒸汽和生活热水。19 世纪早期，许多工程师和科学家们专注于使用余热或者蒸汽本身（通常被排放到大气中）提高蒸汽机性能来生产热能。一些工厂或建筑业主采用底循环，因为他们基本上只对热及热工艺有兴趣。然而另外一些工厂及建筑则会采用顶循环，由于这些业主需要机械能并且想要使用余热供暖。运用顶循环方式避免了购买和燃烧木柴。

19 世纪早期，奥利弗·伊文思获得了几项高压蒸汽机专利，并且宣传高压蒸汽机能同时提供工艺用热帮助工厂节省能源费用。伊文思的 CHP 市场营销取得了一些成功，其公司"哥伦比亚蒸汽机"的业务由其子与生意伙伴继承。同时期，CHP 系统在英国的一些工厂也被运用起来并且开始应用于其他领域。通过 19 世纪工程师及科学家们对蒸汽机及技术应用的不断钻研与提高，机械能与余热利用技术同时获得了发展。许多 19 世纪的现代建筑使用蒸汽机操作泵、电梯及其他机械设备，实际上几乎所有的建筑大厦都利用多余蒸汽提供采暖。20 世纪初，CHP 在许多国家的工业领域被视为可接受的，并且是一种非常常见的技术。

第一代发电厂于 19 世纪 80 年代开始运行，并且大部分为热电联产形式，给当地用户提供蒸汽热能。一些社区用户感受到电力公司在提供热电联产方面拥有其他企业无法比拟的优势。久而久之，一些小型 CHP 公司发现 CHP 在经济性上很难与大型电力公司竞争。例如，纽约爱迪生公司，由于其电力与蒸汽的大规模生产使得其能够以低于其他供应商的价格出售给用户。

纵观全世界，特别是欧洲与俄罗斯，工程师们一直致力于提高 CHP 技术并推广其使用。1914 年，德国工程师们发现通过内燃机产生的余热可以为工厂供暖（当然此项技术十年后被应用于汽车领域）。实际上，德国与俄国的工程师、政策制定者们认识到，具有竞争性的 CHP 可以通过降低燃料使用成本来提高经济性，并且政府机构的成立是为了开发最有效率的 CHP 技术和规划工业政策。

许多专业的工程设计组织运用自己的技术资源发展 CHP 系统，例如，美国暖气及通风工程师协会是现今美国采暖、制冷和空调工程师协会的前身。第一届世界电力会议于 1924 年在伦敦举行，余热利用作为议题被讨论。1932 年在柏林举行的第二届会议上，对 CHP 展开了全面讨论。

20 世纪 20 年代早期，美国大型公用电力公司的 CHP 系统安装量出现下滑现象。当时美国国家电网得到大力发展，电力公司的电厂接近于燃料产地（特别是煤），这一部署降低了燃料运输成本，但电厂与客户之间遥远的距离使客户失去了从发电余热中获得余热利用的益处。当时许多工程师，包括伊文思的孙子，都撰文重申 CHP 与当时最有效率的凝汽式发电厂相比较会节省更多的燃料，但是收效甚微。

虽然 20 世纪中期 CHP 在美国的应用减少，但是也存在其他特例，比如一些电厂给附近工厂供热以及工厂自建 CHP 来生产热能等情况时有发生。CHP 发展史上重要的里程碑便是燃烧式涡轮发电机的商业化（燃气涡轮连接压气机和发电机，再加上一个供燃料燃烧的燃烧室，详见第 3 章）。20 世纪 30 年代，余热利用的方法越来越多，包括余热锅炉（HRSG）。值得注意的是燃烧式涡轮发电机（CTG）（国内直接翻译成燃气轮机发电机）通常被称作燃气轮机（Gas Turbine），但从技术上来说，燃气轮机（Gas Turbine）是 CTG 的一部分。

20 世纪 60 年代，美国对于 CHP 系统的关注逐渐恢复。首个 CTG CHP 能源站安装于阿肯色州小石城的公园广场购物中心，提供冷、热、电三种能源。尽管技术工程师们对 CHP 系统表现出了极大的兴趣并且十分清楚其价值，但是一份报告表明 20 世纪 50 年代 CHP 电力生产占全美电力生产的 15%，而至 20 世纪 70 年代中期，这一数据降至 5%。

对于想要自己安装 CHP 的客户来说，电力公司不愿意给予这些安装 CHP 的用户并网，因为它们不想降低其电力销售。1978 年，受世界经济形势导致的能源危机带来的部分影响，美国重拾对提高能源利用效率的兴趣。美国国会通过了作为国家能源法案一部分的《公用事业管制法案》（PURPA）。该法案的通过开辟了非公用事业电力公司的新电力市场并强制规定公用事业电力公司购买达到最低能效标准的 CHP 能源站生产的电力。PURPA 法案由美国联邦能源监管委员会（FERC）监督管理。

当今，受能源价格的不稳定及全球变暖的影响，CHP 凭借较低的能源价格、提升的可靠性及降低一次能源的使用，通过降低碳排放抑制全球变暖趋势等优势被重新审视及关注。

1.3 CHP 基本介绍

CHP 系统使用多种原动机［例如：燃气轮机发电机（CTGs）❶］发电。更重要的是，CHP 系统能够有效利用原动机产生的热能及废气给工厂或建筑设施供暖、供冷、供生活热水、除湿，甚至生产更多的电力（如联合循环），如图 1-2 所示。高效的、合理的 CHP 系统最大限度利用原动机所不能转化的能源。如果余热不能有效利用，CHP 能源站综合效率实际上将被默认为原动机的有限效率。当原动机余热能够满足工厂热能的需求，工厂的能源需求将降低并且整体综合利用效率也会提高。

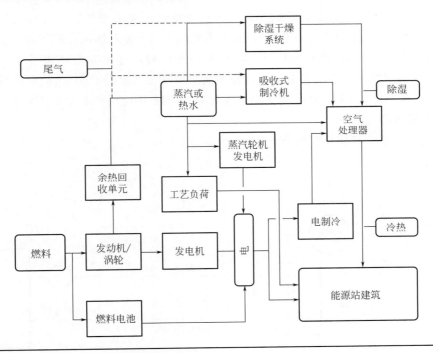

图1-2 CHP 能源站工艺流程图（虚线代表备用直燃方案）

CHP 项目的可行性及设计方案取决于它的规模、运行时间以及热、电负荷的一致性，同时还依赖于原动机和余热回收系统的选择。一项成功的、可持续性运作的 CHP 项目主要考虑因素包括工厂的供电供热需求、原动机型号与尺寸的正确选择以及余热回收。另外，能源站位置、与现有或新建负荷中心的距离、确保安全性的后备需求、职员技能、能源站前期设计与运行经验等事项都是需要深思熟虑的技术问题。总的来说，CHP 能源站效率越高，它的整体经济性越高。无论是大型热电联产系统，还是小型的热电联产系统，只要选择合适的设备及匹配计算好热能/电力需求，整个能源站的综合效率可以达到 80% 及以上。

如果 CHP 能源站还利用余热制冷，那这种通过单一燃料同时供热、制冷及发电的方式

被称为冷热电三联供，即 CCHP。相较于热电联供方式，冷热电三联供的余热利用率以及投资回报更高。边际成本根据采用不同的系统而有所区别，如简单使用单级吸收式制冷机来利用低温余热制冷，或使用更复杂的集成混合循环系统来大大提高效率和经济性。至于能源站采用何种系统为业主带来最好的投资回报（ROI）需要对各种运行方案进行严格的分析，这很大程度上依赖于能源设备的历史运行信息及现有的和未来可预见的需求数据。

　　在大型多功能或营业时间较长的建筑群中，特别是高电价、低气价的城市区域使用 CHP，通常具有较大的吸引力。某些区域利用余热制冷替代电空调制冷，进而尽量减少高峰期的电力需求，因此在这些地区 CHP 的使用也更加普及。

　　当可以获得更多价格低廉且型号多样的微燃机时，人们对热电联产及冷热电三联产的兴趣也在提升。另外，在可以运行大型联合循环系统的地区，进一步促使用户选择热电联产及冷热电三联供的方式。虽然直到最近 CHP 的应用还常常被业主无视，但以上机会激发了业主越来越大的兴趣。当然，如何降低噪声、为现场提供可靠的燃气压力（特别是供给 CTG 的气压），以及员工缺乏经验等问题时常给业主使用 CHP 带来挑战，但气电一体化的方式将更加灵活，尤其是 CHP 能源站与公用电网并网运行时，这种特点更加明显。某些时候，电网公司对并网的繁琐程序以及业主对收益不满意会被视作阻碍 CHP 实施的障碍。

　　图 1-3 所示为典型 CHP 系统的基本组成架构。CHP 系统的核心构成部分为：

- 发动机或者原动机。
- 发电机、电力并联及配电系统。

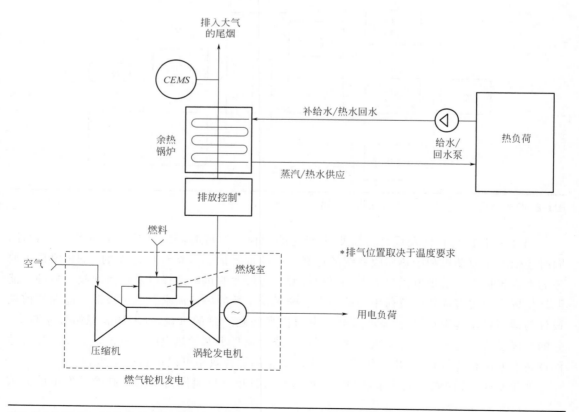

图1-3　典型 CHP 系统的基本组成架构

- 余热锅炉［例如：（HRSG）和热水余热发电机（HRHWG）］。
- 余热利用部分及设备余热使用。
- 排放控制系统。

1.3.1　发动机类型

市场上有多种型号及功率的发动机可作为原动机。原动机的选择包括活塞式内燃机（Internal Combustion Reciprocating Engines），内燃式涡轮发电机（即燃气轮机），微燃机以及燃料电池（尽管很少被作为原动机）。接下来的内容将会简单介绍各种不同的 CHP 发动机。

(1) 内燃机（Internal Combustion Reciprocating Engines）

如第 2 章所述，内燃机（压燃与点燃）通常是小型 CHP 能源站（通常小于 1MW）的主要原动机。大多数人之所以熟悉内燃机主要来源于它作为汽车发动机的应用。它的主要构成包含活塞与拉杆、气门、曲轴、气缸体等。内燃机的功率范围跨度可达 50kW～5MW，可以使用任何类型的液体及气体燃料，包括垃圾填埋或者污水处理厂消化池产生的沼气。内燃机根据空气燃油比分为富燃及贫燃❶发动机。使用柴油机循环（压燃）的内燃机可以使用多种燃油。现今，为了改善 CHP 能源站的碳足迹，逐步用生物柴油替代化石柴油成为一种趋势。

余热以热水或者低压蒸汽（压力最大为 $30lbf/in^2$，通常为 $15lbf/in^2$ 或者更少）的方式从内燃机护套歧管、润滑系统及烟道当中被恢复利用。

(2) 燃气轮机发电机（Combustion Turbine Generators）

燃气轮机通常在电力负荷超过 1MW 的大型电厂使用。一个燃气轮机类似于喷气发动机，主要部件包括压气机、燃烧室及涡轮。商业发电用燃气轮机规模为 1～100MW。燃气轮机适用于多种燃料类型，尽管需要对有些燃料进行处理。

对于燃气轮机来说，平均发电效率的范围为 20％～35％。剩余的燃料能源以废热的形式被排放，其中包括大型燃气发电机辐射或者内部冷却过程损失的热量及余热锅炉排放的废热。因为燃气轮机产生的废气包含大量的过量空气，因此补燃燃烧室被安装在废气排放处对废气进行补充燃烧从而生成多余的蒸汽。补燃燃烧室效率很高，超过 90％。

(3) 微燃机（Microturbines）

微燃机实际上是燃气轮发电机的缩小版。现有的微燃机功率在 250kW 左右。微燃机可以组合提供更大的容量。某些 CHP 系统通过这种设计使装机容量达到 1MW。

(4) 燃料电池

燃料电池以其高效率及低排放变得越来越受欢迎。然而，相较于其他形式的 CHP 技术，燃料电池的高价格仍是一个障碍。以发动机或者燃气轮机为基础的 CHP 系统依靠燃料

---

❶　稀薄燃烧：也作贫燃。

燃烧获得机械能及热能。对燃料电池来说，能量获得的过程实际上是一种化学反应而不是燃烧过程。燃料电池是一种电化学装置，可以将氢能转变为直流电并且产生热与水作为副产品。燃料电池有不同的类型，诸如碳酸燃料电池（PA）、质子交换膜燃料电池（PEM），以及熔融碳酸盐燃料电池（MC）。燃料电池的类型决定了电解质分离氢离子的方式。燃料电池与电池类似，但不同的是普通电池内部的化学反应在制电的同时还消耗着电池内部燃料。因此，即使是充电电池，最终也将消耗殆尽。另一方面，燃料电池通过使用持续的燃料供给，维持化学反应从而延长电池的使用时间。尽管有许多其他形式存在，最常见的燃料电池使用氢作为燃料来源，并且利用空气中的氧完成化学反应。氢的来源基本上是天然气（裂解之后释放出氢），化学反应之后产生的副产品为热水。

燃料电池的优势是无污染物排放，运行噪声较小，并且对电负荷的变化适应调整迅速。余热利用可以使得燃料电池的能源转化效率达到 80%，甚至更高。因为质子交换膜燃料电池产生的热水温度达到 $160 \sim 180°F$（$71 \sim 82℃$），可用于生活采暖及其他低温应用（例如：生活热水及保持泳池水温等），燃料电池被当作 CHP 技术中颇具潜力的未来方向。

1.3.2　热耗率

热耗率是以千瓦（kW）为单位的电输出除以英热（Btu）为单位的燃料输入得出的比值[1]，用来衡量内燃机（或者发动机）燃料能至电能的转化效率。热耗率越低，内燃机（或者发动机）的效率越高。也就意味着热耗率低的原动机与热耗率相对高但消耗较少燃料所产生的电力是一样的。

公布的热耗率及电力输出仅仅是额定值。举个例子，一个内燃机的进气温度很大程度上同时影响它的热耗率及电力输出。随着燃烧室进气温度的上升，输出的电力减少而热耗率也随之提高（也就意味着效率降低）。内燃机的热耗率额定值只是基于进气温度为 $59°F$（$15℃$）时制定的。温度较高时，为了达到机组的额定热耗率及电力输出，可以通过蒸发冷却或者水气换热器中的过冷水对进口空气进行冷却。

除热耗率以外，系统的综合效率同样重要。第 17 章中将会说明，系统总效率等于电力总输出与热能总输出之和再除以燃料总投入量的比值。由于热能的不充分使用，有可能出现热耗率与系统整体效率都较低的情况；同时也可能出现因为余热与热能的最大限度利用，形成热耗率低，而系统整体效率高的结果。

1.3.3　发电机与配电系统

发电机及配电系统是 CHP 系统的重要组成部分。为了更好地规划、设计、建设和可持续性成功运营 CHP 系统，从业者对各种各样电力系统问题及带来的挑战都应深入了解。CHP 系统的类型影响着发电机类型的选择、设计特点及所要求的保护措施等决策。发电机必须置于地上，将电力并入开关柜，然后满足整个 CHP 能源站及设施的用电。本书第 11 章中将会讨论以下内容。电网系统存在着各种各样的并网规则、标准以及要求；当电力系统出现电力短缺、断供及其他诸如电力系统电压尖峰脉冲等错误操作的情况发生时如何确保发电

---

[1]　国内热耗单位为 kJ/（kW·h）。

机及电力系统的安全。具体的发电机类型及构造将会在第 11 章中详细论述。

1.3.4　余热锅炉

余热锅炉与典型的燃料锅炉比较相似。与燃料锅炉使用燃烧室不同的是，余热锅炉的压力容器直接从原动机排出的废气中提取热量，用来生产热水或蒸汽，蒸汽压力的最大值取决于烟道废气的温度。根据前述内容，生产蒸汽的余热锅炉被称为余热蒸汽发动机（HRSG）。

1.3.5　导热流体的交替使用（导热油）

以非挥发性流体为基础的余热回收系统与混合加热器的结合使用有效地改进了 HRSG。它利用油作为导热流体，具有非常好的抗过热性。特别是油能加热到 600°F（316℃），在过热的情况下，燃油产生的微粒将留在溶液中，而不会附着在换热器的内壁面。油被用来将燃气轮机的排气热量传输至用来生产蒸汽的混合加热器。以油为基础的导热系统具有以下优点：

- 相比 HRSG，油和水的质量更小，因此能对热输入的变化做出更迅速的反应。
- 油回路在低压状况下运行，降低了对废气换热器的机械要求，从而增强了热循环的稳定性。
- 放松了对废气换热器的机械要求，并取消了排气产生蒸汽环节，可以将转换器设计得更为紧凑。
- 压降的减少使得发电能力得到小幅改善。
- 降低了整体安装成本。

当热油被用于蒸汽生产时，由于窄点问题，可能会导致余热回收的总量下降。然而，热油也能被直接用于温度滑移匹配度更好的设备中，如加热系统或吸收式制冷机。在 CHP 系统中，相比利用蒸汽、热水或吸收式制冷机直接燃烧余烟的方法，热油的使用不失为更好的方法。每个传统的方法都有其缺点：由于窄点问题，使用蒸汽将会减少可恢复的潜热总量，高温热水对双效制冷机的压力有较高的要求，直接燃烧余烟的方法要求使用巨大的管道来传输余烟气体以及更高的燃气背压，这将减少发电机的功率输出。

除了整理出空间放置余热锅炉以外，上述的可替换设施利用预制的蒸汽发生器与连接的热交换器和低压、非挥发、再循环换热流体泵送系统，该流体可以直接分离涡轮余烟废气当中的热，以制取蒸汽，同时结合其他捕获的废热来驱动吸收式制冷机。导热流体可以用于采暖季生活热水系统，增加了可利用热再回收潜力来满足建筑物不断变化的年用电、用热及用冷负荷需求。通过维持涡轮抽气圈处良好的对数平均温差，降低了排放到环境中的废气温度。

1.3.6　余热利用的类型

除了利用余热进行供暖以外，它还可用来制冷。利用余热通过吸收或者吸附方式制冷，可以代替电动机带动制冷压缩机制冷。第 4 章中谈到可以使用吸收式制冷机的方法，一般是通过使用氨/水循环传热和放热。吸收式制冷机分为单级、双级或者三效，可以同时提供热能与冷能。吸收式制冷机通常仅限于提供温度为 42°F（6℃）的冷水，尽管一些报道称，先进的控制技术可以将冷水温度做到比这一"门槛温度"低好几度。如前所述，HRSG 生产的蒸汽可以通过运行汽轮机来驱动离心式冷水机，从而生产温度远低于 42℉的冷水。

在潮湿的环境下，余热可以用来除去热动力固体或液体干燥机的水分，相对于电动冷冻干燥机具有良好的节能性。相对于电动制冷抽湿机，这种方法具有良好的持续节能功能。

1.4　匹配载荷要求

在理想的状况下，原动机可利用的余热量可根据电力负荷来确定，然而现实中，电负荷与热负荷不可能完全匹配。简单来说，以下方法可用来匹配用户端电能与热能需求：

- 与用户即时负荷数据相匹配的原动机热电比（参考第 4 章）。
- 当热能超出即时需求时，以冷水或者冰的形式储存多余的能源。
- 当电力需求超出热需求时则储存多余的热能；无论是储存冷能或热能，都尽可能在排放这些能量之前有效利用。
- 对于能源站业主以外的使用者，应该通过签订双方一致认可的合同，达成双边协议购销多余的电力与热能。通常情况下买方为电力公司，偶尔也有类似于电力公司的其他企业机构。

1.4.1　热能质量

决定原动机类型的另一个主要因素是回收能源的质量。如果业主要求使用顶循环制取高压蒸汽，唯一的选择便是燃气轮机和余热锅炉。

1.4.2　常用系统大小

如前所述，合理的 CHP 系统规模对于 CHP 系统的可持续性来说至关重要。例如，假设 CHP 系统装机过大，那么余热可能就得不到充分利用，造成热能浪费，系统综合效率将会下降，预期经济性也就无法实现。如果 CHP 系统装机过小，那么用户的电力与热力负荷无法满足，也会失去经济性。

CHP 系统的两种工艺程序如下。

① 顶循环　能源输入后首先用来发电，在发电过程中用排放的热量来生产热能。

② 底循环　能源输入后首先用来制热，在制热的过程中用排放的热量来发电。

底循环通常适用于以热负荷驱动为主的设备与工厂。也就是说，设备需要大量的热满足其生产工序。顶循环有多种变量并且按照以下要求调整系统大小：

- 部分设备的电负荷（调峰电厂）。
- 设备基础电负荷。
- 设备高峰电负荷。
- 部分设备热负荷。
- 设备基础热负荷。

- 设备高峰热负荷。

除非电能或热能从能源站输出给其他用户，否则上述规模变量便设定了 CHP 能源站容量的"承受极限"。因此，正如第 8 章谈到的一样，各种方案的选择都需要谨慎研究。例如，满足电量高峰需求的 CHP 能源站虽然实现了能源成本及安全性的最优化，但很可能由于能源站规模较大而产生建筑成本相对较高的情况。值得注意的是，虽然偶尔存在热能回收浪费或发动机利用不充分的情况，但由于公用事业公司高昂的电力费用，满足高峰电力负荷而设计的热电联产能源站仍然具有较高的生命周期成本优势。进一步观察，就一年当中大部分时间来说，满足尖峰需求的热电联产系统的容量通常出现过大现象。卖电给电力公司通常经济性不高，甚至不被允许。在这种情况下，为满足尖峰电力负荷而设计的 CHP 能源站生产的大量热能将会出现浪费（也就是直接排放到环境当中），从而导致能源站达不到规范所要求的 CHP 效率（例如，FERC）。

如果 CHP 能源站的电能及热能得到全面利用，通常会创造出良好的经济性。一个最优规模的 CHP 系统会尽最大可能利用有用的回收余热，同时尽可能减少废气排放或者调整回收余热。需注意的是，由于电力公司收取较高的尖峰电价，一个符合尖峰用电负荷设计的热电联产系统可以在项目生命周期内节省更多成本，尽管存在某些余热被浪费又或者年运行时间内余热无法充分利用的情况。作为 CHP 综合筛选的一部分，项目工程师需掌握历史用能数据并对电负荷与热负荷进行规划预测。每天用能需求的分析至关重要（也就是每一时刻的用能分析）。前面内容提到过，同时需要的电能和热能之间的关系也很重要。例如，如果用能设施的白天用电量大而晚上用电量少，而用热负荷晚上较高（如供暖），白天较少，那么这种用户就不是很好的热电联产的潜在用户，除非方案当中包含了热储能系统。一般来说，CHP 比较适合电负荷及热负荷时间关系上对等的用户。

1.4.3 环境影响与控制

CHP 系统中几项需重点考虑的因素包括：发动机的排放物包括哪些？为遵循当地及联邦政府的空气质量管理条例，应该有什么样的排放控制策略（设计一个既有经济性又环保的 CHP 系统更是如此）。下面简单阐述几种来自 CHP 能源站燃料燃烧产生的大气污染物。

① 大气污染物。燃气发动机产生的排放物有氮氧化物（NO_x）、一氧化碳（CO）、碳氢化合物（HC）、硫氧化物（SO_x）。醛（CHO）以及 $10\mu m$ 或者更小（pm10）的粉尘，也被视作大气污染物。当燃料以气体方式燃烧时，上述大气污染物的产量要比液体燃料产生的大气污染物要少很多。

② 氮氧化物。氮氧化物（NO_x）是氧气与氮气在燃气轮机的燃烧室内高温燃烧时产生的。氮气（N_2）与氧气（O_2）化学反应产生一氧化氮（NO）与二氧化氮（NO_2），统称为氮氧化物 NO_x。NO_2 对人体及动物有害，因为它抑制了呼吸能力及血液携带氧气的能力。在低层大气中，一氧化氮及二氧化氮暴露在阳光下，是构成臭氧层的主要因素。

③ 一氧化碳。一氧化碳（CO）由氧气与燃料的不完全燃烧产生。燃料的完全燃烧，诸如甲烷（CH_4）与氧气，将会产生二氧化碳（CO_2）和水。甲烷的不完全燃烧会产生一氧化碳、二氧化碳、水。一氧化碳是有毒气体。在高层大气中，一氧化碳与臭氧（O_3）进行化学反应形成二氧化碳，也就是温室气体。

④ 碳氢化合物。天然气由甲烷、乙烷、丙烷、丁烷及其他较重的复合物构成，是 CHP

能源站常用的燃料。通常，燃料当中有少量的碳氢化合物会经过燃烧室而未能燃烧。在低层大气中，非甲烷烃（NMHC）与一氧化氮进行化学反应，是形成光化学烟雾的首要因素。

⑤ 硫氧化物。硫氧化物是由燃料当中的硫及润滑油在燃烧室中氧化形成。余烟当中的硫氧化物与大气中水蒸气结合形成亚硫酸（H_2SO_3）和硫酸（H_2SO_4）。这些酸被排放到大气中将形成酸雨。

限制和降低 CHP 能源站的排放是实现可持续性的一项重要因素。然而，与之前讨论过的一样，CHP 本身的安装与传统的供能方式相比（也就是从电力公司买电，用燃气锅炉进行热水和蒸汽的供给）减少了燃料的消耗以及降低了总体排放量。更进一步来说，使用生物质燃料将进一步降低 CHP 的排放影响，比如排放的二氧化碳被农作物吸收生长成为燃料。

第 7 章中详细讨论了排放控制及基于不同原动机类型的排放控制系统。例如，活塞式内燃机，不论是富燃还是贫燃，这一类型的发动机可以通过排放控制系统来减少排放。一般来说，除了非甲烷烃（NMHC），贫燃内燃机排放的大气污染物较少。富燃内燃机在没有余烟处理系统和燃料空气比控制装置的帮助下，贫燃内燃机比富燃内燃机产生的排放要少。

当热气体在燃烧室内达到火焰温度，热氮氧化物的量与时间呈线性关系，并且与火焰温度成指数关系。因此，一些 CTG（燃气轮机）排放控制系统用来降低火焰温度。例如，湿式注入法是一项排放控制技术，用水或者蒸汽注入燃烧室内降低火焰温度从而降低了氮氧化物的形成。蒸汽注入还可以通过质量流率增加涡轮的功率输出。

废气处理包含了通过从排气中清除这些大气污染物来进一步降低排放物当中的污染物污染水平。使用催化剂通常是减少废气当中大气污染物的方法。通过使用催化剂，污染物通过化学反应转换成天然存在的化合物，从而减少了排放物当中的污染。催化剂可以持续用于化学反应而本身不会发生化学变化。催化剂可以氧化或者还原化学物质。常用的催化剂类型包括三效催化剂及选择性催化还原法（SCR）。

1.5 分布式能源行业面临的主要问题

像本书中论述的一样，世界商业价格的飞涨影响了食物价格，世界能源价格也会出现较大波动性。原油价格在 2008 年夏天出现高峰，达到每桶 150 美元。在美国天然气价格甚至超过 14 美元/百万英热单位（Decatherm），但是现在降至 4 美元/百万英热单位。2008 年年末世界经济大衰退导致世界原油价格在 4 个月内降低至 40 美元/桶。从全球经济的角度来说，各个国家都是紧密联系在一起的。特别是对于 CHP 能源站来说，现在普遍使用化石燃料，当燃料价格上涨，就会给 CHP 系统业主带来很大的经济性挑战；而此时，电力公司电价落后于燃料价格上涨速度。电力公司电价上涨通常落后于燃料上涨，缘由为固有的系统迟钝，政策性要求及政治障碍等因素，这些问题都是电力公司争取电价上浮批准所面临的情况。较高的燃料价格及较低的电价阻碍了现有的和即将实施的 CHP 系统的经济性。因为大多数电力公司都使用化石燃料作为主要的一次能源，最终其电力价格也将反映出燃料的成本。如目前的市场状况，当燃料价格下降，运营当中的 CHP 能源站将因此而受益。

有希望替代化石燃料作为 CHP 能源站一次能源的燃料为生物燃料（液体和气体）。如今，废水处理中心及垃圾填埋产生的沼气被用作 CHP 系统的燃料。而一些系统已经开始使用液体生物质燃料，其中包括利用废油、菜油、植物油等生产的生物柴油。提到乙醇，目前有些争议存在，因为玉米通常是用来生产乙醇的，而对玉米的大量需求则会导致食物价格的上涨（玉米是很多食物制造企业及其他牲畜喂养的基础粮食作物）。科学家们致力于从柳枝稷中生产生物燃料；或者从其他纤维废弃物、海藻类以及能在贫瘠的土壤中生存并且施用少量的水或者肥料就能够快速生长的植物当中获得燃料来源以取代粮食作物。再次重申，使用生物燃料的益处是燃料的生产循环控制了二氧化碳，从而在减少排放的同时减缓了全球变暖。

现今，我们面临着气候变化的挑战、全球变暖以及如何减少温室气体排放等问题。ASHRAE 关于全球变暖的政策表明：温室气体导致了全球变暖；所有 ASHRAE 的成员国及国际社会必须严格控制温室气体排放。如果负责建筑工程设计的建筑师及工程师们提倡使用可持续性、经济的 CHP 技术，持续 30～40 年或者更长时间，那么未来全球变暖的危机可以得到消除。能源专家们清楚地知道在应对全球变暖的变化中，没有"银色子弹❶"（即快速有效彻底解决问题的新技术或措施），但确有"银色铅弹❷"（即有效方法），也就意味着人们需要持之以恒的努力，量变终将带来质变。由于 CHP 高效的能源利用效率，能源专家及政府决策者们规划了一系列短期或长期的 CHP 策略及政策来增加它的使用。此外，ASHRAE 建筑的持久目标是通过有效和有价值的分布式可持续性 CHP 系统进一步提升可持续性。可持续性 CHP 系统采用不同的生命周期成本分析及生态足迹改善方法。降低 CHP 能源站排放的技术仍在提升，对比以前的技术，新的发电设备及排放控制取得了巨大成效。

服务于大型能源用户的集中能源站，诸如医院、大学、研究所等是安装 CHP 系统的优质对象。然而，评估费用及收益使得项目的投资回报率（ROI）的预测变得困难，特别是在新的 CHP 能源站缺乏用户历史运行数据的条件下。幸运的是，某些情况下，在项目的可行性研究阶段，CHP 工程设计师们有准备地寻找并且利用经过验证的 CHP 优化设计软件作为一个评判 CHP 方案的有效手段。最终，任何 CHP 方案的可行性研究都依赖于 CHP 的规模、运营时间、电负荷及热负荷、原动机类型及余热系统。

参　考　文　献

[1]　Pierce，M.，1995，"A History of Cogeneration before PURPA," *ASHRAE Journal*，May 1995，vol. 37，pp. 53-60.

[2]　Katipamula，S. and Brambley，M. R.，2006，*Advanced CHP Control Algorithms：Scope Specification*. PNNL-15796，Pacific Northwest National Laboratory，Richland，WA.

[3]　Meckler，M.，2001，"BCHP Design for Dual Phase Medical Complex," *Applied Thermal Engineering*，November，Edinburgh，UK：Permagon Press，pp. 535-543.

---

❶　银色子弹（Silver Bullet）：喻指新技术，尤指人们寄予厚望的某种新科技。

❷　银色铅弹（Silver Buckshot）：喻指存在的有效的解决方案。

第 **2** 章

CHP 系统的适用性

（Itzhak Maor
T. Agami Reddy）

2.1 背景

当电力市场管制放松、石油短缺及节能需求倍增等情况出现时，CHP 可有效解决能源需求提高和高峰用电带来的潜在问题。为避免各出版社使用不同术语而产生差异与冲突，首先对 CHP 系统相关的专业术语进行定义。

分布式能源利用经历了以下四个方面的变化：

① 大规模/批发电力生产系统（规模为 400～1000MW），主要面向电力公司销售电能。这种电网系统的规模取决于"电力购买协议"，而不是建立在使用者对电及热能的实际需求基础上。

② 区域能源及工业/农业 CHP 系统（规模为 3～50MW），主要面向需要整年持续供热及供电的过程应用。此类 CHP 系统为工业/农业的工艺应用服务，同样也为区域能源系统服务。而在区域能源系统中又包含了大型校区以及相毗邻的居民用户等多种用户。

③ 建筑物 CHP 系统（BCHP）（规模为 50kW～3MW 之间），应用于单个建筑及小型校园。主要通过自主发电以及废热利用减少对锅炉供热需求，或者利用锅炉尾气产生的废热来发电，这些方法都是为了减少向电力公司购买的电量。

④ 微型 CHP 系统（规模为 3～20kW 之间），一般由单个家庭安装及小规模地应用。

分布式能源（DER）[1]：专指用户端发电系统，规模通常在 3kW～50MW 之间。该系统

---

❶ 分布式能源：Distributed Energy Resource，简称 DER。

位于用户端或者靠近终端用户，独立于电网存在或与电网的配电系统并网。基于以上含义，上述第②～④类都属于分布式能源，而在电力行业，也通常用到下述专业用语。

① 分布式发电（DG）[1]。它的定义为传统电网之外的任何电力生产。DG 包含非电力公司 CHP 能源站及备用发电机等。DG 技术包括内燃机、燃料电池、燃气轮机、微燃机、水力发电及微型水力发电、光伏发电、风能发电和太阳能发电。

② 分布式电源（DP）[2]。它不仅包括 DG 的所有技术，并且还包括电力储存技术。DP 涵盖电池、飞轮、模块化的抽水水力发电、再生燃料电池、超导蓄能电池、超导电容器。

③ 分布式能源（DER）。它包含了任何应用于 DG 和 DP 的技术以及需求方解决方法。在这种情况下，如果政策允许，电力可以卖回给电网。

④ 电源应用

a.医院满足消防及安全要求安装的备用电源、水泵、临界载荷及其他应用。

b.本地生产基本电力负荷相比从电力公司购买（持续性的用户端电源）成本更低。

c.与电力公司合作，用户端电力多发电以调节高峰电力需求。

d.用户高峰调节设备减少高峰电力成本。

e.优质的电力用于减少频率变化、电压瞬变、峰值、谷值及其他干扰。

f.电网支持设备，用于峰值、中间负荷。

⑤ 热电联产[3]应用。通过单一能源供应来推动分布式能源，同时为下述区域供应（全部或部分）电力或机械能，以及热能需求。

a.单一的建筑、建筑群、一个校园：BCHP 能源站。

b.工业/农业过程用电用热需求单位：ICHP 能源站。

⑥ DER 技术。包括为 DER 应用提供支持的系统、设备及子系统。它包括下述主要原动机器。

a.往复式内燃机（点燃或者压燃）。

b.燃气轮机。

c.微燃机。

d.蒸汽轮机。

e.燃料电池。

根据上述定义，CHP 是 DER 的一项具体应用。一些意义比较接近的术语也被称为 CHP（MAC 2005）。

- Cogen-cogeneration：热电联产。
- BCHP：建筑楼宇冷、热、电三联供。
- CHPB：冷、热、电应用与建筑。
- CCHP：冷、热、电三联供。
- Trigen-trigeneration：热、冷、电联产。
- TES：总能系统。

---

[1] 分布式发电：Distributed Generation，DG。

[2] 分布式电源：Distributed Power，DP。

[3] 热电联产：Combined Heat and Power。

- IES：综合能源系统。

为了保持连贯性，本章当中只使用 CHP 与 BCHP 两种术语。以下是 BCHP 在理想条件下可具有竞争力的情况。

- 电力与热力负荷使用时间重合一致。
- 热能的需求是热水或者蒸汽。
- 电热比为 0.5～2.5。
- 电力（总成本）与天然气（总成本）之间的差量成本值大于 12 \$/10^{6}Btu（相当于电价成本是气价成本的 2.5 倍）。
- 中等至长时间的运行时间（每年大于 4000h）。
- 当电力质量及可靠性成为重要考量因素时。
- 大型建筑/设施，需要 BCHP 来实现较低的初始投资及节省更多的年度费用。

如果上述条件得以实现，那么潜在的 CHP 用户将被划分为以下两类。

① 商业/公益机构（BCHP）。医院及其他的健康护理中心、宾馆、大学及教育机构、超市、大型生活居住社区、复杂的研究与规划实验室建筑、大型写字楼、军事基地以及区域能源系统❶。

② 工业（ICHP）。化学品生产、制药与营养品生产、食物加工以及纸浆与造纸工厂。

由于工业 CHP 的特殊性，本章详细论述商业及公益机构当中一部分 CHP 系统。具体的工业领域 CHP 应用可以参照：《工业领域热电联产的市场与技术潜力》，由 Onsite Sycom Energy Corporation 撰写（Onsite 2000）。

2.2　商业及公益机构的 CHP 应用

由于该类别涉及的应用很广泛，因此很难对商业/公益机构做出精准定义。工业领域中是否应用 CHP 通常由生产需求来决定，而与此不同的是，商业 CHP 的应用通常由商业建筑对能源的需求来驱动。由于受到季节变化和运营时间的限制，通常许多商业用户对热能与电能需求的时间不一致。举例来说，一座办公楼每年的空闲时间通常为 4000h；然而，工厂及工业园每年的连续供电和供热的时间则高达到 8760h。较好的 CHP 例子就是，营养品制造工厂在同一时间内对供热和供电都具有较高的需求。基于商业应用的这种特性，在决定采取何种 BCHP 系统方案时，那么就不难理解系统开发商为什么对系统的效率和规模都有强制性要求了。本部分为 BCHP 的商业应用提供了基础背景信息，并对 BCHP 应用中燃料品种的选择、商业建筑类型选择、气候区域以及常用原动机类型和规模等都作了详细说明。无论如何，在特定项目应用中，制定出最佳成本效益方案前，应当对项目方案进行更严格的可研分析，本书将在第 8 章第 2 节中提供详细的可研分析方法。

一般来说，商业及公益机构 CHP 的应用受到以下因素影响。

---

❶　在此指围绕商业用建筑等联合了居民住宅小区的区域能源系统。

2.2.1　原动机燃料类型

位于美国加州的 Onstie Sycom Energy 公司利用《Hagler and Bailly 的独立发电数据》开发出一套关于现有商业领域热电联产的资料数据表格。

表 2-1 汇总了所有部门/建筑现有的 CHP 能源站的燃料使用分布情况。由于天然气（NG）是现有 CHP 系统中的主要燃料，而事实上，另外一些技术，如煤炭、木材及废热等无法做到按需供应（商业应用的可行性），或者受到环保限制（如石油），因此我们认为 NG 将继续主导商业 BCHP 市场。

一份由美国能源部能源信息管理局提供的最新报告更新了 CHP 市场情况。但该报告并没有提供 CHP 系统现有及潜在应用的详细情况（例如，医院、酒店、学校及其他细分市场），因此本章节信息仍然以 Onstie Syconm Energy 公司的报告数据为基础。

2.2.2　建筑类型及规模

根据之前的实施经验以及未来能源使用的潜力来考虑 BCHP 的应用。本部分将会以 Onsite Sycom Energy Corporation（Onsite 2000）的报告为依据，包含了现有的 BCHP 的安装量及未来安装潜力。表 2-2 列出了 Onsite Sycom Energy Corporation（Onsite 2000）报告中的商业应用情况。

变量/燃料类型	煤(%)	天然气(%)	石油(%)	废弃物(%)	柴(%)	其他(%)	总计
安装数量	1.8	88.4	3.1	2.6	0.4	3.7	100.0
总容量/MW	8.9	72.0	2.2	13.3	0.9	2.7	100.0
总热量/(10^6Btu/h)	15.5	52.7	3.9	23.4	1.9	2.6	100.0

注：来源：Onsite（2000）。

表 2-1　现有 CHP 能源站的燃料使用分布

序号	类型/建筑	建筑数量		建筑物电力负荷		建筑物热负荷	
		建筑数量	占总数量百分比/%	电力/MW	占总电力百分比/%	热力/(10^6Btu/h)	热力/%
1	仓库	4	0.4	58	1.6	233	1.8
2	机场	7	0.8	151	4.3	606	4.7
3	水处理	12	1.4	116	3.3	464	3.6
4	固体垃圾	0	0.0	0	0.0	0	0.00
5	区域能源	16	1.8	728	20.5	1959	15.2
6	食品店	10	1.2	1	<0.1	6	<0.1
7	餐馆	11	1.3	1	<0.1	4	<0.1
8	商业写字楼	45	5.2	110	3.1	569	4.4

续表

序号	类型/建筑	建筑数量		建筑物电力负荷		建筑物热负荷	
		建筑数量	占总数量百分比/%	电力/MW	占总电力百分比/%	热力/(10^6Btu/h)	热力/%
9	公寓楼	97	11.2	95	2.7	650	5.0
10	酒店	78	9.0	26	0.7	136	1.0
11	洗衣店	76	8.8	3	0.1	13	0.1
12	洗车行	2	0.2	<1	<0.1	1	<0.1
13	健身与乡村俱乐部	81	9.4	163	4.6	403	3.1
14	护理中心	72	8.3	10	0.3	41	0.3
15	医院	119	13.8	413	11.7	1539	12.3
16	小学及中学	101	11.7	14	0.4	55	0.4
17	学院及大学	93	10.7	1104	31.1	3856	29.9
18	博物馆	2	0.2	4	0.1	30	0.2
19	政府建筑	26	3.0	501	14.1	2105	16.3
20	监狱	14	1.6	48	1.4	195	1.5
	总计	866	100.0	3547	100.0	12919	100.0

注：来源：Onsite（2000）。

表 2-2 现有的各类 BCHP 安装量（楼宇）

与判断现有 BCHP 装机规模不同的是，Onsite 利用从 iMarket 公司获得的 Marketplace 数据来判断未来 BCHP 的潜在安装量。潜在的 CHP 安装（或者原动机的规模）是基于每个类别的平均电力需求。Onsite 选择了四个规模类别并呈现对应的平均电力需求：a. 100～500kW；b. 500～1000kW；c. 1.0～5.0MW；d. 5.0MW 以上。表 2-3～表 2-5 分别显示了每个类别的数量及潜在电力发电量（MW）。

序号	类别/建筑	安装数量	潜在安装数量				CHP潜在安装总量
			100～500kW	500～1000kW	1000～5000kW	>5000kW	
1	酒店	66400	12010	895	540	220	13665
2	护理中心	19200	4610	4050	1570	25	10255
3	医院	16400	2945	1290	2110	215	6560
4	学校	123890	32400	9690	390	0	42480
5	学院/大学	4090	1005	580	680	205	2470
6	商业/洗衣店	7275	830	400	10	0	1240
7	洗车行	20630	1150	40	0	0	1190
8	健身中心/SPA	12610	3020	4060	15	0	7095
9	高尔夫俱乐部	14040	3800	820	205	30	4855
10	博物馆	9090	330	290	50	0	670
11	教养所	3950	1190	740	610	45	2585

续表

序号	类别/建筑	安装数量	潜在安装数量				CHP 潜在安装总量
			100～500kW	500～1000kW	1000～5000kW	>5000kW	
12	水处理中心/公厕	8770	2055	490	65	0	2610
13	长期运营的餐馆	271000	25475	495	330	0	26300
14	超市	148000	16300	1160	140	0	17600
15	冷冻仓库	1460	595	640	75	5	1315
16	办公楼	705000	57000	12000	2900	290	72190
	总的数量	1431805	164715	37640	9690	1035	213080
	总占比/%		77.3	17.7	4.5	0.5	100.0

表 2-3　根据已安装数量计算的潜在 BCHP 安装数量

序号	类别/建筑	电力装机				CHP(MW) 总潜力	CHP(MW) 潜力占比
		100～500kW	500～1000kW	1000～5000kW	>5000kW		
1	办公楼	7532	5055	4362	1665	18614	24.1
2	学校	7130	6781	973	0	14884	19.3
3	医院	647	904	5275	2052	8878	11.5
4	护理中心	1014	2837	3923	219	7993	10.3
5	酒店	2642	627	1353	2081	6703	8.7
6	学院/大学	221	407	1693	1929	4250	5.5
7	健身中心/SPA	665	2839	48	0	3552	4.6
8	长期运营的餐厅	2802	173	415	0	3390	4.4
9	教养所	261	517	1515	428	2721	3.5
10	高尔夫俱乐部	836	574	513	285	2208	2.9
11	超市	897	203	84	0	1184	1.5
12	水处理中心/公厕	452	342	155	0	949	1.2
13	冷冻仓库	131	448	183	30	792	10
14	商业/洗衣店	183	279	23	0	485	0.6
15	博物馆	73	202	123	0	398	0.5
16	洗车行	253	28	0	0	281	0.4
	总计电量/MW	25739	22216	20638	8689	77282	100.0
	总占比/%	33.3	28.8	26.7	11.2	100.0	

注：来源：Onsite（2000）。

表 2-4　根据平均电力需求（MW）计算的 BCHP 潜在装机规模（由高到低排序）

序号	类别/建筑	总潜力/MW	已安装的 CHP /MW	剩余的安装潜力 /MW	CHP 总兆瓦潜力 /%
1	办公楼	18614	235	18379	24.6
2	学校	14884	14	14870	19.9
3	医院	8878	491	8387	11.2
4	护理中心	7993	11	7982	10.7
5	酒店	6703	30	6673	8.9
6	学院/大学	4250	1414	2836	3.8
7	健身中心/SPA	3552	164	3388	4.5
8	长期经营的餐厅	3390	1	3389	4.5
9	教养所	2721	135	2586	3.4
10	高尔夫俱乐部	2208	0	2208	3.0
11	超市	1184	1	1183	1.6
12	水处理中心/公厕	949	141	808	1.1
13	冷冻仓库	792	0	792	1.1
14	商业/洗衣店	485	3	482	0.7
15	博物馆	398	4	394	0.5
16	洗车行	281	0	281	0.4
17	其他	NA	2282	NA	NA
	总计	77282	4926	74638	100.0

注：来源：Onsite（2000）。

表 2-5 根据平均电力需求（MW）计算的现有及未来 BCHP 装机规模（由高到低排序）

值得注意的是，从平均电力需求的角度来看，前5类细分市场（表2-4与表2-5）占所有平均电力需求的75%。

尽管学校（最具潜力的第二位）并未区分小学及中学，但是来自市场的分析报告清晰地显示初（高）中学校（从第9~12级）比小学（或者K-8）更适合实施 BCHP，主要原因有：

① 中学每年更有可能运营12个月。
② 中学含有室内泳池设施。
③ 中学夜间及周末更有可能运营，可以延长 BCHP 的运行时间。
④ 中学一般建有包含洗浴中心的健身房。

需要注意的是"办公楼"❶ 类别在本研究中指的是总面积超过 25000ft² （相当于 2323m²）的办公楼。

根据历史用能数据及信息，可研究判定各类别建筑物是否适合投资建设 BCHP。

❶ 也作写字楼。

2.2.3　气候区域

选择合适的 BCHP 气候区域与确定合适的 BCHP 投资建设规模的方法是一样的。On-site（2000）提供了已安装及未来潜在安装 BCHP 项目的具体地理位置（所在的州）。根据该项研究，50%具有潜力的 BCHP 安装项目位于以下 9 个州府：加利福尼亚州、伊利诺伊州、佛罗里达州、密歇根州、新泽西州、纽约州、俄亥俄州、宾夕法尼亚州及得克萨斯州。表 2-6 说明了这些州府所对应的气候区域。

ANSI/ASHRAE/IESNA 90.1—2007 标准及规范性附录 B（引用 Briggs et al. 2003b）可以描述这些州府的气候特征。以上标准确定了三大主要气候类型：湿润（A）、干燥（B）、海洋（C），并将上述 9 个州府与对应的气候区域联系起来。另外，标准还划分了 8 个气候区域，从 1 号（非常炎热地区）开始到第 8 号（近北极圈地区）来分别对应这些州府。作为判定国际地理位置的依据，人们可以使用 ANSI/ASHRAE/IESNA 90.1—2007 标准及规范性附录 B 的 B.2 部分作为参考。

序号	州别	气候区域	地区划分
1	加利福尼亚州	主要为 3B	温暖-干燥
	纽约州	主要为 5A	寒冷-湿润
	宾夕法尼亚州	主要为 5A	寒冷-湿润
2	密歇根州	主要为 5A	寒冷-湿润
	俄亥俄州	主要为 5A	寒冷-湿润
	伊利诺伊州	主要为 5A	寒冷-潮湿
3	新泽西州	主要为 4A	混合-潮湿
4	佛罗里达州	主要为 2A	炎热-潮湿
5	得克萨斯州	主要为 3A	温暖-潮湿

表 2-6　50%潜在/未来 BCHP 安装的地理位置

容量范围	锅炉/蒸汽轮机	联合循环	燃气轮机	活塞式内燃机	其他	总数量	总计占比/%
0～999kW	7	0	20	662	16	705	71.9
1.0～4.9MW	15	0	42	83	0	140	14.3
5.0～9.9MW	4	3	16	16	1	40	4.1
10.0～14.9MW	3	0	11	7	2	23	2.3
15.0～19.9MW	7	0	2	0	0	9	0.9
20.0～29.9MW	5	6	5	2	0	18	1.8
30.0～49.9MW	8	5	6	0	0	19	1.9
50.0～74.9MW	11	4	0	0	0	15	1.5

续表

容量范围	锅炉/蒸汽轮机	联合循环	燃气轮机	活塞式内燃机	其他	总数量	总计占比/%
75.0～99.9MW	0	2	2	0	0	4	0.4
100～199MW	0	5	0	0	0	5	0.5
200～499MW	0	2	0	0	0	2	0.2
总数量	60	27	104	770	19	980	100.0
占比/%	6.1	2.8	10.6	78.6	1.9	100.0	

表 2-7　现有 CHP 的安装量

规模大小	锅炉/蒸汽轮机	联合循环	燃气轮机	活塞式内燃机	其他	总装机/MW	占比/%
0～999kW	3.23	0.00	15.38	95.09	4.22	117.92	2.4
1.0～4.9MW	37.06	0.00	118.21	182.02	0.00	337.29	6.8
5.0～9.9MW	24.80	22.20	97.48	95.80	7.30	247.58	5.0
10.0～14.9MW	34.00	0.00	139.37	86.60	24.50	284.47	5.8
15.0～19.9MW	118.20	0.00	31.75	0.00	0.00	149.95	3.0
20.0～29.9MW	119.70	170.05	130.20	46.30	0.00	466.25	9.5
30.0～49.9MW	317.10	196.70	244.90	0.00	0.00	758.70	15.4
50.0～74.9MW	687.00	241.50	0.00	0.00	0.00	928.50	18.8
75.0～99.9MW	0.00	176.00	156.00	0.00	0.00	332.00	6.7
100～199MW	0.00	759.47	0.00	0.00	0.00	759.47	15.4
200～499MW	0.00	544.00	0.00	0.00	0.00	544.00	11.0
总计/MW	1341.09	2109.92	933.29	505.81	36.02	4926.13	100.0
占比/%	27.2	42.8	18.9	10.3	0.7	100.0	

注：来源：Onsite（2000）。

表 2-8　现有 CHP 安装及发电量

2.2.4　BCHP 原动机的基本类型及功率范围

应用于商业领域的原动机类型有好几种。原动机类型与功率的选择首先取决于功率范围，其次是类型。选择方法与前述类似，主要观察现存及潜在的/未来安装数量两方面。

本章主要研究 CHP 在建筑与商业领域的应用，原动机类型里面的锅炉/蒸汽轮机，联合循环及其他技术不在此进行探讨。剩下的燃气轮机及活塞式内燃机是比较合适此类应用的原动机类型。目前已有的商业安装项目当中使用活塞式内燃机的数量为总安装数的 78.6%，再加上使用燃气轮机的项目数量，则代表了 90% 的安装数量；而以上安装项目仅占 CHP 总发电量的 29%。由此可以解释所有大型的发电厂均采用（锅炉＋蒸汽轮机和联合循环或者燃气轮机＋余热锅炉）技术。

　　CHP 系统既可以采用顶循环的方式，也可以采用底循环的方式运行。在顶循环的模式中，燃料能源产出轴动力或者发电，而燃气余烟的废热则被回收利用在其他建筑应用当中。例如，采用吸收式制冷进行余热利用或者将废热应用于生活热水及采暖系统等（以电定热）。在底循环的模式中，高品位热值首先满足热负荷需求，多余的热能用来生产轴动力及发电（以热定电）。联合循环模式利用原动机的热能生产出更多的轴动力，同时废热可以通过余热锅炉制取蒸汽或者如第 1 章中提到的，利用热交换器使余热锅炉当中的传热介质来驱动蒸汽轮机发电机。

　　上述提及的联合循环通常为大型公用事业电力公司的 CHP 系统所采用，超出本书研究范围，很重要的一个方面就是 Onsite 的调查研究并没有详细考察微燃机技术。随着微燃机技术变得越来越流行，对于这一现象的研究，考虑到它在小型能源站方面带来的经济性（平均电力需求在 100～500kW 之间），我们将其增加为 BCHP 可行性技术当中的一种。因此，应用于 BCHP 的原动机候选机型分为：a. 活塞式内燃机（简称"内燃机"）；b. 燃气轮机；c. 微燃机。

　　应用于 BCHP 的原动机功率范围可以参考表 2-4 当中数据。原动机规模范围在图 2-1 当中展开分析。根据显示，BCHP 的平均（或者要求的）电功率范围为 100～5000kW。MAC（2005）建议根据经验值测算得出年度热电比（T/E）之后再来选择原动机（详见表 2-9）。

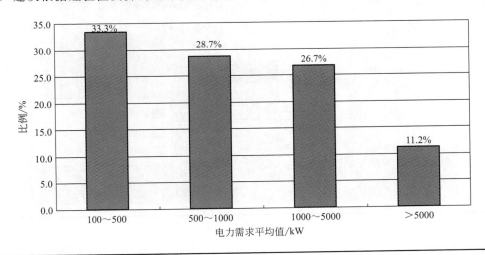

图2-1　根据电力需求平均值计算的潜在 BCHP 发电量

注：来源：Onsite（2000）。

　　ASHRAE（2003），第 35 章，表 2B 用来计算被选择的建筑类别的热电比，表 2-10 中也有表示。

T/E 值	建议
0.5～1.5	考虑内燃发动机
1.0～10.0	考虑燃气轮机

注：T 是总的热能消耗量（总的燃气消耗量×锅炉或者设备效率）[Btu]；E 是总的电能消耗量（总的电力使用量 [kW·h]×3413）[Btu]。

表 2-9　利用年度热电比（T/E）的经验法则

建筑/行业类别	电/(10^3Btu/ft^2)	热		T/E 比值
		输入/(10^3Btu/ft^2)	输出/(10^3Btu/ft^2)	
办公室	64.5	36.7	27.5	0.43
教育(学校)	28.7	42.3	31.7	1.11
健康中心(医院)	90.4	146.9	110.2	1.22
住宿(酒店)	52	75.2	56.4	1.08

注：1. 75%效率用于计算热能输出。

2. ASHRAE2003，第35章，表格2B没有说明教育设施是否包含了学院/大学。

3. 来源：ASHRAE2003，第35章，表格2B［根据 DOE/EIA0318（95），(1998)]。

表 2-10 经选择的建筑/行业分类的热电比（T/E）

通过这些案例所计算出的热电比，如果位于 0.43～1.22 范围内，则表示系统更适合采用内燃机（贫燃或者富燃）。图 2-2 描绘了各项原动机技术的功率范围及市场占有率。根据内容显示，内燃机很明显地主导了 100～5000kW 的功率范围。燃气轮机则从 3000kW 功率开始。尽管图表显示的微燃机功率小于 100kW，但市场上已经出现大于 100kW 的微燃机。

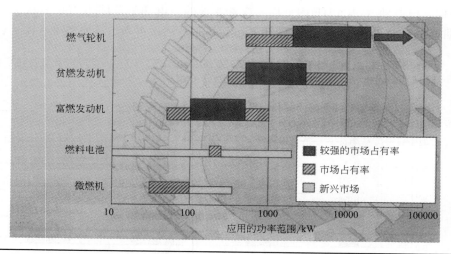

图2-2 原动机大小及市场占有率［源自 blustain（2001）]

原动机的效率可以参考图 2-3。经观察得出，在发电效率方面，内燃机比燃气轮机表现得更好。

关于原动机的成本，可以参考图 2-4。该图简单描述了燃气轮机与活塞式内燃机的成本对比。需要注意的是，此项对比的仅仅是设备成本，而不是系统全部建成后的成本对比。

设计师们在决定原动机类型时，通常考虑以下因素：在生产更优质的余热方面，燃气轮机比内燃机具备更多的优势，因此也更有实力生产高压（HP）蒸汽。这些优点使得燃气轮机对使用更高热值热能的工业用户来说更有吸引力。在商业应用方面，内燃机高效的发电效率和较好的经济性使它更合适于此类应用。

与工业 CHP 用户对高压和（或者）低压蒸汽的需求相反的是，商业用户通常需要热水（或者低压蒸汽）进行供暖或者制取生活热水（DHW）。内燃机可以有效地满足这些条件。一个重要的提示，医院需要高压蒸汽用于消毒，但是与医院总的热能消耗相比，蒸汽的规模及年用量相对较低。为了满足这些要求，在设计时，增加小型的高压蒸汽锅炉满足消毒需求会使系统更有效。在商业及轻工业领域内，在小于 5MW（EPA2002）的原动机范围内，内燃机非常适合用于集成的热电联产发电机组。

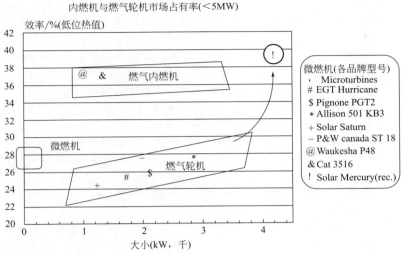

图2-3　原动机技术的效率［源自赫尔曼（2001）；GTI 与分布式能源］

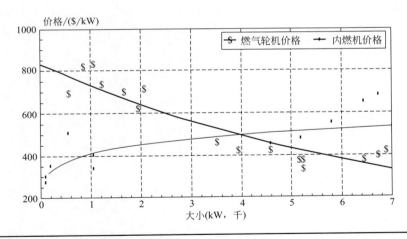

图2-4　原动机价格［注意：实际的购买价格会随着市场变化及其他因素的变化而变化。价格不包含天然气压缩机的价格（如需要）］［源自赫尔曼（2001）；世界燃气轮机/SFA 太平洋/GRI］

参 考 文 献

［1］ ASHRAE，2003. HVAC Applications，Chapter 35，Energy Use and Management，ASHRAE Atlanta，GA.

［2］ ANSI/ASHRAE/IESNA，2007. Energy Standard for Buildings Except Low Rise Residential Buildings，ASHRAE，Atlanta，GA.

［3］ Bluestain，J.，2001. Memo addressed to the Distributed Generation Workshop of the Regulatory Assistance Project regarding the calculations of CHP thermal output in an output-based system，Arlington，VA，Energy and Environmental Analysis，Inc.

［4］　Briggs，R. S.，R. G. Lucas，and T. Taylor，2003a. Climate Classification for Building Energy Codes and Standards：Part 1—Development Process，Technical and Symposium Papers，ASHRAE Transactions，109（1）：109-121.

［5］　Briggs，R. S.，R. G. Lucas，and T. Taylor，2003b. Climate Classification for Building Energy Codes and Standards：Part 2—Zone Definitions，Map，and Comparisons，ASHRAE Transactions，109（1）：122-130.

［6］　Discovery Insights，2006. Final Report-Commercial and Industrial CHP Technology Cost and Performance Data Analysis for EIA's NEMS，prepared by Discovery Insights for the U. S. Department of Energy's Energy Information Agency，January.

［7］　EPA，2002. Catalogue of CHP Technologies，prepared by Energy Nexus Group for the Environmental Protection Agency.

［8］　Hedman，B，2001. Matching DG Technologies and Applications（presentation），August.

［9］　MAC，2005. Combined Heat and Power（CHP）Resource Guide，prepared by Midwest CHP Applications Center，University of Chicago and Avalon Consulting Co.，Chicago，IL.

［10］　Onsite，2000. The Market and Technical Potential for Combined Heat and Power in the Commercial/Institutional Sector，prepared by Onsite Sycom Energy Corp. for the U. S. Department of Energy's Energy Information Agency，January.

［11］　Orlando，J.，1996. Cogeneration Design Guide，American Society of Heating，Refrigerating and Air-Conditioning Engineers，Atlanta，GA.

［12］　Ryan，W.，2004. Targeted CHP Outreach in Selected Sectors of the Commercial Market，prepared by the University of Illinois at Chicago Energy Resources Center for the U. S. Department of Energy's Energy Efficiency and Renewable Energy Program.

［13］　Shipley，A. M.，N. Green，K. McCormack，J. Li，and R. N. Elliott，2001. Certification of Combined Heat and Power Systems：Establishing Emissions Standards，report number IE014，prepared by the American Council for an Energy Efficient Economy for the Energy Foundation and Oak Ridge National Laboratory，September.

第**3**章
电力设备及系统

（Lucas B. Hyman
Adam Stadnik）

像前几章叙述的一样，热电联产（CHP）被称作废热利用系统、冷热电三联供、综合能源系统或者总能系统，都是由单一燃料同时提供电力（机械能）和热能演变而来。使用任何一种 CHP 方式，电与热都来自燃料的氧化，通常分为两类。第一类燃烧燃料产生热主要生产用于发电的旋转动力，这里热为副产品。第二类是直接从燃料的氧化化学过程中获得电力，热同样也是副产品。

在最常见的类别中，燃料直接在原动机里面燃烧。这一过程包含了内燃机及燃气轮机。无论是哪种形式，燃料氧化产生高温高压气体，气体膨胀驱动机械运转产生旋转动力而带动发电机。使用内燃方式，热气体在活塞缸体内膨胀并且驱动活塞做功，这类原动机称作内燃发动机（内燃机），并且与汽车发动机非常类似。如前述章节提到的，这一类原动机包括了点燃式和压燃式（迪塞尔循环）两类。

在燃气轮机里面，压缩空气与燃料混合燃烧后，通过涡轮生成发电所需的旋转动力。

第二类燃料燃烧的系统主要是在锅炉里面燃烧产生高压蒸汽，通常是过热蒸汽，将产生的蒸汽传递给蒸汽轮机使用。同样的，蒸汽膨胀推动汽轮机叶片旋转来驱动发电机。蒸汽轮机常用于大型商业发电厂。

当蒸汽轮机用于 CHP 中时，冷凝过程中放出的热可用于建筑制冷、供热或者过程工业。为了实现这一功能，蒸汽轮机排放的蒸汽可以通过管道供给低压蒸汽用热，蒸汽轮机同样也需要这些蒸汽。因此，由余热蒸汽供应的热负荷和蒸汽轮机电力输出两者之间必须有一种平衡。备用锅炉与热能储存可以帮助实现负荷平衡。余热蒸汽的温度与压力必须与负荷要求相匹配。工厂要求的温度与压力越低，供给蒸汽轮机的能源就越多。

锅炉和蒸汽轮机对燃料的选择更为灵活。任何可以在锅炉中燃烧或者工艺生产过程中产生的废热都可以用来生产蒸汽驱动蒸汽轮机。一项典型的应用就是联合循环，燃气轮机的余热产生蒸汽驱动蒸汽轮机，或者被注入回燃气轮机发更多的电（Cheng 循环，又译为"前置回注循环"）。目前常见的应用就是在现有的蒸汽锅炉及蒸汽配送系统之上安装背压式蒸汽轮机。有时锅炉产生的蒸汽压力会大于蒸汽输配系统所需压力，通过采用背压式蒸汽轮机使蒸汽膨胀变为蒸汽输配系统所需的低压蒸汽，而此时电力生产则作为副产品。在现有的系统中采用此方案是十分经济高效的。

在本章后面部分将会谈到，燃料电池是一项特殊的工艺，它并不是依靠机械能生产电力。电池内的氢与氧发生化学反应。这种化学反应的产品就是电能、水蒸气和热。氢能的来源通常是天然气。在 CHP 能源站里，废热用来满足建筑物的热需求或者工艺热需求。废热的温度通常取决于燃料电池的种类。某些燃料电池的余热温度很低，而其他一些燃料电池的余热温度则足以用来生产联合工艺中所需的蒸汽。

原动机是 CHP 系统的核心。原动机生产的动力通常用来发电，也可用作机械能来驱动泵、制冷机和压缩机等。需注意的是，热可以由原动机直接产生或者通过回收利用原动机的排烟而获得。作为 CHP 系统的核心组成部分，余热利用可生产额外的电力，制热水、蒸汽、冷水及除湿，这部分将会在第 4 章中进一步讨论。

原动机的 CHP 过程产生旋转动力来驱动发电机或其他旋转设备，例如风扇或者泵。CHP 原动机分为两大类：燃料发电设备与热能发电设备。燃料发电原动机设备的气体燃料有天然气、废水处理中心及垃圾填埋产生的甲烷，液体燃料有轻油、生物燃料（这一点在提升 CHP 的可持续性上越来越重要）、酒精或者其他生物质；通过燃烧过程提供电能供建筑、工业或者设备使用。

燃料电池是燃料转化成能源的过程，并不生产旋转动力，因此也不属于原动机。

第 2 章中谈到了，得益于全国（美国）的天然气输配网络，天然气（NG）成为了 CHP 的首选燃料。天然气比石油、煤、木柴或者农作物废料更加地清洁，因为天然气能源来自氢能，对比其他燃料有着更少的碳排放。因此，天然气（NG）可能不会像其他燃料一样有环境问题。

典型的燃料发电设备包括：

- 活塞式内燃发电机。
- 点燃式。
- 压燃式（迪塞尔循环）。
- 燃气轮机发电机。
- 航改型燃气轮机。
- 地面/工业燃气轮机。
- 微燃机。
- 燃料电池。

热能发电原动机的设备中还包括原动机以外的热源利用过程装置，主要有蒸汽锅炉和其他的余热利用设备，当然也包括以上所提原动机的余热利用设备。蒸汽从以上所列的原动机中产生并用于生产额外的电力，这类过程叫做"联合循环"。

典型的热能发电设备包括：

- 蒸汽轮机。
- 蒸汽驱动的活塞式发动机。

- 斯特林发动机（外燃发动机）。
- 有机朗肯循环❶。

蒸汽驱动的活塞式发动机与斯特林发动机在实际应用中并不是很常见。尽管蒸汽活塞式发动机在过去得到广泛的应用，斯特林发动机近期则被尝试与太阳能聚光镜结合用来提高太阳能发电效率，但该应用至今还未实现。斯特林发动机属于外燃机，气缸外的热源加热气缸，气缸内部的气体膨胀驱动活塞。当气缸冷却时，活塞回到原来的位置。

有机朗肯循环是典型的朗肯循环，区别就是它使用有机工质代替标准的蒸汽/凝结水，并且可以用相对低温的热源操作运行。两类热能发电原动机系统在 CHP 的安装数量上都相对较少，并且其输出功率也较小。因此，斯特林发动机、蒸汽驱动的活塞式发动机以及有机朗肯循环在本章中不深入探讨。

在原动机之外，一个 CHP 能源站仍需要许多其他的组成部分/系统来构成一个完整的 CHP 能源站。虽然各个部分的具体需求取决于每一个 CHP 能源站实际情况，但 CHP 能源站通常包括以下几个典型组成部分：

- 燃料供应系统。
- 燃气压缩机。
- 助燃空气（燃烧空气）。
- 涡轮进气冷却系统。
- 排烟系统。
- 余热利用系统。
- 润滑油系统。
- 润滑油余热利用及摒除。
- 发动机水套冷却水。
- 水处理系统。
- 散热系统（如冷却塔）❷。
- 电池或者空气压缩启动系统。
- 黑启动发电机/备用电源系统。
- 用于调节电压与相位的电气装置/发动机控制系统。

余热利用系统是利用原动机中不用来发电的余热，满足建筑采暖、工艺用热或者生活热水、建筑供冷等热负荷需求。在 CHP 系统中，最常见的余热利用为供蒸汽、热水和（或者）冷水给建筑物供暖或供冷。此类 CHP 能源站系统会在本章后面部分及第 10 章、第 11 章继续分析。

表 3-1 对比分析了 CHP 系统中的各种原动机。对于那些工程师、设备运营人员或能源站业主而言，如果他们对设备的关键点以及原动机如何完整融合于 CHP 系统等问题有很好的理解，他们之间在 CHP 的沟通方面会变得更为快捷与有效。

---

❶　朗肯循环是指以水蒸气作为制冷剂的一种实际的循环过程，主要包括等熵压缩、等压冷凝、等熵膨胀以及一个等压吸热过程。可以用来制热，也可以用来制冷。

❷　排热是源于冷却系统的过多热量。该部分热量通过冷冻/冷却塔将其带走。废热是能量从热变冷却后以及压缩机工作等所产生的热量总和。

技术	燃气轮机	燃气内燃机	柴油内燃机	微燃机	燃料电池	蒸汽轮机
规模/MW	1～200	0.05～7	0.05～10+	0.025～0.25	0.02～0.4	任何规模
电效率/%	25～40(单) 40～60(联合循环)	25～40	30～50	20～30	40～50+	30～42
热耗/[Btu/(kW·h)]	8500～13600	9700～13600	7000～11300	11300～17000	7000～8500	8100～11300
可用余热/[Btu/(kW·h)]	3400～12000	1000～5000	1000～5000	15000	500	NA
CHP 余热回收温度/℉	500～1100	500～1000	180～900	400～650	140～700	NA
余热回收后类型	热、热水、高/低压蒸汽、区域采暖/供冷	热水、低压蒸汽、区域采暖/供冷	热水、低压蒸汽、区域采暖/供冷	热、热水、低压蒸汽	热、热水、低/高压蒸汽	低压、蒸汽、区域采暖
燃料	天然气、生物质气、丙烷、馏出油	天然气、生物质气、丙烷	柴油和渣油	天然气、生物质气、丙烷、馏出油	氢、天然气、丙烷	全部
燃料要求压力/psi	120～500	1～45	<5	40～100	0.5～45	NA
氮氧化物排放/[lb/(MW·h)]	0.3～4	2.2～28	3～33	0.4～2.2	<0.02	NA(从蒸汽轮机本身排放)
电力密度/(ft²/kW)	0.02～0.61	0.22～0.31	0.22	0.15～1.5	0.6～4	<0.1
通常并网上网可靠性/%	90～98	92～97	90～95	90～98	>95	接近 100
大修间隔/h	30000～50000	24000～60000	25000～30000	5000～40000	10000～40000	>50000
启动时间 *	10min～1h	10s	10s	60s	3h～1d	1h～1d
噪声	一般	一般至很大	一般至很大	一般	较小	一般至很大

注：* 表示暖机时间会更长。

表 3-1 常用 CHP 原动机技术对比

3.1 燃料发电设备

　　如之前提到的，大部分燃料发电设备是利用燃烧过程将燃料的化学能转换至旋转的动能，这种动能可以由轴传输至发电机发电（燃料电池是例外）。燃料发电原动机通常是与发电机相连的。目前绝大多数 CHP 系统使用机械能驱动发电机发电，其他涉及使用化学反应来发电的方式还在研究与实践当中。现今好几种类型的燃料发电设备都可以高效地发电。当原动机与发电机在工厂组合成套，这种套装设施就被称为"发动机-发电机-套装"或者"发电机组"。

如前所提到的，衡量 CHP 的基本标准就是 CHP 能用单一原料同时产生热和电。从这一角度出发，CHP 与当今的发电厂是有区别的，正如第 1 章所述，CHP 能够尽可能地对余热加以有效利用，而不是将其直接排掉。

当要规划设计一个 CHP 系统时，有不同的选择及方法可供选用。CHP 系统的一个基本配置为利用内燃机或者燃气轮机发电机与余热利用系统，从燃机的废热及活塞式内燃机的冷却回路当中获得热能。活塞式内燃机类型的系统比较常见，常用于电负荷需求为 2～3MW 或者更低的场合，这些场合通常对电能的需求比热能需求要高（相对更低的热电比）。因为内燃机比燃气轮机有着更高的燃料利用效率，因此每单位燃料燃烧产生的电力部分多一点，热能部分相对少一点。

活塞式内燃机的功率范围为 50kW～15MW。燃气轮机发电机的功率范围为 1MW～100MW。燃气轮机要求供应高压燃气或者使用燃气增压机提供要求的燃气压力。燃气轮机通常有较高的排气温度及较多的排气量。因此，燃气轮机发电机比较适合高温余热利用的应用，比如高压蒸汽或者低压高温热油等。以燃气轮机为基础的 CHP 系统比活塞式内燃机 CHP 系统有着更高的热电比。除此之外，由于燃气轮机热能发电效率较低，因此适合全年全天候 24h 热负荷需求且铺设热力管网到热负荷端的成本相对较低的应用场合。

内燃机更适合低温余热的应用场合，比如热水或者低压蒸汽（通常小于 15psig）。内燃机对燃料的品质要求更低。例如，内燃机可以使用废水处理中心或者垃圾填埋产生的甲烷作为燃料。与燃气轮机相对，内燃机需要较少的专业维护和人员培训以及辅助设备。

3.1.1 活塞式内燃机

（1）发动机类型
内燃机是通过燃料燃烧，将活塞直线运动转化为发动机曲轴旋转运动的机器设备。在气缸内燃烧燃料，加热燃料空气混合物且使其膨胀驱动活塞。为了达到更平稳的电力传输，现今大多数发动机为多气缸。基本的活塞式内燃机包括压燃与点燃两种。这两种发动机都可以以四冲程或者两冲程进行内燃循环。四冲程包括：进气、压缩、做功、排气。发动机可以是自然进气，也可以为增压进气。对于无增压发动机，空气与燃料先在化油器里面混合，混合空气的燃料再被吸入进气冲程。增压发动机则是使用压缩机压缩空气，并且在进气冲程过程中排出空气。大多数情况下，只有空气是被涡轮增压器吸入，而燃料则直接被注入燃烧室，无需使用化油器或将外部空气与燃料混合这一步骤。无论是上述当中哪一种情况，涡轮增压发动机在工作过程中的空气和燃料有着更大的密度，所以它可以发更多的电。

两冲程循环与四冲程循环的不同之处为做功与进气冲程合为一个冲程，而排气与压缩冲程联合为第二个冲程。活塞式发动机的启动时间很快，对于柴油发动机来说，可以在 10s 内启动。基于系统质量的大小，暖机时间可能会更长。如果系统配备了曲轴箱加热器来保持发动机温度，则暖机时间可以减少。对于承担应急电源系统功能的 CHP 系统来说，曲轴箱加热器是强制性配备。

　　活塞式发动机的速度分为低速、中速、高速三类。低速发动机转速为 $60\sim275\text{r/min}$，高速发动机转速为 $1000\sim3600\text{r/min}$。点燃式发动机虽然是按使用天然气或者化石燃料来设计的，但其也可以使用其他燃料。其他燃料指之前提到的有机物质分解产生的甲烷。在巴西，发动机可以燃烧纯度为 100% 的酒精；而在美国，燃气与酒精的混合物也作为燃料使用（详见第 25 章）。第二次世界大战时期，日本人通过在密闭的燃烧室内加热煤或者木柴获得焦化气，然后驱动气体通过管道连接吸入燃料与空气的进气冲程从而带动汽车发动机。简而言之，所有气化的燃料都可以燃烧；然而，一些燃料会损害发动机，因此需要滤清器/过滤器，满足发动机制造商的质量保证需求。

　　点燃式发动机因电火花或者火花而得名，在压缩冲程后加入火花点燃燃料空气混合物来启动做功冲程。

　　相比点燃式发动机，压燃式发动机无需火花点燃空气燃料混合物来启动燃烧。而通过活塞运动将吸入气缸内的空气进行高比例压缩，使其温度升高至足以引燃燃料。随后在压缩冲程顶部，燃料被注入高温的压缩空气的燃烧室内，随即被引燃。膨胀冲程里，燃烧带来的热发展成非常高的压力从而驱动活塞。火花塞在压燃式发动机启动时通过电力加热。当发动机开始运转并且变热后，火花塞就不再需要。压燃式发动机最常使用的是柴油（2 号油），但也可燃烧其他化石产品（最高到 6 号油）。压燃式发动机（同时也可指迪塞尔循环发动机）可以燃烧气体燃料与液体燃料的混合物，叫做先导油，在双燃料发动机里面用作点火剂。压缩循环发动机的燃料需要一个相对较高的燃点，以便防止在活塞冲程顶端的完全压缩完成前被引燃。

（2）涡轮或机械增压器

　　点燃式与压燃式发动机都可以配备增压器提高功率输出，通常还会提高效率。之前提到的涡轮增压器是相对较小的压气机，安装在曲轴上用来连接小涡轮。当热废气进入涡轮膨胀，涡轮旋转并驱动压气机叶轮与之同时旋转。发动机吸进的空气经由压气机预压缩后变成高压空气进入气缸。机械增压器是另一种压气机并且同样对空气进行预增压，然而它并不依靠废气驱动，而是由发动机机轴进行带传动或者齿轮传动，使用一小部分发动机的电力来生产更多的总电力输出。涡轮压气机是当今 CHP 最为常用的预增压工具。

（3）富燃 VS 贫燃

　　自然进气的发动机必须有足够高的燃料空气比，从而不需借助压缩带来的热力进行引燃。"富油"混合物会因为没有足够的氧气进行完全燃烧从而导致部分燃料能源被浪费了。除此之外，氧气的缺少还会导致废气当中一氧化碳的形成（不完全燃烧）。

　　增压发动机可以燃烧含更多空气的燃料空气混合物，这会产生更多的能量和更清洁的废气。

　　过去，天然气发动机是按提供最多马力的空气燃料比例来运行的。这种运行发动机的方法称作富燃或富油，因为"λ"❶ 或部分实际运行空燃比与理论空燃比（见下式）（也就是当所有的燃料与氧气在燃烧过程中全部消耗）的比值小于 1。燃料空气比的倒数就是空气燃

---

❶　Lambda：希腊第十一个字母，意义为波长，体积，热导率。

比。对于完全燃烧的理论空燃比也被称作化学当量空燃比。当量比❶为实际运行空燃比与化学当量空燃比的比值:

$$\lambda=当量比=(实际运行空燃比)/(化学当量空燃比)$$

现在,很多天然气内燃机倾向于运行在贫燃状态,以利于降低排放和减少油耗。贫燃的空燃混合物($\lambda>1.0$)允许比燃烧室所要求的更高浓度的氧气,因此发动机排放物当中包含了高浓度的氧。

当以富油空燃比来运行,天然气内燃机的燃烧温度会更低,并随着 λ 接近于 1.0(化学当量空燃比)而上升。当空燃比的数值向着更加贫燃的方向发展时,燃烧温度又再次降低(参考第 7 章图 7-1)。表 3-2 总结了与化学当量空燃比相关的"富"或者"贫"的空燃比对燃机排放的影响。需注意的是,当当量比接近于 1.0 的时候,一氧化碳与碳氢化合物都达到最低值。

大气污染物	富油空燃比	贫油空燃比❷
NO_x(氮氧化物)	更低,由于与氮化物进行化学反应的氧分子浓度下降和更低的燃烧温度	当 λ 刚刚大于 1,NO_x 非常高,因为高浓度的氧与高燃烧温度。当空燃比导致更贫燃时,NO_x 随温度下降大幅度下降
CO(一氧化碳)	更高,因为与燃料分子进行化学反应的氧分子浓度降低,并且是不完全燃烧的结果	更低,因为高浓度的氧与燃料反应,当空燃比导致更贫燃时,二氧化碳随温度下降而少量增加
NMHC(非甲烷烃)	更高,因为氧气浓度低和随尾气排出的未完全燃烧燃料	当 λ 远大于 1,碳氢化合物的排放上升;当 λ 刚刚大于 1,由于高浓度的氧与高的燃烧温度,碳氢化合物的排放很高。当空燃比导致更贫燃时,因为更低的燃烧温度,碳氢化合物少量增加

表 3-2　空燃比对活塞式内燃机的排放影响

一般来说,除了 NMHC 取决于空燃比,贫燃发动机产生的大气污染物水平更低。即使不加装尾气处理和空燃比控制设备,贫燃发动机有时也能满足某些地区的排放要求。

虽然贫燃发动机❸有利于污染物减排,但当只有部分负荷运行时,其排放表现将大打折扣,有时甚至会达到无法接受的程度。因此,负荷管理与尾气处理对于贫燃发动机来说也是需要的。此外,贫燃发动机的表现不是很稳定,相比自然进气的富燃发动机要求更多的维护。

活塞式发动机通过缸套水冷却系统进行冷却。缸套水冷却系统包括泵驱动和沸腾,或者二者的结合。相比沸腾冷却系统,泵驱动的冷却系统倾向于在更低的温度下运行。沸腾意味着沸腾状态,该系统利用制冷系统里蒸汽与水之间的密度差使发动机内的水进行循环。沸腾冷却系统要求在较高的温度环境下运行。温度必须足够高才能使水在发动机内相变。该类型的系统用于生产低压蒸汽(15psig 左右),方法是通过连接缸套水至发动机上方热水与蒸汽进行分离的容器(蒸汽包❹)。蒸汽包的底部与发动机相连接的部分配有缸套冷却水供应接口,被加热的蒸

---

❶　过量比。

❷　贫燃料燃烧是指燃烧混合物中燃料与氧化剂之比小于理论当量比的燃烧过程。在燃料系统中,氧化剂过量,必须把剩余的氧等加热到与燃料产物相同的温度,于是产物温度从理论当量比峰值处降下来;烟道气热损失增加;燃烧产物中热氮氧化物的浓度也会增加。

❸　也作稀燃发动机,二者可以互换。

❹　简称汽包。

汽/水被送回蒸汽包的水/蒸汽交界处。发动机里的热使得蒸汽泡产生，这种混合了水与蒸汽的蒸汽泡比单纯的水要轻，造成在发动机缸套内部产生不同的压力，从而驱动水进行循环。发动机之上的蒸汽包水位高度决定了产生的蒸汽温度及其压力。蒸汽可以用作热工艺或者被单级吸收式制冷机使用（参见第 4 章）。冷凝和补给水系统在有着沸腾冷却活塞式内燃机的 CHP 系统里面是必要的。沸腾冷却系统要求另一套独立的系统对发动机机油进行冷却。

（4）功率范围

活塞式内燃机发电机有着较宽的功率范围，可以满足不同的应用。天然气与柴油发动机都有着 50kW～15MW 的功率输出。车用衍生发动机通常占据较低功率段，一般来说少于 10MW，而对于大型发动机，功率段在 15MW 甚至以上的通常源自船舶应用。当一些野外和固定用途 CHP 对介于车用和船用衍生发动机之间的功率有需求时，卡车发动机衍生型是一个可以考虑的选项。

（5）可利用的烟气温度/可利用的热

据之前讨论的，废热以热水或有时以低压蒸汽的形式从活塞式发动机缸套的歧管、后冷却器、润滑系统及发动机余烟当中被回收利用。从温度的角度，最易被回收利用的是高热潜能的余热烟气（尾气），之后是发动机缸套水，最后是热潜能最低的润滑油冷却系统回收利用的热。由于在高温环境下润滑油膜会破裂，润滑油冷却系统对温度特别敏感。

发动机产生的废热总量是燃料能源总输入减去旋转动力产生所需要的能量。并不是所有的废热都可以被回收利用。例如，发动机辐射至空气中的热损失部分通常不能被回收利用。另外，大部分 CHP 系统都不能回收利用水蒸气冷凝的全部热量。除非对烟气冷凝进行针对性的设计，否则要尽量避免冷凝烟气，这是因为冷凝会产生碳酸（H_2CO_3），会腐蚀并且损坏烟气系统。水蒸气当中的潜热是燃烧产生的热中很重要的一部分（例如，天然气约占 10%），比率取决于燃烧的燃料类型。例如，燃油从碳中获得更多的能量，相比天然气产生更少的水蒸气。由于燃烧中水蒸发所带来的部分潜热是燃料类型的一种功能和化学特性，且大部分工艺程序都不会回收利用水蒸气能源（水蒸发的潜热）。因此，多数发动机制造商给其发动机定级为燃料的低位热值（LHV）。相比高位热值（HHV）来说，低位热值并不包括燃烧燃料热值产生的水蒸气潜热，而高品位热值则包括这部分水蒸气潜热。当发动机的性能可能根据热值来定级时，燃料的购买则通常根据其高品位热值来定，开发商、运营者及工程师们必须在他们的计算中考虑到这些因素并加以区别。

燃机内可回收利用的余热量取决于发动机的类型、回收利用的余热温度以及余热回收设备的容量与类型。一般来说，涡轮增压发动机的烟气相比自然进气发动机的烟气有更多的热量。当必须进行余热回收时，温度越高，可以回收的能量就越少。

额定负载下，活塞式发动机输入燃料能量的典型分解如下：

① 轴功率　　　　32%。
② 对流与辐射　　3%。
③ 缸套水吸热　　32%。
④ 排放潜能　　　30%。
⑤ 润滑油冷却　　3%。

由燃烧氢带来的水蒸气蒸发产生的潜热基本都流失在烟气里，除非烟气被冷却到足以冷凝水蒸气。冷凝系统可以更高效，并且提高 CHP 的可持续性，但是需注意，烟气系统必须根据腐蚀性冷凝特性来设计（例如，用不锈钢建设）。大部分缸套水中的热及润滑油冷却系统中的热都可以被回收利用，这取决于包括热输出温度在内的各种因素，通常余热利用可以回收烟气当中 60%～80%甚至更高的热，而当烟气冷却至周围环境温度时余热利用效率最高。

关于以上讨论到的燃料能源分配，值得注意的是不同的制造商、机型及发动机负载都会让以上分配比例发生变化。

值得注意的是，活塞式内燃机每生产一度电所获得的热量与品质要比具有更高热电比的燃气轮机要低。第一，典型的燃气轮机转化为轴功率的燃料能源消耗要比活塞式内燃机消耗的少，也就意味着燃气轮机的燃料能源会产生更多的热能。第二，相比活塞式内燃机，燃气轮机所有的热都在烟气气流里。第三，燃气轮机的烟气温度要比大多数活塞式内燃机产生的废热温度都高。大多数发动机缸套水冷却系统在 200°F（93.3℃）下运行，可以以热水的方式回收余热。对于很多应用来说，通过气-液热交换机提供单一形式的余热利用，余热可以回收到冷却回路中。与上述提及的，一些内燃机可以在标准大气压之上使得冷却剂达到 250°F（121℃），并且允许当冷却剂离开沸腾式冷却循环系统的发动机缸套之后可以迅速转化为低压蒸汽（15psig）。

（6）热耗与电效率

如第 1 章当中所述，热耗被定义为生产一个单位的电所需要的能源输入的量。以天然气为燃料的点燃式发动机的 CHP 热耗范围为 10000～14000Btu/(kW·h)，但是柴油发动机（迪塞尔循环）的热耗则低至 7000Btu/(kW·h)。如图 3-1 所示，随着额定功率增加（发动机随着规模的扩大而更有效率），点燃式发动机的热耗趋于下降（也就意味着生产电力的效率更高）。因此，低热耗意味着每生产一度电消耗的能源更少。

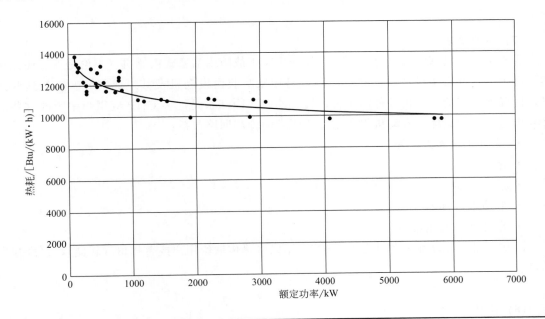

图3-1 点燃式发动机的热耗率（高位热值）[来源：2008 ASHRAE Handbook：HVAC System and Equipment (Ref.1)]

　　如图 3-2 所示，随着发动机额定的功率上升，点燃式发动机的电效率一般也随之上升（在一致的单位内，电力输出除以能源输入）。通常 100~900kW 的点燃式发动机基于高品位热值的发电效率为 25%~30%。高于 4000kW 的大型点燃式发动机，基于高品位热值的发电效率通常在 36% 左右。在得知电效率的情况下，发动机热耗可以很简单地计算出来（反过来也一样），电效率的倒数乘以 3413 [Btu/(kW·h)] 的数值。

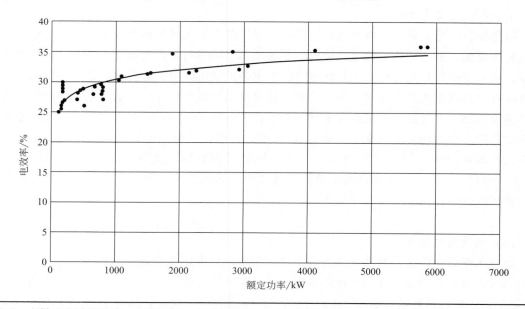

图3-2 点燃式发动机效率（高位热值）[来源：2008 ASHRAE Handbook：HVAC System and Equipment (Ref. 1)]

(7) 冷水需求

　　为避免发动机部件温度过高而导致发动机发生故障由活塞式内燃机（不论是点燃还是压燃）产生的热都必须排放掉。冷却回路就是用来吸收由发动机及其组成部分产生的这些热量，以确保所有的发动机部件的正常运转。乙二醇冷却水是许多 CHP 应用当中吸收这些热并导出这些热的载体。发动机组成部分所要求的冷却回路包括：

- 发动机缸套及其系统。
- 增压器。
- 后冷却器。
- 润滑油冷却器。
- 余热回收利用设备。

　　冷却回路也可以称为"缸套水系统"，用以将热传输给用户或者排出（转储），以冷却发动机。

(8) 排放

　　排放标准及控制策略将在第 7 章中深入讨论；然而值得一提的是，在几乎所有 CHP 活塞式内燃机的应用当中，都会要求某些形式的排放技术。这些技术包括催化转换及选择性催化还原（SCR），其目的都是为了减少排放到大气中的污染物及减少 CHP 能源站对当地环境带来的影响。NO_x、CO 及 NMHC 是主要控制的排放物。对于富燃发动机，主要通过三元催化剂来降低 NO_x、CO 和 NMHC 的排放至可以接受的水平。对于贫燃发动机，通常用一套 SCR 系统来减少 NO_x，再用一套氧化系统来减少 CO 和 NMHC。有了 SCR 系统，通常还会要求喷氮处理，有时还需要在现场以某些形式进行存储（通常是以尿素水溶液的形式）。所有的催化剂都要求保存在适宜的运行温度下以确保其正常功效和不被损坏。如果进入到催化剂当中的废气温度太低，则不能达到减排标准。如高于可接受的烟气温度，则会损害这些昂贵的催化剂，从而需要购买新的来替换。

(9)　噪声及振动

由于发动机内部零件的活塞式运动，活塞式发动机会产生极大的振动及噪声。噪声包括低频率的隆隆响声，主要是发动机机体散发出的持续性的、高响的、巨大的声音。这些噪声都会是问题，一般通过房间内的隔音处理（可以是 CHP 能源站本身或特制的隔音罩，或者二者都有）。进气和排放系统的不合理设计，以及/或不合理消音的尾气系统都可能造成其他额外的噪声。将尾气排放及空调活门和风扇放置于对噪声影响不大的地方也可减少噪声带来的影响。并不是所有发动机噪声都可以通过上述方法降低。在隔音的房间内安装活塞式内燃机是降低噪声的好方法。发动机一般会通过安装减振器来大大减少发动机传输到周围的振动。在振动可能会产生问题的地方，会在发动机减振基础上再加装分离惰性减振基座。虽然余热回收换热器有助于减少一部分发动机噪声，但尾气消声器也还是需要的。第 10 章讨论了多种降低活塞式发动机噪声和振动的设计方法。

(10)　控制

除了安全的启停活塞式发动机机组，还需要额外的控制系统用以保护发动机及 CHP 系统的机械完整性。例如，需要报警及关停系统应对非正常情景，诸如油位低、油压低、油温高、冷却剂温度偏高、过低的冷却剂温度（阻止热振发生）、冷却剂液位低，或者不恰当的冷却剂流量等。正确的进气温度、空气流量、适当的燃料传输及正确的点燃时间（如果是点燃式发动机的话）都是确保发动机正常运转的重要因素。

发动机速度控制通常设计为恒定的旋转速度，从而维持正确的发电机频率。通常，发电机的相位与电网或者其他发电机相位保持一致（参见第 11 章）。调速器安装在电动机上控制燃料的传递并且发动机转速保持在较窄的设计范围内。然而，调速器响应负荷条件变化的能力是负荷变化类型及幅度的函数。事实上，所有的调速器都可以轻易维持稳定状态（无论是用超调量、欠调量，或者相对设定点的偏移量来衡量）。实际上没有调速器可以在不改变发动机速度的情况下控制一个大幅度的阶跃负载变化，这样会导致发电机脱扣跳闸。柴油发电机组通常比天然气发电机组更适应处理大幅度阶跃负载变化，它最大可以控制处理发电机满负载的 25% 的阶跃负载变化。每一个调速器制造商及模型有着不同的最大可接受的阶跃负载变化处理能力，并且可允许的负载增加依赖于发电机在阶跃负载时负载的比例。例如，20% 的阶跃负载变化在负载 80% 时是允许的，但在负载 5% 时是不允许的。调速器也可以允许操作员输入降低的阶跃负载和延长发动机的使用寿命。超速脱扣是安装在发动机上的控制装置，主要是在发动机旋转速度增加至安全操作转速以上的情形下停止燃料流入。通常是由于调速器或者其他控制的故障导致转速增加。

(11) 设备寿命，运营及维护

活塞式发动机设备寿命与其他机械设备一样，与运行及维护（O&M）、发动机运行时间、发动机速度（如低速与高速）、燃料变化及检修频率等密切相关，这些都影响着活塞式发动机预期使用寿命。或许，除了发动机转速之外，原动机的设计、材料及制造质量是影响寿命的最重要因素。

定期维护包括发动机清洁、定期机油更换及正确的水处理，这些都是 CHP 能源站成功及高效运行至关重要的因素。为了实现预先维护，需要安装仪器仪表来观察发动机的日常运行状态以发现异常情况。如观察到燃料使用增加、换热器温度上升、汽缸运行条件改变，且随着时间推移越发明显时，可以作为判断发动机是否出现较大问题的主要症状。当上述情况维护到位且及时进行检修，活塞式发电机组预期寿命可达 20～30 年，甚至更久。

3.1.2 燃气轮机

随着日常对电力的需求以及按年计对高品质热能的需求的持续增加，燃气轮机在 CHP 装机中越来越受欢迎。虽然燃气轮机与活塞式内燃机的热力循环相近，但是机械结构却大相径庭。对一个多级燃气轮机来说，多级空气压缩机被安装在多级涡轮的轴上。外部空气被吸入压缩机加压升温❶，然后流入燃烧室。在燃烧室内，高压空气与燃料混合燃烧，产生高压高温气体，然后流入涡轮里膨胀做功，提供轴动力驱动发电机及压缩机（某些情况下，燃气轮机设计两个涡轮，带动不同负荷）。

涡轮的功率及效率高度依赖于进入压缩机的空气温度，因此许多燃气轮机系统对进入压缩机的空气进行预冷。预冷燃气轮机进气可以增加进气流量，提高压缩机效率。进气流量增加使得涡轮可以产生更多的功率输出。由于空气密度与干球温度❷有很大关系，一些燃机预冷系统采用蒸发冷却。其他的燃机进气冷却系统则采用来自吸收式制冷机的冷冻水。该类制冷机由蒸汽轮机的排汽驱动。还有一些燃机进气系统采用冰蓄冷制冷。当夜间其他设施电负荷较低时，电力用来生产冰。使用冰的好处是可以比吸收式制冷机产生更低的进气温度。

(1) 类型及尺寸

燃气轮机主要包括航改型及工业燃气轮机，可以是单轴，也可以是双轴。喷气式发动机、涡轴/涡桨发动机可以改造成不同功率等级的燃气轮机。这一类型燃气轮机相当于将飞机发动机安置在一个固定的框架内。虽然航改型燃气轮机会更轻并且热效率更高，但相比于专门针对地面应用而设计制造的燃机更贵。许多制造商可以提供电功率范围在 1～15MW 的航改型燃气轮机（有些制造商可以提供更大功率的机型），简单循环发电效率可达 40%（基于 LHV 回热循环，无余热回收）。根据之前论述，发电效率可以通过余热再利用而增加（联合循环）。

---

❶ 也作压气机。
❷ 干球温度：暴露于空气中而又不受太阳直接照射的干球温度表上所读取的数值。

涡轮❶排气驱动余热锅炉产生蒸汽，从而驱动发电机以产生更多的电力，或者蒸汽被注入燃烧室，以增加通过涡轮的燃气流量。注入蒸汽以降低燃烧室的燃气温度可以降低 NO_x 排放，燃气流量增加可以增加燃气轮机的功率输出。

工业燃气轮机是基于固定发电而制造的，因此可以达到更大的功率（高至 500MW）。工业燃气轮机相比航改机型更重，当然其效率也相对更低。工业燃气轮机简单循环最大效率为 36%（基于 HHV）。根据图 3-3 以及上面的论述，当进气温度升高，燃气轮机的热耗也随着升高，同时电力输出也呈直线下降趋势。根据经验，进气温度每升高 10℉，则电力输出下降 5%。如之前谈到的，通过燃气轮机进气冷却系统，即使在外部温度更高的情况下，也可以有效地维护燃机的功率输出。

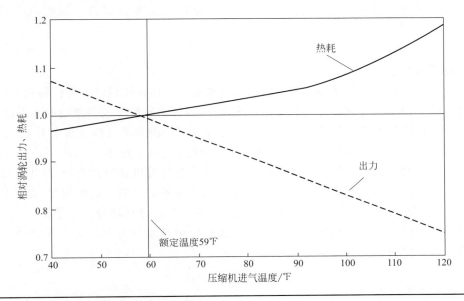

图3-3　相对涡轮出力、热耗 VS 进气温度［来源：2008 ASHRAE Handbook：HVAC System and Equipment (Ref. 1)］

进气压损及燃机背压同样也影响着燃气轮机发电机性能，燃气轮机进排气压差应该维持在燃机制造商允许的范围内。进气压力每下降 1 英寸水柱，预计功率输出下降 0.5% 左右，因此燃气轮机空气进气系统的设计是可持续性 CHP 成功运营的关键因素。

(2) 热耗与发电效率

基于高品位热值，燃气轮机平均发电效率的范围一般为 25%～40%。大型燃气轮机发电机比小型燃机发电机更高效。制造商及机型不同，燃气轮机热耗也都不一样，一般来说热耗率范围在 8500～14000Btu/（kW·h）之间。剩余的燃料能源作为尾气被排出，在大型燃气轮机中，一小部分燃料能源通过辐射及内部冷却剂的使用而散掉。通常排烟温度最低要求为 300℉（149℃），以防止冷凝。除非排气系统为尾气冷凝做特殊设计，否则冷凝的尾气会导致大部分金属排气系统的快速腐蚀（不锈钢通常为冷凝排气系统的要求材料）。在排放任

---

❶　也作透平。

何冷凝水至市政排污管道之前，对其进行中和通常也是必要的。

（3）可用尾气温度/可用热

通常燃气轮机的运行温度很高，燃烧室烟气温度有时超过 2300℉（1260℃），在燃机的尾部，由于烟气经过涡轮叶片而膨胀，烟气温度会降到 850～1100℉（454～593℃）。高的排气温度和排气流量为余热回收及补燃提供了条件，而这在活塞式发动机是不可行的。在 CHP 能源站内，燃气轮机发电效率至关重要。借助尾气流的余热，再热器或回热器可以对进入燃烧室的压缩空气进行再加热，从而提高发电效率及稍稍降低燃料消耗。

燃气轮机废气中包含大量的过量空气，因此补燃燃烧室及风道燃烧室❶就需要安装在排气处，形成辅助锅炉系统，提供额外的蒸汽。风道燃烧室非常高效，最大效率预计可超过 90%。

（4）冷却水要求

燃气轮机的冷却要求与活塞式发动机的冷却要求不一样。燃机没有曲柄轴箱及活塞部件需要冷却，唯一内部需要进行冷却的是用于润滑压气机/涡轮轴承及发电机的润滑油。

如前所述，冷却通常是提前对进气空气流进行冷却，因为进气温度每上升 1℉，电力输出就会下降 0.5%。全年当中进入到压缩机口的环境空气温度是不一样的。大多数情况下，冬季夜间干球温度与夏天干球温度之间有巨大差异。燃气轮机进气冷却（CTIC）系统通过降低或者维持低进气温度来确保功率在任何时段都能够稳定输出。虽然间接/直接蒸发冷却系统是 CTIC 系统常见的类型，冷水管及直接膨胀制冷管在外部环境温度很高，尤其是湿度很高的时候，可以提供更好的效果。CTIC 系统的使用有多种好处，包括增加电力输出功率、降低热耗、延长燃机寿命及提升系统效率等。

（5）排放控制类型

热 NO_x 产生的量与热燃气处于燃烧室内火焰温度❷的时间直接相关（线性函数），与燃烧温度呈指数关系。火焰温度是易于控制与调整的一个变量，用以达到减少 NO_x 排放水平。火焰温度是当量比的单一函数，因此，NO_x 产生的比率如之前定义的，也是当量比的单一函数。

当 $\lambda=1$，NO_x 的产生达到最大，当燃料空气混合物达到富油或者贫油的状态（$\lambda<1$ 或者 $\lambda>1$），NO_x 的量将会降低。当当量比值上升超过 $\lambda=1$，烟排放上升。当当量比低于 $\lambda=1$，一氧化碳的排放增加。

对于燃气轮机尾气，最常见的排放控制策略为对尾气进行选择性催化还原（SCR）。这一工艺需要在排气空气流中注入氨。氨与 NO_x 在催化剂表面进行化学反应并降低废气中 NO_x 的含量。排放与排放控制方法将会在第 7 章中进一步论述。

（6）噪声/振动

燃气轮机发出的噪声与活塞式发动机不一样，产生的是高频率的噪声与振动。运行当中

---

❶　也作补燃。
❷　理论燃烧温度。

的燃气轮机发电机组的声音通常与固定的喷气式飞机的声音类似，这种响声会给无防护装备的人造成不舒适的感觉。制造商们通常给燃气轮机发电机安装隔音围挡来降低噪声。燃气轮机置于隔音围墙内可以很大程度降低噪声水平，但是不能完全消除噪声。额外的减噪设备被在燃机发电机上，安装额外的减噪设备可进一步降低噪声至人体可接受的程度。减噪设备包括进气空气消音器及排气消音器，如果燃气尾气流经过余热锅炉和排气管，余热锅炉可以不需排气消音器即可有效地减少排气噪声。

　　由于连续旋转的结构特性，燃气轮机的振动幅度一般来说较低，这与活塞式发动机明显不同。虽然如此，结构工程师仍必须考虑燃机基座及放置平台高频率振动的计算。

（7）控制

　　与活塞式内燃机发电相似，燃气轮机一般有其独立的控制系统，在燃机设备允许的运行空间内安全调节燃气轮机的启停，并且确保燃气轮机的正常运行，包括通过控制燃料流量来控制旋转速度。当然，活塞式内燃机也配备了安全控制系统防止机组的失控（或者失去对速度的控制）。同时，与发电机组一样，厂房需要安装控制系统来对能源站所有设备及系统进行监控，例如对润滑油压和温度、涡轮进口温度、进排气温度、燃气压力、设备状态等进行监控以达到能源站运行的各重要参数标准。详细内容将会在第 7 章中定义分析。额外的辅助系统（比如 CTIC 系统）在特定的运行参数下会对燃气轮机以及整个能源站的表现带来影响，因此也同样需要控制。

（8）设备寿命、运行及维护

　　在良好的维护保养及定期的维护服务条件下，燃气轮机的生命周期可以超过 20 年，并可以提供大量的高品质（高温高压）热能输出。需要注意的是，必须选择与建筑物或设施基础用电相符的燃气轮机或者机组，因为燃机的部分负载的效率在很大程度上会低于其满负荷运行的效率。燃气轮机通常设计为运行 30000～50000h 进行一次大修。预防性的维护要求与活塞式发动机类似，虽然实际的维护并不一样。为了限制停机时间，当正在运行的燃机进行预计的大修时，许多制造商重新组装了备用燃机对其进行替代。

3.1.3　微燃机

　　微燃机是非常小型的燃气轮机，其特征为内部设置有之前提到的余热换热器，被称为回热器。在微燃机中，进气空气通过离心式压缩机进行压缩，然后在回热器中使用燃机废热进行回热。从回热器出来的热空气在燃烧室内与燃料混合燃烧，高温高压燃气在涡轮机里面膨胀，驱动压缩机，同时驱动同轴的发电机。双级涡轮机❶设计可以使用燃机的排气驱动第二个涡轮（动力涡轮），第二个涡轮驱动发电机。动力涡轮的排气可以在回热器当中对压缩后的空气进行回热。

　　微燃机可以使用多种燃料，包括天然气、丙烷、垃圾填埋气、沼气、含硫气，液体燃料如生物柴油、汽油、煤油及生物燃料/热油等。微燃机需要使用燃料压缩机，且许多家厂商均可以提供。

　　微燃机具有连接方式灵活、可提供非常稳定可靠的电力输出、低排放等特点，是理想的

---

❶　也作双级透平。

分布式发电设备。其应用类型包括：

- 削峰与基础电力负荷（与电网并网）。
- CHP。
- 独立电源。
- 备用电源。
- 主电源（电网作为其备份电源）。

在CHP的应用中，微燃机的余热可以生产建筑物所需的生活热水，可以驱动吸收式制冷机，可以用于干燥、除湿，还可以满足建筑或工业工艺中其他形式的热能需求。

（1）规模

现有的微燃机电力输出范围为25～250kW。虽然与其他原动机技术相比，微燃机的功率输出范围相对较低，但得益于其所占空间较小，微燃机非常适合多台并行安装以组成一个大型发电阵列。相比于单台大型燃气轮机，这种方式具有某些特殊的优势。首先，当微燃机阵列中一台机器出现问题时，阵列发电能力不会全部受其影响。此外，在用户电力需求变化的情况下，微燃机阵列仍然可以保持良好的发电效率。如当用电负荷下降时，单台燃气轮机的发电效率往往随着运行负荷的降低而显著下降，而微燃机阵列则可以通过关闭一些微燃机，使得余下的微燃机仍维持满负荷运行，从而保持整个微燃机阵列的发电效率。而微燃机阵列的不足之处是在相同的装机规模下，微燃机阵列比单台大型原动机的成本更高。

（2）效率及热耗率

微燃机的电效率在20％～30％之间，取决于不同燃料燃烧的高品位热值，其对应的热耗率为11300～17000Btu/（kW·h）。微燃机通过减少空气流量、降低燃烧温度以减少电力输出，因此微燃机在部分负荷运行时的效率比满负荷运行时的效率要低。其热能输出范围为400～650℉（204～343℃），该温度范围可满足建筑物的各种热能需求。

（3）排放

当采用天然气为燃料时，低进气温度及高燃空比可使微燃机的NO_x排放小于10ppm❶。

（4）设备寿命、运行及维护

作为一项较新的技术，微燃机并没有很长的运行历史数据可供分析；然而，如果维护得当，其预期运行时间可达10年。由于微燃机通常被组装进一套完整独立的设备，与大型的定制式CHP系统相比，其维护方面受到一定限制。

3.1.4　燃料电池

如前所述，以内燃机或者燃气轮机为基础的CHP系统依靠燃料燃烧产生高温、高压气

---

❶　ppm：parts per million，有"百万分之一""百万分比浓度""体积比浓度""溶液比浓度"等含义。我国规定，特别是环保部门，要求气体浓度以质量浓度的单位（如：mg/m^3）表示，我们国家的标准规范也都是采用质量浓度单位（如：mg/m^3）表示。ppm与mg/m^3之间的换算式为：$mg/m^3 = M \times ppm/22.4/(273+T) \times 273 \times p/101325$。其中，$M$为气体分子量，$T$为温度，$p$为压力。

体，并利用气体膨胀做功。膨胀的气体可以被不同的设备利用以提供机械能及热能。在燃料电池中，电极隔膜之间的氧化反应引起电子的移动❶。燃料电池可以直接产生电力而无需原动机和发电机。这一过程通常被认为是化学反应而不是燃烧过程，尽管大部分燃料电池系统需要燃料和氧化剂，且利用两者的过程从技术上即是燃烧过程。当然，燃烧本身就是一种化学反应。燃料电池在某种程度上与普通电池相似。普通电池是通过消耗其组成材料的化学反应产生电力。因此，即使是现代可充电电池，其能量最终也会消耗殆尽。

燃料电池概念的提出已经超过 100 年。然而，直到 20 世纪 60 年代，该技术才首次被NASA 应用于载人航天器中，以供应清洁的电力和作为副产品的水。此后的几十年间，随着消费产品、示范项目、运输及军事领域的不断研究与发展，燃料电池日趋实用化。如表 3-3 所示，燃料电池有多种类型，具有不同的工艺、发电效率、余热温度等。大多数燃料电池尚处于研究阶段。燃料电池的工作原理是燃料（通常为氢）与氧化剂（通常为氧）组成众多被隔膜分离的"单元"，氧与氢的结合使得离子沿着这些"单元"的边界流动。许多单独的"单元"组成了"堆"，并以"堆"的形式向外提供电力，同时产生副产品——余热和水。

燃料电池的优势在于其基本上是零排放的，不产生废气污染。此外，在某些情况下，燃料电池具有高效率、低噪声、对电需求变化反应迅速等优点。最常见的燃料电池（磷酸工艺）释放出 150～200℉（66～93℃）范围的热（作为化学反应副产品），并拥有 40%～50%的电效率。其他燃料电池工艺在效率、放热温度、单位功率成本上都不相同。例如，熔融碳酸盐工艺的电效率为 55%，热排放温度高达 600～650℉（316～343℃），可用以生产高压蒸汽。在此类示范项目中，燃料电池产生的蒸汽可以供给蒸汽轮机以生产额外的电力。

（1）类型

区别于普通电池，燃料电池可以为化学反应持续供应燃料，且只要燃料持续供应，其运行时间就可以延长。尽管燃料电池类型多种多样，但最为常见的燃料电池是使用氢作为燃料来源，与空气中的氧来完成化学反应。氢的典型来源是天然气（纯氢、丙烷、柴油燃料也可用作为氢原料的来源）。化学反应的副产品是热水。当氢（燃料）进入燃料电池与空气（含氧）混合，燃料被氧化，产生质子与离子。在质子交换膜燃料电池（PEMFC）和磷酸燃料电池（PAFC）中，阳离子在电压作用下通过电解质后产生电力，随后质子与电子遇到空气中的氧气后再次结合，产生热水。随着水从燃料电池里面排除，更多的质子通过电解质进一步产生电力。

（2）规模及可靠性

尽管燃料电池是理想的 CHP 候选技术，但其缺点在于，现阶段与其他原动机技术相比，燃料电池单位千瓦的装机成本依然远高于其他技术。鉴于其他能源的低成本优势，以及对燃料电池所需的新材料及技术发展的顾虑，目前燃料电池的商业应用非常有限。一家美国商业燃料电池生产商所生产的 200kW 燃料电池，其售价高达 100 万美元。该价格相当于每千瓦需花费 5000 美元，这几乎是其他内燃机或燃气轮机系统价格的 3～4 倍。大型燃料电池（1000kW、1MW）也正在研制中，且预计未来单位千瓦价格为 1500～2000 美元（9179～12240元人民币）。而这一价格才接近那些具有性价比的 CHP 能源站所期望的安装成本。

---

❶ 是指生物体氧化还原反应中的电子移动。

燃料电池类型	常见电解质	运行温度	系统输出	电效率	CHP 效率	应用	优势
高分子电解质膜（PEM）	固体有机电解质 聚全氟磺酸	50～100℃ 122～212℉	<1～250kW	53%～58%（输送的） 25%～35%（固定的）	70%～90%（低级废热）	备用电源；移动电源；小型配电、发电、输电；特殊车辆	固态电解质减少了腐蚀以及电解质管理问题；低温；快速重启
碱性燃料电池（AFC）	氢氧化钾水溶液混合物	90～100℃ 194～212℉	10～100kW	60%	>80%（低级废热）	军事航天	碱性电解质中的阴极反应更快，更高的表现性能；可以使用多种催化剂
磷酸燃料电池（PAFC）	液体磷酸混合物	150～200℃ 302～392℉	50kW～1MW（通常为250kW组件）	>40%	>85%	分布式发电	更高的 CHP 综合效率；提高了对氢当中杂质的容忍度
熔融碳酸盐燃料电池（MCFC）	液体锂、液体钠以及/或者碳酸钾混合物	600～700℃ 1112～1832℉	<1kW～1MW（通常为250kW组件）	45%～47%	>80%	公用事业发电公司；大型分布式发电	高效率；燃料适应性；可以使用多种催化剂；适用于 CHP
固体氧化物（SOFC）	钇稳定氧化锆	600～1000℃ 1202～1832℉	<1kW～3MW	35%～43%	<90%	辅助电源公用事业发电公司；大型分布式发电	高效率；燃料适应性；可使用多种催化剂；固体电解质减少了电解质管理问题；适用于 CHP 混合/燃气轮机

注：来源：能源部，12 月（2008）。

表 3-3　燃料电池技术比较（Ref. 6）

（3）发电效率及热耗率

燃料电池的发电效率从 40% 到氢燃料电池的 50% 以上（相比于碳氢化合物燃料电池），其相应的热耗率为 7000～8500Btu/(kW·h)。

（4）设备寿命、运行及维护

虽然燃料电池技术的出现超过了 150 年，但正如之前叙述的，与其他 CHP 技术相比，燃料电池技术成本太高，且仍处于如何提高性能及降低成本的研究阶段。因此，燃料电池运行的历史短暂且仍被认为是一项新技术。由于没有足够长时间的运行数据以供分析，所以对燃料电池可预计的寿命期限很难作出评判。由于燃料电池被组装进一套完整独立的设备，与大型的定制式 CHP 系统相比，其维护方面存在一定限制。

3.2　热动力设备

　　在 CHP 系统里，热动力设备利用其他工艺中生产的热能发电或者提供机械动力。最常见的热动力设备是蒸汽轮机发电机，它可以由锅炉生产的蒸汽驱动，也可以利用之前提到过的其他燃烧型原动机余热所产生的蒸汽驱动。当利用原动机余热产生的蒸汽驱动蒸汽轮机时，余热/热能可以产生额外的电力。热能也可以用来生产热水、蒸汽或者冷水。而这些能源的生产（在非 CHP 系统中）原本是需要额外的燃料或者动力的，关于这些系统将在第 4 章中详细阐述。

　　蒸汽轮机是一种可以将蒸汽能量（焓）转换为旋转动力的机械装置。旋转动力可以驱动泵、离心式制冷压缩机及其他机械设备。但蒸汽轮机通常用于驱动发电机。

　　蒸汽轮机发电机（STG）可以利用余热锅炉（HRSG）产生的热能生产额外的电力。对于传统锅炉系统，若要成为热电联供，锅炉生产的蒸汽必须同时用来供热（和/或者由热驱动的制冷）及发电。有时这意味着锅炉生产蒸汽的压力和温度要远远大于建筑设施供热或供冷所需的蒸汽参数，这时蒸汽将通过 STG 进行膨胀降压，以满足建筑设施供热供冷所需的蒸汽压力要求。这一类型的 CHP 系统产生的电量与热负荷有直接关系。在能源设施改造的项目中，对已有蒸汽锅炉和蒸汽配送系统的利用，使得该类项目的安装成本更具经济性。由于从背压式蒸汽轮机里排出的所有蒸汽都得到了充分利用，因此使用背压式汽轮机是非常高效的。

　　事实上，美国大多数电力是通过传统的蒸汽轮机发电机组生产的（燃料在锅炉燃烧提供蒸汽驱动 STG）。如前文提到的，当余热锅炉生产蒸汽驱动蒸汽轮机发电机生产额外的电力时，这类 CHP 的热动力循环被称作联合循环。

(1) 类型

　　蒸汽轮机分为两类：轴流式汽轮机❶和径流式汽轮机❷。在轴流式汽轮机中，高压蒸汽从蒸汽轮机的入口引入，蒸汽沿转轴方向流动，经蒸汽轮机尾端流出，蒸汽流驱动装在轴上的叶轮或级（Stage）旋转，类似于在风力作用下的风车旋转。轴流式蒸汽轮机进一步分为以下几个基础类型，包括：

- 背压式蒸汽轮机。
- 冷凝式蒸汽轮机。
- 自动调节抽汽式蒸汽轮机。
- 非自动调节抽汽式蒸汽轮机。
- 中间充汽蒸汽轮机（混压）。
- 中间充汽抽汽式蒸汽轮机。

轴流式汽轮机也可以通过级和叶轮的类型进行分类。叶轮可以采用冲动式叶片，也可以

---

❶ 蒸汽基本上沿轴向流动的汽轮机。
❷ 蒸汽基本上沿径向流动的汽轮机，也作径向式汽轮机、向心式汽轮机。

为反动式叶片。冲动式叶片固定在蒸汽轮机叶轮上，并且受蒸汽冲击叶片之力而旋转。而反动式叶片是当蒸汽离开叶片时，受喷嘴影响，产生旋转。

径流式汽轮机与轴流式的工作方式有很大差异。在径流式蒸汽轮机里，高压蒸汽进入蒸汽轮机的涡轮叶轮中心，并垂直于旋转轴沿径向减压。蒸汽压力的下降（所产生的能量）提供了驱动叶轮旋转的动力，从而通过旋转轴驱动其他机械设备或发电机。多级径向流入式（向心式）蒸汽轮机是工厂预装好的设备，它包括两套或者更多的通过减速齿轮相连接的叶轮，并具有级间的蒸汽管道。蒸汽管道将蒸汽从一个级传输到下一个级。蒸汽轮机（所有类型）各级间可能存在的冷凝水必须被除去，如果蒸汽变成了水滴，将对高速运行的蒸汽轮机叶片造成非常严重的损害。

非凝汽式背压蒸汽轮机的排气压力是高于大气压的，因此被称为背压汽轮机。只要次级低压蒸汽系统所要求的压力低于背压蒸汽轮机入口压力，蒸汽轮机的背压压力可以满足其蒸汽压力需求。背压蒸汽轮机入口与排出蒸汽的压差越大，发电的潜力也就越大。利用蒸汽轮机降低蒸汽的压力比采用减压阀门更加有效地利用了蒸汽中的能量。背压汽轮机的入口蒸汽与排出蒸汽之间损失的能量大部分都被转换为旋转轴动力，这一过程非常高效。比如，如果一个蒸汽锅炉生产 200psig 的蒸汽，而蒸汽配送系统的压力需求仅为 60psig，那么背压蒸汽轮机可以将 200psig 蒸汽变为 60psig 蒸汽过程中所释放的能量用于生产电力。背压蒸汽轮机两端蒸汽的压力差和蒸汽流量可最终实现发电。蒸汽流量则与热负荷需求有关，通常不尽相同。

蒸汽轮机的另外一种应用是帮助蒸汽站满足用户不同压力的蒸汽需求。例如，一家医院需要 150psi 蒸汽用于消毒，15psi 的蒸汽满足生活热水和采暖、吸收式制冷及其他需求。与燃气轮机应用类似，利用原动机的余热所产生的蒸汽压力往往会高于其热负荷所需蒸汽压力。这种情况下，可以通过背压蒸汽轮机使蒸汽降压以满足热负荷的多级压力需求。

凝汽式蒸汽轮机❶的排气进入冷凝器进行冷凝。冷凝器达到真空状态使得每磅蒸汽的焓尽可能被利用，从而使蒸汽轮机的热力学过程更有效率。大部分冷凝器是水冷却系统，也有一些是空气冷却系统。由于主要目的是发电，大部分商业发电厂都采用凝汽式蒸汽轮机。凝汽式蒸汽轮机可以尽可能地利用蒸汽产生更多的旋转动力，但是大部分能量会在冷凝过程中损失。而采用背压蒸汽轮机，冷凝过程可以用来满足热负荷，因此也更具效益。因为可以同时满足电力与热力的需求，背压式蒸汽轮机的综合效率更高。当然，不提供热能的发电厂也不能算作 CHP 能源站。

抽汽冷凝式蒸汽轮机可以允许在蒸汽轮机中抽取出降压后任何压力的蒸汽，包括多级降压。例如，蒸汽以 200psig 压力进入到抽汽冷凝式蒸汽轮机发电机内，一部分蒸汽以 100psig 压力值被抽出，以满足中压蒸汽系统需求，第二级调节抽汽以 15psig 的压力抽出供给低压蒸汽系统，剩余的蒸汽通过膨胀仍可以驱动蒸汽轮机余下的部分生产电力。由于被抽取的蒸汽是用以满足热需求并产生效益，此类电厂也是 CHP 能源站。

不同种类的蒸汽轮机为机械工程师提供了多种选择，以设计出最高效的 CHP 能源站。蒸汽轮机所排出的蒸汽经过减压、降温后，可以供给热交换器、吸收式制冷机、热泵或者其他使用蒸汽驱动的设备，以替代电驱动设备。

---

❶　也作抽凝式汽轮机。

（2）规模

蒸汽轮机装机容量范围很大，在实际的发电厂里，其装机容量可以超过 100MW。由于没有燃烧过程，蒸汽轮机不会像燃机那样对环境造成影响。蒸汽轮机也可以利用 CHP 生产的蒸汽，无论数量多少；在联合循环 CHP 系统里，燃气轮机排气补燃技术可以非常有效地提升蒸汽的产量。

（3）发电效率范围

蒸汽轮机热力学效率与卡诺循环❶的效率是直接相关的。因此，热源的温度和散热后的温度决定了可能的最大理论效率。蒸汽温度越高，冷凝水温度越低，也就意味着更高的理论热力学效率。因为其不可逆转性（熵❷），实际系统的热动力效率会低于预计的理论卡诺效率。此外，蒸汽轮机设计中对于将蒸汽能转换成轴动能的效率也是一个重要的因素。某些制造精良的蒸汽轮机的等熵效率可以达到 90%。需注意的是，等熵效率是指蒸汽轮机将蒸汽能转化为轴动能的效率，与系统的热力学循环效率不同，后者更低。为了尽可能地提高热力学循环效率，商业发电厂常常会利用锅炉生产高压蒸汽（通常是 1000psig 或者更高）和过热蒸汽。在工序的尾端，冷凝器将尽可能地创造真空环境以达到降低冷凝温度的目的。一些大型发电厂利用冷的海洋水及深湖水进行冷凝。从蒸汽到液体这一阶段仍然会释放大量能量，其中只有部分可以被冷凝式蒸汽轮机所利用。

（4）噪声/振动

蒸汽轮机与燃气轮机一样，产生高频率的噪声及旋转振动，蒸汽轮机产生的噪声通常在 85dB 或者更少，当工作人员在蒸汽轮机旁长时间工作时，需要佩戴听力保护装置。同时，更需要关注管道内蒸汽的流动及泵运行过程中产生的噪声。

（5）控制

蒸汽轮机的控制相对简单，需要控制蒸汽流量以满足热需求，也包括对蒸汽轮机进行保护，防止出现对其运行不利的状况，如润滑油压力降低等。蒸汽轮机启动系统操作简单，直接通过或程序控制执行机构打开蒸汽阀门启动蒸汽轮机或关停阀门使蒸汽轮机停止运行。调速系统可以控制蒸汽轮机轴转速以保证发电质量稳定，并可在蒸汽轮机失去控制的时候关停蒸汽。大部分汽轮机有自动跳闸及手动紧急跳闸装置，以应对特殊情况，如发动机润滑油压力下降。

（6）设备寿命、运行与维护

蒸汽轮机的使用寿命取决于运行时间、维护保养及补给水质量。维护保养好的蒸汽轮机如果在运行过程中使用高质量的补给水，则有可能将蒸汽轮机使用寿命延长至 30 年。虽然蒸汽轮机本身具有很高的可靠性（通常为 99%），但其可能受到各种因素影响导致停机，包括但不限于锅炉及余热锅炉停机、CHP 燃料传输故障、锅炉给水泵故障、管道泄漏等。同

---

❶　卡诺循环：由两个可逆的等温过程和两个可逆的绝热过程所组成的理想循环。
❷　物理学上指热能除以温度所得的商，标志热量转化为功的程度。

时，在进行定期的维护和保养过程中，蒸汽轮机也需要停机。每隔 18～36 个月，蒸汽轮机需要停机 150～350h，以完成内检和大修。与内燃机和燃气轮机发电机一样，良好的预先维护可以减少蒸汽轮机发电机组的停机。

3.3　CHP 原动机比较

活塞式内燃机组、燃气轮机、燃料电池及蒸汽轮机四类原动机相比较而言，各有优缺点。这一部分将阐述 CHP 系统中各种原动机的不同特性，并进行比较。

3.3.1　电力输出与发电效率

不同原动机技术的功率输出范围可从微燃机的几千瓦至大型蒸汽轮机的几百兆瓦。

不同原动机技术的发电效率（输出电能除以输入总能量）也不尽相同，其范围可从微燃机最低 20％的发电效率到最先进的燃料电池 50％的发电效率。以天然气为燃料的活塞式内燃机的发电效率为 25％～40％，其电功率输出范围从 50kW～5MW。使用高热值燃料的燃气轮机机组，其简单循环的发电效率为 25％～40％，其联合循环发电效率可达 40％～60％。尽管一些制造商生产的机组功率低至 1MW，或者高达 1000MW，燃气轮机的功率输出通常为 3～200MW。

3.3.2　余热利用的潜力

不同的 CHP 技术具有不同的余热利用潜力。一些 CHP 技术可以生产低温生活热水（LTHW）（低于 250℉，121℃）、低压蒸汽（15psig 或者更少）或者中压蒸汽。某些余热利用设备本身就是系统的组成部分。例如，烟气吸收式冷热机组可以直接吸收原动机排出的烟气，利用烟气余热驱动吸收式制冷或生产热水。较少情况下，热能会直接用于供暖、干燥，其效率与尾气热量直接改变周边环境温度的效率一样高。在某些工业应用过程中，燃气轮机的尾气直接用作烘干农作物和木材。这一应用的优势是直接使用余热，而无需中间的余热利用环节。此类应用具有非常好的经济性。

低温生活热水通常是通过对活塞式内燃机的余热利用而得到的，而低压蒸汽（少于 30psig）可以从高温的发动机排气当中获得。中压蒸汽（高达 250psig）通常来自于以燃气轮机尾气作为热源的余热锅炉，燃料电池生产低温生活热水（约为 180℉，82℃，根据不同的燃料电池技术），可以用于循环加热和供应生活热水。

燃气轮机通常具有较高的热电比，会比活塞式内燃机组产生更多的热。

余热利用的可用温度也不尽相同。在某些应用中，蒸汽轮机电厂冷却塔中的水可用于农业加工、渔业养殖或使用 80～90℉（26～32℃）的热进行风干。而在高温余热利用端，可以从管道燃烧（空气压缩引燃）的燃气轮机所排出的 1100℉（593℃）尾气中利用余热。

3.3.3　燃料及燃料压力

如前文所述，CHP 系统可以设计使用多种燃料，包括但不限于天然气、柴油、垃圾填埋气、丙烷、木柴或者农作物废料气等。比如，加利福尼亚的一家大型发电厂使用胡桃壳作为燃料；俄勒冈州 CHP 能源站通过燃烧来自锯木厂的木屑废料产生蒸汽，以驱动蒸汽轮机发电，并利用余热烘干木材。然而最常用的 CHP 系统燃料是天然气。地方的天然气公司能满足天然气供应，且很少停供。在选择天然气或其他燃料时，工程师必须确保原动机可以使用该燃料。燃气轮机和微燃机可以使用的燃料包括天然气、生物质气、丙烷和馏分油。天然气活塞式内燃机和柴油活塞式内燃机，两者虽然在机械功能上相似，但是通常被设计使用不同的燃料。天然气活塞式内燃机设计使用的燃料包括天然气、生物质气和丙烷；而柴油活塞式内燃机设计使用的燃料包括柴油（2 号燃料油）、生物柴油或渣油。燃料电池设计使用的燃料为天然气、丙烷或者纯氢气（H_2）。CHP 能源站中还可能包括一些使用非洁净燃料（如沼气）的设备，这时需要额外的燃料处理装置将非洁净燃料处理得干燥、清洁后，再提供给燃机使用。

CHP 系统对发电原动机设备使用的燃料压力要求也不相同。燃料电池燃料压力要求为 0.5～45psig，而燃气轮机的燃料压力则高达 120～500psig。天然气活塞式内燃机则可使用低压燃气。如果 CHP 能源站原动机设备（如燃气轮机和微燃机）需要使用高压燃料，则需要额外的燃气压缩设备对公用系统中获取的燃料进行增压，以满足原动机燃料压力要求。

3.3.4　NO_x 排放

排放特性是 CHP 能源站原动机选型的另一重要因素。不同的地区对其境内 CHP 的排放要求也大不相同。在第 12 章中会谈到，任何拟建的 CHP 项目都应与当地空气质量管控单位紧密合作。某些情况下，排放标准的控制会给 CHP 项目获批带来困难与挑战。在未经处理的情况下，不同原动机的 NO_x 排放水平差异巨大，柴油发动机组的排放超过 30lb/（MW·h），而燃料电池每兆瓦发电的 NO_x 排放低至 0.02lb，几乎没有排放。天然气活塞式内燃机的 NO_x 排放水平为 2～30lb/（MW·h）。燃气轮机与微燃机的 NO_x 排放水平则分别为 0.3～4lb/（MW·h）和 0.4～2.2lb/（MW·h）。

3.3.5　功率密度

CHP 能源站所需的面积是一个重要因素。了解功率密度（kW/ft^2 或者 kW/m^2）可以帮助工程师预计 CHP 能源站所需的占地面积❶，计算能源设施及建筑物电力负荷都需要此信息。不同的 CHP 能源站燃料发电原动机设备所需的占地空间对于整个系统而言差别并不大。燃气轮机与微燃机占地面积较小，功率密度分别为 0.2～0.6ft^2/kW 和 0.15～1.5ft^2/kW。在装机规模相同的情况下，天然气或柴油活塞式内燃机组的占地面积要大于燃气轮机，其功率密度为 0.2～0.3ft^2/kW。而相比于 CHP 能源站中其他原动机发电设备，燃料电池有

---

❶　1in^2＝0.09290304m^2。

的"比占地面积"很大，达到 $4ft^2/kW$。当然，电厂的辅助设备则需要更大的面积。

蒸汽轮机的比占地面积非常小，通常小于 $0.1ft^2/kW$。但是，需要注意的是，对于以蒸汽轮机为代表的热能发电设备作为 CHP 能源站原动机的情况，不应忽视与之相配套的热能产生装置所需的占地面积。

3.3.6　设备可运行时间及大修间隔时间

电力及热能的生产能力往往与 CHP 能源站安装的原动机的可用性相关，从而满足电力及热能负荷需求。所有上述的燃料发电设备的运行可行性均可达到 90％～98％，而热能发电原动机，如蒸汽轮机，则具有近 100％的可用性。可用性是 CHP 能源站需要考虑的一项重要因素。首先，如果 CHP 能源站承担着基础负荷，则必须配备备用系统以应对 CHP 机组停运的情况。如果以电网作为备用电源，电力公司常常会收取高额的备用电力费用，而在能源站停机的时间内，所使用的电网电力该如何计费，则取决于能源站在何时停机。显而易见，配备了多种原动机的 CHP 能源站在机组出现故障停运时受的影响较小，因为当某台停运时，其他机组可以马上投入运行。正确的设备搭配与维护计划将很大程度上减少机组停机。但是，没有任何系统具有 100％的可靠性。有些观点也认为机组停运的可能性直接与之前此类停机所带来的负面影响相关。

大修时需要对原动机的主要部件进行拆解以便修复及重装。通常，设备制造商在其工厂或者靠近 CHP 能源站的服务中心备有备用/替换设备，以便当停机发生时可以快速进行维修或替换，以减少停运时间。原动机设备应在连续的时间间隔内进行正常的大修维护，以确保 CHP 能源站稳定高效地运行。通常，燃气轮机机组的大修间隔是 30000～50000 运行小时。与其不同的是，微燃机大修间隔为 5000～40000 运行小时。活塞式内燃机组的大修间隔为 24000～60000 运行小时。燃料电池推荐的大修间隔为 10000～40000 运行小时。蒸汽轮机可运行超过 50000h 之后再进行大修，然而其运行时间取决于蒸汽的清洁度及质量。

3.3.7　启动时间

在衡量电负荷及热负荷需求特点并选择原动机设备以满足这些需求时，需要考虑 CHP 能源站原动机设备的启动时间。不同类型的原动机启动时间相差比较大，从柴油机的 10s，微燃机的 60s 到燃气轮机的 10min，甚至几个小时。某些原动机设备的启动时间会更长，燃料电池的启动时间从 3h 至 2d，而一些蒸汽轮机则需要 1h 至 1d 的启动时间。尽管蒸汽轮机发电机本身启动速度快，但是与之配套的锅炉及蒸汽配送管道达到可运行状态则需要大量的时间。需注意的是，虽然往复式内燃机自身启动时间很短，但对其能源站运行预热则需要较长时间，特别是在没有使用曲轴箱加热器的情况下。

3.3.8　噪声

各种原动机技术产生的噪声大小不尽相同。某些原动机产生的噪声较低，不需要进行围挡，而在其他原动机技术产生噪声高的情况下，则需要对发动机及建筑物进行双重围挡以消除噪声。与燃气轮机和蒸汽轮机所产生的高频噪声振动不同，活塞式内燃机更容易产生低频高幅线性噪声和振动。微燃机与燃气轮机产生的噪声特征相似，因为其尺寸较小，其噪声也较小。然而，当多机组并联排列并同时运行时，其噪声也会增大。燃料电池产生的噪声在各类 CHP 技术中最小。相比于活塞式内燃机组低沉的隆隆作响，蒸汽轮机尖锐的噪声更容易被消除。

3.4 CHP 能源站系统要求

CHP 能源站选用的原动机类型、所产热能类型及使用方式将决定能源站的辅助系统。对于燃气轮机而言，以下典型的辅助系统是必要的：

- 燃烧系统：进气口、管道、空气过滤器、燃机进气冷却、进气口消声器。
- 高压燃气系统：压气机（压缩机）。
- 低压燃气系统：减压阀。
- 燃机排气系统：排气管、管道燃烧室、过热器、余热锅炉、排放控制系统、CEMS（持续排放监控系统）。
- 电力发电机配电系统：变压器、接电装置、发动机操纵系统、保护装置。
- 润滑油系统：润滑油冷却器、润滑油泵、常用油箱。
- 消防系统。
- 化学品储存及紧急喷淋装置。

对于使用余热锅炉系统的燃气轮机 CHP 系统，通常包含以下系统：

- 主蒸汽系统：止回阀、减压阀、汽水分离器去除冷凝水。
- 冷凝系统：冷凝水收集器❶、冷凝泵、除氧给水柜。
- 补给水系统：补给水泵、补给水控制站（补给水控制阀）。

排放控制系统通常具有支持子系统，例如，氨/尿素储存及传输。对于采用活塞式内燃机 CHP 能源站，通常要求有以下辅助系统：

- 燃烧系统：进气口、引流管、空气过滤器、进气口消声器。
- 低压燃气系统：减压阀。
- 发动机排气系统：管道、余热利用热水发生器、排放控制系统、CEMS。
- 电力发电机配电系统：变压器、接电装置（开关装置）、发电机控制系统、CEMS。
- 气缸套冷却水系统：气缸套冷却水系统、膨胀箱、散热器、热交换器。
- 热水给回水系统：热水泵、热交换器、盘管、控制阀。
- 润滑油系统：润滑油冷却器、润滑油泵（如果需要或发动机上未提供）、常用油箱。

如果制冷站是 CHP 能源站的一部分，则需要增加以下系统：

- 冷水给回水系统：冷水泵、输配系统、盘管、控制阀、化学处理。
- 冷凝水给回水系统：冷却塔、冷凝水泵、化学处理。

辅助系统包含：

- 空气压缩系统。

---

❶ 也作冷凝液受槽。

- 备用燃料油储存系统。
- 补充水系统。
- 软化水系统：去离子/反渗透（DI/RO）。
- 消防系统。

CHP 设计工程师需要了解和评估市场上各种燃料发电原动机的差异，并从中选择最适合 CHP 能源站的原动机组（详见后续章节）。每一种原动机的选择都匹配了多种不同的热能方案（见第4章）；原动机类型、所生产的热能质量、在 CHP 系统中如何利用这些热能等因素都将决定所需的系统配置。工程设计师需了解并熟悉以上所列系统。（关于如何设计决策，第10章将提供更多信息）。

参 考 文 献

[1] Abedin, A., Foley, G., Orlando, J. A., Spanswick, I., Sweetser, R., Wagner, T. C., Zaltash, A. (2008). Combined Heat and Power Systems. In Owen, M. S. (Ed.), *2008 ASHRAE Handbook: HVAC Systems and Equipment* (I-P Edition). Atlanta, GA: American Society of Heating, Refrigerating, and Air Conditioning Engineers.

[2] Orlando, J. A. (1996). *Cogeneration Design Guide*. Atlanta, GA: American Society of Heating, Refrigerating, and Air-Conditioning, Engineers.

[3] Sweetser, R. (2008). "CHP-101: CHP Technology Portfolio Today and Tomorrow," Power Point slides. ASHRAE Winter Meeting 2008.

[4] Goss Engineering, Incorporated. (2002). University of Redlands TES and Cogeneration Feasibility Study. Corona, CA.

[5] U. S. Department of Energy, 1999. Office of Energy Efficiency and Renewable Energy: *Review of Combined Heat and Power Technologies*, October.

[6] U. S. Department of Energy, 2008. Hydrogen Program, *Comparison of Fuel Cell Technologies*, December 2008.

第 **4** 章

CHP 热负荷设计

（Gearoid Foley）

　　本章主要围绕 CHP 系统热能的规划与设计、余热利用以及 CHP 所产能源如何满足用户需求等方面展开讨论。CHP 系统所输出热能能否有效利用并产生盈利是决定 CHP 能源站经济性的关键。如图 4-1 所示，虽然电力销售带来的收益约占能源站全部收益的 80％，而能源站的利润则主要来自于热能输出。然而，CHP 的这一优势能否充分体现则取决于 CHP 系统热能部分设计是否合理，以及其所产热能是否在全年中都可以被用户充分利用。本章将会帮助读者理解优化 CHP 设计的相关步骤，以满足用户端能源需求，以及如何保持较高的系统负载率。

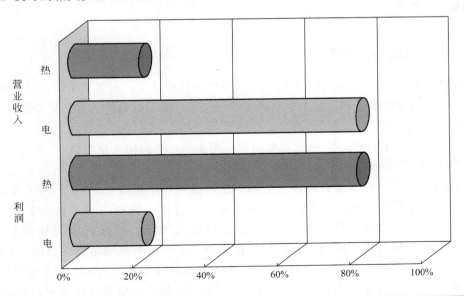

图4-1　热需求与 CHP 经济性的关系（根据 Integrated CHP Systems Corporation 公司参考文献）

4.1　CHP 系统的热负荷设计

为了实现 CHP 系统运行的可持续性，在 CHP 系统的规划与设计过程中需要尽可能地减少项目成本、挖掘节约潜力。实现上述两个目标的一种方式就是以达到最大电力和热力负载率为设计原则。这意味着设计出来的 CHP 系统可以充分利用其购买的设备来生产能源，同时也意味着无须在不需要的设备上有所花费。

为了实现最大负载率，设计过程中需要首先关注用户的热负荷需求，并由此选择适合的原动机（比如发电机或燃气轮机）满足这些需求。根据热负荷进行设计的方法可以带来较高的机组运行负载率，从而促进项目的成功。

这一设计理念由以下基本概念组成。首先，由于用户所需的电力通常是标准频率的交流电（如 60Hz），因此 CHP 系统产生的电力可以相对容易地为用户提供电力；然而，建筑物或者设施所需的热能通常是多种形式的，包括不同压力等级蒸汽、高温热水、低温热水、冷水、冷藏、热空气等。多数情况下，需要开展单一系统提供多种热能形式的设计。其次，负载率通常比设备效率更重要，当负载无法匹配机组输出时，在高效率的设备上投资实际上是一种浪费。

通常情况下，会按照用电负荷选择发电机，然后基于最大系统效率原则叠加相应的热能设备以满足建筑物的热能需求。但这一设计方法常常导致许多 CHP 系统达不到目标效率或者预期经济性，因为其热能部分没有与建筑物负荷需求匹配，导致了较低的负载率。根据 CHP 系统的规划经验和设计理念，应首先根据用户的热负荷选择 CHP 系统的热能系统组成部分，然后根据热能系统选择发电机来满足建筑物的电力。在此过程中，当然也需要同时充分考虑到建筑物电力负荷需求，这一设计过程是需要反复迭代，以确保系统电力及热力输出都达到高负载率。

4.1.1　负荷系数 VS 效率

了解各种 CHP 系统的效率及具体设备效率的差异很重要。大多数情况下，CHP 系统效率根据发电机电力输出总和再加上原动机可利用余热，除以燃料输入总能量计算得到的（计算单位需一致）：

$$CHP 效率＝（电力输出＋可用余热）/燃料输入总能量$$

由此可见，热能回收的越多，CHP 系统效率越高。

另外，CHP 设计的基本目标是满足而不是超过用户用能需求。一个 CHP 能源站在热能转换设备上有多种选择，对于同样的热能输入，这些不同的选择可提供多种形式热能输出。有时候，最大输出的设备并不一定是最佳的选择。例如，在同样热能输入下，CHP 系统可以选择利用单级吸收式制冷设备提供 75t 冷，或者利用混合单级/双级吸收式制冷设备提供 100t 冷。如图 4-2 所示，由用户用能曲线可见，75t 制冷方案的负载率为 89%，而 100t 制冷方案的负载率仅为 74%，可见 75t 制冷方案可以达到更高的 CHP 系统效率。当建筑物的负荷需求下降至低于 100t 时，更高效率的 100t 制冷设备将不得不浪费一部分输入的热能，并且需要增加额外的设备以消耗多余的热。而较低效率的制冷设备在此情况下需要从发动机回收的余热小于 75t，但仍能充分利用原动机产生的余热以实现 CHP 系统全年运行的高效率。

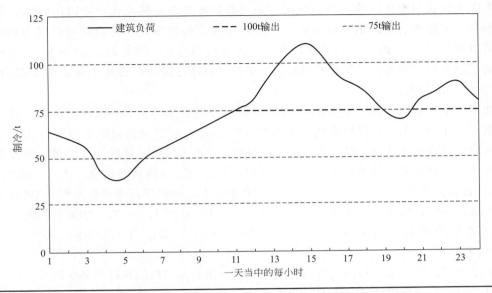

图4-2　制冷应用的负载率举例（根据 Integrated CHP Systems Corporation 公司参考文献）

从设备投资角度来看，相比于 75t 制冷设备，100t 制冷设备的容量和成本增加了 33％，而实际的有效输出只增加了 10％。相比之下，75t 单级制冷机的设备投资更少且维护简单，使其成为上述例子中更好的选择。

值得注意的是，所谓的设备高效率，只有其在系统全年运行中都可以发挥作用时，这种高效率对 CHP 的设计才有积极的意义。这是 "以热定电"[1] 设计方法成功的最重要的因素。

4.1.2　热电比

为了更容易地将 CHP 系统热力、电力输出与建筑物热电负荷需求相匹配，我们需要定义一个值来反映二者的关系。这个具有参考性的值被称作热电比（T/E）。它同时适用于热能与冷能。

CHP 系统的热能热电比（T/E_H）通常是以 "千英热单位每小时"（MBH）热量输出除以以 "千瓦" 为单位的电力输出，公式如下：

$$T/E_H = 热量输出（MBH）/电力输出（kW）$$

对某 CHP 系统，如其电力输出为 1000kW，同时提供了 4000MBH 的热量输出，那么其 T/E_H 为 4MBH/kW。

CHP 系统的冷能热电比（T/E_C）通常是用以 "冷吨" 为单位的冷能输出除以以 "千瓦" 为单位的电力输出，公式如下：

$$T/E_C = 热量输出（t）/电力输出（kW）$$

---

[1]　Thermal first design.

例如，CHP 系统在输出 1000kW 电力的同时，如果也提供了 250 冷吨的冷能，那么 T/E_C 为 0.25t/kW。

上述例子是活塞式内燃机 CHP 系统中，从缸套与排烟中恢复的热能转换成热水以用于驱动单级吸收式制冷机供冷的典型应用。如果我们需要改变热电比，可以用同样的发动机组，但只利用排烟余热以驱动效率更高的双级制冷设备供冷。这种设计将提供 1000kW 电力，可以使 T/E_H 达到 2MBH/kW，T/E_C 达到 0.2t/kW。同样的，1000kW 发动机也可以只利用缸套中的热能，以驱动效率较低的单级吸收制冷设备，则其 T/E_H 为 2MBH/kW，T/E_C 为 0.13t/kW。

如第 3 章中所述，燃气轮机 CHP 系统能将更多燃料能转化为热能输出，因此具有较高的热电比。此外，余热可以转换成高压蒸汽（125psig）以驱动高效的双级吸收式制冷机或者蒸汽轮机制冷机，从而更进一步提高冷能热电比。对于 5MW 级的燃气轮机，其排烟余热所生产蒸汽可以用来供热或驱动高效的制冷机，其 T/E_H（热能热电比）为 5.5MBH/kW，T/E_C（冷能热电比）为 0.6t/kW。在此 CHP 系统上，如使用补燃燃烧室❶，则可以使热能输出再增加一倍，即 T/E_H 达到 11MBH/kW，T/E_C 达到 1.2t/kW。如果我们使用单级蒸汽吸收式制冷机替换掉高效率制冷机，则系统的 T/E_H 为 5.5MBH/kW，T/E_C 为 0.35t/kW。

上述例子说明：某一具体的热负荷并不一定会限制原动机的选择或系统规模。这一点也是"以热定电"合理设计过程中的一个重要因素。

4.1.3 建筑物负荷

为了获得最大负载率，CHP 系统的设计应满足用户的最小或基础热负荷及电负荷。这通常需要综合多种热负荷以达到系统负载率最大化，此类 CHP 系统可在冬季供热，夏天供冷。同时，系统也可以同时供一部分热和一部分冷，从而在过渡季（春季与秋季）仍然维持系统的高负载率。通过以上对热电比的讨论不难看出，系统可以在不改变电力输出的情况下，单独改变系统的 T/E_H 和 T/E_C。评估建筑物全部热和电需求将有助于我们摆脱发电机规模或者技术的限制，从而实现 CHP 系统的最佳设计。事实上，为了能使 CHP 系统的设计达到最优，正确估算全年热负荷需求非常关键。

在确定用户热能需求，并为其提供热能的过程中，热力管网配送系统的可靠性是非常重要的。只有热能可以被有效地配送到用户端，系统产生的热能对用户而言才有意义。虽然可以设计一个全新的配送系统与 CHP 系统设计相结合，但是新配送系统的成本往往会使得项目的经济性变得不可行（除非热力管网配送系统已经作为新建筑物或用能设施的一部分安装完成了）。因此，在确定用户实际用热负荷的同时，还需要确定如何将 CHP 系统连接至用户用能负荷。

在用户热负荷评估过程中，不应考虑那些不能被连接的热负荷，或需要付出巨大成本才能被连接的热负荷。与热力管网配送系统的连接点也是决定 CHP 能源站实际位置的重要因素。如果在连接点上或附近没有空间建设 CHP 能源站，则能源站实际位置到该连接点的连接成本应在项目的经济性评估中给予充分的考虑。

---

❶ 外涵加力燃烧室。

4.2　余热利用设备的选择及设计

余热利用设备的选择和设计依赖于两个因素：①用户所需的热能类型与品位，②使用的原动机类型。通常在 CHP 系统的设计中，应该优先考虑建筑物所需热能的类型和品位，以使得系统的负载率达到最大。对于负载率已经提前确定的现有建筑物改造情况，这一点尤其重要。可提供的热能类型通常为高压或者低压蒸汽、高温或者低温热水、冷水、冰、除湿或者热空气。所需热能的品位与热传递介质的温度和压力有关。

原动机的类型同样也影响着余热利用设备的设计和选择。活塞式内燃机产生热水与烟气余热，而燃料电池则产生少量的高温烟气余热。非回热式燃气轮机则产生大量的高温烟气余热，虽然回热式燃气轮机会产生同样多的烟气，但是其温度相对低一些。

发动机可以回收利用的热能总量则取决于导热介质的流速、质量、比热容以及进出余热回收设备时的温差。可以用以下公式来表示：

回收余热总量＝介质流速×介质质量×介质比热容×（进口温度－出口温度）

一般而言，热传递介质是烟气或水（可能含有乙二醇添加剂）。采用何种介质、介质流速、质量、比热以及进入余热回收设备的温度则取决于原动机类型及性能。而介质流出余热回收设备时的温度则由用户所需热能的类型和品位来决定。

对于烟气驱动的余热回收设备，其热产品（也就是蒸汽或者热水）的温度与可回收的余热量成反比。这就意味着热产品温度越高，则余热回收设备出口温度越高，介质温差减少，可被回收的热量变少。一般来说，来自余热回收设备的出口处温度不应该低于 250℉（121℃），其通常在 300℉（149℃），以避免在排气烟囱（水或者蒸汽）产生冷凝或形成各种酸。更高的温度设计也保证系统运行的灵活性，使其在部分负荷运行时也不会在烟囱处形成冷凝。

对于活塞式内燃机系统，建筑物所要求热产品的品位对于余热回收产生重大影响。图 4-3 显示了基于不同热能产品品位要求，各种活塞式内燃机的余热回收潜力。例如，如果用户需要 15psig 或更高压力的蒸汽，或者超过 240℉（116℃）的热水，则大部分活塞式内燃机将无法利用发动机缸套产生的余热，从而导致 50% 左右的余热将不能被回收。

对于那些热输出形式只是烟气的发动机来说，诸如燃气轮机和一些燃料电池，其余热回收潜力主要取决于用户对热产品品位的要求。如图 4-3 所示，活塞式发动机的余热回收潜能存在一定局限性，活塞式发动机可以提供两种类型的热能，即通过发动机冷却回路产生热水/乙二醇和通过发动机烟囱的高温烟气回收的余热。尽管这两种类型的余热可以被分别单独回收利用，但更加常见并且经济的方式是利用这两种类型的余热共同产生蒸汽。当发动机冷却液流过气液换热器时，烟气中的余热被回收至冷却剂中，并导致冷却剂的温度上升。这一方法对于小型的活塞式内燃机非常实用，特别是对于那些大部分的热能输出来自于发动机缸套冷却剂回路的机组而言，对少量的烟气余热回收进行投资显得并不合理。

如图 4-4 所示，活塞式发动机的电效率与热效率之和基本恒定，但最小的发动机除外。图中同样显示了当所有可回收的余热全部被回收后，CHP 系统的效率将会提升至 80%。发动机容量越大，其热效率越低，而电效率则越高。图 4-4 描述的效率是基于天然气的高品位热值。另外，当发动机规模增大，烟气中余热占发动机总余热的比例不断增加，而且贫燃发动机在烟气盘管里有着较高的热能输出。对于大型的贫燃发动机（1MW 以上），可以考虑采用独立的烟气余热回收设计，但是对于小容量发动机，特别是小型的富燃发动机，余热回收的最好方式则是上面所描述的，即通过在冷却剂回路里面混合烟气余热，以实现余热回收。

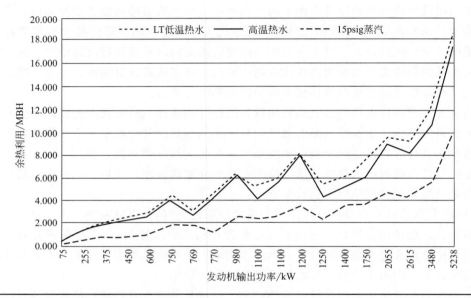

图4-3 活塞式内燃机的余热利用与发动机输出功率（根据 Integrated CHP Systems Corporation 公司参考文献）

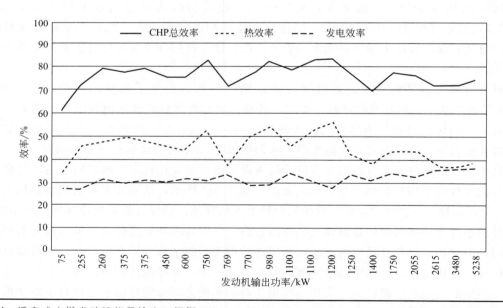

图4-4 活塞式内燃发动机能量输出（根据 Integrated CHP Systems Corporation 公司参考文献）

另外一个需要在热负荷设计考虑的因素是原动机的年运行时间。如果发动机在整个设计运行周期内都用来满足用户的基础负荷，则这一点就不再如此重要。但如果发动机时常需要停机，则原动机年运行时间对余热回收的总量与品位有着较大影响，应给予考虑。当一台发动机的运行功率分别为 250kW 和 150kW 时，图 4-5 显示了从活塞式发动机里面回收热能的品位或者温度。可见，在低负载运行条件下，热能品位也很低，即 198℉（92℃）/150kW［相比于 205℉（96℃）/250kW］。然而余热回收的总量则依旧与发动机的功率输出/燃料输入呈线性关系，而热能温度的降低将会进一步减少后续热交换设备的热能输出，因为热能交换设备都是设计在满负荷条件下运行的。

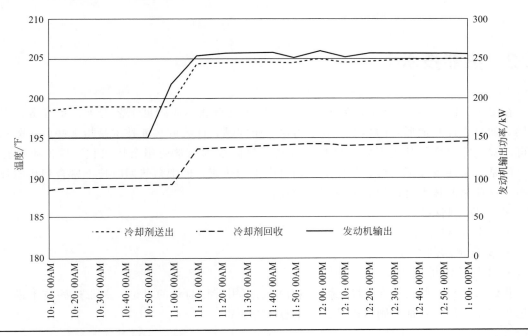

图4-5　冷却剂温度与发动机输出功率

余热回收设备

依据不同的原动机类型，通常有多种适用的余热回收设备。在热量从原动机传输至循环冷却系统的过程中，可回收的热量将被传导至第二级液体循环冷却系统或简单的空气热交换器。热产品输出温度与余热回收循环管道和温度之间温差将决定热交换器的规模及成本。在总传输热量不变的条件下，如果两者温差减小，则需要增加换热器的换热面积，这将导致换热器的规模和成本大幅上升。

基于烟气余热产生热水或者蒸汽的余热回收设备通常包括水管或者火管锅炉（如果生产蒸汽，则通常称为余热蒸汽发生器，"余热锅炉"或"HRSG"）和环绕式热水器。烟气余热也可以通过烟气空气热交换器实现余热回收，或者在某些情况下烟气可被直接用于烘干及供热。锅炉可以用来产生热水或者各种压力的蒸汽，以满足用户的用热需求，也可用来供应热驱动制冷机进行制冷。

在某些情况下，余热回收系统可以集成在热转换设备上，对于热水吸收式制冷机，余热回收的环绕管可以直接与吸收式制冷机相连接，而不需要中间换热器。对于烟气吸收式制冷机，则可以将发动机排出的高温烟气直接应用于制冷机，而无需将其提前转换成热水或者蒸汽。在某些情况下，需要对烟气进气流进行准确控制，以避免吸收式制冷机产生结晶，特别是在负荷变化的时候。

在燃气轮机的应用中，烟气里常包含足以满足天然气有效燃烧的氧气。如果系统需要较高的热电比，则可以为燃气轮机余热锅炉增加一个补充燃烧器或者管道燃烧器，从而在增加较少费用的情况下实现热能输出的增加。这些补充燃烧器的运行非常高效，可以为系统满足用户热负荷需求提供更多的灵活性。

4.3　热能技术

在很多 CHP 系统设计中，为了维持较高的年度负载率或满足工艺需求，系统常常需要提供除加热之外其他形式的热能。为了讨论这个问题，此处的热能技术是指那些由热驱动的并可以提供除热之外其他形式的能量的设备。热能技术通常使用余热回收系统产生的热产品，但是在某些条件下也会直接使用原动机产生的热能，即把余热回收技术融合到热能技术当中。这些热能技术可以划分为以下几类设备：

- 吸收式制冷机。
- 吸附式制冷机。
- 蒸汽驱动制冷机。
- 干燥除湿机。

我们将会对这些技术在 CHP 系统设计中的应用进行简单的讨论。关于这些技术进一步的运行和特性信息特征，则可以从许多信息来源获得。

(1) 吸收式制冷机

制冷机的形式多种多样，并且使用不同的制冷剂和配置。为了解其基本原理，我们将选取最常见的吸收式制冷机的类型—热水—燃烧单级溴化锂（LiBr）制冷机。

溴化锂（LiBr）制冷机运行原理是基于绝对压力与水沸点的关系。在大气压（14.7psia）下，纯净水的沸点为 212℉（100℃）。当气压上升，沸点上升；反之，气压下降，沸点下降。溴化锂吸收器中，水被当作制冷剂并且喷洒在包含建筑物 54℉（12℃）冷水的管束上，此时蒸发器部分的绝对压力下降至 0.1psig。在这一压力下，水的沸点约为 40℉（4.4℃）。建筑物冷水（12℃）在蒸发器管道里提供充分的热量使得制冷剂（水）达到沸点。在制冷阶段的这一变化是利用建筑物冷水提供热能，建筑物冷水在提供热能的同时温度降低，从而实现制冷的效果。

溴化锂具有良好的吸湿特性和较高的沸点，因此在水/溴化锂方案中，溴化锂常常被用来与制冷剂（水）相结合。一旦制冷剂开始蒸发并提供冷量，那么系统压力开始上升，为了使系统持续运行，这部分压力增加必须被消除。溴化锂溶液被喷洒在制冷机的吸收器部分，在这里溴化锂溶液吸收制冷剂（水）蒸汽，从而阻止压力上升。反应过后的稀释（弱）溴化锂溶液被传至制冷机发生器部位，在这里稀溶液被诸如热水的热能加热。发生器当中的压力比蒸发器的压力大很多，从而提升制冷剂的沸点，这使得该区域温度也可以更高。在发生器中，随着水蒸气不断生成，溶液的浓度不断增加，随后被送至吸收器中进行吸收程序。同时，在发生器中产生的水蒸气则直接被送至冷凝器中冷凝成水，然后将其作为制冷剂送至蒸发器中，持续制冷。

吸收式制冷原理在 18 世纪末被发现，并且在 19 世纪早期使用氨（NH_3）和水作为制冷剂/吸收剂开始了商业应用。这些设备主要在美国内战时期用来冷藏食物，并且在 20 世纪早期应用于区域空调系统。20 世纪后期，双级吸收式制冷机发展起来，水作为制冷剂，溴化锂作为吸收剂的方案代替了氨/水方案。针对不同形式的热能来源，吸收式制冷机包括以下几种类型：

- 单级及双级热水型溴化锂制冷机。
- 单级及双级蒸汽型溴化锂制冷机。
- 双级烟气型溴化锂制冷机。
- 单级及双级热水或者蒸汽型氨（NH_3）制冷机。
- 双级烟气型氨（NH_3）制冷机。
- 混合单级/双级溴化锂和氨制冷机。

虽然溴化锂吸收剂是当前区域空调系统的主流选择，但氨水吸收剂仍是很多低温应用的选择，并且可以被设置成热能驱动的热泵，以大幅度提升 CHP 系统的热水产量。溴化锂系统在高度真空环境下操作，而氨水系统在高压环境下运行。制冷剂的选择通常依据应用的具体需求而定，针对冷冻这一特殊的制冷应用，氨吸收式制冷仍是唯一的选择。吸收式冷效率通过制冷系数（COP）来表达，其计算公式是用冷能的总输出除以能源的总输入（在一致的单位下）。

在 ARI[❶] 标准下，利用 15psig 的蒸汽或者 240℉（115.5℃）的热水，单级吸收制冷机满负荷的 COP 约为 0.7。同样在 ARI 标准下，利用 120psig 蒸汽或者 350℉（176.6℃）的热水，双级吸收式制冷机满负荷的 COP 接近 1.2。ARI 标准指的是美国制冷协会 560 标准（针对吸收式制冷机），主要衡量在冷水给水温度为 54℉（12℃）的条件下，机组提供 44℉（6.6℃）冷水回水的性能，即每冷吨的生产需要每分钟使用 4 加仑 85℉（29.4℃）的冷却水。这也就意味着在上述条件下，每 1000000Btu/h 的热输入，基于 0.7 的 COP，单效吸收式制冷机可以产生 58.3 冷吨的冷量；基于 1.2 的 COP 双效吸收式制冷机可以生产 100 冷吨的冷量。因为 CHP 系统通常是按满足用户基础负荷设计的，因此在运行时间内，机组接近于满负荷运行，所以我们并不太在意部分负荷运行时的效率。部分负载下，制冷机组的 COP 可能会显著上升，这是由于低负载的情况下，冷却水温度和周围环境温度通常都较低。在满负载下，可以通过降低冷却水温度来提高制冷机组的 COP，但提升空间有限，这是因为溴化锂溶液在较低温度下会发生结晶的危险。所以对于双级吸收式制冷机，通常在较高的溶液浓度条件下运行。而对于单级吸收式制冷机而言，由于溶液浓度相对较低，因此可以使用更低温度的冷却水。

选择热水式还是蒸汽式吸收制冷机组，通常取决于能源站是否需要将其产生的热能用于其他目的。无论选择哪一种，对制冷机组的成本、效率和运行影响并不大。如果系统中可产生高压蒸汽（大于 100psig）或者高温热水（大于 300℉，148.9℃），则通常应优先考虑采用双级吸收式制冷机。然而需要注意的是，机组效率的选择将取决于之前在"热能设计"一节中提到热负荷需求。对于那些需要高压蒸汽，但并没有较高冷负荷需求的应用，应采用单

---

❶　美国制冷空调与供暖协会。

级吸收式制冷机，其投资成本将远低于双级吸收式制冷机。

对于许多CHP系统而言，从原动机里面回收的热能可能并不在上述常规压力或者温度条件下。特别是对于活塞式发动机，其余热回收管道环路取决于发动机缸套设计参数。在很多情况下，可获得的热水将会低于吸收式制冷机的额定温度240℉（115℃）。而大多数热水型吸收制冷机在降级的情况下，也能在低于常规热水温度条件下运行。在这种情况下运行将显著地影响机组的制冷容量而不是机组的制冷效率。图4-6显示了当进口热水温度低于设计水温时，单级热水型吸收式制冷机的容量和COP的变化曲线。

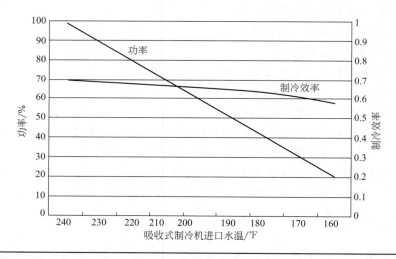

图4-6　单效吸收式制冷机功率和效率与热水温度的对比图（根据 Integrated CHP System Corporation 公司参考文献）

从图中可以看出，当热水入口温度为210℉（98.9℃）时，机组的实际制冷容量仅为标况下的70%。这也就意味着100冷吨级的制冷机如果其热水进口温度是210℉（98.9℃），则机组实际仅能提供70冷吨的制冷容量。因此，为了完全满足用户满负荷下制冷容量的需求（100冷吨），根据70%的容量变化比例，配置的制冷机必须达到143冷吨级别。这将导致制冷机组成本、尺寸及重量的增加。这些因素都应在项目经济性及工程设计时予以考虑。当吸收式制冷机的进口温度（即余热回收设备的出口温度）低于200℉（93.3℃）时，制冷机组在制冷容量上的损失对于多数应用都太大了，导致项目不再具有可行性。而机组的制冷效率在绝大多数温度范围内均保持相对稳定，基本上不需要过多考虑。

很多吸收式制冷机制造商提供"低温"的单级设计来解决这一问题。这些低温热水吸收式制冷机采用改良的管道表面以提供更大的热传导面积，采用多回路管线以延长热水停留时间等诸多优化措施提高制冷容量，从而使机组在部分负载的情况下运行时仍具有较高性价比。值得注意的是，相比于"标准"设计的制冷机，这类低温制冷机的单位造价更高，且更大、更重。

如果从内燃机组CHP系统里所产生的冷能非常重要，那么建议在所要求的容量范围内选择可以提供最高温度热水的发动机，以减少冷能系统的成本影响。

活塞式内燃发动机CHP系统也可以使用混合单级/双级吸收式制冷机。这些制冷机可以直接将烟气余热送至发生器的第一级，将缸套冷却剂回路中的余热送至发生器的第二级。在烟气余热和缸套冷却剂回路余热各占总余热50%的条件下，该系统的第一级吸收制冷

COP 为 1.2，第二级吸收制冷 COP 为 0.7，联合 COP 为 0.95 左右。

　　混合型制冷机为大型活塞式发动机系统提供更好的选择，相比于满足基础负荷的单级制冷机组，混合型制冷机可以产生更多的冷能。同时，混合型吸收式制冷机也可以将余热回收设备融合其中，以减少余热回收设备的占地和成本。然而，相比于单级或双级非直燃型吸收式制冷机，混合型制冷机成本更高，且要求更精准的控制及维护。

　　虽然单级吸收制冷机比双级或者混合型吸收制冷机的效率低，但是其价格也更便宜，运行与维护更简单，且对系统运行变化的敏感度也更低。当考虑将 CHP 系统作为能源站，且没有合格的全职运行维护人员时，这一优势将非常明显。

（2）吸附式制冷机

　　吸附式制冷机结合了吸收式制冷与除湿干燥系统，利用水作为冷却剂，吸收过程使用与上述相同的压力与温度。

　　在制冷过程中，从建筑物当中流出的 54℉（12℃）冷冻水回水流经蒸发器中的管束，且蒸发器的绝对压力在 0.1psig 左右。冷却剂被喷洒在这些管束表面，然后蒸发吸热，使管道里面的建筑冷冻水的温度下降。与化学吸收式反应中应用溴化锂不同，吸附式制冷的吸收器使用固体干燥剂，例如硅胶吸收水蒸气，以实现持续的制冷过程。

　　一旦干燥剂无法再吸附更多的水蒸气，就需要解吸再生。吸附式制冷机分别有两套"蒸发器/吸收器"，当其中一套用来制冷时，另外一套"蒸发器/吸收器"用热水对干燥剂进行解吸再生。在干燥剂解吸再生过程中产生的水蒸气被送至冷凝器冷凝成水后，再进入蒸发器。一旦第一套"蒸发器/吸收器"中冷循环结束，系统将中断冷水流，并且进行切换，即第一套"蒸发器/吸收器"进行干燥剂解吸再生，第二套"蒸发器/吸收器"提供制冷。

　　由热水驱动的吸附式制冷机比单级溴化锂吸收制冷机有着更低运行温度范围。吸附式制冷机可以使用低至 150℉（65.6℃）的热水，但是此条件下其容量及效率将会明显降低。同时，相比于吸收式制冷机允许的最高温度，吸附式制冷机的最高操作温度也有所限制，最高为 195℉（90.5℃）。取决于输入热水的温度，吸附式制冷机的 COP 范围为 0.5～0.7，此数据也是基于与 ARI 标准 560（吸收式制冷机）类似的条件下得到的。

　　尽管吸附式制冷机在使用相对较低温度的热水方面具有优势，但是与同容量的吸收式制冷机相比，其单位成本更高，并且体积更大。由于吸附式制冷机需要两套"蒸发器/吸收器"，并且要求更高的冷凝水流速——每分钟 8 加仑/冷吨❶（吸收式制冷机仅需要每分钟 3.5～5 加仑/冷吨）。应该要注意的是，单级热水型吸收制冷机在热水温度降低情况下运行，需要增加冷却水流量。因此，系统常常需要配置一个热水储存罐以保证吸收式制冷机可以在发动机余热回收变化的情况下稳定运行。而在已经超出吸收式制冷机工作范围的发动机低负载下，吸附式制冷机自身仍可以持续运行。这一特性尤其适用于包含多种发动机组合的系统设计，或者那些热水流量固定的系统设计。在这种情况下，当 CHP 系统电力输出较低时，吸附式制冷机可以维持比吸收式制冷机更高的冷能输出。尽管如上述提到的，典型的 CHP 系统电力输出通常不应有较大回落。

　　当冷却水与热水在吸附式制冷机中使用相同管束时，需要在冷却塔与吸附器之间安装热交换器与循环泵。这将增加项目成本，同时也将增加冷却塔的尺寸。

---

❶ 为流量单位。

（3）蒸汽轮机制冷机

蒸汽轮机驱动的制冷机与电动离心式蒸汽压缩式制冷机的工作原理一样，区别在于一个是电驱动，一个是蒸汽驱动。为了最大化这些组件的效率，蒸汽轮机制冷机通常设计为凝汽式蒸汽轮机并且提供蒸汽冷凝器与制冷剂冷凝器。这些制冷机由 100～600psig 高压蒸汽驱动，额定压力为 125psig。

蒸汽轮机制冷机在 ARI 条件下满负载运行的 COP 为 1.2，功效相当于双级吸收式制冷机。与双级吸收式制冷不同之处在于，在非设计工况的环境条件下，它可以在满负载运行时仍使用低温冷却水，以保证满负载的效率。对于蒸汽轮机 CHP 系统，这是一项非常重要的优势，当制冷机满足基础负荷时，由于制冷机组制冷效率增加而节约的蒸汽用于其他用途。图 4-7 提供了 2000 吨级 150psig 蒸汽轮机制冷机在满负载运行下，效率与冷却水温度关系图。满负载运行下，冷却水温度为 70℉（21.1℃）时，蒸汽轮机制冷机的 COP 将超过 1.6。

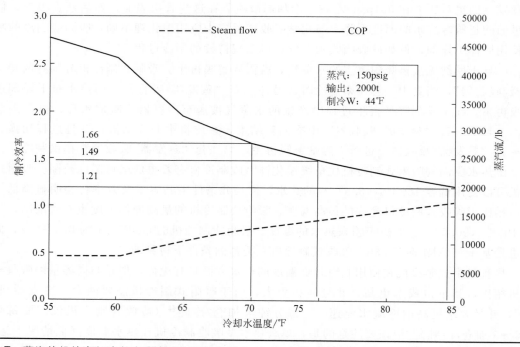

图4-7　蒸汽轮机效率与冷却水温度对比图（根据 Integrated CHP Systems Corporation 公司参考文献）

相对于吸收式制冷机 3.5gpm/t 的流量来说，蒸汽轮机制冷机要求冷却水流量更低，其大致与电空调制冷机差不多。此外，蒸汽轮机制冷机可以产生低于 40℉（4.4℃）的冷却水，同时其制冷容量和效率并无损失。

蒸汽轮机制冷机的规模为 700～2500 冷吨，通常小尺寸机组的单位造价更贵，只有超过 1000 冷吨以上的规模，才会比吸收式制冷机更有优势。如果将其冷凝器置于蒸发器上方，则蒸汽轮机制冷机与电空调制冷机组占地类似，但比吸收式制冷机占地小。其提供低温冷水的能力，以及可利用周围低温环境的条件增加制冷效率等特性，使得蒸汽轮机制冷机更适合大型分布式 CHP 系统应用。

（4）干燥剂除湿机

干燥系统是由热驱动的空调，通过干燥剂材料吸收或者吸附水蒸气，将空气流当中的水分去除。干燥系统通常有两种类型——液体和固体——每一类型有着细微的差别。液体干燥系统通常使用氯化锂水溶液吸收空气当中的水蒸气，从而达到干燥空气的目的。稀释过的氯化锂溶液将会流入热水驱动的再生过程，其水分被脱离后，剩下的比较"浓"的溶液重新回到空气流当中收集更多的水分。固体干燥通常使用浸过吸附材料（诸如硅胶）的齿轮去除空气流当中的水分子。当齿轮被水分子浸透，它会被旋入再生器，在这里热能使吸附材料解析出水分，使这些材料可以进行下一轮除湿工作。

在湿润地区，干燥剂除湿机常用来进行空气清新处理，去除潜热负荷，或与制冷机共同作用，满足建筑内的全部制冷需求。干燥剂除湿机也可以应用于要求低露点的建筑❶，如冷库及超市，或需要除湿的建筑，如游泳池等。相比于热能驱动的制冷机，干燥剂除湿机的尺寸规模较小，因此比较适合小型 CHP 系统。

干燥剂除湿机的 COP 是用除湿过程中所去除的水的焓值除以输入的总能量，其范围是 $0.5 \sim 0.7$，如果采用最新型的液体除湿系统，则 COP 更高。由于干燥剂除湿机属于空气侧系统，因此其更适用于一些没有液体热能分布系统的小型应用场合。热水驱动的液体干燥剂系统一般要求大约 180°F（82.2℃）的低活化温度，而热水驱动的固体干燥剂系统则要求 240°F（115.5℃）的温度进行再生。在使用烟气余热回收的 CHP 应用中，干燥剂除湿系统可以被视作使用烟气的底循环，布置在余热转换设备或者制冷机等主设备之后。如果余热转换设备中产生的是热水，则所排出的烟气往往温度过低，无法使干燥剂再生。

液体干燥剂组件需要冷却塔来去除从系统当中吸收的热能。固体干燥剂本身也是发热设备但不需要冷却塔，而是通过潜热到显热增益变化过程向外界释放热量。一般来说，当干燥系统与制冷机相结合控制潜热与显热负荷时，显热增益是通过使用下游冷却盘管去除的。干燥系统一般以通过空气的体积（ft^3）来标称，如果是采用其最大除湿容量（t）来标称，则可以与吸收式制冷机比较设备的单位成本。

技术比较

在设计 CHP 系统时，需要根据已知的用户用能负荷类型、大小和采用的原动机类型来选择换热设备。如上所述，在 CHP 系统设计中，当能源站配置与用户用能负荷相匹配时，热电比或者 T/E 比是确保系统高负载率的重要因素。当热能输出值确定之后，CHP 系统设计并不限制原动机的选择，因为每个原动机根据选择不同的余热设备和热能技术，将具有不同的 T/E 比。从这一角度出发，表 4-1 列出了不同原动机可适用的 T/E 比及相对应的热驱动技术。

表 4-1 中的 T/E 比仅代表了每个 CHP 系统配置的平均数值，它将随着所选用的原动机具体特性而变化。配置了补燃装置的燃气轮机，其 T/E 比会双倍或者三倍增加，这也为 CHP 的配置提供了灵活性。

---

❶　露点：空气湿度达到饱和时的温度。

原动机	热技术	T/E 比
活塞式发动机	热水发生器	4MBH/kW
	蒸汽发生器	2MBH/kW
	单级吸收	0.25t/kW
	双级吸收	0.20t/kW
	混合吸收	0.30t/kW
	吸附器	0.25t/kW
	蒸汽轮机制冷机	0.20t/kW
	干燥剂	0.20t/kW
燃气轮机	热水/蒸汽发生器	5MBH/kW
	单级吸收	0.35t/kW
	双级吸收	0.6t/kW
	蒸汽轮机制冷机	0.6t/kW
微燃机	热水发生器	7MBH/kW
	双级吸收	0.5t/kW
	干燥剂	0.3t/kW
燃料电池	单级吸收	0.15t/kW
	双级吸收	0.20t/kW

表 4-1　CHP 技术比较

4.4　负荷特征及优化

如前文所讨论的，一个 CHP 系统大小应当满足用户可见的基础负荷需求，在多数情况下，为了维持全年的高负载率，系统将被设计为满足多种热负荷（例如，供热和供冷）需求。因此，描述热负荷的形式（例如，蒸汽或者热水）及品位特征（例如，125psig）至关重要，同样，精确地判断运行时期内的负荷需求也很重要。如果可能，描绘出用户负荷历时曲线应该作为确定热能系统规模的第一步。负荷延时曲线图描绘了一年中系统的负荷位于或超过某一具体的负荷的小时数。图 4-8 是用户的年度冷能负荷历时曲线图，其峰值达到 5000t。

作为例子，我们将假设这个用户只有冷负荷，并且系统预计运行一整年。从负荷延时曲线图中可以看到，当 CHP 系统的冷能规模达到 1000t 时，CHP 系统才可以达到 100% 的负载率。系统规模在 2000t 时，系统的负载率接近于 50%，从经济性角度说是不可行的。如果 CHP 冷能系统应用之后，这个用户的基础负荷为 2000kW，那么能源站的冷能 T/E 比就是 0.5t/kW。在冷能系统应用之后，重新计算电力基础负荷很重要，因为如果制冷机的运行是基于电动机驱动蒸汽压缩，那么制冷系统的应用会减少电力基础负荷的供应。这一例子可以适用于任何 T/E_c 比值在 0.5t/kW 的 CHP 配置，如燃气轮机。

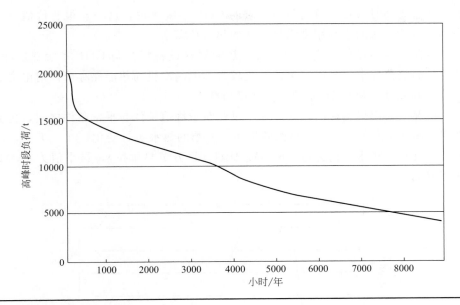

图4-8　冷负荷变化延时曲线

　　如果用户有热需求，那么我们可以将供暖及供冷负荷相结合以增加系统的热能输出。在这种情况下，为了达到 100％ 的负载，我们只需要在夏季时处理冷负荷，这将为系统带来 4000h，2000t 以上的基础负荷，系统的负载率达到 100％。现在 T/E 比变成了 1t/kW，所以我们可以考虑让燃气轮机加补燃燃烧室的方法来满足这一负荷需求。

　　大多数用户每间隔 15min 就可获得其电力使用数据，但他们却没有类似的热负荷数据。考虑到 CHP 系统的投资，如果用户没有安装流量表和温度感应器，那么安装这些设备以衡量和记录热负荷的实时数据是很有意义的。通过精确衡量热负荷以设计一个良好的 CHP 能源站可以节省的成本将远远大于安装这类计量设备所需的成本。

　　除了计算系统的基础负荷之外，我们同样需要了解负荷的种类及质量。如之前提到的，热负荷从蒸汽、热水及供暖用的热空气到供冷用的冷水、冷冻及除湿。位于用户热能配送系统交界点处供回水的表压和温度需求也应在系统热性能精确模型中予以考虑。

　　如果用户的热负荷需求与 CHP 系统热能输出和品位不匹配，那么需要通过负荷优化的方式来使二者结合。例如，用户需要低温进行冷冻冷藏，那么可以使用氨/水吸收式制冷机或使用溴化锂吸收制冷机对离心式制冷机的冷凝部位进行冷却，以满足用户需要的低温。在这种方法下，仍然可以使用发电产生的余热，而不必直接满足用户的热负荷品位需求。通过吸收式制冷机产生的低温冷冻水使离心式制冷机的效率达到 0.7kW/t。没有 CHP 制冷机的话，那么用户则需要采用螺杆式制冷机，利用冷却塔的冷却水进行冷能生产，其效率为 1.5kW/t。

　　制冷机冷却塔是 CHP 整体系统的一部分，可以增加系统效率。CHP 设计与标准的 HVAC 设计的不同点是 CHP 制冷机在不同周围环境下都接近或者以满负荷运行。HVAC 设计主要关注在能源需求处于峰值的条件下满足设施的峰值负荷，以及如何在不同的负荷运行条件使系统效率最大化。对于蒸汽轮机制冷机、液体干燥剂、氨/水吸收器到较小规模的单级溴化锂吸收式制冷机，在较低的冷凝水温度条件下，其满负荷效率将会大幅度增加。特别是对于那些需要同时满足冷负荷与热需求的 CHP 系统来说,这一点很有价值。制冷机效率的提升可以节约更多的余热用来满足其他的热负荷需求。

当电力负荷稳定而热负荷变化较大时,热能储存设备将会与 CHP 系统热能输出结合,协调满足用户的负荷要求。当电力负荷变化较大,电制冷机与热能储存可以对电力及热负荷曲线进行平行调节以达到 CHP 系统全天的高负载率。

在某些情况下,用户负荷的较大波动不仅存在于峰值条件与平常条件之间,也会存在于每小时之间。图 4-9 描述了一家大型医院类用户夏季的热水实时变化。在一天中,热水负荷变化也很大,其平均热水负荷为每小时 3MMBH(百万英热单位),最小值为 1MMBH,最大值为 6MMBH。

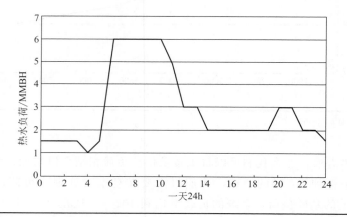

图4-9 大型医院夏季热水每天逐时负荷曲线(根据 Integrated CHP System Corporation 公司参考文献)

该用户基础电力负荷接近于 1MW,而活塞式发动机 CHP 系统热电比为 4MBH/kW。如果用户没有其他热负荷,这将导致机组不得不减少电力输出以匹配用户 85% 的热能基础负荷,即 1.5MMBH。为了将 CHP 系统的潜力发挥到最大,将系统热能输出增大至 3MMBH 是比较理想的,但是这样就意味着机组运行期间内产生的较多热能将会被浪费,从而影响系统的经济性。针对这一点,热能储存技术提供了解决方法,使得 CHP 系统不仅可以满足电力基础负荷,也可以满足用户的全部热水需求。在热负荷需求较低的时间内,CHP 系统产生的热水往往会超出需求。这些多出的热水可以被储存起来并与整个 CHP 系统的热能输出点相连接,当用能负荷峰值到来时,可以利用这些储存的热水作为补充,满足用户热负荷。在这种方式下,热水系统可以满足用户所有的热水负荷,而不需要购置补充锅炉,从而避免增设锅炉带来的成本。

热能储存包含了将热能运输至储存媒介和将热能从媒介当中恢复利用的过程。热能储存可以多种形式进行,最常用的形式为以水或者冰作为介质,将热能储存在保温水箱当中;也可利用其它介质,例如,岩石、砖块、专用导热油或其他化学物质储存热能。液体干燥剂就是利用化学物质储存的例子,且可以储存于塑料箱中。综上所述,热能储存非常适用于那些系统本身具有稳定的热能输出,但用户的热负荷需求变化很大的 CHP 应用。

对于一般的冷能应用,冰相比于冷水对空间需求更小,因此冰常为储存介质。但需要强调的是,许多应用于 CHP 系统中的热驱动技术本身并不能产生冰,因此冷水就成为 CHP

系统的主要选择。热能储存系统的设计需要综合考虑用户的负荷特性，所选介质的储能及释能特性。同时也需要考虑热能储存设备的大小，以实现系统低负荷下可以将多余的热能完全储存，以便峰值负荷时作为补充满足用户热能需求。此外，还需要考虑热能储存介质的储能入口温度和与热能配送系统对接的热能出口温度，这将影响到能源储存的容量甚至 CHP 系统的选型。

4.5　与建筑系统融合

　　热能设计是 CHP 系统整体设计过程中最重要步骤之一，且与发电过程相结合。如本章前文所述，热能部分是决定 CHP 系统整体成功与否的关键，同时也是设计中最难处理的部分。在将 CHP 系统与用户相集成的过程中，CHP 系统不仅需要满足用户在电能和热能的数量和品位的需求，还需要与控制系统及能源配送系统相结合。

　　与建筑物热能配送系统的结合可以利用水力或者闭式传热流体回路、蒸汽汇集器、风道或者其他方式，将从 CHP 系统当中可回收利用的余热输送至建筑物各个热负荷。考虑到大多数 CHP 系统产生的热能只满足用户的部分热负荷，系统通常还需要利用其他设备，如各种制冷机、锅炉、蒸汽发生器等。

　　通常情况下，对于液体循环回路，所有的设备应该按顺序连接，CHP 热能设备应当位于冷却回路或者热回路与外界之间。这样做有两个原因，第一个，也是最重要的原因，是为了确保 CHP 系统应用的负载率最高。第二个原因是大多数热驱动冷却设备与 CHP 能源站在蒸发器温度较高的条件下运行具有更高效率。对于提供 42℉（5.5℃）冷水及接收 56℉（13.3℃）回水的输配系统，其吸收式制冷系统的负载率仅为 50%，如果将 56℉（13.3℃）回水温度降低至 49℉（9.4℃），则系统的效率将得到提高。对应这一思路，针对经过 CHP 热能系统的流体，设计原则应当是为制冷机应用提供尽可能高的出水温度，为热能应用提供尽可能低的出水温度。

　　蒸汽发电设施一般与主蒸汽汇集器相连接，并且其蒸汽压力设定比非 CHP 锅炉要高，这样做的目的是使其首先启动，以达到 CHP 系统的最大负荷。

　　当将除湿、热水冷水或蒸汽盘管等应用于空气控制系统时，CHP 驱动的干燥剂或者盘管应当放置于所有辅助盘管的前方，当其他盘管运行时，它可以预先处理空气。

　　对于 CHP 生产热能应用于建筑生活热水采暖的情况，我们的建议是将 CHP 热交换器放置在新鲜冷水补水与现有或者备用供热系统之间。这样可以使系统提供最大负荷的同时，尽可能地减小换热器体积。生活热水采暖一般需要配置热水储存设备，且系统应该可以处理短时间内大流量需求。

　　如上所述，CHP 系统可以单独控制热能输出的温度和压力，以确保它是被优先使用的系统，当将 CHP 系统的各部分置于一个完备的建筑管理系统控制之下时，只要原动机在运行，CHP 系统就会被优先使用以供暖或供冷。

　　供应 CHP 系统的冷、热及能源输配设备的电力通常应当与电网，而不是发电机相连接。对于大多数应用，居民用热可以在原动机停运之后持续供给，在有制冷机的情况下，冷水及冷却水泵也需要持续运行以免对设备造成伤害。

　　当 CHP 系统作为对现有建筑物的能源系统进行改造的方案时，现有的供热、供冷及电力系统将被 CHP 系统所替换，CHP 系统产生的能源将代替原有系统中生成的能源提供给用户。需谨记的是，CHP 系统的设计是为了抵消用户对电力及燃料的分别购买，作为减少能源成本及排放的一种途径。在某些情况下，CHP 系统并不是为长时期持续的能源供应而设计的，而是一年中需要定期关停，以进行计划性或非计划性维护。因此，原有的功能系统需要保持备用状态，以应对当 CHP 系统关停的情况。当 CHP 系统被设计成为新建筑提供能源，并与热能设备设计相结合时，CHP 系统提供的一些系统冗余能力则可以抵消一些设备的投资成本。

　　在所有案例中，如果其装机规模与用户负荷相匹配，CHP 系统可以给现有及新的建筑带来可观效益。一个设计恰当的 CHP 系统应该可以提供满负荷电力及至少全年 85% 的运行时间内的热能输出，以达到较高运行效率及最佳的投资回收预期，从而确保能源站可以在其预计的寿命期限内持续运行。

（Timothy C. Wagner

Thomas J. Rosfjord）

第**5**章
模块化 CHP 系统

第 2 章中谈到，在美国超过 130GW 尚未开发的 CHP 应用中，超过一半是由用电量 5MW 以下的商业与机构建筑单体楼宇构成。在这一用电量规模下，对系统进行个性化工程设计会带来无法接受的设备及安装费用。预先设计并模块化的 CHP 系统则可以满足这一需求，此时，它们与大型 CHP 系统一样可提供环境及能源安全上的益处，但其成本在许多区域颇具竞争性。这一章将描述模块化 CHP 系统及其优点和缺点，并给出已商业化的模块化 CHP 系统的性能特性。

5.1 模块化 CHP 系统的内在特征

消费者熟悉各种各样的模块化系统。例如，冰箱、电话及汽车都是模块化系统。它们都是根据客户预期及规范标准，经过预工程设计、预装配、预质检等步骤实现客户期待和标准规定功能的集成系统。以汽车为例，消费者不需要购买方向盘、燃油发动机、四个轮胎及其他的硬件，然后自己进行组装。消费者购买的是一个作为汽车的部件集成系统并且其操作运行很安全。

同样的，商业与机构楼宇用户对模块化 CHP 系统越来越熟悉，也能认识到其带来的价值。

一个模块化的 CHP 系统是一个预工程设计、预装配和预质检的集成系统，包括了生产电力的原动机和转换原动机废热为有用能源的热能利用（TAT）设备以及辅助设备如接电装置、控制设备、黑启动设备及燃气压缩机等。CHP 模块可以由单个或者多个模块构成，如果是后者，则位于模块之间的各个机械、电子、信息沟通与控制的接口需要精准指定。

对比模块化 CHP 系统，传统的 CHP 系统作为一套分散的零部件进行设计与购买，然后进行组装并运行。借助分析与经验之利，虽可降低这种组装式 CHP 系统在满足客户预期及规范要求方面的不确定性，但仍需要现场施工和组装，以确保各种部件的接口与协作正常。这些现场工程活动对大型 CHP 来说，经济性上也许是可以接受的，但是对于低利润的小型 CHP 系统，往往需要最小的现场人力花费来保障经济性。

因此，系统模块化主要针对 1MW 及更低电力输出的 CHP 系统。

在接下来的讨论中将介绍模块化系统的基本特征，并着重强调给 CHP 系统带来的益处。

5.1.1　预工程设计

每一个 CHP 系统都会一定程度上进行预工程设计。对于具体的 CHP 系统设计，所选择的基本 CHP 系统部件需要与电力公司的电网基础设施兼容，提供满足用户需求的电力输出，并保障安全与环境达标。预工程设计是提高模块化系统价值构成的重要部分，包括通过优化设计、增加功能及降低现场施工人力等方式。

预工程设计的优势为：

- 优化整合的兼容性部件。
- 最大化/附加功能。
- 鲁棒性的系统控制。

预工程设计可以保证原动机和 TAT 装置的最佳匹配，实现燃料利用的最高水平。这一水平用电与可利用热能之和除以燃料输入能量的值确定（见第 17 章）。TAT 设备功率必须与可获得废热的容量和质量一致。此外，合适的匹配可以确保离开原动机的废热品质有效地进入 TAT 设备。例如，如果 TAT 设备使得可利用余热产生了额外的压损，则原动机将会承受额外的背压，其输出将会明显降低。或者，如果废热的温度超出了 TAT 设备的可允许极限，则需要先浪费掉一部分热能以降低温度。无论是哪一种情形，系统的输出及燃料利用率会降低。预工程设计可以通过合理的选择组成部件，包括多个或多模 TAT 器件，以避免这些问题。例如，一个对空气或者水进行加热的换热器可以降低进口处过高的温度，同时产生有用的能源流。

预工程设计可以增加 CHP 系统的功能。例如，所选择的 TAT 设备可以提供替代性的热能流（如热或者空调），从而扩大 CHP 系统的使用。系统可以被设计为双模式。在这种情况下，CHP 系统可以与电网平行运行（"并网"）或者独立运行（"孤网运行"或者"孤岛模式"）。预工程化确保了满足启动及过渡时间内恰当技术的存在。如果对适当的泵、阀门（包括液体内部材料的相容性）、计量及排放控制设备恰当进行组合的话，CHP 系统可以被预工程化为适应多种燃料运行的工况。根据以上描述，增加的功能为模块化 CHP 系统带来了区别于其他 CHP 系统的独有的性能优势。

对于预工程化很重要的一方面就是建立控制系统，保障系统能够按照预期进行安全可靠运行。控制系统同时也保障了原动机和 TAT 设备作为一个系统运行，并且识别对于原动机模块的需求是否会对余热利用设备部分造成影响，但两种设备在反应时间上会有较大差别。由于某一设备或电力基础设施故障造成的影响，需要通过其他设备进行保护，无论哪一项设备都不允许在其安全设计空间之外运行。无论是稳定运行还是临时性的运行都必须达到这些要求，其中包括双燃料或者多种燃料之间的切换运行。

5.1.2　预装配

　　模块化 CHP 系统在运输至安装地之前提前装配成单一模块或几个模块。一般来说，在现场进行的任何一个模块设计都需要耗费人力，人力耗费体现在系统所有的组成部分：辅助设备、周围围挡设施及能源站与模块或者模块与模块之间精确的机械、电子、信息互递与控制界面的对接。以上包括了提供系统支持性的架构，如有效地与建筑系统整合、安全起重机的落点、清晰及分离的燃料及电子连接器等。每一个模块的尺寸及重量必须符合运输要求，也必须考虑到安装地的限制条件（举例，标准电梯通道及标准门开方向）。

　　模块设计需重点考虑的是要确保组成部分与设备的设计方案不会降低系统性能。进气、烟气及排烟通道不能太长或者弯曲。为了最小化能量损失，必须选用合适的隔热材料。对于有最高温度限制的部件，为了避免其过热或者性能退化，必须采用隔热/通风措施（例如，阀门与电子器件）。

　　模块设计应便于高效制造和维护。元件和设备布局必须考虑并满足燃料、电气、通信及标准化方法的要求（例如，管道布置、管道尺寸和装配），并明确指出允许和禁止事项。布局应允许合理地组装过程（即组装时，设备之间不能互相干扰），并允许中间质量检查。同时，组件和设备布局必须提供维护方式，如果需要的话，允许使用更大的设备（例如，叉车）。日常维护项目应该特别容易。所选定的永久性外壳除可以提供对雨、雪、风、灰尘等的环境保护外，还要便于维修。外壳必须包括密封的访问孔、通风和所有的外部安全标志，如热表面和高电压等。

　　一个预装的模块化 CHP 系统模块应该经过仔细检查，保证在出货前符合装配程序的要求。需要确保的事项包括正确的技术使用（例如，焊接管道或者螺纹管配装、电子与信息线路分离、确保模块升级）以及确保外围围挡设施的标志清晰可见（如燃料、电压及热表面等）。出货前的性能测试必须是前期资格认证的一部分。

5.1.3　预质检

　　经过严格预工程设计和预装配的模块化 CHP 系统，在运输至客户使用地时应可以正常运行。在销售之前，样件系统必须通过全面的验证且模块设计应该可以应对所有的主要问题。因此，针对模块化 CHP 系统，必须实施严格的实地试验，以确保在销售给客户之前，其产品目录里所描述的性能及参数都能达标。只有这样模块化 CHP 系统价值才能得到提升。专业的测试设备可以提供电力与热能负载测试，用来验证模块化 CHP 样板系统的以下功能：

- 在 ISO 或者 ARI 评估条件下，以及环境压力和温度变化的情况下，能够保证性能稳定。
- 排放和噪声符合环境标准。
- 部件和网络故障的快速响应能力、装置热和电需求变化的快速响应能力。
- 双模式切换及启动。

- 多燃料转换及系统对燃料变换的快速响应。
- 鲁棒控制系统确保上述事项及能源站各接口处可预测的、可靠的及安全的运营，确保所有可预测的负荷要求被满足。

为了保障每个装配好的模块化系统如模型一样运行，需要进行一系列的合格性测试。测试包括验证电力输出及热能输出的设计点性能和 CHP 系统效率。对于排放的废气浓度通常都是受到监控的，在出货前，模块的排放标准应当符合当地的排放规范。所有的测试还将涉及检验系统控制及数据传输的功能。

5.2　模块化 CHP 系统的优点与缺点

模块化 CHP 系统所包含的上述固有特征，比之传统的量身定做的 CHP 系统在某些方面有更多的价值，特别是在以下方面：

- 提高性能。
- 降低负面环境影响。
- 更高的可靠性。
- 更好的经济性。

每一项优势将在下面章节里进行扩展阐述。但模块化 CHP 系统的确也有一些缺点。因为模块化系统针对输出进行了优化，输出参数因而变得不灵活。也就是说，模块化系统对于一定范围内电力与热能输出的组合能体现出很高的价值，但很可能在其输出参数变化较大的情况下变得无法胜任或低效率。这一不灵活特性意味着为了能使用模块化的系统，必须具备一系列不同输出范围的模块化系统，以便满足较大能源需求范围的应用。并且，预工程化/预装配特征赋予了 CHP 系统既定的架构，因此也就丧失了用户端安装的灵活性。模块化的这种限制可以减轻，但不能消除。因此，模块化 CHP 系统的固有特征使系统输出及布局产生了某种程度的不灵活性，但是可以通过对模块化 CHP 系统的系列化来加以解决。

5.2.1　提高性能

通过预工程设计，模块化 CHP 系统能最大化原动机和 TAT 设备的能源输出，以及 CHP 生产能源的（或者燃料使用）效率。上述特征可以通过正确组合 CHP 组成部件，在符合操作特征和要求前提下来实现。附加损失被最小化。因此，模块化的 CHP 系统相比类似功能的定制系统，至少可以达到稍高的性能。然而，模块化 CHP 系统的主要优势在于其功能的可扩展性。

任何 CHP 系统如果其基本功率是基于能源设施的需求而设计的，都可以达到较高水准，因而可持续运行。这一情形适用于小型和中型工业客户，其采用的工艺需要连续的热能，例如热水等。这一情形也适用于某些气候条件下的商业用户，需要为楼宇用户持续的供暖或供冷。

然而，有许多的 CHP 客户的机会，尤其是商业、政府及机构用户，他们一年内的热需求是不连续的。在这种情形下，相较传统电力供暖公司的能源供应方式，CHP 系统能否具有更好的竞争性取决于其是否能确保类似的热能输出（例如，供暖、生活热水及冷水）。

确保 CHP 系统提供可替代能源输出的能力是一项复杂的挑战。它要求：①工程设计方面做到零部件的选择与匹配，制定控制策略以保障系统运行可靠与安全；②系统设计与装配方面需要保障部件的放置与架构不会损害系统的性能，避免出现较长管道运行或者热效应情况；③系统的合格及检验以确保系统可以达到预期的性能。模块化 CHP 系统必须拥有这三项特征。因此，规划良好的模块化 CHP 系统，其可扩展功能可以为不连续能源需求用户，以更低的成本实现更好的性能。在某些情况下，模块化 CHP 系统是满足客户需求最经济有效的选择。

值得一提的是，"性能提高"是选择模块化系统所带来的诸多优势之一。一些例子，如低安装成本的模块化 CHP 系统（无扩展功能）证明了其为满足不连续能源需求的最佳方案。

以下分析阐述了模块化 CHP 系统扩展功能的性能优势。考虑以下三个模块化 CHP 系统：

- 系统 1　产生电力及热水。
- 系统 2　产生电力和制冷（例如空调）。
- 系统 3　产生电力、热水或者制冷。

三个系统在设计运行条件下的具体特征包含在表 5-1 当中。用 η_e 表示微燃机的电效率。热能输出 H 的计算是扣除 5% 损耗后，以转换原动机 75% 的废热至可使用的生活热水为基准的。冷能输出 C 的计算是扣除 5% 损耗后，可捕获 50% 废热能并且使用双级吸收式制冷机对这些能源进行转换，其 COP 为 1.3。CHP 系统 1 与 CHP 系统 2 的 η_{CHP} 效率基于以上额定条件。CHP 系统 3 的效率依靠运行条件，也就是制热与制冷时间。为了研究方便，这些系统的容量都被设定为任意小；假设性能参数（例如，η_e）像在大型 CHP 系统中那样可以实现。

系统:输出			1:$E+H$	2:$E+C$	3:$E+H+C$
电功率	P_e	kW	30	30	30
热	H	Btu/h	170K	0	170K
		kW	50	0	50
冷	C	RT	0	12.3	12.3
		kW	0	43	43
电效率	η_e	%(LHV)	30	30	30
热电联产效率	$\eta_{热电联产}$	%(LHV)	80	73	77 [*]

注：[*] 假设 60% 热与 40% 冷。

表 5-1　可替换模块化 CHP 系统设计点运行特征

这三种系统应当与更多的以传统形式产生相同能源的系统进行比较。对于传统方式，电网的效率：$\eta_{grid}=35\%$（LHV），传统锅炉的效率：$\eta_{boiler}=88\%$（LHV）。假设通过（电网）制冷机来生产冷能，制冷系数为 $COP_e=3.5$。

第一，考虑系统 1 与系统 2 持续运行状况下的性能表现。图 5-1 比较了各个系统及传统方式生产相同能源的效率。与预期一致，CHP 系统达到了很高的效率，相比较传统系统燃料消耗，$E+H$ 与 $E+C$ 系统分别节省了 30% 和 17% 的燃料消耗。$E+C$ 系统在 $COP_e=$

3.5时，较低的燃料消耗是因为传统电制冷机非常有效率。然而，任何CHP系统如果保持持续良好运行，可以大大减少总体燃料消耗。

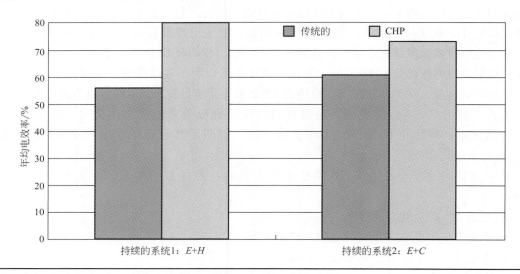

图5-1 持续运行的CHP系统优于传统能源系统

　　第二，考虑在有季节性热能需求时三个模块化CHP系统的运行情况。表5-2给出了这些热能需求的分配。供热或者供冷的时间都是5个月，而电力为连续需求。表格同样反映了从电网购电的时间区段以及锅炉、制冷机等能源配送的时间区段，因此CHP系统与传统能源配送一致。如果一个CHP系统消除了仅供电的区段，那么能源配送效率将会提高。然而，相应的系统利用（例如年运行时间）将会减少，会反过来影响"回收年限"这一经济数字。这一影响对系统1与系统2会更大，但对系统3相对较小。

热电联产模块系统		1:E+H	2:E+C	3:E+H+C
热电联产运行	E+H方式月份	5	0	5
	E+C方式月份	0	5	5
	仅E方式月份	7	7	2
传统运行	电网月份	12	12	12
	锅炉月份	5	0	5
	制冷机月份	0	5	5

表5-2 根据季节需求运行时期

　　图5-2比较了在上述假设条件下，三个模块化CHP系统与传统方式在配送电力及热能方面的年均效率。结果表明，如CHP系统仅有单一热能输出且不能被有效利用的情况下，比之传统方式仅有较小的性能优势；系统2：E+C看起来似乎没有优势。再次，其他因素，诸如"经济优势"或许可以证明选择单一热能输出的CHP系统满足季节性需求是成立的。然而，只有系统3在其年度性能表现上优于传统方式，因为所有从废热当中可获得的热能被

全部利用。相应的年度燃料节省率为 19%。

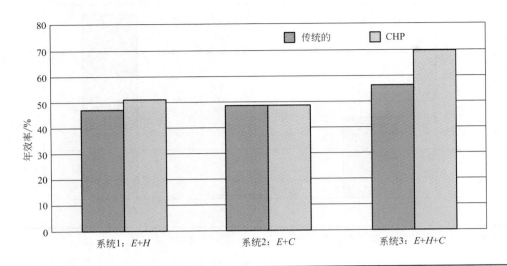

图5-2 季节需求方面，具有附加功能的模块化 CHP 系统优于传统能源系统

因此，配送相同的能源，任何一个持续运行的 CHP 系统将会在性能方面超越传统方式，从模块化 CHP 系统当中增加的功能将会为有季节性热能需求的客户提供超过传统方式的性能表现。

5.2.2 降低负面环境影响

在第 1 章和第 7 章中讨论到，一个 CHP 系统会排放一定量的有害物从而影响环境。排放物包括二氧化碳、一氧化碳、不完全燃烧氢及氮氧化物。二氧化碳为温室气体，直接与燃料消耗的量与构成有关。燃料节省及使用含碳量低的燃料可以减少二氧化碳的排放。其他排放取决于原动机内燃烧特征和效率，一氧化碳和未燃尽的氢代表了不完全燃烧，NO_x 的形成则在过高的温度区域。

高效持续运行的 CHP 系统与传统方式相比，在配送同样的能源时，可以达到较高系统效率而相应地减少了燃料消耗。然而，一个 CHP 系统在有季节性热能需求的情况下运行有可能不会减少燃料消耗或者二氧化碳排放。图 5-3 描述了上述三个 CHP 系统预计的年度二氧化碳减排量。只有基于热能全部利用条件下的系统 3，对比传统能源供应方式达到了突出的能源性能提高。在季节性热能需求下，只有功能兼容的模块化 CHP 系统达到了较高的年度二氧化碳减少。如果使用天然气生产能源，将会达到更好的结果，而天然气也是很多 CHP 系统的燃料选择。实际情况是 CHP 的二氧化碳减少甚至会更多，因为美国 50% 的电厂燃烧煤，其每生产一度电比天然气生产一度电带来更多的二氧化碳。

CHP 系统同样会产生较低量的排放物，比如 CO、HC、NO_x。因为原动机通常使用最新的燃烧控制技术，这样使得每单位燃料输入产生的排放物减到最低。极限情况就是燃料电池作为“原动机”，不经历燃烧过程，实际上几乎不产生有害排放。

此外，监管机构认识到，有效的指标每单位能源输出所排放的污染物可以根据以下公式计算：

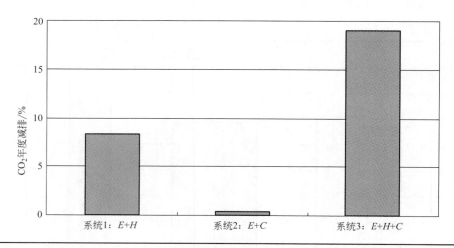

图5-3 增加了功能的模块化 CHP 系统满足季节性需求且减少了温室气体排放

污染物/输出能量＝（污染物/燃料输入×燃料输入）/输出能量＝燃烧控制技术/燃料利用

因此，CHP 系统通过利用最好的污染控制技术（例如，更低的污染物/每单位燃料输入）最小化了污染物排放指标并提高了燃料利用（每单位能源产出使用最少的燃料输入）。

虽然通过 CHP 系统可以实现温室气体（GHG）及污染物的控制并带来益处，但基于以上性能描述及燃料利用等优势，模块化 CHP 系统可以将其最大化。一个应用于用户端的模块化 CHP 系统因为其精准定义的机械、电子及通信/控制等互联系统，可以使得污染物排放最少。

5.2.3 更高的可靠性

模块化 CHP 系统的高可靠性源于之前描述的广泛的样件确认测试及装配系统合格检验测试、控制系统经过确认可以达到理想的输出及在部件安全能力之外对运行的限制、更好的常规维护。整个模块化装配需要检验以保证机械及电气质量。在这种方式下，模块化 CHP 系统可以满足输出预期的性能和较低几率产出具有出厂缺陷的设备。

5.2.4 更好的经济性

经济价值已成为衡量模块化系统的一个重要指标，包括在预工程设计、预装配及预检验阶段。除了最大化有用输出外，实施以下步骤有利于确保燃料消耗的最低水平、现场安装的时间及人力花费、保养的时间及人力花费的可复制性。能源输出最大化和最少的安装时间有助于减少系统的初投资，通过对组成部件和设备尺寸规模的正确判断，同时结合燃料及维护的特点可以减少运行费用。减少现场安装时间的重要性不能被过分看重（见图 5-4）。这些费用可能代表模块化 CHP 系统所有花费的重要部分，因为行业内认为，模块化 CHP 安装协议并没有完全标准化且当地的人工费用会更多。通过合理的 TAT 设备选择，比如使用吸收式制冷机允许季节性供冷或者供热，模块化系统利用可以得到延伸。比如双模式运行可以保障重要设施或者电网断电之后的能源传输，此项性能包括了提高模块化 CHP 系统的价值。在这种情形下，增加的价值恰恰是营收减少或者工序当中可避免的成本。

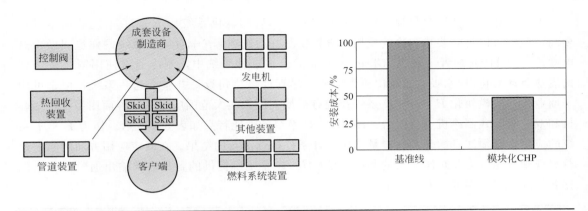

图5-4 模块化 CHP 系统的成本效益

总体来说，所有以上特点致力于缩短系统的投资回收期，以及减少运行费用来抵消初始投资的时间要求（见第 9 章）。所以客户是否受第一笔投资或者回收期激励，相比较传统系统，模块化 CHP 系统的固有特征提供了更好的经济性。

5.3 商用模块化 CHP 系统案例

尽管客户定制的 CHP 系统很常见，完全模块化的 CHP 系统一样本产品系统在出货之前，需要预工程设计、预先安装及预先检验测试。而能满足以上条件的模块化 CHP 系统制造商为数不多。最常见的模块化 CHP 系统为 $E+H$ 系统，即提供电力和热水。模块化 $E+H+C$ 系统（配送电力、冷能/冷水及热能）则很少见。本部分探讨的目标是提供模块化 CHP 系统的性能表现、规模以及运用到的原动机技术。

5.3.1 电力/热水系统

大多数模块化 CHP 系统由原动机和发电机构成，再附加上余热利用部分以产生热水（$E+H$）。某些情况下，余热回收单元作为原动机的一部分来设计。例如，在燃料电池里使用这种方法，燃料电池堆的热可以被回收生产利用成热水。$E+H$ 的 CHP 系统同样也可以应用燃气轮机原动机。在这种情况下，废热烟气流当中的能源可以通过烟气—热水热交换器回收。另外，$E+H$ CHP 系统还可以利用内燃机原动机。这些系统当中，能源的恢复都来自缸套水和烟气。表 5-3 呈现了燃料电池、微燃机以及内燃机作为 $E+H$ CHP 系统在电力及热能输出性能方面的代表参数。需注意的是，反映出来的这些性能是按照设计条件持续运行的结果。在既定应用方面的年度运行表现则依靠电力及热能输出的利用。

5.3.2　电/冷/热系统

　　电/冷/热系统使用余热提供冷水或者热水。尽管三联供系统比 $E+H$ 系统的初始投资要高，但它可以为需要热和冷的应用场合提供更好的选项。$E+H+C$ 系统同样也叫做冷热电联产（CCHP）或者三联供（Trigeneration）。在这种系统中，制冷通常使用第 4 章谈到的废热驱动溴化锂/水吸收式制冷机来完成。尽管许多公司设计并整合这一系统，但是可用于商业推广的模块化 $E+H+C$ 系统在现有市场上还未能大范围应用。一种商用系统将微燃机和双效吸收式制冷机进行组合。$E+H+C$ 系统的性能特点如表 5-4 所示。作为 $E+H$ 系统的应用，必须注意的是，性能是按照设计条件持续运行的结果。在既定应用方面的年度运行表现则依靠电力及热能输出的利用。$E+H+C$ 系统所提供的各种能源输出通常使得它们比 $E+H$ 系统达到更高的年度性能表现。

原动机	额定功率/kW	电效率/%	热能输出/(MMBtu/h)	CHP 效率/%
燃料电池	300	47*	0.48[†]	69
	400	42*	1.60[‡]	91
微燃机	65	29	0.41[‡]	83
	200	31	0.84[‡]	69
	250	30	1.00[‡]	65
内燃机	153	32.3	0.95[§]	91
	250	30.6	1.57[§]	87
	385	32.3	2.13[§]	85

注：*表示 Beginning Of Life（BOL）。

[†]表示 250°F情况下。

[‡]表示 140°F情况下。

[§]表示 160°F情况下。

表 5-3　模块化 $E+H$ CHP 系统性能

原动机	额定功率/kW	电效率/%	热能输出(热)/(MMBtu/h)	热能输出(冷)/(RT)	CHP 效率/%
微燃机	400	31	1.45*	181[†]	0.70

注：*表示 175°F情况下。

[†]表示进气口 54°F/排气口 44°F/冷却水。

表 5-4　模块化 $E+H+C$ CHP 系统性能

参 考 文 献

[1]　Petrov，A.，Berry，J.，and Zaltash，A. 2006. "Commercial integrated energy systems provide data that advance combined cooling，heating，and power." IMECE2006-14932. Proceedings of the 2006 ASME International Mechanical Engineering Congress and Exposition.

[2]　Wagner，T. 2004. "Energy-saving systems for commercial building CHP and industrial waste heat applications." *Co-*

generation and Distributed Generation Journal，19（4）：54-64.

［3］　Zaltash，A.，Petrov，A. Y.，Rizy，D. T.，Labinov，S. D.，Vineyard，E. A.，and Linkous，R. L. 2006. "Laboratory R&D on integrated energy systems（IES）." *Applied Thermal Engineering*，26（1）：28-35.

［4］　ISO. 1997. *Gas Turbine—Procurement—Part 2：Standard Reference Conditions and Ratings：Standard 3977-1：1997*. International Organization for Standardization，Geneva，Switzerland.

［5］　ARI. 2000. *Standard for Absorption Water Chilling and Water Heating Packages，Standard 560-2000*. Air Conditioning and Refrigeration Institute，Arlington，VA.

第6章

监管问题

（Gearoid Foley）

CHP 系统受到来自联邦政府、州政府以及当地的各种各样的规章制度监管，对于安装或运行 CHP 系统的人来说，必须深入了解这些制度条例。规章条例可以直接影响 CHP 系统的规模、选型及造价，其中还规定了 CHP 系统的最低效率以及可提供的财政支持等。其他重要的监管条例控制可允许的排放量以及并网方式，这些反过来都将影响 CHP 系统的配置及其辅助设备。本章将讨论美国各级政府与 CHP 相关的监管制度、政策发展历程，同时简单地探讨一下有关的国际政策。

众所周知，CHP 所产生的社会效益远大于其经济效益，而这也是为什么公众感兴趣并且支持安装 CHP 系统的原因。由于认可 CHP 在温室减排上所取得的成就，许多州政府相继出台规章制度扶持这一产业的发展，多数情况下，CHP 被认为是一种"可再生"能源。另外，长时间以来，人们将 CHP 作为一种工具，它在强化电网可靠性方面发挥着支持作用。并且，对各州及电网公司来说，安装 CHP 系统是可以避免配电系统升级带来高昂投资的一种有效途径。第二个益处便是减轻电网负载。安装 CHP 有助于减少外购电力需求，并从整体上促进电力价格的下降。从安全与环保角度来看，对比传统热电分产，高效率的 CHP 系统减少了对外部资源的需求并且减少了排放。以上 CHP 系统带来的益处主要是社会效应，从此可以看到国家政策逐渐改变，开始鼓励并帮助 CHP 的发展。从联邦政府到州级政府，甚至是电力公司以及当地政府，正逐步清除阻碍 CHP 发展的因素并且提供财政支持。

6.1　美国联邦政府 CHP 政策

联邦政府在制定 CHP 政策方面有一定程度的局限性。主要原因为各州政府与联邦政府在发电、电力输送、配电以及环境等管辖权方面存在冲突。在过去几十年中，联邦政府所起到的作用越来越重要，因为从经济、安全以及环境角度来看，能源政策逐渐被视为国家层面的问题。

在第 1 章中提到，20 世纪 70 年代能源危机后，美国联邦政府在 1978 年颁布了公用事业监管政策法案 PURPA，这一法案对大型 CHP 能源站的发展发挥了重要作用。这一立法开创了非公用电力市场，强制规定公用事业电力公司购买法案允许的"合规"电厂所生产的电力，而同时免除这些合规电力生产商承担"公用事业电力公司"需要承担的责任。PUR-PA 法案允许 CHP 能源站进入电力批发市场，并且要求公用事业电力公司以合理的价格提供给 CHP 发电厂备用电源服务。为了成为合规的发电厂，CHP 能源站必须使用单一燃料发电并且利用至少 15% 的余热。在使用燃油或者天然气的情况下，以一年为基准，余热利用的一半加上所发的电不能少于总燃料能源输入的 42.5%。这一要求允许大型热能用户建设 CHP 能源站来满足其需求，并且将生产过程中多余的电力卖给公用事业电力公司，电力的销售价格对能源站业主来说应该是经济上可行的。对电力市场的开放，实际上是针对所有的电力供应商包括非公用事业电力生产商。2005 年的能源政策法案（EPACT 05）删除了公用事业电力公司从 PURPA 法案中限定的"合规电力生产商"购买电力的这项内容，从此电力市场监管更加宽松。上述限定条款的废除，使得许多作为 PURPA 法案当中的"合规电力生产商"且运行至今的 CHP 电厂，如果考虑电力批发市场的交易价格以及加上电力从 CHP 电厂配送至零售市场的成本，其经济性在一年的大部分时间变得不可行。在先于 EPACT 05 签订的合同到期之前，许多这样的 CHP 电厂被迫全面关停或者作为调峰电厂运行，只有在电力需求较大时，电力批发的交易价格才能证明并反映电厂合理的运行成本。这些电厂从此不能满足之前客户的热能需求，也不再发挥 CHP 能源站的功能。

尽管政策变化降低了 PURPA 法案中"合规电力生产商"CHP 能源站设计的输出能力，但认识到它在化石燃料使用方面以及减少温室气体排放方面带来的益处，联邦政府立法的大趋势中，电力市场仍然向 CHP 开放。与此同时，可持续性用户端 CHP 能源站在满足用户基础负荷或者部分负荷的情况下，通常是具备经济性的。2005 年能源政策法案确实对 CHP 的发展起到了促进作用，该项法案给燃料电池发电系统提供 30% 的税收减免，给微燃机发电系统提供 10% 的税收减免，并且延长联邦政府能源采购合约的授权期限至 10 年。另外，2005 年能源政策法案给能源效率、技术以及发电与电网并网方面的研究提供资金。它还提升了天然气供应（最常用的 CHP 燃料），通过明晰联邦政府在液化天然气设施以及管网设施方面的监管权威，并且修订税法来帮助鼓励天然气配气系统的建设。

2008 年年末，《2008 能源促进与延长法案》获得通过，其中额外制定了给予 CHP 的激励政策，例如，到 2016 年，给予 CHP 投资税 10% 的减免，以及允许 CHP 系统"5 年加速折旧"计划。本部法案延长了关于 EPACT 05 中燃料电池及微燃机的税收减免优惠期限，该期限将延长至 2016 年。

联邦政府通过制定环境政策，尤其是加强对排放的监管力度，极大地影响并促进 CHP 的发展。1970 年的《联邦清洁空气法案》及它的修正案规定了固定式发动机的污染物排放量，对于使用固定式发动机及其他类似发动机的 CHP 系统来说，本法案成为最为重要的与控制排放量相关的法案。《清洁空气法案》要求美国环保局（EPA）建立环境空气质量标准（NAAQS），并以此作为 CHP 系统排放是否合规的评判标准。该法案对 CHP 系统（见第 7

章）中六种排放污染物进行了限制，例如 NO_x、CO、SO_2 以及颗粒物❶（PM）。现今大多数 CHP 系统使用天然气作为主要燃料，因此最值得关注的 CHP 系统标准污染物便是 NO_x。针对既定的污染物，环境空气标准把区域划分为"达标地区"与"不达标地区"。达标地区的 NO_x 排放比不达标地区的 NO_x 排放要求要低。不达标地区的 CHP 系统将被要求安装尾烟后处理系统以使排放达标。

虽然 NAAQS 是环境空气质量方面的标准，但联邦政府还建立了一些基于设备性能的标准以及排放新来源审查机制❷，这些都将通过州级政府来实施监管。CHP 能源站开发商需要申请建设前的环境许可证（见第 12 章）。该许可证将会根据拟建设的 CHP 能源站一年内具体的污染物潜在排放量来分类。潜在排放量将会计算所有运行时间内能源站满负荷输出的总排放量。超过一定年度总排放门槛的大型电厂，将会被视为主要的或大型污染物"来源"。如此一来，根据联邦政府标准，这些电厂及能源站将由州级政府机构实施监管。排放量低于大型污染物"来源"的电厂将会受到州级政府的"次要来源审查"机制监管。如果小电厂的排放物低于州级政府规定的排放门槛，那么他们将被豁免取得环境许可证的要求。小电厂以及"次要来源"电厂一般来说将接受州级规章制度监管。虽然州级规章制度设立的内容要求与联邦政府规章制度当中最基本的要求保持一致，但是某些程度上会比联邦政府监管更加严格。空气排放许可程序通常用来定义污染物控制设备的类型，从而使 CHP 电厂可以获得建设及运行许可。所有针对 CHP 电厂的空气排放许可要求满足联邦政府标准，同样也要遵守当地监管要求。

6.2 美国州级 CHP 政策

如上面所指出的，由于管辖权的问题，联邦政府在美国国内对于 CHP 的发展影响力有限。出台于 20 世纪 70 年代的 PURPA 法案制度极大地促进了大型 CHP 近三十几年的发展，但是在美国大部分地区，由联邦提供的补贴已经很难获得。过去 30 年里，联邦政府给予 CHP 的物质支持一直很少，直到最近，联邦政府才制定了投资税减免 10% 的政策。美国能源部认可 CHP，并实施了一系列 CHP 相关的研究及示范计划，但由于分配给 CHP 的预算金额相对太低，因此希望从联邦政府争取更多的支持难度很大。

在清除大规模发展 CHP 障碍方面，很显然，比起联邦政府，各州级政府将会发挥越来越重要的作用。尽管联邦政府制订了诸如税收减免等刺激计划帮助提高 CHP 的经济性，但 CHP 的实施仍存在许多其他的障碍。这些阻碍各式各样，主要包括以下问题：当地电网并网政策、当地排放标准以及获得许可的核准时间、引用限制、资金成本等。这些问题在某些程度上涉及了 CHP 能源站的成本费用，而这些费用标准实际上由当地政府、电力公司或者州级政府来控制确定。通常情况下，大多数影响政府或者公用事业公司的问题由州级政府实行监督或者管理。

---

❶ 又做"粉尘"。
❷ New Source Review：有法律效力。该机制是为了确保新建、改建的工业锅炉、电厂等工商业设施不会损害空气质量，确保来自这些新建能源利用设施的排放物不会阻碍空气清洁行动。

电力并网问题的解决是加强州级政府向 CHP 施展影响力的最佳案例。与公用事业电力公司配电系统并网的问题最初是由当地公用事业电力公司直接管理的。在后 PURPA 法案时代，燃气 CHP 电厂一般不向电力批发市场输送电力，这一现象并不能说明卖电的经济性差，也不能说明燃气 CHP 电厂作为主机设备而只满足尖峰电力需求。主要是因为政策要求 CHP 能源站必须与当地电网并网，而且在并网之后能源站仍能获得经济性。与当地电网签署并网协议是发展 CHP 的一个重大阻碍，目前一些州级政府针对上述情况做出改善并且出台一些适用于全州的标准并网细则。通过这些技术规范的出台可以迫使公用事业电力公司接受 CHP，其中包括了电力公司定义电网应用的最长响应时间。这一措施很大程度上减少了各州实施项目的障碍，比如加利福尼亚州及纽约州等制定了标准的并网协议。不论在什么情况下，并网协议的签署仍然需获得当地公用事业电力公司的同意，但是州级政府强制的标准为并网申请者提供了正式申办程序及政策依据。

排放要求仍旧是一项阻碍，通常由州级政府监控。尽管联邦政府环保局有权力认定某一地区各种污染物是否达标，但是由州级空气质量管理机构管理与空气质量有关的能源项目。对于除最大型 CHP 电厂以外的所有 CHP 电厂来说，由州级机构负责设定空气质量排放标准，因此，这些电厂可以满足联邦政府最低限度的空气质量标准。根据各州情况，对 CHP 排放标准的监管内容相差很多，这些都与各州参与联邦政府空气质量标准达标情况有关。通常，燃气 CHP 电厂（第 2 章中提到）代表了大多数工厂，因此主要关注的标准污染物就是氮氧化物（NO_x），而它是地面臭氧形成的元凶，所以以臭氧达标情况将会是反映排放标准严格程度的一项重要指标。未能遵循联邦政府环保局标准要求且臭氧不达标的区域要求区域内的 CHP NO_x 排放量要少于达标区域内的 CHP NO_x 排放量。

由于认识到 CHP 高于大电厂的燃料利用率有利于减排，许多州政府开始改变政策以支持 CHP 发展。CHP 能源站通过回收余热减少了锅炉运行，进而减少了燃料使用，因此直接减少了锅炉的碳排放。某些州府，如加利福尼亚州，在计算系统每单位能源输出的排放率时，如果回收利用有用能源可以增加系统电力输出，则政策上给予一定的排放宽限。在此情形下，系统的总排放量按照以下方式计算：热能及电能输出之和除以排放量得出每单位能源输出所含有特定污染物的磅数（通常单位是 kW 或者 MW）。这一方法降低了既有系统的排放率，也使它更容易达到当地的空气质量标准。

能源成本、电网可靠性以及空气质量等问题是州政府非常关心的问题，这些将会影响各州的工业竞争力、就业增长率及健康成本等。CHP 系统的实施可以改善上述问题并带来多种益处，这些已被各州政府认可并且引导制定激励计划，鼓励 CHP 发展。虽然这些激励计划在本质上存在差异，但基本上都考虑在某一期限内给予 CHP 资金、税收减免及产品支付融资❶等优惠。获得这些优惠的主要条件就是 CHP 电厂必须满足当地空气质量标准以及达到预先设定的，以一年运行时间为基准计算的系统效率（例如，电量加上余热量输出总和除以燃料输入能量之后的效率达到 60%）。州政府利用这些投资对电价实行杠杆调节。对 CHP 系统进行的投资，可以抵消电网基础设施升级所带来的成本上涨，同时减少了电力成本。而电力成本又与区域电网传输的能力有着密切关系。在输配电紧张的地区建设 CHP 电厂可以减少该地区外购电力的需求，从而降低了本地区的电力成本。

---

❶　Production payment：借款方在融资项目投产后，不是以项目产品的销售收入来偿还债务，而是直接以项目产品来还本付息的一种项目。

　　州政府政策变化的另一个方面就是要求各州公用事业电力公司的电力结构中增加可再生或清洁电力部分，在某些情况下，可再生或清洁电力包含 CHP 电力。北卡罗来纳州允许达到能源效率的可再生能源电力比例最高为 40%，其中包括 CHP 电力。某些州政府虽然提出了增加可再生能源或者清洁能源电力比例，但该部分不涵盖 CHP 电力。各州政府强制要求增加清洁能源供应的愿望增强，加上社会对于 CHP 带来的成本节约与提供清洁能源方面的认知，这些都逐步引导了政府对于 CHP 的重视，因为 CHP 发电系统以较低的成本达到减排目标。

6.3　其他国家 CHP 政策

　　许多国家利用 CHP 实现集中供冷供热。尽管在全球范围内，美国电力结构中 CHP 系统的发电量处于领先地位，但是许多西欧国家中 CHP 发电量比例比美国 CHP 发电比例要高很多。根据国际能源机构（IEA）的数据显示，丹麦 CHP 发电量占其全国发电总量的 50% 以上，领先全球。这一高比例主要得益于丹麦较高的城市居住人口及随之安装的区域供冷供热系统。这些系统很多都是由公共投资且拥有的。德国的情况与美国相似，它的 CHP 装机大多分布在工业领域。东欧国家公共投资拥有的 CHP 发电占比也较高，同时结合了热力配送系统。根据 IEA 的数字，在中国，CHP 提供的区域供热占有重要比例，与此同时，CHP 发电占总发电量的比例约 13%，图 6-1 显示了 IEA 报告的 G8＋5 国家的 CHP 发电占比。

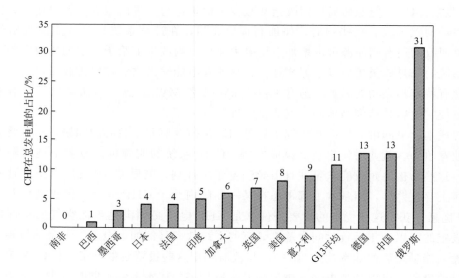

图6-1　G8＋5 国家 CHP 发电占总发电量的比例（来源：国际能源机构关于 CHP 的报告，2008 年 3 月发表）

　　欧洲各国制定的 CHP 政策有差异，包括给予 CHP 电厂并网的补贴等。为了强制用户快速使用 CHP 发电，提高它的优先顺序，如果建筑业主安装了 CHP 系统，政府可免除他们购买可再生能源电力的要求。

6. 4　CHP 项目计划

各州政府还通过其他方式给予 CHP 支持，例如，简化空气许可程序以及免收 CHP 燃料营业税等。下面的案例将会说明各州用于帮助 CHP 推广应用而制定的具体计划。

6. 4. 1　纽约州能源研究与发展机构的 DG-CHP（区域能源-热电联产）示范项目

纽约州通过纽约州能源研究和发展管理局（NYSERDA）给 CHP 应用提供重要的资金拨款支持。这一计划的资金来源通过竞争性的竞标程序获得。当适合某一特殊项目的资金赞助减少时，发起者可以重新通过该计划为项目获得资金。现行计划中提供给热电联产作为分布式发电示范的资金为 2500 万美元，而且州级政府承担每个项目资金成本的 30％～50％，且一个项目享受的最高限额不超过 200 万美元。该计划还包括同一水准的成本分担计划，给予旗舰类示范项目高达 400 万美元的支持，对于拥有多个能源站的客户，即多达 4 个 CHP 电厂，那么每个电厂可以获得 100 万美元的资金支持。另外，计划也给予研究类项目资金支持，比如对现有 NYSERDA 资助的项目展开重新研究，以及为了扩大 CHP 市场渗透而进行的技术转让研究等。

通过本项计划支援安装的 CHP 示范项目可以提供卓越的环保效益，提高电网可靠性及能源利用效率，增加可再生燃料的使用，以及减少能源成本，从而达到促进经济增长的目的。为达到上述目标，人们需要密切关注州政府给予资助的 CHP 示范项目。计划中最基本的资金扶助为 30％，如果项目满足一定的额外标准，将给予额外的 10％资助。额外标准包括以下情形，第一，项目位于爱迪生联合电气公司领域之内（即位于纽约市）；第二，与多源并供电网系统相接而不是辐射状电网系统；第三，电站可以"无障碍"地在正常或者备用模式之间转变；第四，项目使用了发电与余热系统的预先设计、工厂预先测试的组件等。每一项标准将会给予项目额外的 10％投资补贴，最高可达 50％。

适合补贴的要求包括项目位于纽约州内，项目业主是公用事业电力公司的客户并且支付系统效益费[1]基金，或者为该基金做出贡献。CHP 系统设计必须具有黑启动功能，并且能独立电网运行。CHP 系统年度热效率必须达到 60％或者更高，计算方式以 Btu 为单位，总的热负荷与电负荷输出除以高位热值（HHV）的总燃料输入。CHP 系统原动机的 NO_x 排放不能超过 1.6lb/MWh。项目必须安装数据巡检仪器和装备，确保州级监管机构可以在项目交付使用后的 4 年里监控它的性能状况。示范计划同样要求提交各种报告以及工程应用水平报告，政府根据这些内容筹集资金。示范计划支持用户与 CHP 发电厂业主直接签约，不赞同通过第三方或者 ESCO 公司进行项目签约，除非项目情况特殊。

6. 4. 2　加利福尼亚州标准并网准则

加州公共事业委员会联合加州能源委员会、州级公用事业电力公司针对分布式发电（包

---

[1]　System Benefit Charge（SBC）：系统效益费是基金的一种，是除正常电费之外附加在每位用户电费中的小额费用，所有使用电网传输电力的用户必须缴纳 SBC（也可以从电力的供应商收取，如电厂）。

括 CHP 发电）制定了并网、运行、计量要求的标准协议，该协议适用于全加州范围内的项目。这项协议被纳入了各个私人投资的公用事业电力公司关于电价的 21 条规则❶，并且为装机规模达到 10MW 的 CHP 电厂提供适用于全加州的并网通用准则。在各公用事业电力公司的经营区域内颁布一致的标准，明显减少了并网申请的复杂程度以及时间，从而降低了项目成本。

6.4.3 康涅狄格州可再生能源配额标准

康涅狄格州制定法律要求电力供应商必须在其零售市场提供最低限度的可再生能源电力。可再生能源分三类，每一类别有单独的最低配额要求。第三类可再生能源定义为：运行效率不低于 50％的热电联产系统生产的电力输出。电力来源包括以下情况：项目建成于 2006 年 1 月 1 日之后，并在本州的商业和工业设施中应用，是作为用户端分布式能源供应方式的一部分；余热利用系统安装于 2007 年 4 月 1 日之后，并利用工业或者商业工艺过程的余热或者压力生产电能和热能；或者自 2006 年 1 月 1 日之后实施的保护与负荷管理计划中的项目创造的节电量。2008 年第三类可再生能源的最低比例为 2％，2009 年为 3％，计划在 2010～2020 年期间将这一比例提高到 4％。

主要的电力供应商必须提供一定水平的 CHP 电力份额或者从有资质的、注册的 CHP 项目业主方购买第三类可再生能源电力份额。这一交易将会给 CHP 系统业主提供更多的收入，从而提升系统的经济价值。经过核准的第三类电力配额交易价格至少达到 1 美分/(kW·h)，这些电力配额的收益将会由电力配额业主、加州保护和负荷管理基金分配。分配比例将会根据系统所在地、客户类型，以及州政府给予支持的程度来决定。

相比将 CHP 视作可再生能源的一部分，利用可再生能源有关的基金给予 CHP 发电资金支持的措施更为重要，虽然该措施比较新颖，但却越来越为大家所接受。有些州政府甚至宣称，如果仅仅只用太阳能、风能、生物质或者其他传统可再生能源，可再生能源电力配额目标将会增加，而低成本目标却难以实现。如果将 CHP 作为可再生能源的一部分将会大幅度提升上述目标实现的可能性。例如，在较少的能源成本下提供清洁能源系统而不用担心恶劣的天气情况就是一个很好的例子。对于那些无法享受太阳能和风能等高清洁能源益处的州来说，上述举措的实施特别符合实际。

6.4.4 德国上网电价补贴

德国 2002 年通过一项法案给予并网的 CHP 电厂（新建或者改造）激励补贴。法案提供的额外补贴价格高于电力批发市场定价，资金来源通过向居民及工业电力用户征收获得。根据电厂的类型及大小，发放不同补贴。给予新建和改造的 CHP 电厂的电价补贴为 1～2.5 欧分/(kW·h)，小于 50kW 的 CHP 电厂或者使用燃料电池作为原动机的电厂将获得超过 5 欧分/(kW·h) 的电价补贴。原计划的补贴价格将会逐年减少并于 2010 年停止发放。但是 2006 年对该计划的审查表明，基于该上网补贴机制，2010 年的二氧化碳减排目标有可能无

---

❶ Rule 21：加州连接公共事业电力公司配电系统的并网、运行、计量要求的收费标准，加州公共事业管委会有管辖权。

法实现。结合修订的补贴机制以及更严格的国家温室气体减排目标，现行的上网电价补贴机制有望在 2010 年之后继续执行。

6.4.5 公用事业公司项目计划

美国许多公用事业电力公司最近对 CHP 表现出欢迎态度，CHP 不仅可以免去他们升级电网带来的成本，又可以为客户提供更多的电力品种选择。尽管过去许多公用事业电力公司不太支持 CHP，但是现在许多电力公司为客户提供高效的能源站解决方案中包括了 CHP。

6.5 未来政策发展

尽管 1978 年就制定了 PURPA 法案，但联邦政府并未出台进一步政策支持 CHP 发展，直到最近出台了投资税减免补贴。在 PURPA 法案颁布及最新政策出台期间，电力供应的管制放松重塑了电力市场，其结果是公用事业电力公司的业务模式及客户可选择的能源品种都发生了较大变化。例如，加州和纽约州在过去二十年制定了支持 CHP 发展的政策，使得近 10 年来 CHP 得到了快速发展。加州电力供应危机、不断上涨的能源成本、对温室效应加剧的关注使得美国多个州政府加快了在其治理区域内发展 CHP 的步伐，欧洲国家也同样加快了 CHP 发展速度。

早期推行 CHP 的方法都是针对某项具体阻碍进行消除，而不是通过协调将其他阻碍等一并解决。CHP 项目管理的复杂程度与电力公司对于安全与营业收入等考虑减缓了 CHP 的推行。另外，CHP 市场本身也在发生变化，从原有的大型工业 CHP 向小型的商业、公益机构发展，政策制定者应当把握这一趋势重新构造电力市场。尽管取得了不同层面的成功，推行 CHP 面临的许多阻碍依然存在。最近采取的措施是协调政策制定者与 CHP 行业参与者，获得能源部门的支持，加强公用事业电力公司对于 CHP 的关注，通过以上行动消除之前存在的一些障碍。标准并网协议、资金补助和简化的空气许可程序等政策都表明电力市场向 CHP 开放。

政策市场环境在改善，但仍有阻碍，例如，天然气价格波动、业主对于投资回报率的高期待、特殊用户实施 CHP 的复杂性等都会阻碍行业的发展。早期资金补贴计划资助的项目并未能达到预期目标，存在失败的案例。糟糕的项目设计导致系统不能充分利用，并且低于预期的效率，事实证明，要求系统持续性地满足减排目标也给 CHP 项目实施带来困难。

随着 CHP 行业人士不断努力寻找利用 CHP 效益的方法，未来的政策制定需要解决实际存在的障碍，同时鼓励与公用事业电力公司合作，因为他们已经成为 CHP 的支持者。为了获得公用事业电力公司对于 CHP 的支持，许多州政府正在研究输送功率与公用事业营收分离的潜在可能。这一努力通常由州级政府公用事业监管机构牵头，并且提出更改法律政策。通过可再生能源支持计划，帮助 CHP 的方式将会转变成对生产支出、测量、验证模型的关注。这些可以帮助确保公共资金投资的 CHP 项目在实际运行上能达到预期效果。

随着监管者和政策制定者开始认识到 CHP 在减排目标上发挥的作用越来越重要，联邦政府、地区以及州级政府制定的温室气体减排目标将会起着重要作用。碳排放的"总量管制与交易"可以促进 CHP 发展，因为它可以取代电力与热能分产结构。尤其是，当考量标准以燃料输入为基准的排放比率向以输出为基准的排放比率转变时，燃烧效率较高的 CHP 原动机将会获得更多机会，如此一来使得 CHP 的实施更加容易。

关于上述问题的出现与探讨目前已经进入不同阶段并有所延伸，实际上这也代表了 CHP 相关政策的一个自然变化过程。

6.6　CHP 系统要求

联邦、州级、地方政府三方不断改善的政策会直接对 CHP 系统的设计产生影响。通常来说，只有在 CHP 的系统效率远远超过非 CHP 方案并且系统具有高负载系数的情况下，CHP 系统的良好效益才能体现出来。根据规定，CHP 系统持续运行一年的效率不能低于 PURPA 法案的要求。系统效率与项目具体的应用地点、设计、合理的设备装机都有关系，而不仅仅只是 CHP 设备本身，但设备依然是构成 CHP 项目未来能否成功的重要因素。

资金成本依然是大规模推广 CHP 的主要障碍。未来的 CHP 系统在应对这一问题上，可以将发电及热能开发设计成模块化的系统来减少安装成本，同时增加发电与热利用协调的可靠性。当越来越多的激励政策给予可进行验证的能源生产类型资金补贴时，政府将要求监控及数据巡检设备性能满足规定的报告要求来获得其认可。

环保要求和温室气体减排目标仍然是政策制定者支持 CHP 发展的最大推动力。CHP 系统必须持续不断地降低排放水平，因为在很多情形下，监管部门对安装了排放处理设备的 CHP 项目提出更严苛的排放控制要求，用来区别 CHP 技术与传统技术。

第7章

碳排放—环境效益及排放控制

（Dharam V. Punwani）

所有化石燃料燃烧后的主要产物都是水蒸气和二氧化碳，但其他一些燃烧产物被认为是对环境不利的。它们包括氮氧化物（NO_x）、一氧化碳（CO）、未完全燃烧的碳氢化合物（HC）及颗粒物。

不良燃烧产物及污染物的排放与燃料使用类型、采用的燃烧系统类型以及运行模式有关。所有燃料当中的硫在排放中以氧化硫的形式呈现。所有氮氧化物的排放包含了以下两类组成部分：

① 燃料型氮氧化物；

② 热力型氮氧化物。

燃料型氮氧化物是燃料中含有的氮化合物在燃烧过程中热分解而又随即氧化产生的，而热力型氮氧化物是空气中的氮气在高温下氧化产生。热力型氮氧化物的排放与燃料中含有的氮化合物无关，但是与燃烧温度直接呈比例关系。较高的温度会导致较高的热力型氮氧化物排放。

一氧化碳、未完全燃烧的碳氢化合物、颗粒物的排放与空气燃料比以及燃烧系统的安装有关。颗粒物的排放与使用的燃料类型有关。

大多数 CHP 系统使用天然气或者生物质气（废料的生物质转化产生）作为燃料。某些系统也会使用燃料油、柴油、生物柴油。因为 CHP 系统使用最多的是气体燃料，而大多数气体燃料的硫含量较低，因此人们一般不太关注 CHP 系统氧化硫的排放。CHP 系统当中，使用固体燃料，诸如煤或者生物质燃料的情况虽然可行，但是比较少。本章主要讨论活塞式内燃机与燃气轮机二氧化碳和氮氧化物的排放。

7.1　发电产生的碳排放

所有的化石燃料燃烧都会产生二氧化碳排放，这也是温室气体（GHG）的主要来源。很多研究表明，全球变暖以及气候变化都与二氧化碳的排放息息相关。世界各国正在为减少二氧化碳排放而努力，其中也包括减少发电、供暖行业使用化石燃料而产生的二氧化碳。

美国各州远离城市中心的公用事业电力公司每单位发电量产生的平均碳排放（排放的二氧化碳重量）数值不一致。它与根据各州电力生产中使用的煤、天然气、石油、生物质燃料以及核燃料的比例有关。此外，在电力负荷高峰期间，发电厂产生的碳排放比基础负荷发电时段产生的碳排放要高。主要因为在电力需求的尖峰时期，很多发电效率较低的电厂不得不发电上网来满足电力需求。表 7-1 显示了美国一些州府发电平均碳排放与高峰时期电力碳排放的数值差异，同时将这两项数值与 CHP 系统的碳排放作了对比。表格说明了 CHP 系统的碳排放水平远远低于传统电厂上述两项碳排放。

州名	二氧化碳排放量[lb/（MW·h）]（2004）	
	平均	非基础负荷时期
伊利诺伊	1200	2200
印第安纳	2100	2200
衣阿华	1900	2400
密歇根	1400	2000
明尼苏达	1500	2000
密苏里	1900	2100
俄亥俄	1800	2000
威斯康星	1700	2100
使用天然气 CHP 系统	900	900

注：来源：Kelly, J.，"通过分布式发电减少二氧化碳排放"，2008 年 3 月伊利诺伊州奥克布鲁克·特勒斯，西北热电联产协会会议上的演讲内容。

表 7-1　CHP 与常规发电平均及非基础负荷发电碳排放对比

设施消耗能源产生的碳排放可以通过该设施每年使用的能源（电、天然气、燃料油等）消耗总量乘以该地区或者该州分配给此种燃料的碳排放因子[1]计算得出，每种燃料在各地区的碳排放因子由美国环境保护局（EPA）决定。EPA（www.epa.gov/cleanenergy/）网址列出了美国各州、各地区各燃料能源的碳排放因子。二氧化碳以及其他工业的污染物排放信息可以通过世界可持续发展工商理事会网址查询（www.ghgprotocol.org）。

---

[1]　也作排放系数。

7.2　温室气体排放计算系统

针对温室气体排放存在多种计算系统，下面将讨论一些计算系统。由于商业与工业领域的多样性，此类温室气体排放计算系统覆盖的范围也不一样，种类包括了常用及基本计算系统，以及适用于复杂多样的工商业领域的计算系统。这些计算系统可用于估算现有能源设施温室气体排放的基准线排放量。如果现有场所考虑使用 CHP 系统，那么计算系统也可用于估算 CHP 燃料消耗产生的潜在温室气体排放水平。然而这些计算系统不能估算 CHP 能源站消耗的燃料，需要单独使用第 8 章中叙述的其他工具来估算这一消耗。

7.2.1　美国环保局温室气体排放当量计算系统

美国环保局温室气体排放当量计算系统由美国环保局开发，可在以下网站下载获得：http：//www. epa. gov/cleanenergy/energy-resources/calculator. html。它可以用于预算电力购买以及天然气产生的排放量。它使用的碳排放因子为每千瓦时[1]排放 7.12×10^{-4}t[2] 二氧化碳，这是 2005 年全美电力非基础负荷时期的平均碳排放量。因为区域不同，基荷与非基荷时期的碳排放因子，我们推荐使用 eGRID[3] 网址数据：

www. epa. gov/cleanenergy/energy-resources/egrid/index. html

天然气产生的温室气体排放基础为每千卡[4] 5×10^{-3}t 二氧化碳。当天然气完全燃烧后，它的热含量平均为 100000Btu/kcal，每 10^6 英热单位的碳含量为 14.47kg。

7.2.2　美国环保局办公室碳排放计算系统

美国环保局办公室碳排放计算系统开发于 2008 年，适用于各种面积大小、位置及不同类型的办公室计算碳排放。它不仅可估算排放量，并且还能为如何减少温室气体排放提供建议。用户可以用它作为参照标准并且提高能源设备的排放性能。它对以下三种类型能源产生途径进行碳排放计算：

① 自主经营活动产生的碳排放；

② 购买的电力、热能或者蒸汽产生的碳排放；

③ 间接来源，比如废料处理以及购买的材料产生的碳排放。

这款计算方法可以在下面网址中下载：

www. epa. gov. epawaste/partnership/wastewise/carboncalc. htm

---

[1]　kW·h：千瓦时等于 1 度电。

[2]　1t＝1000kg。

[3]　The emission and generation resources integrated database（eGRID）：排放量与发电资源综合数据库。

[4]　Therm。

7.2.3 洁净空气清凉地球校园温室气体排放计算系统[1]

洁净空气清凉地球校园温室气体排放计算系统的设计是为了帮助已经完成温室气体排放清单[2]制作的学校来根据以上清单制定自身长期的、一系列综合的气候变化行动计划。它有利于分析碳减排方案、项目投资回收期、净现值、每减少一吨碳排放的成本以及其他各项指标。此款计算系统可以从以下网站下载获得：www.cleanair-coolplanet.org。

7.2.4 世界资源研究所的工业与办公领域计算系统

世界资源研究所的工业与办公领域计算系统是与可持续发展工商理事会合作开发的碳排放计算系统。它在世界范围内广泛使用，各国政府及领导人用它来了解、量化以及管理温室气体排放。该系统提供了世界上几乎所有的温室气体排放标准及项目计划的计算结构，囊括了从国际标准化组织到气候变化注册组织，以及各企业准备的几百个温室气体排放清单的排放计算结构。这些都可以在下面网址中下载：

http：//www.ghgprotocol.org/calculation-tools/sector-toolsets

7.3 CHP 环境效益

我们已经在前面章节提到，使用 CHP 系统可以将天然气的能源使用效率提高至 85%，相比之下，从电网购电以及使用常规锅炉供暖的能源效率只有 50%。因此，如果 CHP 系统比常规系统的效率高出 70%，那么意味着可以减少 70% 的二氧化碳排放量。

表 7-1 显示，与非基荷及基荷的发电碳排放相比，使用 CHP 可以大幅度减少二氧化碳的排放或者减少"生态足迹[3]"。表 7-2 中的估算表明，如果纽约州的一所商业建筑（260 万平方英尺[4]）使用 CHP，它的年平均二氧化碳排放将会减少 16800t。

根据美国能源信息署及环保局的"排放量与发电资源综合数据库"的数据显示，美国 2006 年 CHP 系统装机容量达到 85GW（8500 万 kW），而 CHP 发电量仅占全美发电总量的 9%。根据橡树岭国家实验室（Oak Ridge National Laboratory）的报告，这些 CHP 系统每年帮助美国减少了 1.9 库德[5]的能源消耗和 248t 二氧化碳（或者大约为 68t 的碳）的排放。这些减少的二氧化碳排放量相当于 4500 万辆汽车的碳排放。如果未来美国 CHP 发电装机增加至 20%，那么它的碳排放量相当于减少了 1.54 亿辆汽车（这一数据已经超过了美国车辆

---

[1]　Clean Air Cool Planet Campus GHG Calculator。

[2]　以政府、企业等为单位计算其在社会和生产活动中各环节直接或者间接排放的温室气体，称作编制温室气体排放清单，也作碳盘点、碳盘查。

[3]　生态足迹是指在一定技术条件和消费水平下，某个国家（地区、个人）持续发展或生存所必需的生物生产性土地面积。

[4]　1 平方英尺＝0.09290304 平方米。

[5]　库德：英文为 quad，美国能源部使用的能源消耗计算单位，1 库德等于 10^{15} 英热或者等于 1.055×10^{18} 焦耳。

数目的一半）产生的碳排放。如果 CHP 装机容量在 2030 年达到 20％，即 CHP 总装机容量将会达到 241GW（2.41 亿 kW）。这样每年将会减少 5.3 库德的能源消耗量和减少 848t 二氧化碳排放（或者 231t 的碳排放）。

t

来源	CO_2 排放		减少的 CO_2 排放
	2004 年基准	**CHP 系统**	
尖峰发电	34400	8000	26400
基荷发电	3700	3700	0
蒸汽	6300	4600	1700
天然气	0	11300	−11300
总计	44400	27600	16800

注：来源：Kelly，J.，"通过分布式发电减少二氧化碳排放，" 2008 年 3 月伊利诺伊州奥克布鲁克·特勒斯，西北热电联产协会会议上发表的演讲内容。

表 7-2　纽约市商业建筑使用 CHP 带来的碳排放减少

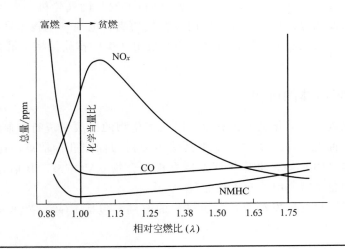

图7-1　空燃比对燃料为天然气的发动机排放影响

根据麦肯锡公司《2007 年减少美国温室气体排放》的研究表明，CHP 不仅帮助减少温室气体排放，而且对比许多其他清洁能源技术来说，CHP 具有成本上的经济优势（见图 7-1）。在商业及工业领域，CHP 以负的边际成本实现了二氧化碳减排。这就意味着，开发商投资 CHP，可以在项目的生命周期内获得良好的经济收益。

CHP 系统以较低的二氧化碳排放，也就是以更小的碳排放生产电力，促进了 CHP 安装获得激励性的经济补贴。世界各国目前正处于限制二氧化碳排放的不同阶段，但都通过提供经济补贴来鼓励减少温室气体排放。其中一项激励计划就是允许二氧化碳排放的商业交易。二氧化碳排放权交易允许企业使用新技术减少它的二氧化碳排放，而减少的二氧化碳排放量可以卖给另一家未能达到二氧化碳减排目标的企业，而这家企业或许未能使用新的减排技术。

最近几年市场上碳排放权交易量稳步增长，根据世界银行的碳金融组织的信息显示，

2005 年的项目大约交易了 3.74 亿 t 二氧化碳当量（$MtCO_2e$），比 2004 年的交易量（$110MtCO_2e$，1.1 亿 t 二氧化碳当量）上涨了 240%，而 2004 年只比 2003 年的成交量（$78MtCO_2e$，0.78 亿 t 二氧化碳当量）上涨了 41%。根据世界银行预测，碳交易市场在 2005 年的规模为 110 亿美元，2006 年会增长至 300 亿美元，而 2007 年将会达到 640 亿美元。

7.4 CHP 环境排放

CHP 系统的二氧化碳、氮氧化物以及硫化物的排放量取决于三个因素：
① 燃料类型及质量；
② 发电技术；
③ 电力生产原动机采用的排放控制技术。

根据各燃料污染物排放量的潜力对它们进行排序，从低到高的顺序依次为：天然气、沼气、柴油/2 号燃料油和煤。与上述方法类似的，以潜在的污染物排放量为标准，对各类 CHP 发电技术进行排序，从低到高的顺序为：燃料电池、燃气轮机、微燃机、天然气内燃机、柴油内燃机以及燃煤锅炉。因此，使用天然气的燃料电池发电技术产生最少的排放量，而使用燃煤锅炉产生蒸汽和利用这部分蒸汽进行发电产生的排放量将是最大的。

7.4.1 活性有机气体的排放

除了对二氧化碳、一氧化碳、氮氧化物以及硫化物的排放量进行控制之外，在第 13 章中谈到，环境许可批复程序还要对系统中其他污染物的标准进行估算，比如微量有机化合物。活性有机气体（ROGs），也称作挥发性有机化合物（VOCs），其估算方法为，所有生成的有机化合物的总量减去甲烷和乙烷的量。

对于四冲程富燃与贫燃发动机，自由排放的案例，包括 ROGs/VOCs 可以在以下链接中查询：

http://www.epa.gov/ttn/chief/ap42/ch03/final/c03s02.pdf（见参考文献 8）。

7.4.2 排放计算系统

美国中西部 CHP 应用中心开发了一个简单的以 excel 数据表为基础的排放量计算软件。该计算软件可以估算 CHP 系统中不同种类发电技术产生的排放量（例如，燃烧天然气的活塞式发动机以及燃气轮机等），但是无法计算发动机制造商生产的某一具体型号的排放量。如果想要某一具体发动机型号产生的排放量，可以在"制造商"的数据表格部分计算该设备的具体排放量。

美国环保局编制了排放因子，该计算系统使用 AP-42 因子，所有这些信息可以通过 http://www.chpcentermw.org/pdfs/030123-PermitGuidebook-EmCalc_IL.xls 下载获得。它可以对五种发电技术的排放量进行粗略估算：
① 少于 600 马力的柴油内燃机；

② 大于 600 马力的柴油内燃机；

③ 燃气内燃机；

④ 少于 250hp 的汽油内燃机；

⑤ 燃气轮机。

表 7-3 显示了排放计算软件计算以上原动机排放量结果的样本。表格靠左部分的信息显示的内容为，当发动机安装的区域位于参与减排的地区时，该地区对于排放量的数值要求。各栏内容具体如下：

第一栏显示了需要进行估值的污染物。

第二栏提供了排放计算器使用的 AP-42 排放因子。

第三栏提供了在结合年运行时间及燃料输入等因素的前提下，每种污染物预估的以吨为单位每年的排放水平。

第四栏提供了排放门槛标准，针对用能场所对现有排放来源进行改善的情况。

第五栏内容表明了如果用能场所被视为一个新的较大排放来源的情况下，政策规定允许的最低排放值。

表格右边部分描述了当原动机在未达标区域内安装并运行的情况下，与上述内容要求类似的排放要求。

应该注意的是，该排放计算系统只对选定的，并对 CHP 能源站产生关键影响的污染物排放量进行计算。然而也应当关注其他污染物的排放量限值。

CHP 排放计算系统

| 柴油往复式发动机<600hp |
| CHP 年运行时间/h：3400 |
| 发动机功率输出/hp：500.00 |

参与减排目标区域					未参与减排目标区域				
污染物	排放系数*/[lb/(hp·h)]	排放量/tpy	PSD 较大排放来源改进有效水平/tpy	PSD 较大排放新来源排放门槛/tpy	污染物	排放系数*/[lb/(hp·h)]	排放量/tpy	未参加的NSR 较大排放来源改进有效水平/tpy	未参加的NSR 较大排放新来源排放门槛/tpy
PM	0.002200	1.87	15	250§	PM—麦库克、湖区卡柳梅特城、格拉尼特城	0.002200	1.87	15	100
SO$_x$	0.002050	1.74	40	250§	VOM—Metro East	0.002514	2.14	40	100
NO$_x$	0.031000	26.35	40	250§	NO$_x$— Metro East	0.031000	26.35	40	100
VOM	0.002514	2.14	40	250§	VOM—芝加哥	0.002514	2.14	25	25
CO	0.006680	5.68	100	250§					

注：1. PSD 英文全称"Prevention of Significant Deterioration"（防止环境大幅度恶化），是一项针对新排放源和改善的大型排放源如何取得洁净空气行动许可的计划，主要管控发电厂、制造业及其他行业对空气造成的污染。

2. * 标识是小型柴油发动机的排放系数—未控制的排放量。

3. § 标识代表了排除 28 类排放来源的排放系数。

表 7-3 CHP 排放计算结果样本（1）

柴油往复式发动机≥600hp
CHP 年运行时间/h：3400
发动机功率输出/hp：4000.00

参与减排目标区域				未参与减排目标区域				
未控制的排放				未控制的排放				
污染物	排放系数*/[lb/(hp·h)]	排放量/tpy	PSD 较大排放来源改进有效水平/tpy	PSD 较大排放新来源排放门槛/tpy	污染物	排放系数*/[lb/(hp·h)]	排放量/tpy	未参加的 NSR 较大排放来源改进有效水平/tpy	未参加的 NSR 较大排放新来源排放门槛/tpy
PM	0.000700	4.76	15	250§	PM—麦库克、湖区卡柳梅特城、格拉尼特城	0.000700	4.76	15	100
SO$_x$	0.008090	55.01	40	250§	VOM—Metro East	0.000642	4.37	40	100
NO$_x$	0.031000	163.20	40	250§	NO$_x$— Metro East	0.024000	163.20	40	100
VOM	0.000642	4.37	40	250§	VOM—芝加哥	0.000642	4.37	25	25
CO	0.005500	37.40	100	250§					
控制的排放				控制的排放				
NO$_x$	0.013000	88.40	40	250§	NO$_x$—Metro East	0.013000	88.40	40	100

注：1. *标识是大型固定式柴油发动机的排放系数—未控制排放量。

2. §标识代表了排除 28 类排放来源的排放系数。

表 7-3　CHP 排放计算结果样本（2）

烧天然气的燃气轮机
CHP 年运行时间/h：6000
燃料输入/(MMBtu/h)：90.00

参与减排目标区域				未参与减排目标区域				
未控制的排放				未控制的排放				
污染物	排放系数*/[lb/(hp·h)]	排放量/tpy	PSD 较大排放来源改进有效水平/tpy	PSD 较大排放新来源排放门槛/tpy	污染物	排放系数*/[lb/(hp·h)]	排放量/tpy	未参加的 NSR 较大排放来源改进有效水平/tpy	未参加的 NSR 较大排放新来源排放门槛/tpy
PM	0.006600	1.78	15	250§	PM—麦库克、湖区卡柳梅特城、格拉尼特城	0.006600	1.78	15	100
SO$_x$	0.003400	0.92	40	250§	VOM—Metro East	0.002100	0.57	40	100
NO$_x$	0.320000	163.20	40	250§	NO$_x$—Metro East	0.320000	86.40	40	100
VOM	0.002100	0.57	40	250§	VOM—芝加哥	0.002100	0.57	25	25
CO	0.082000	22.14	100	250§					
甲醛	0.000710	0.19	10	10					

续表

参与减排目标区域				未参与减排目标区域				
未控制的排放				未控制的排放				
污染物	排放系数[*]/[lb/(hp·h)]	排放量/tpy	PSD 较大排放来源改进有效水平/tpy	PSD 较大排放新来源排放门槛/tpy	污染物	排放系数[*]/[lb/(hp·h)]	排放量/tpy	未参加的NSR 较大排放来源改进有效水平/tpy	未参加的NSR 较大排放新来源排放门槛/tpy
使用注入水-蒸汽技术				使用注入水-蒸汽技术				
NO$_x$	0.013000	35.10	40	250[§]	NO$_x$—Metro East	0.013000	35.10	40	100
CO	0.030000	8.10	100	250[§]					
使用贫燃预混技术				使用贫燃预混技术				
NO$_x$	0.099000	26.73	40	250[§]	NO$_x$—Metro East	0.099000	26.73	40	100
CO	0.015000	4.05	100	250[§]					

注：1. * 标识是固定式燃气轮机的排放系数—未控制排放量。

2. § 标识代表了排除 28 类排放来源的排放系数。

表 7-3 CHP 排放计算结果样本（3）

天然气内燃机
CHP 年运行时间/h：8760
燃料输入/(MMBtu/h)：18.00

参与减排目标区域				未参与减排目标区域				
污染物	排放系数[*]/[lb/(hp·h)]	排放量/tpy	PSD 较大排放来源改进有效水平/tpy	PSD 较大排放新来源排放门槛/tpy	污染物	排放系数[*]/[lb/(hp·h)]	排放量/tpy	未参加的NSR 较大排放来源改进有效水平/tpy	未参加的NSR 较大排放新来源排放门槛/tpy
PM	0.009910	0.78	15	250[§]	PM—麦库克、湖区卡柳梅特城、格拉尼特城	0.009910	0.78	15	100
SO$_x$	0.000588	0.05	40	250[§]	VOM—Metro East	0.118000	9.30	40	100
NO$_x$	0.847000	66.78	40	250[§]	NO$_x$—Metro East	0.847000	66.78	40	100
VOM	0.118000	9.30	40	250[§]					
CO	0.557000	43.91	100	250[§]	VOM—芝加哥	0.118000	9.30	25	25
甲醛	0.052800	4.16	10	10					

注：1. * 标识是四冲程贫燃发动机的排放系数—未控制排放量。

2. § 标识代表了排除 28 类排放来源的排放系数。

表 7-3 CHP 排放计算结果样本（4）

燃气内燃机＜250hp
CHP 年运行时间/h:3400
功率输出/hp:200.00

	达标区域				未达标区域				
污染物	排放系数[*]/[lb/(hp·h)]	排放量/tpy	PSD 较大排放来源改进有效水平/tpy	PSD 较大排放新来源排放门槛/tpy	污染物	排放系数[*]/[lb/(hp·h)]	排放量/tpy	未参加的NSR 较大排放来源改进有效水平/tpy	未参加的NSR 较大排放新来源排放门槛/tpy
PM	0.000721	0.25	15	250[§]	PM—麦库克、湖区卡柳梅特城、格拉尼特城	0.000721	0.25	15	100
SO_x	0.000591	0.20	40	250[§]	VOM—Metro East	0.021591	7.34	40	100
NO_x	0.011000	3.74	40	250[§]	NO_x—Metro East	0.011000	3.74	40	100
VOM	0.021591	7.34	40	250[§]	VOM—芝加哥	0.021591	7.34	25	25
CO	0.439000	149.26	100	250[§]					

注：1. * 标识是燃气发动机的排放系数—未控制排放量。

2. § 标识代表了排除 28 类排放来源的排放系数。

表 7-3　CHP 排放计算结果样本（5）

7.5　CHP 排放控制技术

目前 CHP 系统并不能控制 CO_2 排放，排放量的多少主要取决于燃料的类型和质量。除了煤，大多数 CHP 系统中使用的气体燃料的硫含量相当低，因此一般不要求进行燃烧后处理来减少硫化物的排放。CHP 系统的排放控制技术通常可以对氮氧化物、一氧化碳及未完全燃烧的碳氢化合物进行控制。这些技术的应用通常由发电使用的原动机类型决定。

7.5.1　活塞式内燃发动机

如第 3 章中提到的，四冲程活塞式内燃发动机（内燃机）使用两种点燃系统：点燃与压燃。点燃式发动机可以使用天然气、沼气、丙烷或者汽油作为燃料，而压燃式发动机只能使用柴油、生物柴油或者柴油与天然气的混合物作为燃料。

内燃发动机设计运行方式通常为以下两者中的一种：

① 富燃；

② 稀薄燃烧（贫燃）。

典型的内燃发动机在富燃与贫燃情况下的排放量见图 7-1。

富燃运行方式使用的燃料空气比（或者其相反的名称为空燃比）要比化学当量比（定义

为燃料完全燃烧所要求的燃料与空气比率的理论值）要高（或者空燃比低于化学当量比）。一般来说，小于 500kW 装机的发动机以富燃方式运行的情况较多。在富燃运行情况下，发动机的氮氧化物排放量范围为 30～50lb/（MW·h）（或者氧气占比为 15% 的条件下，氮氧化物排放量为 625～1060ppm）。很重要的一点是，根据环保局 eGRID2000 年数据，美国所有集中式大电厂的氮氧化物平均排放量约为 3lb/（MW·h）。富燃发动机的排放量通常不能达标，特别是在欧洲和美国的大部分地区。因此，大多数安装使用富燃运行方式的发动机需要对废气进行燃烧后处理。

富燃发动机的废气处理一般使用三效催化剂。三效催化剂在同一时间内完成以下三种转换：

① 将氮氧化物排放转化为氮气和氧气：$2NO_x \rightarrow xO_2 + N_2$。

② 将一氧化碳进一步氧化成二氧化碳：$2CO + O_2 \rightarrow 2CO_2$。

③ 将未完全燃烧的碳氢化合物（C_xH_y）氧化成二氧化碳与水：$2C_xH_y + (2x + y/2) O_2 \rightarrow 2xCO_2 + yH_2O$

三效催化剂降低氮氧化物和一氧化碳排放的效率为 85%～95%，根据不同的排气温度、空燃比以及催化剂量，减排效率不同。三效催化剂还可以将氮氧化合物排放降低至 0.5lb/（MW·h）。

表 7-4 当中列出了装机规模为 250～4000kW 发动机使用三效催化剂系统的安装、运行费用以及成本效益（指消除 1t 氮氧化合物所需的成本）的案例。

发动机功率	安装成本/ $		年运行成本/ $		消除 NO_x 的成本效益/（ $ /t）	
	三效催化剂	SCR	三效催化剂	SCR	三效催化剂	SCR
250	20000	310000	10000	140000	290～310	4380～4810
1000	42000	340000	27000	180000	200～220	1320～1490
4000	130000	470000	96000	310000	180～190	580～660

注：来源：EPA（1993 年 7 月）；冷热电三联供指南。

表 7-4　往复式内燃机商业化排放控制技术安装、运行成本以及成本效益案例

贫燃运行方式使用的燃料—空气比要低于化学当量比。贫燃发动机的能源效率稍高于富燃发动机。如果未对废气进行处理，贫燃发动机的氮氧化合物排放量为 2～6lb/（MW·h）（当氧气含量为 15% 的情况下，排放量为 42～127ppm）。许多安装使用的贫燃发动机不要求对废气进行处理。如果需要对氮氧化合物进行处理并降低排放，最常用的方式为使用选择性催化还原（SCR）。

通过在排烟流当中注入氨（液体无水氨或者氢氧化铵水溶液）催化剂，SCR 系统选择性催化还原氮氧化合物，从而实现降低排放。氮氧化合物、氨（NH_3）与空气中的氧气（O_2）在催化剂表面产生化学反应形成氮气（N_2）和水（H_2O）。为了确保 SCR 系统稳定运行，发动机废气的温度必须控制在一定范围之内（通常是 450～850℉，232～454℃）。温度由发生化学反应的选择性催化剂表面特点决定。通常这些催化剂由贵金属如钒或者钛氧化后制成，或者由沸石制成。SCR 对于以稳定负荷方式运行的发动机来说最有效。在发动机负荷不稳定的情况下，催化还原效果降低，氨水如果在系统里面流动，将有可能不进行化学反应。这一现象称作氨泄露，许多空气质量管理机构对此进行监管。

　　SCR 处理系统可以将使用天然气、柴油或者双燃料的贫燃活塞式发动机的氮氧化合物的减排效率提升至 90%。装机容量为 $250\sim4000kW$ 的发动机使用 SCR 处理系统的安装、运行费用以及成本效益（指消除 1t 氮氧化合物所需的成本）的案例见表 7-4。

　　在某些领域的应用中，有必要对贫燃发动机产生的一氧化碳进行减排。通过对废气进行催化氧化来完成减排。在一个催化氧化系统中，当一氧化碳穿过催化剂时，通常为贵金属，一氧化碳氧化成二氧化碳的效率高达 90%。催化剂可以对未完全燃烧或者半燃烧的碳氢化合物进行氧化，转换并生成二氧化碳和水。此种类型的废气处理主要在柴油发动机上使用。

7.5.2　燃气轮机

　　如前所述，未进行尾气处理的燃气轮机排放比活塞式发动机排放低。第 3 章中已谈到，燃气轮机有三种形式：航改型、固定型或者工业型以及微燃机。微燃机（$30\sim400kW$）的排放比大型航改型燃机和工业燃气轮机运行的废气排放要高一点。如果不对废气进行处理，使用普通燃烧器的燃气轮机的氮氧化合物排放大约为 $25\sim120ppm$（容量）。

　　减少燃气轮机氮氧化合物排放有两种方法：

① 改良燃烧系统；

② 对燃烧产生的废气进行处理。

（1）燃烧系统改进

　　改进燃烧系统的基本目的是减少热力型氮氧化合物的产生。随着燃烧温度升至峰值，燃料与空气混合物积聚时间的延长与燃烧压力的上升，热力型氮氧化合物的产生也越来越多。该项技术领域商业化使用的办法基本上有两种：

① 注入水/蒸汽；

② 干式低氮燃烧。

　　在水/蒸汽注入方法当中，水或者蒸汽在燃烧过程中被注入燃烧室。通过降低燃烧温度的峰值，从而减少氮氧化合物的产生。除此之外，注入蒸汽还可以提升涡轮当中燃烧的热产品的质量流率，从而在不增加空气压缩机（使用涡轮功率输出的 2/3）的负载前提下，增加了涡轮的功率输出。注入水/蒸汽排放控制技术要比不使用该项技术的氮氧化物的排放效率降低 $70\%\sim90\%$。

　　使用干式低氮（DLN）燃烧技术成为最近燃气轮机排放控制技术发展的基本目标。这类技术在燃料和燃烧空气预混方面有多种选择。传统的燃烧方式发生在火焰扩散时，即燃料、空气进行混合与燃烧同时发生，通常会导致高温峰值，相应地产生较高的热力型氮氧化合物。预混合可以降低温度峰值及减少燃料与空气混合物的积聚时间。好几项 DLN 技术已经取得专利，并已经进行商业应用。虽然曾经有报道称氮氧化合物的排放低至 5ppm，但是经过测验，使用这些获得专利的 DLN 技术，氮的排放量为 $15\sim25ppm$。一个 DLN 燃烧器减少氮氧化合物排放的潜力为 90%，图 7-2 所示为 DLN 燃烧器概念案例。

　　此外，在燃烧天然气和燃料油的发动机上使用预混（DLN）技术，它的氮氧化合物和一氧化碳减排效益分别如图 7-3 和图 7-4 所示。

　　表 7-5 显示了不同装机规模的燃气轮机在常规及高峰负荷运行时期使用水注入、蒸汽注入和 DLN 技术产生的安装、运行成本以及成本效益（指消除 1t 氮氧化合物所需的成本）的案例。

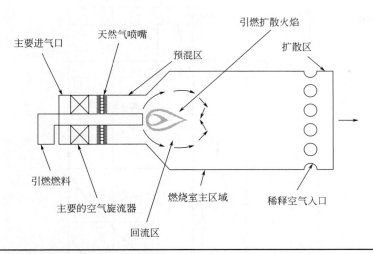

图7-2　DLN（干式低排放）燃烧器概念案例（索拉透平公司提供）

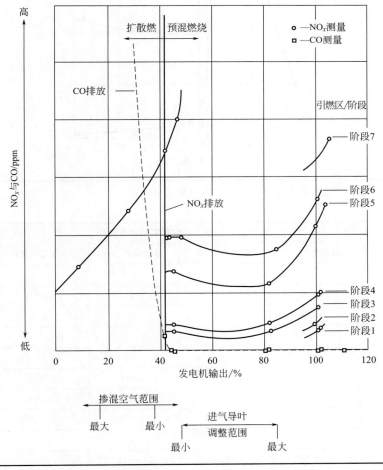

图7-3　燃烧天然气的 DLN 燃烧器排放案例（西门子发电集团提供）

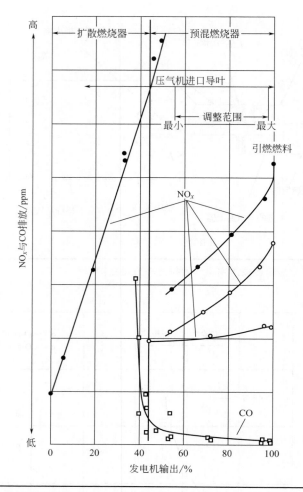

图7-4 燃烧燃油的 DLN 燃烧器排放案例（西门子发电集团提供）

排放控制技术	燃气轮机容量/MW				
	连续运行 5	连续运行 25	连续运行 100	尖峰运行 25	尖峰运行 100
注水					
安装成本/ $	544000	1140000	2560000	1140000	2560000
年运行成本/ $	165000	408000	1180000	248000	624000
成本效益/($ /t)	1390～1780	690～880	500～640	1670～2150	1050～1350
注入蒸汽					
安装成本/ $	710000	1161000	3900000	1610000	3900000
年运行成本/ $	185000	448000	1250000	319000	813000
成本效益/($ /t)	1560～2000	760～970	520～670	2150～2760	1370～1760
DLN					
安装成本/ $	482000	1100000	2400000	1100000	2400000
年运行成本/ $	63400	145000	316000	258000	316000
成本效益/($ /t)	530～800	240～370	130～200	980～1470	530～800

续表

排放控制技术	燃气轮机容量/MW				
	连续运行 5	连续运行 25	连续运行 100	尖峰运行 25	尖峰运行 100
SCR					
安装成本/ $	572000	1540000	330000	1540000	3300000
年运行成本/ $	258000	732000	2190000	517000	1430000
成本效益/($ /t)	2180～2450	1230～1390	920～1030	3480～3920	2400～2700

表 7-5　燃气轮机商业化排放控制技术的安装、年运行成本以及成本效率案例

(2) 燃烧后处理

在该项技术领域，如前面讨论活塞式发动机排放控制所采用的技术，选择性催化还原法（SCR）也依然适用于对燃气轮机废气进行处理。典型的燃气轮机 SCR 系统的工艺流程图在图 7-5 中说明。不同装机规模的燃气轮机在常规及高峰负荷运行时期使用不同排放控制技术产生的安装、运行成本以及成本效益（指消除 1t 氮氧化合物所需的成本）的案例见表 7-6。

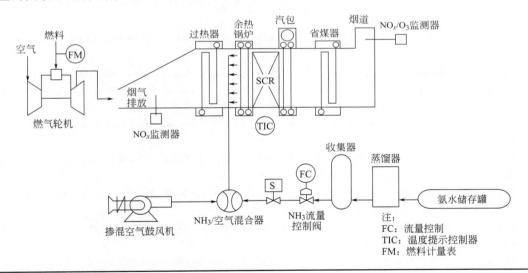

图7-5　典型燃气轮机 SCR 系统的工艺流程图［来源：冷热电三联供指南（2002）］

排放控制技术	燃气轮机容量/MW				
	连续运行 5	连续运行 25	连续运行 100	尖峰运行 25	尖峰运行 100
注水					
安装成本/ $	544000	1140000	2560000	1140000	2560000
年运行成本/ $	165000	408000	1180000	248000	624000
成本效益/($ /t)	1390～1780	690～880	500～640	1670～2150	1050～1350
注入蒸汽					
安装成本/ $	710000	1161000	3900000	1610000	3900000
年运行成本/ $	185000	448000	1250000	319000	813000
成本效益/($ /t)	1560～2000	760～970	520～670	2150～2760	1370～1760

续表

排放控制技术	燃气轮机容量/MW				
	连续运行 5	连续运行 25	连续运行 100	尖峰运行 25	尖峰运行 100
DLN					
安装成本/$	482000	110000	2400000	1100000	2400000
年运行成本/$	63400	145000	316000	258000	316000
成本效益/($/t)	530～800	240～370	130～200	980～1470	530～800
SCR					
安装成本/$	572000	1540000	330000	1540000	3300000
年运行成本/$	258000	732000	2190000	517000	1430000
成本效益/($/t)	2180～2450	1230～1390	920～1030	3480～3920	2400～2700

表 7-6　不同装机规模的燃气轮机在常规及高峰负荷运行时期使用不同排放控制技术产生的安装、运行成本以及成本效益［来源：冷热电三联供指南（2002）］

参 考 文 献

[1]　Kelly，J.，"CO$_2$ Reduction by Distributed Generation," presentation made at the Midwest Cogeneration Association Meeting，Oakbrook Terrace，IL，March 2008.

[2]　Annual Energy Outlook 2008（AEO 2008），U. S. Energy Information Administration，Washington，DC，2008.

[3]　Oak Ridge National Laboratory Report（ORNL/TM-2008/224），"Combined Heat and Power: Effective Energy Solutions for a Sustainable Future," Oak Ridge，TN，December 2008.

[4]　Mc Kinsey and Company Report，"Reducing U. S. Greenhouse Gas Emissions: How Much at What Cost," Chicago，IL，2007.

[5]　http://carbonfinance. org/docs/State of the Carbon Market 2006. pdf. World Bank，Washington，DC（Full Report Title: State and Trends of the Carbon Market 2006，May 2006）.

[6]　http://carbonfinance. org/docs/Carbon Market Study 2005. pdf. World Bank，Washington，DC（Full Report Title: State and Trends of the Carbon Market 2005，May 2005）.

[7]　http://carbonfinance. org/docs/State. pdf. World Bank，Washington，DC（Full Report Title: State and Trends of the Carbon Market 2008，May 2008）.

[8]　EPA Report，"Natural Gas-Fired Reciprocating Engines," available the following URL: http://www. epa. gov/ttn/chief/ap42/ch03/final/c03s02. pdf.

[9]　Midwest CHP Application Center Report，"Illinois CHP/BCHP Environmental Permitting Guidebook," Chicago，IL，January 2003.

[10]　Herold，K. E.，de los Reyes，E.，Harriman，L.，Punwani，D. V.，and Ryan，W. A.，*Natural Gas-Fired Cooling Technologies and Economics*，textbook developed for the Gas Technology Institute，Des Plaines，IL，June 2005.

[11]　Midwest CHP Application Center and Avalon Consulting guide，*Combined Heat and Power Resource Guide*，Developed for the U. S. Department of Energy，Chicago，IL，2005.

[12]　Petchers，N.，*Combined Heating，Cooling，and Power Handbook: Technologies and Applications*，The Fairmont Press Inc. (Lilburn，GA) and Marcel Dekker，Inc. (New York，NY)，2002.

第❷部分

可行性研究

基础概念

（Itzhak Maor

T. Agami Reddy）

8.1 研究类型—从筛选到具体可行性

　　成功的用户端 CHP 项目要求从 CHP 系统的可行性及现场等方面进行详细的调研、评判。CHP 可行性研究的实施过程通常是阶段性的，基本上会经历从初步筛选研究到最终详尽全面研究等过程。可行性研究核心包含：①掌握现有或者目标用能设施的电力、热负荷、冷负荷等数据信息；②从技术层面开发可行的解决方案，系统要实际可行并高效地满足能源站负荷；③实施经济性分析，其中涉及了估算能源的使用量及成本，准备预算费用的估算，通过计算项目生命周期成本来确定推荐的能源站规模及配置。可行性研究的各阶段如表 8-1 所示，表 8-2 提供了时间、准备工作、所需信息及典型成本等各项信息。

　　表 8-1 和表 8-2 当中可行性研究类型基本上以现有安装项目为基础，在接下来的章节中进行详细讨论。对于新安装项目，CHP 系统的整合与其他机械、电气系统（诸如混合式制冷电厂及旁路通风系统）相差无几。对于新建的 CHP 系统的可行性研究应当作为项目设计

阶段	目标
筛选,确定供能范围,确定边界条件	确定客户端是否合适安装 CHP 系统
初步工作—Level 1	确定 CHP 是否在技术上是可行的且具备经济性
具体的,全面的—Level 2	使用不同数据优化提炼 Level 1 研究结果。它包括:最佳设备规模、配置、应用、运行、成本等

表 8-1　可行性研究的类型

可行性研究阶段	时间跨度	所需信息	典型成本
筛选，确定能源站范围，确定边界条件	30 分钟	关键的现场信息，平均用能成本	无
初步工作—Level 1	4～6 周	1～2 年的用电数据，建筑运行数据，建筑负荷（采暖通风与空调、热、工艺）未来计划，未来设备替换，预计的能源成本等	$ 1000～10000
具体的，全面的—Level 2	1～4 月	Level 1 研究与提高的模型与成本	$ 10000～100000（依据规模大小及复杂程度）

注：来源：取值来自美国环保局—热电联产合作伙伴—CHP 开发指导手册。

表 8-2　不同类型可行性研究所需要的资源

过程的一部分，通常在设计或规划阶段来实施。随着建筑能耗模拟软件的可用性及普及性的提升（例如，DOE2.1、eQuest 及 TRACE），在 CHP 系统的初期设计阶段就可以对适用性及成本效益进行判断。本章结尾部分将会针对一项新建设的 CHP 系统的分析程序进行说明。

8.2　可行性研究工具及软件

在前面章节中谈到，确定 CHP 系统具体的装机规模往往并不那么直观，通常需要考虑到热负荷（热和冷）的变化及它们同时存在的情况以及电力需求，并且也要考虑工厂的设备性能参数及随时间变化的气电价格等信息。

此外，当存在多种可选设备及系统配置时，考虑到长时间内信息变化带来的不确定性，应当选取其中最好的方案。因此，有关人员开发出两类软件：一种用于初步可行性研究，另外一种为全面具体的系统设计软件，可以决定最终方案。根据以上软件的区别，输入到软件中关于设备及系统的数据及具体所需信息的程度明显是不同的。

大多数模拟软件用来确定 CHP 系统规模。本部分将简单归纳并介绍在 CHP 设计阶段可用工具的基本类型。由于热负荷及电负荷不断变化的性质，那么最可能的装机为取冷热负荷的中间值（既不是基础负荷也不是尖峰负荷），这样是最节约成本的。CHP 系统的设计要求对各项系统配置及方案进行判断评价，评价工作最好通过计算机软件的方式来进行。以下讨论设计工具的三种类型。

8.2.1　手册和列线图粗略筛选（或者初步可行性评价）

Turner（2006）明确了一系列具体的手册及参考书，这些可以用来简化 CHP 系统的装机规模。Hay（1988）和 Oven（1991）进行的两项研究都特别提到了使用热和电力负荷逐时曲线来决定系统的大小。Orlando（1996）在两个案例中采用这一方法并进行了论述。Caton 与 Turner（1997）开发了应用于小型工业领域确定 CHP 能源站规模的方法论。Somasundram 等（1988）提出了一项比较简单的筛选方法，用来评判小型两联供系统的经济性。在评判项目是否"推进或停止"时，设计者需要电力和燃气的能耗数据以及相应的能源账单，而评判结果将由互相连接的数据及列线图来决定。他们开发了三类列线图来进行测算（一类适用于发动机功率＞400kW 的系统，二类适用于发动机功率在 100～400kW 之间的系统，三类适用于发动机功率在 20～100kW 之间的系统）并介绍了五个典型案例。

Fischer 和 Glazer（2002）及 Fischer（2004）也提出了简单计算方法，他们开发了封闭方程等式的方法论来决定让 CHP 系统节约的因素。这一方法恰好符合了任何能源管理者对测算软件的期许，通过它们可对 CHP 能源站系统进行评估。这一测算方法需要的信息如下：①用能设施的电费账单；②电力价格结构；③建筑与系统的参数及性能衡量，如可回收利用的废热、制冷机 COP、热电负荷比；④设备成本等。基于上述因素的数值解可以通过手持计算器求解解析表达式获得，从而演算出简单投资回报。另一应用于早期可行性研究的自封闭方法由 Beyene（2002）提出。

以知识为基础的系统设计方法论与技术方案设计一起被研究者们提出。Hughes 等（1996）提出了一个方法论。该方法论主张在一个设计合理的 CHP 系统中，应当运用决策分析技巧来控制系统的固有风险与不确定性因素，而不是通过传统的经济模型来决定，同时，他还对案例进行分析和阐述。Williams 等（1998）开发了一个计算机决策软件工具，利用该软件工程师可以选择最优的 CHP 系统。根据获得的信息类型，该软件可以对输入的数据进行分配：当只有建筑物类型、规模及地点可确定时，选择 1 进行初始评价。随着信息的不断输入，逐步过渡至选择 4，通过对实际测量的热与电力负荷信息进行测算来决定 CHP 系统的大小。以 Excel 数据表测算为基础而开发的商业区间分析软件 EconExpert-IAT（Competitive Energy Insight 2006）可以自动模拟经济性测算（折现现金流）、能源购买、用户端 DG/CHP 发电或者能源项目管理。这一软件要求提取现有建筑负荷资料数据库 EnergyShape（由 EPRI 首先研制）里的区间数据（每隔 15min、30min 或者以小时为单位的间隔）。

8.2.2　软件筛选工具

属于这一类的软件仅需要每月的热负荷及电负荷数据就可以判断 CHP 系统是否可行。只有当软件分析的结果为正值时，工程师才进行具体的系统设计。

学者们研究了三项分别名为 Building Energy Analyzer（EBA）（2004）、Ready Reckoner（2006）及 CogenPro（2004）软件的数据输入要求及计算能力（Downes 2002）。他总结出 Ready Reckoner 软件在对新锅炉和吸收式制冷机替代原有锅炉与制冷机方面需要很多与原有锅炉数据贴切的新数据输入。另一方面，CogenPro 与上述软件目标一致，却只要求少量的建筑物参数信息，但是 CogenPro 在预测能源利用及节约方面比较保守。最后，BEA 软件需要大量关于建筑物的信息，因为它可以对数据进行详细的测算模拟。因为它只能进行逐时模拟，所以不能视作筛选工具。

另一个使用自动数据表程序的是 RETScreen（2006）软件，它可以分析 CHP 和区域能源系统。它需要冷、热、电的月度负荷信息及设备信息才能进行模拟测试。它具备的能力有，在增加不同设备的信息（从现有的数据库或者新的数据库中提取数据）下模拟测算项目生命周期成本和温室气体减排量。独立咨询机构对这款软件进行过验证，也将它与其他模型

第 8 章　基础概念 **113**

进行过对比。

Orlando（1996）分析了两个具体的案例，他根据逐时负荷曲线图对酒店及工厂进行 CHP 系统设计。Williams 等（1998）论述了以知识为基础，对两联供分布式能源站进行装机规模确定的方法。该方法可以减少确定装机规模所需的时间与成本。根据测算软件的架构，设计效率将会大大提高，但还是要以获得的信息为基础决定最佳的能源站规模。同时，他还提供了一个案例解释这一方法。

8.2.3　设计用逐时能源模拟工具

属于这一范畴的计算机软件需要热能与电能的逐时负荷数据来确定系统和设备具体的规模。COGENMASTER（Limaye 和 Balakrishnan 1989）软件可以对 CHP 的各项方案与传统供能系统，也就是从电力公司买电、用户端自行供热的方式进行对比。它还可以对不同的融资策略进行分析。根据数据输入的不同类型，软件可以测算下面的内容：①一年当中持续的逐时平均负荷；②一年当中三个典型日的逐时负荷；③每月当中三个典型日的逐时数据。

CHP Capacity Optimizer（Hudson 2005）是一款自动独立数据表软件，主要用于计算原动机和制冷机的最佳容量，从而延长 CHP 系统的寿命周期，实现净现值节约。它使用的方法为非线性优化和 CHP 原动机与吸收式制冷机的逐时运行模拟。该软件的最初目的为帮助设备制造商确定满足现有要求以及最合适的 CHP 设备规模。

Gas Technology Institute 在 2002 年开发了 Building Energy Analyzer（BEA 2004），2004 年 BEA Pro 对它进行了优化升级。这一筛选软件工具简化了商业建筑的能源审计并对 CHP 系统应用于这一领域的技术与经济潜力进行评价。它还可以评价多项分布式发电技术及制冷方案（例如，吸收式制冷和干燥除湿）。评价过程中需要对系统一年当中的每小时用能进行逐时计算，此外，它还分析计算不同的项目地及公用事业费率的数据。

BCHP Screening Tool（Fischer and Glazer 2002）同样是一个全面详细的逐时模拟软件。它是 DOE2.1 的附加版本，可以具体地模拟计算逐时建筑负荷，以及模拟 CHP 能源站的运行及测算经济性。该软件包含了好几项内建数据库：美国 239 个城市的典型气象年度数据、美国 160 个城市商业气价及电价、HVAC 设备运行性能与成本、发电设备的运行性能与成本及建筑物设计参数。测算结果以多项报告形式呈现，而表格以及图形的运用简单且清晰地展现了软件对数据的对比测算。使用者可以将软件中 25 个 CHP 备选方案与传统供能方式进行比较。

Homer（2005）也是电脑软件，由 National Renewable Energy Laboratory（LBNL）开发，用来评价离网与并网系统方案（诸如风能、水电、太阳能、传统原动机、电池及氢能）及其他诸多应用。它采用逐时模拟可以评价大量的技术方案、技术成本以及能源获取方案。该软件还可以对经济测算结果（净现值）与技术价值进行对比。此项目也包含了进行敏感性分析和优化的内建模式。

8.2.4　排放测算工具

CHP Emission Caculator（EEA2004）也是一个 Excel 数据表软件，可以测算小型 CHP 系统的净空气污染（NO_x、SO_x、CO_2 及汞）水平。用户端 CHP 系统的排放取代了之前的热能生产带来的排放（例如，燃气锅炉）和远距离之外的发电厂电力生产的排放。更多的信息数据输入可以允许用户预测热电比以及决定具体的运行模式及电力替代的方案。前面内容已经提到过，RETScreen（2006）软件还可以测算 CHP 系统的减排量。

8.3 CHP 合格筛选—现有设施

"合格筛选"阶段的目的是为了确定 CHP 系统在技术和经济性上是可行的。在进行工程设计及经济性分析之前，合格筛选这一步骤会对具体问题进行回答。如前所述，这项判断可以快速实施（30min 左右），而且所需求的信息量也很少。为了帮助用户自己进行判断，美国 EPA-Combined Heat and Power Partnership（美国环保局-热电联产合作中心）开发了一个名为 "Is My Facility a Good Candidate for CHP?"（我的设施是否适合安装 CHP?）的网络工具，该软件可以帮助用户达到以上测算目的。表 8-3 当中提出了进行评价的 12 个问题；如果出现三个以上肯定回答，那么用户的设施适合安装 CHP 系统。如果用户非常适合安装 CHP 系统，那么可以进行可行性研究 Level 1 分析。

8.4 Level 1 可行性研究—现有设施

可行性研究 Level 1 是用来决定 CHP 项目在技术上是否可靠以及是否具有经济性。与合格筛选阶段不同的是，Level 1 可行性研究工作要求工程师或者 CHP 项目开发经理在电、热、冷负荷及设备运行方面具有良好的经验。他们需要收集必要的信息进行分析，为项目业主提供建议，该项目是否可以从经济性角度为出发点推进 CHP 项目的分析。

1	您的平均电费是否超过 $0.06/(kW·h)（电价构成包括发电、输送及配送费）?
2	您是否关心现有及未来能源成本对您的业务影响?
3	您的设施是否位于开放的电力市场区域内?
4	您关心用电可靠性吗? 如果断电 1h 或者 5min,是否对您的业务产生潜在财务影响?
5	您的设施年运行时间超过 5000h 吗?
6	您有设施的全年热负荷数据吗(包括蒸汽、热水、冷水、热空气等)?
7	您的设施是否有集中式能源站?
8	您在未来 3~5 年内是否期望替换、升级或者改造集中式能源站?
9	您是否希望在未来 3~5 年内扩大设施或者新建项目?
10	您是否在实施了能源效率措施之后仍然有着较高能源成本?
11	您是否对降低环境污染感兴趣?
12	您的设施是否拥有或者靠近生物质燃料来源(例如,垃圾填埋气、农场粪肥或者食物处理废料)?

表 8-3 我的设施是否适合安装 CHP

8.4.1　原始数据收集

最初的 Level 1 研究从数据收集开始。为此，U. S. EPA-Combined Heat and Power Partnership 开发了简单的确认列表（Level 1 可行性分析数据工具），其主要元素包括：

① 联系方式。

② 现场信息及数据。

③ 施工竣工图（建筑、工厂、供电基础设施）。

④ 电力使用数据。

⑤ 燃料使用数据。

⑥ 热负荷（热、冷、生活热水等）。

⑦ 现有设备数据。

⑧ 其他数据。

通过与现场工作人员的有效沟通或者现场拜访可以获得以上数据，这也是比较值得推荐的获取数据的方式。

8.4.2　后续分析

当所有数据收集以后，工程师将会进行以下工作。

第一步：确定障碍。

这一步的目的是分析确定影响项目实施的不可控障碍。典型的阻碍因素如下：①有些存在于用户的长期电力购销合约当中，某些合约并不允许用户现场安装发电设施；②当地电力公司及政策法规增加了 CHP 的约束性条款及费用；③纽约有着密集的高层建筑环境（环境不允许）；④对燃烧产物的排气烟囱有特殊要求；⑤缺乏原动机和辅助设备的空间；⑥需要限制噪声。在这一阶段必须将所有阻碍因素进行考虑与审视；如果存在任何一项难题，在项目推进之前，开发人员必须找出解决办法。克服这些困难的成本都应当包含在工程实施预算当中。

第二步：概念设计。

这一阶段通常指确认规模、原动机技术以及热负荷运行设备技术。例如，进行余热利用的吸收式制冷机等。概念设计将以现场的负荷要求（尖峰及使用数据）为基准进行设计。

① 电力。

② 热能。

③ 制冷要求。

这些信息包含在电费账单、分户计量表（电力、蒸汽/热水、冷水）中，或者在某些情况下，可以从历史趋势数据当中获得。另外一种获得建筑物负荷数据的方法称作"校验模拟"❶。这一方法使用逐时建筑能耗模拟软件调整、测量各种各样的实际（数据）输入，使得观察（或者实际）的能源使用数据（以电费账单或者其他信息来源为准）与建筑能耗模拟的预估数据吻合。校准模拟的精确度很大程度上依赖于现场工作人员提供的数据。校验模拟

---

❶ Calibrated Simulation：又一专业术语为"Calibrated Computer Simulation Analysis"建筑能耗计算机模拟分析。

的结果是计算一年 8760h 电力需求、空间采暖热需求、生活热水及冷能所需要的数值。恰当利用这些信息与工具可以优化原动机和余热利用制冷机的规模，也可以使用分析工具，如 ORNL CHP 容量优化器。假如建筑能耗模拟与 CHP 设备模型搭配，分析员可以利用建筑能耗模拟软件对从 ORNL CHP 容量优化器获得的初始数据进行优化。

如果现场已经实施了（或者计划实施）节能措施（ECM），很重要的一个方面，在优化原动机的规模工作中也应当考虑这些节能措施，如果可行的话，也应当考虑优化吸收式制冷机的规模。除了对设备规模进行分析研究，工程设计师或者 CHP 项目开发人员应当考虑合适的原动机技术（内燃机、燃气轮机、微燃机等）。尽管 ORNL CHP Capacity Optimizer 等软件具有优化原动机大小的功能，我们建议也应该调查研究其他的参数（容量、原动机技术、吸收式制冷机）。

在某些情况下，工程师不能使用规模优化工具。如果出现这种情况，他/她应该考虑，能够提供能源站部分电力和大部分用户端的冷热负荷的原动机。这一方法称为"以基本热负荷装机"（以热定电），因为系统最大化了余热利用，所以能源站获得了较高的系统效率。对不同 CHP 设计方案的总结如下［Turner（2006）修正版］：

① 孤岛运行模式的装机。能源站是独立的，也就意味着该地没有电网电力，因此所有的热和电力需求都需要 CHP 系统来满足。此外也应当考虑到，计划内及计划外维修会要求多余的备用容量和短暂的能源需求大增以及能源供应断断续续等问题。

② 电力基本负荷的装机。CHP 的装机是满足了电费账单反映的最低用电负荷水平（可以从历史电费账单中收集）。不足的电力从电网中购买，然后热能的短缺需要通过另外的热源获得。

③ 热基本负荷的装机。CHP 的装机为了使最多的热能从原动机的余热当中回收利用，多余的电力卖给电网以及不足的电力可以从电网购得。

④ 中间负荷的装机。CHP 能源站满足部分热负荷及电负荷。这一设计或许是最常见的方案，因其现实的可实施性，最终的 CHP 设计及设备规模将依据当地具体的项目经济性及其他相关问题，例如，能源安全性及可靠性。经济性问题不仅考虑热负荷与电负荷的成本，而且设备的运营及维护费用与环境保护费用一样列入调研考察范围。

⑤ 尖峰负荷的装机。CHP 系统的设计是通过削峰电负荷来减少电力的需求，因此在电力公司征收容量电价这一部分可以进行节省。

8.4.3 经济性分析

因为 Level 1 可行性研究的目标是决定一个 CHP 系统的经济可行性，经济性分析在这一阶段扮演重要角色。用于经济性分析的典型方法就是简单投资回收期，该方法是最简单的分析方法（也是最不精准的），而如现值、内部收益率（IRR）、生命周期成本（LCC）等方法则更精确及复杂。我们将在第 9 章中详细讨论这些技术分析。

一般来说，Level 1 可行性研究阶段，简单投资回收期的方法是比较合适的。简单来说，就是最初投资除以每年节省的费用得出的回收年限。借款成本、通货膨胀及系统生命周期内的运行操作等相关因素都未考虑。然而，简单投资回收分析包含以下效果：

① CHP 系统产生热能与电能，预测现场用户端使用的量。

② 节省的购买电力和热能的成本。

③ 运行 CHP 系统的燃料成本。

④ 安装与运行系统的成本估算。

⑤ CHP 安装可获得的激励。

这些可变因素适用于提出的任何 CHP 方案。应当注意的是，通常设备成本预测在初始阶段是比较精准的，但是其他项目开发费用（例如，CHP 系统集成费用、现场建设费用、额外的结构、噪声及污染治理费用等）的估算在本阶段是初步的。以上不确定因素都是很重要的，因此 CHP 系统交钥匙工程的所有费用包括安装完工、运行、维护等，都应当考虑在最初的预算里面。某些时候，本阶段也将进行其他的分析，考虑到电网断电时需要备用电源以及电费可能增长等因素，关于这些因素的分析也是必要的。

根据简单投资回收测算，决定是否进行到 Level 2 可行性研究。因为业主会根据自己的经济性标准进行判断，所以他们对项目的收益有着更高的门槛界定价值。如果初步经济性分析已经包括了以上所提到的费用及因素，那么接下来就可以出具一份陈述报告，验证实施 CHP 项目的可行性以及它带来的收益等内容。

需要弄清楚的是，在进入到更精准的经济性研究之前，初步经济性分析只是一个必经阶段，而精确的经济性研究是 Level 2 可行性研究的一部分。

8.4.4 Level 1 可行性研究—基本大纲

尽管不同的组织或者企业对于 Level 1 可行性研究有着自己的风格和结构框架，典型的可行性研究报告通常包括以下部分：

① 概述。

② 基本分析与评价

a. 项目概述。

b. 基本电力成本。

c. 设施电负荷、热负荷及冷负荷参数资料。

d. CHP 系统设计方案及条件。

e. CHP 方案的设计和能源分析。

f. 排放。

g. 电力并网。

h. 电力可靠性。

i. 安装及维修预算费用。

③ 经济性分析。

④ 结论与对 Level 2 可行性研究的建议。

⑤ 附录。

Level 1 可行性研究案例可以在 U. S. EPA-Combined Heat and Power Partnership 的网站上找到。❶

---

❶ http：//www. epa. gov/chp/documentas/sample _ fa _ ethanol. pdf。
http：//www. epa. gov/chp/documents/sample _ fa _ industrial. pdf。

8.5　Level 2 可行性研究—现有设施

Level 1 可行性研究的结果一旦表明项目在经济和技术上是可行的，那么将展开 Level 2 可行性研究。许多在 Level 1 可行性研究阶段的初步假设当中使用的数据将被更精确的数据替代。更多的数据，例如运行目标、控制、监管、离网能力等将融合到研究当中，还有对 Level 1 可行性研究当中的初步装机规模进行修改及优化。Level 2 可行性研究应当涵盖所有可以决定项目是否往下推进的信息，通常包括：

① 更精确的建设、运行及维护费用预估。

② 基于简单投资回收期的最终项目经济性预估及总投资的生命周期成本分析。

经济性分析应当基于最终的项目装机、建议的运行方式以及更精确的热负荷、电负荷数据。精确数据是从历史用能趋势（使用现有控制系统或者安装新设备）当中获得或者从电力公司区间数据获得。经济性分析还应当在工程设计、计划和建设等阶段考虑到计划扩建的或者新建设的能源站，同时需要将他们与其他建筑主体或设施进行协调。如果 CHP 是新建设施的一部分，那么将节省大量的费用，这些节约的费用需要纳入项目总成本测算，从而提高系统的投资回报率。

作为研究的一部分，多次拜访项目实施地和对现有设施条件进行全面考察是必不可少的，进而可以帮助决策者做出有利的判断。

通常 Level 2 可行性研究报告应当包括：

- 设施用能负荷资料。
- 系统运行进度表。
- 机械及电力系统构成部分。
- 余热利用。
- 系统效率。
- 噪声水平。
- 系统振动。
- 空间考虑。
- 断电后系统的可利用性。
- 电力并网。
- 排放及许可。
- 资本成本。
- 燃料成本。
- 维修成本。
- 激励可行性。
- 包含了生命周期分析的经济性分析。
- 融资方案。
- 初步项目进度表。
- 项目执行的支持性文件（项目建议书、费用、设计文件等）。

和 Level 1 可行性研究所要求的可行性研究报告的基本大纲一样，每个组织和企业有着自己的研究风格和模式。对于典型的 Level 2 可行性研究，报告应当包括以下部分：（根据 US EPA—Combined Heat and Power Partnership 网址 http：//www.epa.gov/chp/documents/level_2_studies_september9.pdf）：

- 概述。
- 现有场地计划及设备描述。
- 现场用能要求。
- CHP 设备选型。
- 优先选择的 CHP 系统描述。
- 系统运行。
- 规范及许可要求回顾。
- CHP 系统总成本。
- 现金流分析假设。
- 优先选择的系统折现现金流分析。
- 附录。

8.6　新建设施的 CHP 可行性

CHP 系统作为新的安装项目，应当在设计的初期阶段考虑介入（概念设计阶段）。如前面阐述的，"CHP 合格筛选审查—现有设施"部分的合格测试也同样适用于新建设施。如果结果表明是可行的，设计师将在设计方案当中建议增加 CHP 系统。通过使用建筑能耗模拟软件，设施的初步模型可以帮助设计者分析不同的设计方案，CHP 系统可以成为一种备选方案，或者成为多种设计备选方案当中的一种（考虑到 CHP 系统的规模差异）。因为最优的 CHP 原动机规模远比建筑内部机械和电气设备复杂，建筑能耗模拟软件和其他用于优化原动机和吸收式制冷机的工具相结合将会极具价值和益处。

以下内容在概念设计阶段用于描述评价一个 CHP 系统流程。这一程序是基于使用 DOE 2.E 逐时建筑能耗模拟软件与 ORNL CHP Capacity Optimizer（容量优化器）而编制的：

① 基于初步设计文件（建筑、结构、照明、管道、程序、现场设计标准等）使用先进的建筑能耗模拟软件开发建立建筑能源模型。关于设备，例如制冷机、锅炉和其他能源站设备等，可以自动调整规模以及参考当地或者要求的能源标准相关的典型能源效率数据。通过考虑现场具体的实时数据和能源费用来提高预测准确性。

② 从能耗模拟软件的数据输出可以检索现场电力要求（不包括任何制冷电能）、热能（空间采暖、生活热水、工艺用热）及冷能 8760h 的逐时报告。

③ 在 ORNL CHP Capacity Optimizer 中输入逐时数据及电费、典型电效率、原动机可利用的余热和其他机械设备数据。其次，运行第一迭代模拟软件决定原动机的规模。

④ 确定可以提供合适原动机的供应商，使用供应商提供的原动机技术参数手册中公布的数据及输入电效率和余热量，重新运行 ORNL CHP Capacity Optimizer。获得的结果可以作为建筑能耗模拟的起点（因为建筑能耗模拟不能自动计算原动机的规模）。

⑤ 返回到建筑能耗模拟程序并进行概念设计。

第 21 章提供了案例分析，文章名为"使用逐时建筑能耗模拟软件优化原动机和吸收式制冷机装机—新学校设施"。案例将介绍如何使用逐时负荷数据、优化原动机和吸收式制冷机装机等程序。

尽管这一部分讨论了新设施 CHP 的可行性，但同样的方法也适用于既有建筑；在这一条件下，需要将逐时数据输入 ORNL CHP Capacity Optimizer，通过校准现有建筑能耗模型的每一小时的数据来测算出结果。

参 考 文 献

[1]　BEA，2004. Building Energy Analyzer，InterEnergy Software，available at http：//www. interenergysoftware. com/OrderForms/BEAOrderForm. htm.

[2]　Beyene，A.，2002. Combined Heat and Power Sizing Methodology，ASME Turbo Expo 2002，Industrial and Cogeneration，June 3-6，Amsterdam，The Netherlands.

[3]　Caton，J. A. and W. D. Turner，1997. Cogeneration，in Kreider，F. and R. E. West （eds.），*CRC Handbook on Energy Efficiency*，CRC Press，Boca Raton，FL，Chapter 17.

[4]　CogenPro，2004. San Diego State University，available at http：//www-rohan. sdsu. edu/~eadc/cogenH. html.

[5]　Competitive Energy Insight，2006. Econ Expert-IAT （for CHP） Software for Analysis of Hourly Operations of Combined Heat and Power Facilities，available at http：//www. ceinsight. com/product/14.

[6]　Downes，B. M.，2002. Evaluation of Thermal and Economic Feasibility Analysis Software，MS Thesis，University of Illinois at Chicago，Chicago，IL.

[7]　EEA，2004. CHP Emission Calculator Documentation-Draft，prepared by Energy and Environmental Analysis Inc. for Oak Ridge National Laboratory，12 pages，August.

[8]　Fischer，S. and J. Glazer，2002，CHP Self Analysis，Proceedings of the IMECE2002，*ASME International Mechanical Engineering Congress and Exposition*，Nov. 17-22，New Orleans，LO.

[9]　Fischer，S.，2004. Assessing value of CHP systems，*ASHRAE Journal*，pp. 12-19，June.

[10]　Hay，N.，1988. *Guide to Natural Gas Cogeneration*，The Fairmont Press，Lilburn，GA.

[11]　Homer，2005. Optimization Tool for Distributed Power，National Renewable Energy Laboratory，Golden，CO，available at https：//analysis. nrel. gov/homer/default. asp.

[12]　Hudson，C. R.，2005. ORNL CHP Capacity Optimizer：User's Manual，Oak Ridge National Laboratory Report ORNL/TM-2005/267.

[13]　Hughes R. A.，Ramsay，B.，and Rossini，C.，1996. A Knowledge-Based Decision Support System for Combined Heat and Power Investment Appraisal and Plant Selection. Proceedings of the Institution of Mechanical Engineers，Part A. *Journal of Power and Energy*，vol. 210.

[14]　Limaye，D. R. and S. Balakrishnan，1989. Technical and Economic Assessment of Packaged Cogeneration Systems Using Cogenmaster，*The Cogeneration Journal*，vol. 5，no. 1，Winter.

[15]　Orlando，J.，1996. *Cogeneration Design Guide*，American Society of Heating，Refrigerating and Air-Conditioning Engineers，Atlanta，GA.

[16]　Oven，1991. "Factors Affecting the Financial Viability Applications of Cogeneration" XII Seminario Nacoinal Sorbre El Uso Racional de La Energia Mexico City，November，1991.

[17]　Ready Reckoner，2006. Australian Eco Generation Association，Commonwealth Department of Industry，Science and Resources，Sinclair Knight Merz Pty Ltd.，available at http：//www. eere. energy. gov/der/chp/chp-eval2. html.

[18]　RETScreen，2006，RET Screen International，developed by Natural Resources Canada，www. retscreen. net.

[19]　Somasundram，S.，W. D. Turner，and S. Katipamula，1988. A Simplified Self-Help Way to Size Small-Scale Cogeneration Systems，*Cogeneration Journal*，vol. 4，no. 4，pp. 61-79.

[20]　Turner，W. C.，2006. *Energy Management Handbook*，5th ed.，The Fairmont Press，Lilburn，GA.

[21]　U. S. Environmental Protection Agency （EPA）—Combined Heat and Power Partnership—*Case Studies Level 1*，

available at http：//www. epa. gov/chp/documents/sample _ fa _ ethanol. pdf and http：//www. epa. gov/chp/documents/sample _ fa _ industrial. pdf.

［22］　U. S. Environmental Protection Agency（EPA）—Combined Heat and Power Partnership—*Case Studies Level 2*，available at http：//www. epa. gov/chp/documents/level _ 2 _ studies _ september9. pdf.

［23］　U. S. Environmental Protection Agency（EPA）—Combined Heat and Power Partnership—*CHP Development Handbook*，available at http：//www. epa. gov/CHP/documents/chp _ handbook. pdf.

［24］　Williams，J. M.，A. J. Griffiths，and I. P. Knight，1998. Knowledge-Based Sizing of Cogeneration Plant in Buildings，*ASHRAE Transactions*，vol. 104，no. 1.

第 **9** 章

CHP 经济性分析

（Kyle Landis

Itzhak Maor）

9.1　CHP 经济性分析

　　CHP 经济性分析通过分析影响 CHP 能源站经济性的各项因素来判定一个项目是否可行，并且对于股东的资金投入来说，需要验证该项目是否为一项好的资金投资。项目的经济可行标准将根据项目的不同而变化，但至少这个项目比起传统商业模式❶来说要节省费用。更严苛的评判标准甚至可能要求该项目的实施至少在投资上比其他投资项目具有明显竞争力。与简单投资分析不同的是，经济性分析将进入到更复杂及具体的生命周期成本分析（LCC）阶段，本章将会具体讨论。

9.2　简单投资回收分析

　　简单投资回收是经济性分析方法的一种，根据每年节约的费用来计算所实施项目收回初始投资的时间。简单投资回收并不像 LCC 分析一样考虑资金的时间成本及利率上浮等因素。通常来说，CHP 不是低成本项目，简单投资分析一般只限于项目的初期可行性研究阶段。如果需要实施更具体的项目研究，通常要求进行 LCC 分析。简单投资回收的公式如下：

　　　　　简单投资回收（年）＝项目初始投资/年节约费用

---

❶　Business-as-usual；（BAU）。

项目初始投资等于项目安装总投资，与"估算的建设费用预算"当中定义的一样，年节约费用等于与传统商业模式对比之后，在能源使用、运行及维护费用方面节约的总和。

9.3　生命周期成本分析

LCC（生命周期成本分析）分析是一项考虑 CHP 系统在其生命周期内的经济性分析。该类经济分析根据资本的时间价值进行研究，并为了达到所要求的精准度，在进行经济性因素分析时恰当考虑每项因素的取值。通过计算每一个在考虑范围内的项目方案的 LCC（包括普通或者 BAU 情况），以获得最好的经济性（也叫做投资回报率或者内部收益率）为依据，人们可以得出所建议的 CHP 系统的比较优势。下面章节部分将详细阐述 LCC 分析的组成部分，并说明实施 LCC 分析的步骤以及举例。

下面是对 LCC 分析组成部分的经济术语进行定义，同样也解释了如何估算能源的使用与成本、预测年度维护费用、建设费用预算、计算生命周期费用等。

9.3.1　备选方案

备选方案简单理解是指，作为分析的一部分，应当考虑的所有可选方案。热电联产（CHP）LCC 的典型方案包括常规运营（BAU）（从当地电力公司购买电力以及购买燃料满足热需求）以及其他使用不同类型、容量的设备替代方案。

BAU 情况是最基本的形式，它能够满足系统热能及电力需求。BAU 表现为既能使用现有的，又可以使用新安装的锅炉及制冷机来满足设施的热负荷，从当地电力公司购买电力满足电负荷需求。如果 BAU 中考虑使用现有设备，那么必须考虑到设备的年限及状况。如果在 BAU 情况下，现有设备的剩余服务年限比替代设备的要少，那么替换现有设备的成本将被纳入 BAU 情况的 LCC 分析当中。类似的，如果现有设备需要大修（预算外维修），那么这笔费用也应纳入 BAU 情况的 LCC 分析当中。

与 BAU 情况进行对比的可替代方案数量将根据业主而变化，有时可供选择方案多，有时可供选择方案较少。深入了解 CHP 系统可以在进行替代方案的 LCC 分析之前消除经济不可行的参数与变量。例如，如果一个项目有着相对较大电力负荷而它的热负荷又相对较小，那么在概念设计阶段，提供较多热负荷且超过电力输出的方案将被取消，因为这种情况下如果满足电力负荷，那么大量的热负荷将被浪费。参考前面的第 8 章可以了解更多的信息。

9.3.2　工程经济学

工程经济学的概念可以理解为一个决定最佳经济性方案的过程（例如，最高投资回报率或者最低的 LCC）。在既有的多种备选方案的前提下，需要专家们利用专业技术知识对其进行研判。对于工程设计来说，经济性的概念并不是该领域特有的，但是选取经济性公式及标准测算的参数变量的能力则是工程设计经济特有的。例如，假设业主只是关心年节约费用和设计带来的经济性，如果切实可行的话，他可以雇佣一位 CHP 专家对从当地的气电公司买天然气与电力方案与采用 CHP 方案所产生的费用进行计算比较。同时工程设计经济学也适用于计算费用节约的技术构成，例如能源的使用、费用、运行及维护要求等。

9.3.3 生命周期成本过程

典型的生命周期成本（LCC）计算过程需要对在考虑范围内的每一个备选方案所产生的年节约费用（现金流）进行预估，并分析需要考虑各项因素，如利率上升（通货膨胀）、财务费用及对比净现值（NPV），这些内容在后面章节中讨论。有着最低的 NPV 值的 LCC 备选方案在经济性方面将是最佳选择（最好的资本投资）。如果是一个长期性的费用节省项目，在一定的利率及现实可选择的经济性因素前提下，包括上涨率，得出的年度节省费用的 NPV 值表现为正，那么这一替代方案则被认为是经济可行的。

9.3.4 资本成本对比年度成本

资本成本与建设 CHP 系统有关，包括：能源站建筑、所有必要设备的购买及安装、控制系统、仪器、管道及运行当中附属物等。通常，资本成本是备选方案的第一笔成本。当需要替换现有设备时，资本成本进一步增加。通常，设备更换发生在现有设备无法使用或者现有设备的使用年限低于项目实施期限的前提下。如何考虑并决定这些费用则取决于：是否每年都对设备更换费用进行了预算，节约的预算是否可以用来更换设备，或者更换发生时有足够的资金。

年度成本是规律性发生的，通常以年度为单位。年度成本就是燃料购买成本、从电力公司买电成本、运行人员人力成本、消费品的成本、定期维护及维修费用等。如上所述，一些项目维护、修理及设备更换发生的频率超过一年。如果是这种情况，年度成本计算将这些成本"年度化"。例如，一个为期 20 年的项目，每隔 5 年，发动机需要重新改造，那么 1/5 的重改费用被编入预算并且分摊到每一年当中。

9.3.5 现金流量表

现金流量（也叫做净现金流）是一定时期内总的收入与支出。表 9-1 显示了预测的现金流。收入栏显示了一定时期内现金的流入状况，支出一栏显示了一定时期内流出的现金状

$

期间	收入	支出
第 0 年	0	2000000
第 1 年	500000	0
第 2 年	500000	0
第 3 年	500000	0
第 4 年	500000	0
第 5 年	500000	0

表 9-1 样本现金流

况。在一定时期内会发生多项流出与流入，但是现金流量表将汇总所有单笔交易并计算一个总数值。

现金流量表通常用图表示。水平线代表时间，以水平线为中轴，向上标箭头表示收入（正现金流），向下标箭头表示支出（负现金流）。

9.3.6　资金的时间价值[1]

"资金的时间价值"产生的前提是，由于上涨率（通货膨胀）及潜在的利息收益，同样数值的一笔收入发生在未来将比现在的价值要少得多。也就是说，现在的 1000 美元将比 10 年后的 1000 美元值更多。因此，一项在初期投资节省 1000 美元的项目会比 10 年后节省 1000 美元的投资更有价值。如果一项投资在 10 年后可获得的回报率（折现率[2]）是 80%，那么 10 年后 1000 美元将等同现在的 463 美元（或者有着 463 美元现值）。相反地，如果同样的 463 美元以 8% 的投资回报率投资 10 年，那么最终的价值将是 1000 美元。

9.3.7　折现率

折现率是众多生命周期成本分析重要数值当中的一个。折现率这一数值可以使现在的资本价值与未来价值实现等值。也就意味着，折现率是用来确定现有资本价值与未来资本价值相等的数值。一般来说，折现率应当与资本的长期花费相等。更高的折现率对未来的资本价值打折更多。也就是说，较高的折现率将会减少经济性分析当中未来成本（或者节省的金钱）的重要性。

9.3.8　利率

利率是指借款人使用他人资本而应当支付的利息，或者是贷款方为给借款人延长借款时间而收取的费用。如果借款资金用于项目的建设，那么利息将被支付给贷款方。如果资金是从其他可能的投资或者使用中获得，那么资金的利率就是该项资金投资其他项目可能获得的收益率（举例来说，一项资金可以用于能源站建设，而同时这项资金可以购买一项投资回收率为 3% 的储蓄公债）。

9.3.9　等值

等值是这样一种概念，它可以对不同的备选方案进行经济性比较。而等值比较需要对方案当中的不同因素进行对比，但是比较的基础为各备选方案中"相似"的因素，例如净现值等值或者一致的年度费用（年金）等值。当两个现金流（或者两个备选方案）有着同样的效果或者资本价值，经济等值发生；因此，选择两个方案当中任意一个将产生同样的经济结果。在工程经济性当中使用等值的概念可以确定盈亏平衡点，而它是分析当中的一项特殊因

---

[1]　也作"货币的时间价值"。
[2]　也作"折现系数""折现参数"。

素。从这个角度来看，经济等值是独立的，因为不论我们从借款人角度，还是从贷款者角度考虑都不会影响它。

当我们在经济性分析中应用等值概念时，将会涉及两个基本假设。第一，任何没有投资到项目的资金将会按照现行利率投资到其他项目。第二，所有备选方案的现行利率都是一样的。

为了进行等值计算，要求同样的时间基准。分析的所有时间期限应当是一致的，例如，项目通常用 20 年期限来分析。然而，不同的备选方案基于不同的计算时间，因此有着不一样的现金流。例如，备选方案 A 可能认为资金所挣的利息不是按月支出，而备选方案 B 认为安装项目的节省费用是以年度为基准。在工程经济里面，通常是计算得出现金流的现值，而这些在后面的部分将会进一步讨论。

经济等值的另一方面就是把利率与分析的多种时间区段进行统一。如果在分析的时间期间内利率发生变化，经济等值的结果将会变化并且需要重新计算。

使用上述的经济等值概念，可以对项目的任何可变因素进行等值点分析，或者盈亏平衡点等值分析。例如，经济性分析可以测算出在某一燃料价格上涨率的前提下，两个备选方案将产生同样的经济效果。进一步，经济分析可以测算出，当燃料价格上涨率高于上述提供等值的燃料价格上涨率的前提下，其中一个备选方案比另一备选方案经济性效果更佳，反之亦然。例如，在年燃料价格上涨率低于 $x\%$ 的前提下，项目在预期的服务年限内每年都会产生费用节约，因此方案就是经济可行的；然而，在年度燃料价格上涨价格高于 $x\%$ 情况下，而 CHP 的项目成本可能比常规供能方式花费更多，那么这个项目是经济不可行的。当然经济性分析也会测算出这样的结果，当燃料价格上涨率为 $x\%$ 情况下，常规供能方式与建议的 CHP 项目方案产生同样的经济结果。

等值概念适用于经济性分析中的任何因素，例如，折现率上升、资本成本以及维修费用等。在条件变化的情况下判断评价这些因素则被称作敏感性分析。通过敏感性分析可以判断项目的经济性等值对于实际测算数据变化的敏感程度。

9.3.10 现值

现值（也称作现有价值）是未来一系列每年支付费用的现在价值。未来费用支出组成现金流通过"折现"来反应货币的时间价值。计算现值可以确定利息的影响、应用的折现率或者通胀率。现值的数学公式为：

$$C_t = C/(1+i)t$$

式中　C_t——C 货币单位在未来 t 时间段内的现在价值（现值或者 PV）；

　　　i——折现率或者通胀率；

　　　t——时间期间。

表 9-2 呈现了一个简单的未来支出费用的现值计算。折现率为 5%。从表格可以看出，未来支出的现值逐年减少（打折）。

9.3.11 净现值

将每一项预测的现金流现值相加得出现金流的净现值：

$$NPV = (C_1 + C_2 + C_3 + C_4 + \cdots + C_n)$$

$

期限	支出	现值
第 1 年年末	10000	9523.81
第 2 年年末	10000	9070.29
第 3 年年末	10000	8638.38
第 4 年年末	10000	8277.02
第 5 年年末	10000	7835.26
总计	50000	43344.76

表 9-2　**现值案例**（折现率为 5%）

举例说明，如表 9-2 中所示，净现值可以通过以下等式表示。

$NPV = (\$9523.81 + \$9070.29 + \$8638.38 + \$8277.02 + \$7835.26) = \$43294.77$

当现金流总计为 50000 美元，NPV 为 43345 美元，假设投资回报率为 5%，现在的 43345 美元将与未来 5 年内每年获得 10000 美元的价值相等。

9.3.12　上涨率

上涨率是商品费用或者服务费用上升的比率。通常在 LCC 分析当中，上涨率会影响到以下分析因素：能源费用（电力和燃料购买）、人力（运行和维护人员以及行政人员费用）、许可费用、部分或者一般消费品费用等。根据国家、地区、劳动力来源的差异，上涨率会有不同，最重要的是时间不一样，上涨率也不一样。合适的当下的现金上涨率与 10 年前相比或者与 10 年后相比都会不一样。

9.3.13　分析周期

LCC 分析的周期是很重要的一项因素。虽然典型的 LCC 分析时间周期接近 20 年，但是根据项目的变化而变化。项目投资的内容拥有不同服务寿命，因此很难预测整个项目的有效服务年限，但可以使用一定的基准分析周期。举例来说，一般情况下能源站可以使用 50 年，原动机的寿命为 20 年，而管道的寿命为 30 年。最难分析的是各种变量，例如，利率、折现率、上涨率。复杂的分析会给经济性分析人员的自信心造成影响。项目投资人也会有使用自己的标准对项目进行分析，或者按照在具体的时间期限内实现费用节省的标准来测算。

9.3.14　残值

残值是设备、建筑等在服务结束时所剩余的价值。在上面内容中已经提到，经济性分析中是否考虑残值这一因素，应该根据分析的时间长度来决定。任何设备服务结束的最终残值以及在分析期限内替换设备的费用都应当纳入到经济性分析的现金流分析中。实际有效的残值以及对整个 LCC 分析的重要程度受诸多因素影响，主要有以下情况：设备在结束使用时是否已经全部计提折旧；设备的市场价值（再次出售或者报废），相反地会在很大程度上受相关的技术进步、新（更严格）规定的约束和影响；以及部件的拆卸或者损毁费用影响等。

9.3.15　年金

年金[1]（EUAC）是指备选方案一年中所有现金流的总和。在比较不同备选方案的现金流时，EUAC 是有用的评价标准。

9.4　计算预估的能源耗费和成本

CHP 能源站（或者常规供能）LCC 分析当中最多的年度成本就是能源成本。能源使用数据由计算机模型来决定。能源使用主要表现为电力或者天然气消费。根据时间、地点、使用类型、尖峰、平段或者低谷等情况，电力、天然气价格或者定价种类而变得十分复杂。电力价格的计算单位为美元每千瓦时［$/(kW·h)］，而天然气通常用美元每千卡或者美元每百万英热（$/kcal 或者 $/MMBtu）单位来计价。电力价格种类当中包括了需求电价，是指电度电价之外的额外收费。需求电价根据高峰时期（也指需求时期）的最大电力来制定。需求电价的目的是为了满足用户端高峰时段电力要求，电力公司提供电力及配电容量而产生的费用。在电需求量较大的一段时期内，电力公司获得了较高的营业收入，从而可以维持大电力生产来满足用户要求。

公用事业电力供应公司使用不同的方法进行定价来满足消费者需求。根据地区差异，一个能源站或者设施的气电价格收费结构并不一致。以下是不同的电力定价（Maor 2008）：

a. 季节性定价（价格）。对于大多数电力公司来说，费用根据季节不同而不同。通过冬季与夏季不同的需求及能源收费，这些变化反映在其定价计划中。

b. 阶梯定价。能源及需求收费按照以下三种形式当中的一种或者总和构成：

- 反向的阶梯定价结构是当消费量增加，价格上涨。
- 下降的阶梯定价方法是当消费量减少，价格下降。
- 水平定价结构就是价格不随消费量的变化而变化。

大多数电力公司提供的定价超过一种以上阶梯定价结构。公用事业电力公司可以提供反向、下降或者水平定价的组合定价方式，通过不同定价方式可以反映季节能源费用的差别以及消费差别。

- 峰谷电价（TOU[2]）。TOU 是针对电力的价格。TOU 的目的是告知消费者电力在低谷、平段、高峰时段的费用。恰当的 TOU 价格信息可以使消费者延迟电力使用直到电价达到峰谷时价格。TOU 价格在签订合同之前就已确定，在合同期限内不会改变。
- 实时电价（RTP）。RTP 允许价格实时变动。实时定价的事实要求使用可以读取一

---

[1]　Equivalent Uniform Annualized Cost。

[2]　Time of use rates。

定时期内电力消费的计量表（例如，按小时读取），以及要求电力公司制定计量数据读取时期内与批发电价挂钩的价格结构。RTP 允许公用事业提供者可以在高峰时段多收取费用，白天使用需求及费用最大，而低谷时期需求及费用最小。RTP 鼓励消费者在高峰时段减少能源需求。消费者通过调整电力使用时间获得运行费用的节省，例如，当电力零售价格高时不使用电力而当电力零售价格变低时使用电力。

区域及电力提供商的不同，用户的能源费用也不一致。通常电力费用包括以下部分或者全部：

• 电力能源费用❶。费用的部分可能包括发电费用、配电费用、税费，以上各项在账单中的计费单位为千瓦。

• 电力容量费用❷（按需收费）。费用的部分可能包括发电费用、配电费用、税费，并且以每千瓦的计费形成电费账单，通常按账单期内最高的电力需求收取。

• 备用电价❸。一些电力公司对并网的能源站收取备用电价，保障 CHP 能源站所需的电力容量（与安装容量相等）。

• 天然气或者燃料油收费：可以获得一些特殊的"联产"价格，或者与当地公用事业公司谈判直接签订合同，在一定时期内购买一定量的燃气或者燃油。

燃料费用根据市场呈现有规律的变化，许多 CHP 能源站将综合签约实时电价合同与短期、长期（未来）合同来确保自身的燃料购买价格处于低价水准。

在第 8 章中谈到，为了预测能源费用，首先必须预测能源消耗量。预测的第一步骤就是清楚地了解设施的能源使用情况。根据具体的分析阶段，项目投资者可以查看任何一处能源使用信息，从年度平均消耗到具体使用以及整年的逐时消耗数据。能源消耗参数资料也是分析 CHP 能源站中需考虑的数据，包括用电、用热（例如，采暖与生活热水生产）以及用冷。这些能源的交叉使用决定了在常规供能情况下设施用能如何得到满足以及不同的 CHP 备选方案如何满足设施的能源使用需求。一旦获得能源消耗方案，那么则可以计算每一部分能源消耗的费用。

预测能源使用量和费用的方法与通过具体的能源数据开发测算模型一样简单。通过开发 Excel 数据表测算能源费用是比较便捷的方式。在第 8 章中谈到，多款商业软件在预测多种 CHP 应用类型的能源使用方面非常适用及成熟。软件模型的优势为使用简便、可重复性操作以及推测的模型质量更有保障。某些软件模型可能存在以下不足：模型设置对独特的 CHP 能源站的测算不全面。这种模型的缺点在最初使用时表现得并不明显，但后期的限制表现为：当"更改"模型调整数据输入模拟 CHP 方案时，模型表示不支持。可以运用数据表模型并对独特的或者"非常规"的 CHP 应用进行具体分析，或者对建模报告结果的某一具体方面进行分析。数据表模型的优势包括，例如 Microsoft Excel，它的用户可以任意建立具体及独特的测算模型。该测算程序还增加了使测算符合逻辑的功能。数据表模型的不足包括了初始阶段需花费更多的时间用于创建和确认模型；如果细节部分不注意则出现错误的概率更高；测算模型一旦完成建模，如果要改动将会变得较为复杂。

---

❶ Electric Energy Cost。
❷ Standby charges。
❸ Natural gas or fuel oil charges。

9.5 预测年运行及维护费用

在 LCC 分析中，另外一个预测 BAU 情况或者 CHP 能源站方案的年度费用的重要方面即为年运行及维护费用。这些费用包括：

- 预防/定期的设备维护。
- 消耗品费用（润滑剂、尿素、排放控制测试用气等）。
- 设备修复。
- 在分析期段内的设备重置。
- 申请许可费用及年度测试费用（例如，运行许可、排放控制测试）。
- 运行人员及维护人员费用。
- 行政管理人员费用。

通过与主管经营许可与测试的机构讨论可以预测许可及测试的费用，或者从提供测试服务的公司获知费用。运行和维护人员的费用与维护人员一样，根据区域及设施的差别而存在区别。一些 CHP 运行方案设计成在使用最少的人员的状况下运行，然而其他的设施或者能源站（例如，生产高压蒸汽）可能要求人员的全职参与运行。

大多数设备制造商可以提供历史维护及修复费用数据。通常，维护合约可以提供所有必要的运行与维修，无论是以平价的年度费用方式或者基于运行小时或者能源站能源输出等方式进行收费。另外，根据已安装及在不同地方运行的设备调查等出版物资料可获取维护及维修费用。以下是从 ASHRAE 研究项目中获取的关于原动机维护费用的信息。

原动机运行及维护费用

表 9-3 提供了活塞式内燃机运行及维护（O&M）费用。需注意的是，这一装机容量的原动机其固定花费是总的每小时 O&M 费用的 6%。

[$/(kW·h)]

来源	启用年度	电力容量			
		100kW	300kW	800kW	3000kW
Schienbein 等(2004)-PNNL	2000	0.0145	0.0125	0.0104	0.0090
Energy Nexus Group(2002)-EPA	2001	0.0184	0.0128	0.0097	0.0093
LeMar(2002)-ORNL	1999/2000	0.0120	0.0100	0.0800	0.0075

注：来源：Maor（2008）。

表 9-3　天然气活塞式内燃机综合固定及变化 O&M 费用

LeMar（2002）以总金额的形式（固定与变化的结合）提供了内燃机、微燃机及燃料电池 1999/2000 年度的运行及维护费用。微燃机 O&M 的费用以表格的形式显示，包含了功率范围为 45～600kW 的微燃机。虽然微燃机的规模范围看起来较大，但是 O&M 费用范围为 0.01～0.009 ＄/（kW・h）。Firestone（2004）基于 DER-CAM 分散式能源客户采纳模型提出了 28～100kW 微燃机的 O&M 费用范围，价格为 0.015＄/（kW・h）。更多关于微燃机 O&M 费用的信息可以在 EPRI 报告 1007675（2003）中获得。报告内容来源于多家微燃机制造商提供的系统容量为 30～100kW 的微燃机数据。所述的 O&M 费用从 0.007～0.013＄/（kW・h），而大多数费用在 0.011＄/（kW・h）左右（注意，EPRI 数据适用于 2002 年）（Maor 2008）。

9.6　工程造价预算

CHP 项目各阶段当中，在规划与设计阶段预测工程造价费用是很重要的步骤，它影响到项目前期 LCC 分析的有效性及可能要求重新分配内部已有或者从外部获得的项目建设资金。根据准备的 LCC 分析深度，工程造价预算范围基准不一样。一般以每千瓦费用计算为基准，具体的基准为逐步预算每项费用。工程造价预算的数据信息来源包括设备生产商/供应商报价、成本估计专业书籍、承包商预估价、专业的造价工程师的经验数值等。我们建议对所有大型设备的价格估算应当取得多家供应商的报价。因为对于典型的 CHP 项目来说，主要成本的一部分就是设备，成本造价估算类专业书籍不会专门对具体某一设备进行说明。

精确的工程造价预算准备工作的关键一步是对如何建设能源站的步骤了解透彻。例如，掌握管网的布置及安装是很重要的，但同时也需要认识到，吊架、支架及支撑装置同样对于预测正确的费用也很重要。更进一步考虑，如果了解到安装工程师将会在一个狭窄的空间或者在高处工作，那么初期预估的项目费用将会增加，因为上述状况会使得预计的安装费用增加。当预算工程师随身携带使用 3D 软件，例如，BIM❶，将要建设的 CHP 能源站的每一处建设部分都进行检查，那么预测的精准度将会提高；然而，这项信息在规划阶段很难获得。

除了基本的材料及人力费用之外，其他工程造价预算的重要组成部分应该包括：

- 二级承包商加价。通常，工程造价指导书（刊物）提供了原材料及人力费用。考虑到员工需要支付的工资税及津贴等，实际"承担"的人力费用会更高。原材料价格将会加价 10％，而人工费在作者阐述的人力费的基础之上上浮 50％，这些加价仅仅适用于从工程造价指导书（刊物）当中获得的费用预算（并不是从设备供应商处获得的报价）。

- 当地因素。大多数工程造价指导书（刊物）提供了不同的项目实施地所应当考虑的地域因素，从而调整原材料及人力花费至更高或者更低。在美国，加上从工程造价指导书（刊物）获得的工程造价（计算上二级承包商的加价部分），费用调整的范围为±10％。

- 税金。根据区域设置，销售税适用于所有购买的材料，并且适用于以上的费用小计，包括了加价及地方因素费用部分。

- 总体要求。总体要求涵盖了再生产、办公室设备、建筑拖车、人员动员、人员解散、项目管理等承包商的费用。通常，总体要求的价值为 5％，一般是单独预估或者按照以上包含税率的小记费用的 5％。

- 突发费用。偶然性突发费用用来涵盖无法预估的费用。突发费用的计算范围为：从

---

❶　Building Information Modeling（建筑信息模拟）。

在非常具体的以最终工程设计图为基础的造价预算上浮 5％ 或者以概念水准为基础的粗略典型"数量级"工程造价预算费用上浮 25％。

- 保险债券。承包商保险债券方面的花费通常占工程造价费用的 3％，适用于以上费用小记，包括突发费用。
- 承包商的管理费和利润。该项费用包含了保险和债券的全部费用的 10％～15％。
- 业主项目成本。在工程造价费用之外，应当在 LCC 分析当中考虑到额外的项目成本，例如，工程设计、测试、检查费用、业主的建设管理费用等。项目成本通常占到工程建设费用的 20％。

9.7 计算生命周期成本

生命周期成本的计算将项目成本，包含了能源成本、融资成本、税金、资金的时间价值以及上涨率的年运营及维护成本等各项，综合计算得出一个价值（净现值），因此"备选"方案可以在同等基础上进行比较。

表 9-4～表 9-6 提供了 LCC 计算样本。表 9-4 显示了假设的经济性因素，表 9-5 显示了年度成本随着项目生命周期而上涨及其等价的现值，表 9-6 提供了 LCC 计算的结果。

折现率	5％
维护费上涨率	3％
天然气价上涨率	2％
电价上涨率	2％
行政管理及许可费用上涨率	3％

表 9-4　样本 LCC 计算假设经济性因素案例

$

年底	年度成本					现值
	维护成本	行政管理及许可成本	燃料成本	电力购买成本	总年度成本	
1	400000	30000	1200000	300000	1930000	1840000
2	412000	31000	1224000	306000	1973000	1790000
3	424000	32000	1248000	312000	2016000	1740000
4	437000	33000	1273000	318000	2061000	170000
5	450000	34000	1298000	324000	2106000	1650000
6	464000	35000	1324000	330000	2153000	1650000
7	478000	36000	1350000	337000	2201000	1560000
8	492000	37000	1377000	344000	2250000	1520000
9	507000	38000	1405000	351000	2301000	1480000

续表

年底	年度成本					现值
	维护成本	行政管理及 许可成本	燃料成本	电力购买 成本	总年度成本	
10	522000	39000	1433000	358000	2352000	1440000
11	538000	40000	1462000	365000	2405000	1410000
12	554000	41000	1491000	372000	2458000	1370000
13	571000	42000	1521000	379000	2569000	1330000
14	588000	43000	1551000	387000	2569000	1300000
15	606000	44000	1582000	395000	2627000	1260000
16	624000	45000	1614000	403000	2686000	1230000
17	643000	46000	1646000	411000	2746000	1200000
18	662000	47000	1679000	419000	2807000	1170000
19	682000	49000	1713000	427000	2870000	1140000
20	702000	49000	1747000	436000	2934000	1110000
总计	10756000	790000	29138000	7274000	47958000	28850000

表 9-5　LCC 计算年度成本案例

$

项目投资成本	年度成本净现值	总成本现值
9000000	28850000	37850000

表 9-6　LCC 计算结果

在计算样本（表 9-6）中，总的现时成本为 3785 万美元，是项目投资成本 900 万美元与年度成本净现值 2885 万美元的总和。需要注意的是，年度费用的总和接近 4800 万美元，但是未来的价值经过折现后的数字显示在表 9-5 中。"备选"方案总的现时成本将与其他"备选方案"进行对比来决定最低 LCC 的"备选"方案。

确定恰当的上涨率

多项 Federal Energy Management Building LCC（BLCC）软件可以通过以下链接下载，网址为 http：//www1. eere. energy. gov/femp/information/down-load _ blcc. html # eerc，这些软件是确定恰当能源上涨率的重要来源。其中包含了可以单独计算能源上涨率的免费下载软件，如果用户需要，软件可以生成表格形式的报告。一些地方公用事业委员会也倡导进行燃料及电力价格研究并将结果予以公布。

参 考 文 献

[1]　Maor，I.，and T. Reddy，2008. Near Optimal Scheduling Control of Combined Heat and Power Systems for Buildings，*Research Project 1340-RP*，American Society of Heating，Refrigerating and Air-Conditioning Engineers，Atlanta，GA.

设计

第**10**章

工程设计程序

（Lucas B. Hyman

Kyle Landis）

经过详细研究并通过全面审查的 CHP 报告表明项目有着最低的全生命周期成本或者具有吸引力的投资回报率，下一步将着手准备工程建设文件（例如，规划与规范）。在设计过程中做出的重要决定将影响项目的各个方面，比如费用、外观、功能及能源站的性能参数等。建筑师、承包商、项目业主要与工程人员一起对工程进程进行彻底深入的了解，使项目的每个参与者在设计过程能有效地履行相应的岗位职责并发挥相应的作用。

工程包含机械、电气和结构工程。如果项目含有新建筑，那么设计应当包含建筑设计与土木设计，还可能包括景观设计等。另外，大多数项目需要规范评估专员❶（特别是与空气质量控制相关的审批）以及项目成本评估员。大型项目会要求有造价工程师、施工项目经理、调试专家以及第三方设计监理等。

尽管基本的 CHP 设计理念相对简单，但是要协调所有具体的不同专业则既复杂又具有挑战性。因此，选择工程团队极为重要，他们不仅要对设计过程十分了解，并且要有 CHP 设计经验。CHP 工程团队成员的设计知识与经验是决定项目成功的重要因素，可以确保项目成功实施。

如前面内容阐述及第 1 章图 1-3 所示，为了建立功能良好且可持续运行的 CHP 系统，需要多种设备及系统的良好协作。在项目研究阶段，设计者们应当对 CHP 类型、规模、系统种类及结构等关键因素形成一定概念，为下一步确定这些内容打好基础。

本章主要讨论如何选择最符合要求的工程团队、成本最低且最有效率的工程设计方法以及其他 CHP 设计相关问题。本章还会讨论一些开展成功的 CHP 设计包所应具备的重要理念。

---

❶ Code compliance specialist。

10.1　雇佣最好的工程设计团队

对于项目业主—运营者、开发商，以及用能设施而言，在进行工程设计时，想要获得最大的利益，需要寻找并雇佣最有资格及最具经验的工程设计团队。根据工程设计费用的多少来选择设计团队的做法是最不明智的。这种行为类似以最低的价格雇佣一名医生来实施心脏移植手术。

选择低报价的工程设计方在项目初期可能没有问题，但在建设过程及后续的运行当中却会增加业主、运营方或者开发商的费用。缺乏实施 CHP 项目经验的企业可能会低估 CHP 工程设计所需的精力而减少设计费用。而事实却是，具有丰富经验的企业积累了大量项目实施的经验，所以他们在工程设计工作中花费相对较少的精力，而正是这些经验与积累可以帮助引导他们完成新的项目设计。

项目业主应当根据 CHP 项目规模及工程建设难度等来决定工程设计费用的预算（通常占工程建设费用的几个百分点），并以此作为标杆来选择最终的工程设计团队。另一方面，进入候选阶段的工程设计方在各自的资质、业绩及 CHP 设计方案等方面展开竞争。通过竞争，项目业主或者开发方可以选择最好及最合适的工程设计团队来设计项目。

设计的选择过程还包括工程设计费用报价，如果多个企业给出的报价合理，那么业主或者开发商将会对所有经过初步审核的工程设计企业进行面试，这些企业要细化项目业主—运营方提出的工作范围、项目里程碑计划以及完整的项目进度表。只有当业主或者开发商确认进入候选范围的设计企业具有行业内最高水准，且保障竞争过程平等、竞标的设计企业都展示了高质量的项目设计方案，那么这样的选择过程才能算是科学的。

选择最合格的工程设计团队的过程通常从"资格预审（RFQ）"❶ 开始。愿意参加竞标的企业会仔细地准备"资质证明（SOQ）"❷ 来满足项目业主的要求。一份优秀的资质声明包括如下信息：企业历史、人员状况、同类项目经验、项目成本控制经验、工程变更的比率、所列项目的负责人等。

项目业主审核所有工程设计企业提交上来的 SOQs，然后从中选取最优的 3～5 家公司形成一份短名单。项目业主下一步工作是继续对这些公司面试或者要求他们提供更具体的项目建议书。无论是上述哪一种情况，项目业主需要清楚地告诉设计企业他们想要进一步了解的信息内容。

根据面试结果及项目建议书的内容，项目业主的审核团队对设计企业进行排名，一般会使用预定的加权方法。一般来说，对项目建议书的评价过程是在通过对技术方案及财务方案评价之后再进行综合判断。经过上述评价之后，项目业主或者开发商将会选择一个工程设计方来实施 CHP 项目。通过技术方案和/或者面试中标的工程设计企业，接下来需要提交报价文件。业主可以与排名第一的设计单位进行协商，如果不能达成一致，则可以联系排名第二的工程设计单位，然后重复以上选择程序。

---

❶　Request for qualification（RFQ）。
❷　Statement of qualification（SOQ）。

10. 1. 1　资质验证

项目业主通过资格预审过程获得的必要信息来对工程设计单位进行考察和筛选，然后形成一份候选短名单，最后决定他们认为可以参与项目设计的企业。以下是工程设计单位资格预审文件中包含的典型内容：

- 企业名称及地址。
- 公司电话及传真。
- 基本联系信息。
- 公司背景和历史。
- 组织架构图。
- 公司 CHP（或者类似项目）设计经验（项目案例）。
- 拟选派的主要设计人员的 CHP（或类似项目）的设计经验。
- 最近 5～10 年内完成的三个类似项目的介绍。
- 技术/项目方案。
- 项目管理部分。
- 公司质量保障/质量控制计划的介绍。
- 在工程建设期间，公司协助项目业主的能力。
- 公司工程设计变更统计（设计变更的比率越低越好）。
- 分包商信息。
- 职员适岗性/工作负荷。
- 公平竞争声明。
- 过去或者正在进行的诉讼。
- 过去或者正在进行的破产程序。
- 主要团队成员简历。
- 参考文件。
- 资格预审之外的其他内容。

回答上述资格预审内容的目的是反映工程设计单位具备以下能力：

- 拥有必要的知识与经验来规划设计 CHP 项目以及完成 CHP 工程建设。
- 与项目相关的具体 CHP 设计经验。
- 完成工作的设备及其他资源。
- 按时完成工作的人力资源。
- 能与项目业主团队友好合作的工程师。

因为资格预审具有时间期限，项目业主或者开发商可以通过发布公告或者给他们已知的企业或者认证的工程师发邮件等方式发布招标信息。需要注意的是，CHP 业主—运营者通常会提前制定资格预审的评分标准（得分点和权重），通过这些标准来判断工程设计企业是否满足 RFQ 的要求，最后决定参与面试的公司。评分标准通常与 RFQ 相似，可能包括项目经验评分、技术方案评分等。

CHP 业主—运营者或者开发商应当成立由股东以及相关利益方（最少 3 人）组成的评审小组。小组成员包括能源站运行及维护人员、能源站业主、设计及建设人员、合同管理人或者是外方人员，还包括其他能源站的工程咨询人员（以同行的眼光来判断）或者能源站业主（他们经历过选择工程设计方的过程）。评审小组应当发挥选择委员会的作用。

一旦项目业主发出去的 RFQ 得到回应，项目业主评审小组的每一位成员应当审查工程设计企业的 SOQ 以及根据之前制定的评分标准系统给这些企业排名。一般情况下，由小组成员单独给这些 RFQ 评分，然后将各成员的评分加权平均之后来决定最好的 SOQ。另外的情况是，评分小组成员只对他熟悉的 SOQ 部分内容给出评分。无论使用怎样的评分办法，当所有评审组成员审查完所有的工程设计企业提交的 SOQ 之后，评审组成员单独审查的评分结果将会一起计算。评审组将会按照参加竞标的工程设计公司的得分从高（最好的，响应度最高的）到低排序。CHP 业主—运营者决定进入面试企业的数量及将这些入围企业制作成一个行业惯用的"短名单"。

面试过程或者准备一项具体的项目建议书对工程设计企业及项目业主—运营者来说都是相当昂贵的。因此，面试名单应该尽量精简，保留那些项目业主-运营者或开发商真正感兴趣及想要雇佣的企业。如果只有两家企业进入到业主或者开发商的考虑范围，那么就只面试这两家。另一方面，如果有四家工程设计单位都很符合要求，项目业主—运营者在做出决定之前最好四家企业都面试。

业主及开发商应当提前决定面试时间长度及流程模式。例如，业主给予每一个面试企业 45min 正式的陈述时间，然后用 30～45min 进行提问回答。面试模式及时间长度应当根据项目的规模及复杂程度来决定，同样也可根据 CHP 项目业主—运营者对参与面试的工程设计单位知名度的了解程度以及之前与该企业 CHP 项目合作历史等条件来决定。某些时候，陈述时间短而提问回答时间长的模式使得面试效果更有效，但某些状况下相反的设置被证明更有效率。

CHP 业主—运营者应当通过电话联系邀请每一个工程设计单位，并向他们送达参加面试的书面邀请函，邀请函中应包含面试想了解的具体内容。邀请函应当告知即将面试的公司相关项目信息、面试的时间和地点、面试流程等内容。CHP 业主—运营者同时也应该书面通知未能进入面试的企业并感谢他们的参与。实际操作过程中，如果需要的话，业主—运营者可以通过电话会议讨论竞标企业的强项与弱项。

10.1.2　面试

CHP 业主—运营者会在面试之前准备一系列问题及他们关注的内容，在面试中要求工程设计单位就上述问题给予回答。另外的一种做法就是，业主—运营者提前与受邀面试的企业沟通他们想要了解的话题内容大纲，然后在面试中根据他们的回答进行评分，因为项目业主—运营方仅仅给每一个工程设计单位提供一定的陈述时间使得他们在回答提问环节上可能获得的信息会很少，除非参加竞标的单位有非常优秀的面试技巧。

如果受邀面试的单位收到了项目业主方发过来的关于面试内容要求及选择标准等，他们可以针对这些标准有效地组织面试时所要陈述的内容及更好地准备项目业主—运营者所关心的问题。这样的面试程序设计可以使业主—运营者更直接的比较参加面试的工程设计单位，确保他们所关心的问题得到更好的关注与回答。

如果没有特定的项目概况及选择标准，通常受邀单位为获得成功的面试，会在陈述的内容里面向业主—运营者阐述回答"为什么选择 XYZ 工程团队来实施这项工作"。陈述的内容基本上围绕上述问题展开，即如果业主选择该公司，那么他们的工程设计怎样为项目提供最大的价值。

面试过程中，工程设计单位应该快速并且精心准备，展现最好的演讲技巧，显示他们具有必要的知识及相关 CHP 项目设计经验。在面试结束部分，他们应该给 CHP 业主—运营者评选委员会留下以下印象：该单位具备充足的设计人员与良好的融资渠道，可以在预定的时间内或者以低于预算的费用完成项目；反应迅速及容易合作；如果甲方要求，可以提供人员对甲方雇员进行实操培训。

当面试结束，CHP 业主—运营方的评审小组在事先准备好的办公场所或者会议室内进行面对面的会议，讨论每一位候选者的长处与短处。达成一致意见以后，评审小组选出他们认为可以进行 CHP 项目委托的工程设计团队。项目业主应该立即通知中标单位以及参与竞标但并未被选择的设计单位。一旦双方签订所有文件及合同，项目就被正式委托，CHP 工程设计工作在"启动"会议之后正式展开。在"启动"会议上，所有项目参与方将会讨论如何结合他们各自的力量来组织和推进工作，同样也为各方交流提供一个基础。

10.2 工程设计程序

工程设计程序通常按照以下里程碑式的路径推进，从项目规划、初步设计、扩大初步设计、逐步完成所有的施工图设计文件，最后施工图设计文件通过项目业主—运营者以及同行的复查。工程造价费用估算发生在每一设计阶段即将完成并签字之前。通常来说，项目业主—运营者应该已经完成了项目研究的彻底审查，同时规划了项目进度表辅助项目设计过程及帮助项目获得 CHP 系统许可（详见第 12 章与第 14 章）。如果设计了 CHP 能源站后发现当地的空气质量管理及其他规划当局并不颁发许可建设文件，或者提出许多不可预见的要求及费用而导致 CHP 项目预计良好的经济性呈负面，这种情况一旦出现，就属于犯了低级错误。

工程设计过程包括：进行电厂系统概念设计，选择设备，计算热平衡，计算流量及压降，编制工程规范书，完成 CHP 施工建设所需的平面、立面断面图和详图等设计图。然而，CHP 的主要概念和规模应该在可行性研究阶段决定。我们已在第 2 部分中讨论到，CHP 的工程设计可行性研究应当提供以下内容：

• 建议的 CHP 规模、类型及构造（例如，两台涡轮增压的 1500kW 天然气稀薄燃烧往复式内燃机满负荷运行）。

• 余热利用的类型及量（例如，20000lb/h，125psig 蒸汽）。

• 排放标准（例如，每小时、每马力 NO_x 排放 Xg，或者要求满足空气质量管理区域标准 1234）。

• 简单区块布局图可以显示建议的 CHP 能源站和主要设备的布置。

• 含有热平衡关系的简单工艺流程图。

• 基本运行方式。

10.2.1　规划项目管理计划

所有成功的项目都始于一个良好的计划，称为项目管理计划（PMP）。好的项目管理计划是项目成功的关键，PMP 为 CHP 设计团队提供了很好的路线图。管理计划可以使得设计团队及项目业主—运营者清楚地知道应该做什么以及何时进行。PMP 帮助工程设计团队的成员们了解他们需要提供的成果以及满足总体要求的计划完工日期。

首先，至关重要的一步是由各股东一起准备的"启动"会议：审核项目目标及日程、讨论程序、确定各方联系人及联系方式；收集所有可获得的前期调研与报告；听取以及讨论特殊问题（例如，已知的挑战和问题）。会后应当公布会议记录，确保每一位成员对所讨论过的问题有清晰的了解。

一项典型的 PMP 包括项目描述、工作范围及人力估计、项目定位及人员编制、项目进度计划、沟通机制和质量控制等；项目参与人员应当讨论并概括上述每一项内容，以下章节将会对这些内容进行讨论。良好的项目管理计划同样需要各参与方开放且良好的交流沟通以及有效率的质量管控程序。

（1）项目描述

PMP 应当从详细的项目描述开始，以便让所有参与方对项目目标与任务有着同样的认识。同时，参与各方通过 PMP 确定项目边界、预算及日程。

（2）工作范围及人力估计

在 PMP 中，各项工作任务依据工作量和人力需求确定，通过建立时间框架、编制预算、设定重要的里程碑节点等来满足 CHP 的项目要求。在这一部分的 PMP 管理是确认重要的项目任务、组织和明确人员要求和项目计划。通常，项目进度的管理通过商业管理软件实施。因为管理软件操作简便、灵活，可以快速反应需求或计划变化对计划的影响结果。

（3）项目定位及人员编制

好的 PMP 包括项目组织架构图和 CHP 团队主要人员的详细介绍。组织架构很好地反映了参与项目的工作人员的职位及他们的联系方式。客户团队目录应当包含在"启动"会议记录里面。

（4）项目进度计划

项目进度计划的制定应当尽可能具体并确保项目在预期内完成。项目进度计划应该包括每项任务的描述、每项任务预期的开始与完成时间、完成每项工作的人员以及完成任务预计需要的时间。进度计划应当反映各项任务之间的关联性。里程碑节点是验证项目按照预期日程进行的重要标志。这些里程碑用来强调跟踪主要任务的交付，例如，规划、初步设计、设计深化以及施工图设计（工程建设文件）是否按期提交以及预期的交付日期。为了确保效率，所有设计团队的成员应当与项目业主—运营者执行一致的项目管理计划并按此推进直至项目完成。

（5）沟通机制

整个项目当中，开放、准确的沟通非常重要。沟通机制应当在"启动"会议当中建立，并管理所有项目组成员信息的传达。项目业主与/他或者她的项目经理、能源站运行及维护人员、CHP 设计团队之间通过例会确保项目按进度推进，满足项目初期建立的目标与期望。

（6）质量控制

质量控制是一个系统或过程，确保标准得以遵照实行。以工程设计为例，质量控制包括审核确认图纸、技术规范、计算准确度、协调恰当程度、完成情况、施工能力以及确保每个想法都与建筑工程承包商进行有效沟通等。质量控制在项目启动的第一天就已经开始并且在项目完成移交业主后依旧进行。最有效率的质量控制在里程碑计划审查的时候运用。除了每日工程设计协调程序之外，CHP 设计团队应当至少安排执行两项额外的质量管控确认：由不直接参与项目的公司高层专家以同行的角度审核，以及具体的图纸与技术规范的协同检验。

10. 2. 2 规划

规划定义项目需求，是设计过程中建立众多关键标准的第一重要步骤，同时建立最重要的标准。然而，理论上如前所述，第 8 章中已经提到，大多数 CHP 的关键决定是在可行性研究阶段完成的。规划阶段是对 CHP 系统组成、原动机选择、建议的余热利用设备、计划的热能使用、排放要求、要求的排放控制、电厂设备控制、电力并网要求、燃料供应、概念性的总平面布置、预估的运行方式等最基本的验证。如果研究还未完成，在设计工作开始之前，以上内容将会发展成为项目规划的一部分。规划工作应当包括对所有可适用的竣工图纸进行审核，以及现场踏勘确认现有的建设条件和确认建议的 CHP 工厂厂址。规划阶段所要交付的成果（工程设计团队创造的，交付给项目业主—运营者的具体产品）形成了"设计基础"的文件，通常包括以下：

- 项目的详细描述。
- 带用地红线的厂址地形图。
- 基本的显示主要设备的能源站总平图。
- 含有热力平衡的系统图，包括燃料供应、助燃空气、烟道排气、余热利用，以及热能使用。
- 重要设备的基本参数。
- 适用的规范与标准。
- 讨论过后的可允许最大排放水平和建议的减排设备。
- 建议的图纸目录。
- 建议的技术规范目录。
- 工程概算。

在执行项目设计工作之前，项目业主—运营者应当取得相关行政部门合法的规划审批核准。根据项目的类型以及所在地，审批核准手续经过不同的行政部门，每个行政部门的管辖权不一样。例如，行政管辖部门有以下单位：当地建筑规范办公室，区域、联邦、州级合规部门等。任何政府要求的许可和计划都需经过各种具有管辖权及审批权的部门核准,例如,空气质量管理局(AQMD)对空气质量管理的核准就是其中一种。为获得核准,项目业主—运营者应当特别注意以下部门:规划部门、地方政府的分支机构或者建筑部门等,他们都有可能阻碍 CHP 开工建设。某些时候,政府分支机构或者建筑规划部门对项目的核准要求举行公众听证会或者要求对项目进行环境影响、沼泽湿地、历史遗迹或者濒临灭绝的生物种类等进行特殊研究及评价。规划部门可以要求项目业主—运营者强制进行这些特殊研究或者根据要求对声音、排放、景观美化等问题进行处理以满足相关法规要求。

10.2.3　法令/规范审查

作为项目规划设计的一部分(尽管有些时候标准审核是方案设计工作的一部分),建筑设计师(如果是新建建筑的情况)与工程设计团队应该对规范及标准进行彻底的审查,通常针对以下内容:

- 列出所有在设计和建造过程中适用的标准规范(审查机构通常要求这一列表包含在工程建设图纸的标题页)。
- 标出法规及标准当中在设计工作中有参考意义的重要要求。例如,CHP 要求储存 NO_x 排放控制的无水氨,因此规范当中要求的红线距离应当在设计中突出强调并且在厂房布置当中考虑这一点;如果设计工作中没有详细考虑到这些法规要求,行政机构可能要求对项目进行重新设计或者提出更严格的要求,而这将带来额外的成本。

10.2.4　方案设计和设计深化

尽管后续仍会做改动,主要的设备选型工作应在工程设计工作的初步或者方案设计阶段完成,由于 CHP 设备的数量、规模和种类通常在设计阶段完成,任何对基本设计工作已作出的假设进行改动都会增加额外费用并推迟项目完成。在这一阶段,通常以简单的图例形式表现 CHP 系统。通常为每一系统绘制一张流程图和温度图;但也可以将多系统的流程表示在一张图纸内。系统图里面应当标出所有重要设备,包括阀门、互联管网、流量、温度和仪表等信息和数据。设计图还应该提供一个热平衡表。典型 CHP 能源站流程图里含有的系统包括:

- 燃料(例如,天然气、石油、生物柴油)。
- 助燃空气。
- 燃机排气。
- 排放控制。
- 蒸汽、冷凝及补给水(如果使用余热锅炉)。
- 缸套水(如果使用引擎发动机)。
- 热水。
- 冷冻水。
- 冷凝器或者冷却水。
- 消防。
- 润滑油。

方案设计过程包括为施工准备基本的平面图、正视图及剖面图，了解必要工作范围以及准备并列出技术规范的大纲。在这一阶段，这些流程图通常称作方块图，因为它标明了基本设备的位置及占地，但不包括所有的连接或者具体的细节。同时应对工程造价预算进行更新。

在方案设计阶段，设计规划推动设计工作的进一步完成、提交及核准。按照要求，这一阶段通常对负荷及能源使用计算进行复查，确保项目业主对项目的要求得到满足以及再次确认早期阶段所作的假设在这个时期仍旧有效。

10.2.5 技术规范

一些项目业主及承包方鲜少阅读技术规范，因此会在施工过程中发生错误行为而给项目带来重大损失。在技术规范当中的每一字、每一句、每一段落以及每一部分都是很重要的，虽然某些部分比其他部分更重要。技术规范当中的每一部分都应当是符合实际建设情况的。它包括了项目的基本情况、建设使用的基本材料、施工方法以及一些特种设备。

如第 3 章和第 4 章中谈到，一些 CHP 重要设备包括：

- 原动机 [燃气轮机发电机、内燃引擎发电机、微燃机、燃料电池（虽然理论上不属于原动机），或者其他 CHP 技术]。
- 余热利用设备（例如，HRSG 或者热水余热利用设备）。
- 热驱动制冷机（例如，蒸汽轮机驱动的离心式制冷机或者吸收式制冷机）。
- 泵（例如，锅炉补给水泵、缸套水泵、凝结水泵、冷冻水泵、循环水泵或者热水泵）。
- 热交换器（例如，发动机缸套水常常与热水循环加热系统通过水换热器隔离开来，因为为整个液体循环系统提供化学物品是非常昂贵的，例如乙二醇）。
- 减排设备。

技术规范中，基本材料和操作方法部分包含的材料有水泥、钢筋、运用于各个系统直埋或架空的管道（例如，天然气、蒸汽、凝结水、热水、冷冻水、循环水或者冷却水、润滑油、疏水、排水及发动机乏气）、空气或烟道系统（例如，助燃空气进气和燃气轮机排气）、HRSG 或者替代的余热利用系统以及管道支撑等部件。技术规范也应包括对电气部分要求（例如，导管及电线、变压站、开关设备、电动机控制中心、开关以及接地）和原动机及电厂控制系统的技术规范等，并对这些技术规范进行整合，为实现 CHP 稳定持续运行提供有效控制和优化。如果需要建造围护建筑用来布置 CHP 系统，那么建筑所用的门、窗、屋顶、密封胶及涂料等都应当遵守相关规范标准。

10.2.6 施工图（工程建设文件）

最终施工图阶段包含了具体设计工作。设计工作的具体划分通常为 50％工程施工文件（CDs❶）、95％CDs 以及 100％CDs（规划确认系列）阶段。具体的完成比例将根据项目业主—运营者的意愿而推进。每一个阶段都应当规划明确一套确认机制，让项目业主—运营者、造价工程师及每一个设计专业去检验和评价。所有的确认意见都应当在进行到下一阶段之前

---

❶ Construction Documents。

第 10 章 工程设计程序 **145**

被处理好。通常，最终的规划设计确认文件应当由 CHP 团队设计专家签字盖章并封印，然后交主管行政部门审批核准。对于这些文档的任何改动都应当通过法规及行政许可机构的核准。

完成率 100% 的 CDs 应当包含了所有的建筑图纸（如果业主考虑新建建筑或者对主要的建筑翻新建设等，图纸也应当包含这些）、建筑等级和公共设施接驳的土木工程建设图纸、显示设备及管网支撑（和任何新建筑工作）的结构图纸、管网系统架构图，CHP 系统的机械图，发电机及其并网、保护及接地的电气图纸（详见第 11 章）。更进一步，完成率 100% 的 CDs 应当在本质上是完整的、相互协调的、合规的、可进行招标的及可用于施工的。一份 100% 完成的 CDs 最低限度应当包括以下内容：扉页上需标明项目计划地址及图纸索引；总平面图；流程图及仪表图；对于每一专业，任何所要求的拆迁计划；安装平面图、立面图、剖面图、详细及必要进度表等工程施工文件。

10.2.7 规划确认

大多数经济稳定的城市区域要求项目业主、开发者或者合同承包商应当取得建设许可（见第 12 章）。缺少任何一项有管辖权的行政审批部门的许可核准，将会导致建设完工后无法取得运营许可。任何一个许可的缺失将会导致项目建设停工、延期，并带来巨大的费用损失，甚至可能导致投资失败。

在第 6 章及第 12 章中谈到，项目建设及运行许可对项目提出具体要求，并根据地点与电厂的类型而决定具体审核内容。如前所述，规划部门的审批核准通常是必要的，项目业主应该事先完成规划文件。因为规划委员会需要查看基本的能源站区平面及立面图，从而对建议的工程工作进行具体设想并形象化。空气质量许可则要求对项目进行平行跟踪。在第 12 章中详细谈到，空气排放许可程序需要在设计早期阶段进行，并与空气质量单位接洽，了解其关注点并纳入设计里面。

地方住房建设部门或者州级单位审查工程施工文件（规划、技术规范、结构计算），检验其是否符合法令法规。为了获取建设许可，CHP 团队需要配合及响应所有的行政单位对文件的审查以及再次提交施工文件用于复查（如果初审反馈结果比较少的话，可直接进行复查）。

10.2.8 招标文件

当所有规划确认文件通过审查后，项目业主—运营者以及开发者需要将招标文件打印出来并根据要求盖上行政主管机构印章，在此之后，签署发布施工文件，（例如，包含了预期工作的图纸、合同的通用条款及技术规范等）承包商参与竞标（见第 13 章了解各种合同内容安排）。

项目业主—运营者和/或者开发者可以通过各种方式委任施工合同，包括使用内部资源，作为第一承包人以及通过最低报价将各项任务转包给一般承包商，或者通过协商竞价转包给选择的承包商。不管业主使用哪种方法，最终价格协商环节当中使用的文件称为招标文件。在此阶段之后，对文件做出的任何改动（规划、技术规范等），应该通过更改合同内容或者工程变更来实现。

在招标或者最终的价格阶段，CHP 设计团队应当回答投标人的问题。问题被正式提出，这一环节称为承包商质询❶。工程设计团队应当及时地正式回答这些问题，并且提供必要的附件来阐述和解释招标文件当中不清楚、令人混淆的内容。所有的 RFI 应当通过单一且唯一的负责人传达，CHP 团队的回答应该反馈给所有的投标人。非常重要的一点，上述工作必须以正式的方式进行来确保所有投标人获得公平的同等条件以及确保投标企业的竞标是基于完整及正确的信息。通过以上工作环节，招标工作将会形成这样一种政策：没有按照上述程序形成文件的答疑不能作为招标依据且不能作为最终合同的一部分。

10.3 CHP 设计的主要问题

本章的第二部分主要强调 CHP 设计的问题。热电联产系统（CHP）是一项设计复杂、颇具挑战的工作，作为工程设计工作的一部分，设计人员需要处理并解决一系列的问题及挑战。CHP 系统通常包括许多组成部分，工程设计团队必须对这些进行深入了解。工程设计团队必须具备各种知识，包括 CHP 系统类型、使用、安装条件、维护条件等。文章在第 3 章与第 4 章中谈到，CHP 主要的组成部分为原动机、余热利用系统、HRSGs、热交换器、泵系统、热驱动制冷机、蒸汽轮机；或者包含以下系统：热驱动干燥空调系统、排放控制及监控系统、冷却塔、散热器、燃料系统（包括燃料储存系统）、润滑油系统（包括燃油及废油储存系统）、蒸汽、冷凝及补给水系统、热水系统、冷冻水系统、冷却水系统及建筑或者隔音罩、HVAC 暖通空调设备。

工程设计团队必须具备以下能力，如计算热平衡、设备选型、配管计算、计算水、空气和排气压降，估算能源使用和成本，规划合理的发电机并网和电气保护安全措施等。

当然，如上所述及在其他章节讨论的，建议的 CHP 系统必须满足项目所在地的所有法律法规及标准。工程设计团队一般可根据之前的设计工作经验获得适用于项目的法规和标准，并对内容有很好的理解，从而可以从法规和标准审查中引申安排设计工作。更进一步，当实际的设计工作开展的时候，工程设计团队应当知道预期许可运行的最大排放标准，如原动机排放标准，以及所要求的减排设备等，至少要有概念。例如，空气质量管理局要求 NO_x 排放达到 15ppm，而 CTG 排放为 25ppm，那么 CHP 系统将会采用选择性催化还原（SCR）来降低 NO_x 达到可允许的最大排放限制。项目业主以及施工方做好上述工作且协调妥当，工程施工文件按照规范及标准要求进行设计并施工，那么项目才能获得建设许可。

在第 4 章中谈过，满足能源站电力及热能需求的原动机选择将对余热回收的数量、质量（温度和压力）以及类型有着重大影响，也影响着 CHP 设计工作中系统的类型、材料等选择。例如，燃气轮机可以用余热锅炉（HRSG）生产高压蒸汽，然而内燃机（IC）可以从发动机冷却水及排气余热利用中生产热水。回收利用的热能质量将直接影响到可用于热能动力制冷机的选择方案，例如，双效吸收式制冷机或蒸汽轮机驱动制冷机要求较高的蒸汽压力去运行。另外，CTG 要求高压燃气，常需要配置压气机，而大多数 IC 发电机组可以使用低压

---

❶ Request for information（RFI）。

燃气，通常不需要压气机。一般来说，CTG 越大，所要求的燃气压力越大。

在本书中还讨论到，完全使用回收的废热是达到可持续性 CHP 系统的至关重要的因素。因此，设计必须考虑余热的充分利用，尽可能使 CHP 系统提供更多热能使用方法，例如，空间采暖、空间制冷、生活热水生产、除湿干燥系统、泳池加热和工艺用热等。当系统不能全部使用热输出时，那么就会需要进行热排空（注意，机组要在启动和测试环节上通过全部热排空测试）。

其他重要问题包括 CHP 电厂布置和如何通过使用多种设备来分担负荷，提升运行灵活性（例如，用三个小泵代替一个大泵）。

10.3.1　原动机选择效果

根据之前讨论和阐述的内容，原动机的选择对于余热利用及采用的系统类型具有决定性影响。第 4 章中提到，与内燃机相比，CTG 通常有着较高的热电比，因此每单位发动机电力输出会产生更多的高质量热能用于余热回收。大多数 CTGs 在 HRSG 里面回收余热，产生 250psig 压力等级蒸汽（最大蒸汽压力受限于 CTG 排气温度，在没有补燃的情况下，排气温度通常在 1000℉或者更低，而热回收式 CTGs 的排气温度将会低几百华氏温度）。由于 CTG 排气当中大量的过剩氧气，通过补燃气体或液体燃料可以额外产生部分高压蒸汽，最大生产量可达 30000Btu/hp。因为过剩氧气相对较少，这一方法不适用于 IC 往复式发动机。

另一方面，发动机的余热利用通常以低温热水形式从 $180\sim250℉$（$82.2\sim121℃$）获取，发动机也可以生产低于 30psig 的低压蒸汽。使用内燃往复式发动机，热可以从多种渠道回收利用，包括发动机冷却用的缸套水（JW）、润滑油冷却器、涡轮增压器，以及烟气热水交换器。

其他 CTG 与 IC 往复式发动机 CHP 设计的区别包括振动隔离要求，这对于内燃机来说更具有挑战，因为 CTG 使用旋转轴，处理振动隔离问题相对简单。当然，不同原动机的减排设备也不一样。例如，燃料电池有着较低的排放，因此并不会对乏气进行处理，然而富燃发动机则需要使用三效催化剂，而燃气轮机则使用 SCR（选择性催化还原）来控制排放。

10.3.2　余热利用选择

燃气轮机 CHP 系统中使用的 HRSG 不是进行燃烧的锅炉，设计工程师们需要与 HRSG 制造商协调确定恰当的 HRSG 布置及具体设计。通过对大多数锅炉系统的关注了解可以知道，只要是适用于一般锅炉的设计，通常也适用于 HRSG 系统。例如，典型的 HRSG 系统需要：冷凝水系统及除氧器、补给水系统与补给水控制阀、合理设计的蒸汽排气口管道及逆止阀、排气管道、汽包压力及水位控制、监控及警报、安全阀与放散口、取样口、移除所有的溶解固体的排污系统。为了达到合理确定 HRSG 规模的目的，制造商通常是根据客户的要求定制，工程设计师们需要与制造商确定以下内容：

- CTG 排气温度。
- CTG 排气质量流量。
- 最小允许排气温度（离开 HRSG 的温度）。
- 要求的蒸汽压力及流量。

- 冷凝水温度。

当然，备选方案在热动力及经济性上应该是可行的。另外需要考虑的是，在最坏的条件下，达到满足用户负荷以及经济性的最低要求是什么。例如，排气温度可以根据发动机负荷及进气温度而改变。设计师通过预估的最低排气温度来对 HRSG 进行装机，从而确保在这一条件下可以实现高峰蒸汽流量。如果实际经历的是更高的排气温度，那么选择的 HRSG（或者热交换器）将会表现得更好。要注意的是，为了进行更好的材料选择，设计人员预测的最高排气温度也应当提供给 HRSG 制造商。

在下面将会谈到，连接 CTG 与 HRSG 的烟道设计必须尽量减小压降，同时允许排气以一定的速度和流量穿过 HRSG（或者在其他的余热利用设备中）。尽可能使总的排气系统压降保持较低水平且低于发动机制造商允许的最大压降值。然而，通过增大 HRSG 规模（或者任何热交换器）来达到较低的压降，将会相应增加设备造价。如前所述，机组应当尽可能获得更多的热来实现 CHP 设计的经济性及可持续。然而，实现更多的余热回收就需要更多的热交换面积及更多的热交换器，从而增加投资。工程设计团队应当平衡这些性能表现因素及资金投资。作为一个实际问题，正常排气温度应该保持在 300℉（148.8℃）以上，防止在排气流当中形成酸，这些酸是导致排气管道腐蚀及最终毁坏管道及管网的元凶（如果系统有冷凝过程，那么应当使用不锈钢排气管道及管网或者其他抗腐蚀性材料）。要注意的是，柴油发动机制造商的最低排气温度限制为 250℉（121℃），以防止排气冷凝过程中形成腐蚀。当然，有些时候，为了使装置处于恰当的温度区域，SCR 应当安置在 HRSG 烟道的中间位置，这一系统要求应当与 HRSG 制造商协调沟通。

关于内燃机，余热利用的一个来源是缸套水（JW），通常为 200℉（93.3℃），占燃料输入的 30% 能量。根据发动机类型，缸套水热量所占用的燃料输入比例不一样，涡轮增压发动机在排气中的能量占有更高的比例，无增压发动机在缸套水中占有更高比例。沸腾式缸套水冷却系统在较高的温度下运行。实际温度则依据（位于发动机上方的）蒸汽分离器与发动机的高度差来决定，通常会产生 5~15psig 蒸汽。为了减少热应力，发动机制造商通常限制温差（delta-T），缸套水经过发动机的最大温差为 15℉。控制方面也应当防止发动机发生热振，即回到发动机的"冷水"温度低于最大 delta-T 允许的温度。举个例子，如果 JW 供应温度离开发动机时是 200℉（93.3℃），那么 JW 返回发动机时的回温不能低于 185℉（85℃）。

余热利用的另一个来源就是 IC 往复式发动机的排气，它的温度高达 1200℉（648.8℃），占燃料输入的 30%。大约 60% 的排气热能可以在废气热交换器当中利用。内燃发动机的排气压降对发动机性能下降的影响不像燃气轮机那么明显和重要，以上余热锅炉讨论的所有相同的热交换器考虑因素都适用于内燃机余热利用的以下方面：余热利用量之间的交换、通过热交换器的压降、余热利用单元的尺寸规模以及所要求的资金花费等。

热水余热利用单元（HW HRU），也就是汽水热交换器，利用方式如下：从发动机出来的缸套水进入 HW HRU，从而可以提高缸套水的温度大约为 10~15℉。如果 CHP 电厂设计包含了热水直燃型吸收式制冷机，增加缸套水的温度是有帮助的。这一方法会导致最大缸套水温差为 25~30℉。此外，也应当关注发动机冷却水的流速。如果流速过高，那么将会导致离开 HW HRU 单元的水温比理想水温要低。根据余热的使用及相关方法，一些分布式能源系统将缸套水冷却系统与余热利用系统分成为单独系统；例如，低质量的缸套水热能供给生活热水系统，而高质量的排气热能供给吸收式制冷机利用。

润滑油热能占用了燃料输入能量的 5%，通过发动机恒温调节为 130℉ 而将其排放。130℉ 热水可以满足多种低温用途，包括生活热水（或者预热）、空间采暖以及游泳池加热。

其他余热利用及方式包括原动机废气进入直燃式吸收式制冷机内，同时提供冷水和热水，或者直接驱动固体或者液体的除湿系统，或者在废气空气热交换器里面加热空气。在第 24 章中谈到，燃气轮机其他余热利用方案可以使蒸汽电厂不需要全职运行人员并减少了许多实际当中与 HRSG 有关的难题。这一方法就是使用无毒、不可燃高温导热流体以大流量的方式最大化导热流体的温差。

每一个原动机都应有自己的余热利用系统，同时在特殊的情况下，原动机具有在电力负荷满负荷输出运行情况下不通过余热利用系统排空所有热能（例如，在启动及测试期间，或者运行期间的突发状况）的能力。例如，用于 CHP 系统的蒸汽冷凝器与 HRSG 一起进行排热，空冷散热器可以用于内燃机缸套水热能方面。

其他可选择的余热利用方案

如第 24 章中谈到，替代的余热利用方案也是可行的，例如，热油循环可以最大化对数平均温差[1]（LMTD）以及减少背压损失。所具备的优势包括：更小的混合蒸发发生器热惯性可以快速适应负荷变化；高温导热流体再循环回路的低压运行可以使能源站不需要满足全日制固定工程人员值班的规范要求；降低燃气轮机废气分离盘管压降，从而提高燃气轮机功率性能；减少项目生命周期成本；减少安装时间及降低运行复杂程度；减少 CHP 系统停机周期；减少能源站总体碳排放。

10.3.3　燃料系统

虽然往复式发动机的燃料来自多种燃气及液体燃料，包括 2# 柴油、天然气、丙烷、垃圾填埋气、消化池气体（来自废弃物处理）和第 2 章中提到的囊括了生物柴油的生物燃料，但是 90% 已安装的 CHP 使用天然气作为其主燃料来源。使用燃料油的安装系统大约占 3%，燃烧废物气体的 CHP 系统安装大概占另外的 3%。使用生物燃料（固体、液体、气体）的数量在增加，现阶段，研究已经扩展到这些燃料的使用，并且我们预计未来生物燃料的使用将变得更加广泛。实际上，生物燃料在提升 CHP 可持续性方面扮演着重要角色，因为这种燃料来源从本质上来说，碳排放是中和的，即不增加碳排放。

典型的燃气轮机天然气燃料系统组成包括：计量表、调压站、除湿器、燃料过滤器、燃料流量控制阀。需要注意的是，燃气轮机通常要求较高压力的天然气（也就是超过 200psig 压力等级），而通常这一压力要求均高于当地主要燃气供应压力。因此需要配置天然气压缩机将从当地燃气系统获得的燃气压力提高至燃气轮机要求的压力等级。如果天然气压气机安装在室内，则必须将其单独安装在一个房间并配备防爆装置以及燃气泄漏探测仪和警报。同时，需要配置备用天然气压缩机，当一台压气机出现故障时仍可以使 CHP 系统保持正常运行。

CHP 系统可能要求多种天然气压力系统，如高压天然气系统及低压天然气系统，一个

---

❶　Log Mean Temperature Difference（LMTD）/对数平均温差，因为在冷凝器，板换一系列的换热器中温度是变化的，为了我们更好地选型计算所以定一个相对准确的数值。

用于燃气轮机，一个用于余热锅炉补燃（也就意味着 250psig 与 30psig 压力等级），还有用于任何直燃型锅炉或直燃型吸收式制冷机也同样可能要求 5psig 压力系统。所有计量和减压站都应当布置在公用区域内，通常是在主厂房之外，远离燃机进气口的地方。

除了燃料压气机及所要求的高压，内燃机的天然气燃料系统与燃气轮机天然气系统类似。典型的内燃机天然气燃料系统组成部分包括：计量表、减压站、燃料过滤器以及燃料流量控制阀。一个 8～10 英尺❶长（2.44～3.04m 左右）的调压管（大的管网直径部分）可安置于离发动机进气口较近的地方，在发动机最初启动阶段可预防燃气压差。

当使用燃油系统的时候，不管是作为主燃料来源或者是作为替代燃料来源，又或者是作为现场备用燃料防止天然气出现短缺，能源站都需要设计燃油储存系统。任何类型的燃油储存系统在地点和安装方面都应当满足所有法规、标准及安全要求。一些区域/城市限制了燃料储存的类型、数量以及燃料储存罐的搁置方位、地界线及相邻区域等。如果储存槽搁置在地面以上的，按规范要求设计需要满足防止燃料溢漫，即当储存罐破裂时，系统需控制住泄漏的液体燃料。控制液体燃料泄露的应急预案需要提交到政府行政主管单位，说明能源站将如何处理这种突发状况。如果储存罐安装在地面以下，则要求配备双壁储存罐及泄漏探测仪。在任何一种情况下，对于运营方来说，很重要的一点就是竭尽所能减少释放到环境中的原材料，无论这种释放是否是偶然的。释放出来的燃料会进入排污管道、下水道、地面，随着地下水流，污染将会扩散。泄漏漫延发生之后的补救措施既费时又耗费资金。

10.3.4　助燃空气

恰当的助燃空气系统设计，是使用燃气轮机发电机作为原动机的可持续性 CHP 系统的重要组成部分。在第 3 章中谈到，助燃空气进气系统每增加一英尺水柱的压损，燃气轮机的功率输出大约下降 0.5%。助燃空气系统包括室外空气进气格栅❷（OSA）（如果 CHP 系统位于建筑内）、进气过滤器、进气风道消音装置、管道系统以及燃气轮机进气冷却系统（CTIC）。例如，进气冷却系统当中使用冷却盘管或者蒸发式冷却，可以减少燃气轮机热耗率上升以及减少超过燃机正常额定温度 59℉（15℃）导致的功率减少带来的负面影响。通常，燃气轮机进气压损被限制在不超过 3ft 水柱（wc），因此，工程设计师应当仔细设计布置 CHP 能源站和燃气轮机空气管道系统，以此避免后续不必要的方向改动，增加空气进气压损。管道系统较小的角度变化比大角度变化带来的压损要低（也就意味着，在其他条件都一样的情况下，90℃弯管比 45℃弯管的压损要多）。管道系统流速由既定的与助燃空气流速匹配的管道大小决定。通过调节助燃空气进气系统的压降可调节管道系统流速。对于既定系统，压差与进气流速呈平方关系（管道系统流速加倍，那么压差扩大至四倍）。

助燃空气系统对于内燃机的影响远不如其对燃气轮机的影响；然而，仍然需要对发动机进行冷却以及对燃烧空气进行净化。与燃气轮机一样，内燃往复式发动机助燃空气系统同样包括 OSA 室外空气进气格栅（如果 CHP 系统是搁置在室内）、进气过滤器、管道系统和防止发动机噪声从管道系统传至外部的进气风道消声器。

---

❶　1 英尺=0.3048m。
❷　Outside air louver（OSA）。

10.3.5　排气系统

有着较高质量流量的燃气轮机 CHP 系统，类似于助燃空气进气系统，为了减少燃气轮机功率降低，必须尽可能将排气系统压损保持在较低水准且在制造商最大允许的背压限制之内。燃气轮机最大允许的背压是 8ft 水柱，与助燃空气系统类似，通过恰当的管道尺寸，减少不必要的管道盘绕以及选择较低压损的余热利用设备可以减少压差。燃气轮机排气系统通常包括了排气管道系统、排放控制设备、HRSG 或者余热利用热交换器、连续排放监控系统（CEMS）、旁通烟道（如果允许的话）、排气消声器（如果要求的话）、烟囱、消除热膨胀的伸缩接头。必须对管道系统进行保温以便余热利用（例如，减少热损失）以及保护运行人员。

对于涡轮增压内燃往复式高压发动机，其背压高达 30ft 水柱，与燃气轮机相比，其性能基本没有较大下降。然而，持续性设计原则依旧要求从经济性角度考虑来尽可能减少压损。通常，内燃往复式发动机排气使用黑色钢管，而燃气轮机排气使用薄板管道。根据所采用的排放处理方法，某些部位要求使用不锈钢管道。排气管道将燃烧后的产物排放到大气，除了排气管道本身，典型的内燃发动机排气组成部分包括：排放控制设备、余热利用热交换器、连续排放监控系统、排气消声器、烟囱以及帮助热膨胀扩散的伸缩接头。

内燃机本身提供的伸缩接头节应该允许热膨胀，并且阻止发动机排气法兰带来的应力及推力。为了更好地容纳热膨胀，设计师们应该确定具体的吊架及抗振支撑，同时还应当考虑热膨胀量及方向等，例如，需要应用的伸缩接头等。

与燃气轮机排气一样，内燃发动机排气管道的温度可达 1200℉（648.8℃），因此必须对管道进行隔热，这样可以对管道进行保温的同时起到保护运行人员的作用。排气管道❶应当形成坡度逐步下降，并且远离发动机，从而确保任何冷凝水（在发动机启动及关停时期内）不会倒流到发动机。

能源站工作人员通过控制系统读取温度（同时提供就地仪表供运行人员用）。温度传感器安装在以下位置：发动机排气口、热交换器设备的前后、催化剂/SCR 系统的进口与出口处等。一些温度感应器可以结合使用，例如，发动机排气温度可以与催化剂进口温度一起使用。

10.3.6　排放控制

排放控制是 CHP 能源站当中一个重要的系统，影响 CHP 系统运行及可持续性的能力。所要求的排放控制系统的类型，如谈论过的，由使用的原动机、所选择的原动机预估的排放水准以及监管当局允许的 CHP 最大排放量等因素来决定。我们已经在第 7 章中详细讨论过排放控制，将在第 12 章中讨论如何获得排放许可。

对于工程设计师们来说，更重要的设计内容还包括确保能源站在恰当的温度下保存催化剂。发动机排气温度随着负荷变化而变化，应当使 CHP 能源站系统保持适当的温度防止破坏或者损坏昂贵的催化剂。如果不能确保最低温度，催化剂则不能有效工作。排放系统还包括排放设备及辅助设备的规范制度，运行人员通过这一制度对排放系统进行监控与维护。关于排放控制系统的另一项重要设计问题就是氨的储存。氨通常是以无水形式存储，储存的量

---

❶　也做废气管道。

与地点通常需要遵守法令法规的限制。

10.3.7 热能利用

本书一直谈到，随着废热利用（如不利用则直接排放到大气当中）及生产方式的不同，CHP 的经济收益也不一样。因此，系统的设计需要尽可能将热能回收利用。设计机组规模既要根据峰值设计机组，又要考虑整年的热利用。热利用是实现可持续性 CHP 的重要方面。当然，能源站内的热能否有效使用是由能源站负荷、原动机类型与规模（热电比的结果）来决定的。我们谈到，应该对负荷、原动机类型以及规模进行详细研究、规划及装机。如果没有按照上述条件进行，例如，原动机装机规模过大而又没有足够的用户热需求，工程设计师们很难挽救被浪费的热能。然而，即使是一个 CHP 系统经过详细研究与规划设计，工程设计师们仍然需要设计更多的热能利用方式，并且应当考虑到低负荷运行等因素。热能利用的方式包括：

- 额外发电（联合循环）。
- 空间采暖。
- 空间制冷（使用吸收式制冷机）。
- 生产生活热水。
- 游泳池供暖。
- 干燥除湿。
- 产品烘干。
- 工艺用热。

使用 HRSG 的蒸汽可以驱动蒸汽轮机发电机生产额外的电力。蒸汽轮机发电机分为凝气式或者为背压式。蒸汽轮机可以将蒸汽压力降低至另外一套系统所要求的压力。以空间采暖为例，系统需要提供蒸汽或者热水（HW）盘管，热水既可以从蒸汽—热水热交换器里面获得，也可以从 JW—HW 热交换器获得。在一些能源站里，高温热水（HTHW）由 CHP 能源站生产并且送至周围的建筑使用，通过高温热水—热水热交换器的热水温度在建筑物内逐步下降。然而，一般来说设计师们更青睐低温热水（LTHW）系统，因为它更安全，热膨胀带来的挑战较小，并能很好地与内燃往复式发动机进行协调。

第4章中谈到的多种方法可以生产冷水或者进行空间制冷。例如，有使用溴化锂或者氨水的单效或者双效吸收式制冷机、吸附式制冷机、蒸汽驱动的离心式制冷机等。当然，第4章中还谈到了，一个单效吸收式制冷机在低温热水（小于 250℉/121℃）情况下可以进行补燃，但通常热水温度高于（200℉/93℃）才是经济的。双效吸收式制冷机需要 125psig 蒸汽或者对等的高温流体，因此，只能在燃气轮机 CHP 系统里面使用。同样的，蒸汽轮机驱动离心式制冷机要求使用中压蒸汽，因此，也只能在燃气轮机 CHP 系统里面使用。

规模合适的 CHP 系统及多种热利用方式允许 CHP 能源站运营人员对余热进行最大化利用。CHP 电厂的运营人员有时需要对设备的运行方式进行调整，例如，是否生产更多的电力或者生产更多的冷？又或者取代空间采暖将热能以其他形式进行利用等。后面的章节和案例研究将会描述如何判断 CHP 的产品价值及费用，然后决定热能以什么样的方式输出才会产生最大价值。相比较完全排放或者能源站关停，可对余热进行利用比起上述情况来说要好得多。

10.3.8　并网及保护

恰当的电力接入、发电机及能源站电力系统安全及保护、系统接地以及发电机同步控制（假设与电网并网）等都需要满足法规及电网并网要求，是 CHP 成功运行的重要方面。这些问题将在第 11 章中详细讨论。因为 CHP 系统设计当中既涉及机械方面的知识，又涉及热能动力方面的知识，所以 CHP 系统类型本身会对它的电气设计产生影响。设计的发电机类型必须与现有的电气系统、变压器及开关柜等相兼容。发电机的电压与能源站系统最高电压相匹配可以减少电阻损失。通常，当地的电网公司要求与能源站签订一项具体的并网协议。协议当中详细说明了最小的电力输入、系统保护及接地要求等内容。设计的并网系统保护必须到位，例如，设计的系统会充分考虑电压冲击机骤降以及失电等。

10.3.9　运行灵活性

前面的内容已经谈到过，热能输出的利用形式越多越能提高系统运行的灵活性。类似的，系统配置多台功率相同的设备既能满足用能需求，又可以提高运行灵活性。同时，设备本身可以作为备用，当某个设备不能使用时，可以开启其他设备而不影响运行。任何系统所选的 CHP 设备类别的数量及规模都由负荷大小及特点来决定（例如，峰值负荷出现情况、负荷全天以及季节变化是怎样的等）。同时也根据市场上可进行采购的机组规模、设备的成本等因素确定。因为多台设备比单一设备花的成本更多，但提供的灵活性也将更高。相反的，主机设备的数量越多，那么在系统中增加备用单元的花费也就越少。需要注意的是，通常使用一台备用原动机发电机在经济上是不可行的，一般从当地电力公司获得备用电力。以下情况将需要使用原动机发电机来保障电力备用。例如，生产制造过程中电力损失以及不能及时恢复将严重危害到重要产品的生产及由此带来的严重的经济损失，从而影响业主收益（例如，对于酒店来说，停电导致客人退房并且要求酒店赔付停电带来的不便等）。使用多种小设备的另一优势就是，系统可以有效地在低于设计负荷的条件下进行运行，满足部分负荷需求。举例来说，在一定条件下，如果负荷要求的冷水流速为设计流速的 30%，那么开启 3 台小泵以 100% 的流速运行要比单台大泵以 30% 的流速运行的效率更高。同时，多台设备的配置还可以提高运行可靠性。

10.3.10　能源站选址及布置

CHP 设备布置是 CHP 设计过程中重要的一部分。设计师们应当考虑到与此相关的一系列因素，包括维修使用的通道等。红线的距离必须满足所有适用的法规准则，比如燃料或者氨水的储存以及烟囱的红线距离必须满足规范要求。原动机与发电机以及其他电厂设备，必须按规范要求减少与燃料供应、电源、热力等互联的管网及导管长度。能源站内配电系统的连接也是设计的重要方面。

进一步来说，设计应当给每一个设备设置一定的维修空间，这一空间必须保留为机器服务、维护或者修复的空间。工程师们应当在设计布局里面纳入维修空间的部分。

配电盘和开关柜在电气设备前方（有的时候是在后方，根据维修接入点的位置决定），设计应该留有安全距离。安全距离的大小依据电气设备的电压等级确定（电压等级越高，安全距离越远）。

能源站的布局应确保运行观察室可以很清晰地观察主要设备的运行情况。

（1）维护及服务

在对 CHP 能源站进行布置时，工程师们需要牢记两个方面：重要维护及服务。例如，每隔 3 万 h 或者运行 3 万 h 后需要替换燃气轮机发动机。通常为了缩短能源站停工时间，会使用备用发动机，而换下来的旧发动机则会被制造商重新改造，然后卖给新的用户。设计应该预留空间便于从燃气轮机上拆卸发动机，然后可以轻松地将发动机从能源站内搬运至室外。在电厂，吊运装置和起重机可联合用于包括内燃往复式发动机的拖动在内的维护工作等。为了对燃气轮机发动机进行清洗和其他准备工作，设计的能源站布置当中应该准备好清洗车的存放和使用空间。

对于配备制冷机或者 HRSG 机组的能源站，设计师们应考虑到拔管及管道清洗等问题。在制冷机上，拔管等于制冷机的长度。由于防火规范要求，蒸汽压缩式制冷机与燃烧设备（例如，锅炉）之间应该预留隔离空间（在后面叙述的这些设备类型之间设置防火墙）。CHP 设计团队非常清楚地认识到能源站内任何东西都可能损坏，并且需要修复。在对 CHP 能源站及设备进行布局时应该考虑到上述事件发生的可能性。

（2）未来扩建

最初的 CHP 系统方案当中应当包含了项目业主—运营者为满足未来负荷增长而对能源站进行扩建的打算（例如，项目业主—运营者规划新的建筑或者工艺程序），初期建设应考虑预留连接口❶（POC）。系统中有了这些连接口可以安装额外的设备，同时对现有电厂的运行造成较少的干扰。

未来扩建涉及联箱及配送管网，电气以及结构的扩建，还包括预留空间给未来设备以及规划新的道路为扩建电厂做准备。未来扩建的准备包括封装隔断阀，而它将会成为未来的连接端。需要注意的是，大的联箱及管网可以通过自我调节来减少了泵的功率（能源消耗）。CHP 工程团队需要记住的是，作为最初设计整体的一部分，现在建设的能源站将来可能会需要改造，所以他们应当做好 10 年、20 年，甚至 30 年或者更长时间的能源站规划。在此期间，公用事业设施的扩张是随时间变化的。在欧洲一个能源站的规划远景是 100 年。

在对能源站进行未来规划时也应当考虑到建筑物地面以下的管线及管网系统。规划应当包括考虑增加安装原动机发电机和余热利用设施。扩建设备基础的设计和建造应暂缓，因为未来设备安装的法律法规及具体设计准则都会发生变化。

10.3.11　降低噪声和振动

根据选择的原动机类型、CHP 能源站的厂址，以及它与周边近邻及其他建筑设施的距离（例如，生产制造用或者居住用），设计师们需要对能源站进行抗振减噪的设计工作。从二维分析（噪声传输以平面传播，CHP 设备的上面和下面都没有噪声敏感源），噪声水平下

---

❶　Accessible points of connection（POC）。

降随着与噪声源距离的平方成正比。低频的隆隆声比高频的声音传递的更远。因此，噪声接收器距离建议的 CHP 系统越远，在接收器处测量的声音水平越低。如果 CHP 系统位于噪声敏感的地区（例如，位于大学宿舍或者与毗邻居住区等），我们建议在 CHP 工程设计团队里面增加一名声学工程设计师。噪声可以直接穿透设备或者通过管道及管网往下游传递。当然，噪声与振动也可以直接由管道、管网及其他支撑附加传递。减噪工作需要对所有这些传递物进行相应处理。

如果分布式能源项目位于包含重要敏感设备，例如，电子显微镜等建筑物较近的地方，需要对原动机设备扩大安装惯性减振墩座。

设备直接产生的噪声可以通过安装隔音罩等设施来降低，例如，燃气轮机或者内燃机发电机可以安装在设备商提供的箱体内。除了发动机箱体，建筑物不仅可以减少电厂外的噪声水准，并且可以保护 CHP 设备免于外部因素干扰。当 CHP 能源站建筑含有围墙建造，则可以起到部分消音的作用。消声门及窗可以合并在工程设计里面，CHP 能源站内部墙壁也可以留有隔音板（给内衬层提供筛眼），任何 CHP 能源站进口或者出口环节，例如，通风百叶窗等都应当安装消声设备。设计应当保障所有空气进气口安装隔音百叶帘以及确保任何助燃空气进气系统都使用了进气空气管道消声器。

余热利用设备可以帮助减少排气噪声，但仍然需要对内燃往复式发动机安装排气消声器。为了减少振动带来的负面效果，在连接点处的设备及伸缩节上面使用振动隔离器。振动隔离器可以减少振动传递，并对任何细小管道/设备的排列进行说明，帮助吸收热膨胀，防止过多的应力传递至设备上。如果噪声实在过大并且影响当地环境，那么项目业主—运营者应当取得监管单位的许可。

10.3.12　电厂控制/集成

能源站控制，包括监控、测量、设备启动与停止以及报警和调节，这些都是非常重要的步骤，也是成功可持续性运行的 CHP 能源站的一部分。如第 16 章中讨论的，技术过硬的运行人员不需要特殊的巡视检查就能知道能源站是否正常运行；他/她可以通过设备声音来辨别，也可以感知振动频率来辨别，同样的也可以通过触摸来辨别（例如，检查轴承或者马达是否过热）。另一方面，当今社会以现代计算机技术为依托，直接数控（DDC）为自动监控及获取运行数据趋势提供了必要准备，也为 CHP 能源站运行人员评价及诊断（例如，查找故障）系统问题提供更便捷的方式，同时也为 CHP 优化运行提供了可能性。实际上，现代控制系统可以适应变化的条件与参数（自适应控制）以及通过趋势系统参数提前对于紧急的系统故障进行预警。

原动机和发电机有各自的控制系统，例如，恒速调节器可以维持恒定的发动机发电机转速（r/min）以及调节燃料控制来适应发电机负荷。同时，发电机也有自身的控制和同步系统。CHP 能源站的辅助系统必须通过能源站控制系统来控制及运行。在理想情况下，许多发动机及电子系统的监控点都会在能源站控制系统里面合并（见第 17 章）。控制系统需要快速响应及进行实时 PID（比例、积分、微分）环路控制。许多 CHP 能源站不需要运行人员驻守在能源站现场，这些能源站不一定是自动化的，但是远程控制及警报信息需要反馈给远离能源站的运行人员。

在前面几章中谈到，CHP 能源站控制系统设计规划的第一步则是绘制系统的每一个管道及仪表图（P&ID）。P&ID 图将会显示所有重要设备、阀门、仪器，及设计方案建议的系统控制方式（例如，高温热水热交换器蒸汽供应阀将会调节高温热水供应温度，即 140℉/ 60℃并维持在这一温度）。通常，作为第二步，测点列表包含以下 CHP 能源站数据：温度、压力及流量测量；耗量表（功率、英热、水）；调节控制点（例如，CHW 泵速度或者流量控制阀位置）；阀门位置；设备启动或者停止；设备状况（开启/关闭）；以及任何警报输入和警报输出（例如，催化剂温度 1100℉/593℃为警报输入，拉响警报本身为警报输出）。测点列表应当显示任何需要计算的点，例如，CHP 或者联邦能源监管委员会（FERC）系统效率，或者加权能源利用因素（见第 17 章）。

对能源站的灵活控制以文件的方式形成记录，这样便于发现故障并进行修理，也易于修正控制程序，这些对于 CHP 能源站运行人员都是大有裨益的知识。未来能源站运行的束缚会来自用户对能源站业务需求的改变。因此，在能源站当中应用控制灵活及规划良好的仪器控制设备可以帮助满足未来额外的运行需求。

10.3.13　运行策略

了解建议的 CHP 能源站如何在不同的电厂负荷（高峰、平时、季节）下运行，是确定可行的能源站运行策略的重要因素，并且是可以帮助 CHP 能源站达到可持续发展的重要方面。规划的余热利用方式也会对运行策略产生影响。例如，发电机组（或者燃气轮机）是为满足能源站基础负荷吗？以及是否会因此而满负荷运行？或者，是否需要考虑部分负荷运行呢？所有的热都能被使用吗？又或者需要排放掉一些热吗？什么时间及在哪里使用热？这些问题将有利于决定设备如何运行是最具经济性的。第 17 章及第 18 章将会提供关于运行的标准以及可持续性 CHP 能源站运行的某些指引。

10.4　无形的知识与经验

一位 CHP 能源站总监曾经说过，想要获得良好结果的重要因素就是选择一个工作效率高、沟通良好的 CHP 设计团队。愉悦的工作氛围可以带来更好的 CHP 设计。实际上，经过验证，整体分析方法比过度关注 CHP 能源站本身设计要更有效率。例如，设计人员关注提高配送系统的能力比最初提高配送系统泵的容量在实际运行当中要更有经济性。采用更好的 delta-T 盘管及更好的控制阀门远比增加更多的制冷机带来更多的成本优势。智能建筑控制可以释放更多的容量，而这些容量可用于其他地方（例如，同时供冷及供热是常规的供能方式）。

具体的课堂培训以及实操培训作为重大设备采购内容的一部分，是确保 CHP 能源站达到可持续性运行的重要因素。详细的能源站调试启动方案是确保 CHP 能源站设备和系统按照设计性能运行的关键，也是确保能源站从建设到运行的成功过渡。项目业主—建设运营者应该在项目设计开始（计划）阶段确定调试队伍。CHP 系统运行人员从调试和培训中获得的益处是不可估量的。因为亲身经历调试过程和接受相关培训，即使是在能源使用及价格环境带来挑战的情况下，运行人员也会知道什么样的操作可以使能源站的运行获得利润以及实现可持续性的 CHP 能源站性能表现。

第11章

电气设计特征及问题

（Kelly J. Mamer
David C. Rosenberger
Jeffrey S. Hankin）

CHP能源利用的最大化需要一套完美设计的机械系统及电气系统，并且每一个关联系统都需要设计予以支撑。就电气系统而言，一个设计不完善的系统带来的风险远比系统运行故障更为严重，同样会带来严重的经济损失，甚至还会出现更糟糕的状况。例如，公共电网对于CHP能源站有明确的并网要求，如果设计不完善，当电网发生严重故障时，与电网相连的CHP能源站也会受到波及，甚至威胁人身安全。CHP系统提供很多的供能方式，而发电通常是这些供能方式中最重要的方式。因此，电气系统的设计必须确保CHP系统能安全有效运行。

本章主要讨论电气设计细节问题，以下内容是对这些问题的总结。首先需要考虑的就是电力生产及电力传输到规模恰当、配置完整且自带保护的开关设备。除了安全因素，当CHP能源站并网发电时，对CHP系统最重要的要求是CHP能源站与并网电网的冗余度和可靠性。一个坚强有足够冗余的电力系统需要通过配电装置与CHP能源站互联，既可以满足CHP能源站不同的互联运行方式和机组检修方式，也能有效地向下游输配电系统供电。

对于配电系统而言，一个良好的能源控制管理系统可以优化能源站的能源需求并提高CHP能源站的能源利用效率和可用性。过去一些CHP及其他工厂的经验表明，建设一个坚强可靠、有一定冗余度的能源控制管理系统在运行和经济性方面具有许多显著的优势。

另外，充分规划和考虑CHP系统的安全问题，从而确保设备的耐用性和人身安全。从CHP系统的接地到用于系统并网的继电保护在内的所有设计都应考虑采用一切安全保护措施的可能性。电力系统接地方式有多种，每一种接地方式都有其优点及缺点。国家的规程规范（NEC）对某些等电位连接方式已有要求，将在后面部分详细讨论。

在第 2 章中谈到，CHP 系统在很多领域得以应用，从工厂到保健中心，从校园到军事基地等。各种各样的 CHP 能源站电力用户并不特别关心电力的来源；他们更关心的是用电时间、地点和品质。因此，CHP 系统的电气设计必须考虑电压波动、谐波、供电中断，以及其他传统大型电力生产及配送所遇到的电能质量问题。继电保护有效动作造成的功率波动所产生的电能质量设计问题特别具有挑战性。在本章后面部分我们将讨论如何采用各种措施确保配电系统的电能质量。

除非能源站被设计成永远以"孤岛"模式运行，CHP 能源站与当地公用电网并网是 CHP 系统非常重要的部分；如前文提到，并网有多种规程和标准。通常，CHP 系统所产生的电力是电网购电的一个补充。这也就意味着，二者同时为同一个下游配电系统输送电力。这种情况下，CHP 侧用户端电气系统发生故障后，如果不采取恰当的保护措施，故障会扩大到公用电网。CHP 系统的电气工程设计师们需要与当地电力公司密切合作，确保有关电网安全的保护措施能被认可。

最后，任何 CHP 能源站的设计与建设应该具有良好的规划及全面的系统启动调试计划。这是非常必要的，可以确保整个配电系统在最佳状况下运行；一个优秀的 CHP 项目调试工作将确保项目在系统设计、设备选型及安装期间正确实施。

本章仅对 CHP 能源站电气设计需要考虑的方面进行概括论述。如果要针对电气问题的每一细节进行论述，则需要另一本专业书籍来研究展开。本章的最后部分列出了 CHP 能源站电气系统的简单案例及设备清单，同时我们鼓励电气工程设计师对本章中提到的各项内容进一步探索。

11.1 配电装置设计要点

CHP 能源站配电装置设计必须同时考虑分配和控制两个方面。无论 CHP 能源站使用哪种类型的发电机，电力生产后都需要输送。不管用户端是出于何种原因安装 CHP 系统，例如，为了满足基荷、提供可用的备用电源、独立电力供应、电网调峰或者上网等，配电装置连接着 CHP 发电机和能源站服务对象，通常情况下，配电装置还会接到电网。配电装置不仅包括了断路器或者负荷开关，可能还包括变压器。变压器的电压由发电机出口电压和能源站用户电压或者电网电压决定。配电装置肯定包含一定水平的控制，以确保多路电源受保护或者能最有效地向用电设备供电。

11.1.1 选择和设计

在讨论不同运行方式下配电装置的选择标准之前，本节将阐述有关配电装置设计的基本概念。首先，配电装置的汇流母线❶连接着 CHP 端和电网端。无论这种连接是通过固态电路断路器、负荷开关或者其他类型的开关，起决定作用的是连接的电压等级是中压还是低压、保护类型以及电气工程师的协作精神。配电装置内还包含了向用户供电的低压或中压断

---

❶ Conductive busbar。

路器。当然，配电装置中还有一些馈电供给 CHP 站用电气设备（例如，厂用电）。厂用电设备取决于原动机的类型，可能包括燃料供应泵、供水泵或者发电机启动马达。

　　CHP 系统在不同的发电运行方式下对应不同的配电装置设计。最基本的运行方式为 CHP 系统独立供电，即 CHP 是用户的唯一电源，或者是部分用户的唯一电源。由于没有多个电源并联的要求，这种配电装置的设计最为简单。通过负荷开关、真空断路器或者塑壳断路器❶，CHP 发电机与负载相连接。CHP 发电机以中压或低压发电，配电装置也通过中压或低压与发电机相连，并通过变压器变压成用户要求的电压输送电能，但这种模式是非典型的。

　　当然，其他运行模式要求更加专业的配电和控制方式。这些运行模式有以下几种：

- 备用电源。当主电源（通常为公用电网）出现问题时，CHP 机组发电提供电力。
- 调峰。当电厂希望只从公用电网购买一部分电量，无论出于合同原因还是经济性因素，此时用户 CHP 机组作为公用电网供电的补充，特别是在其用电需求超过从公用电网的购电量时。
- 基础负荷。CHP 机组满负荷，用户用电需求的不足部分由公用电网补充。这一运行方式恰恰与调峰模式相反。
- 上网。这种情况下，CHP 能源站将生产的多余电量输送给公用电网。

　　无论是哪种运行模式，配电装置都必须与电网和 CHP 机组相连。每一个输入电源都可以同时送电至配电装置的母线，因此设计 CHP 系统的配电装置时需要考虑配电装置的多种性能。

　　基于以上原因，需要关注配电装置的母线型式。出于设计的考虑（例如，负荷分配），母线被分为两段或者更多分段母线❷，分段母线之间通过母联断路器连接。这种方式中，主断路器直接和电源侧相连，与母联断路器互相闭锁，从而使所有的进线时刻实现物理分隔。另外一种可以适应多个电源接入的配电装置就是并联开关❸，即所有进线电源接到同一段母线上。并联开关有一套同步系统，可以确保所有电源都在相同的额定电压、频率及相位下实现并联运行。

　　在以上两种方式当中，如果电网及 CHP 电源的容量足够，开关装置与配电系统联合为所有的用电负荷供电。通过原动机的功率控制实现电源侧的电力平衡及高效运行。然而，失去其中一个电源，或者由于其他原因导致电力供应不足（例如，电压波动或者低频），负荷分配❹可以控制开关切除或者减载一些优先级别较低的电力负荷。

　　在配电装置设计中，需要考虑的另一项性能指标是电压和无功功率调整❺，是指调整发电机的机端电压以及自动无功调节。还需要设计远程过电流保护控制，包括过电流装置的自动开启/关闭以及重启功能或者远程手操功能。CHP 设计师应当考虑配电装置设计中每一个重要的因素来确保 CHP 系统以最优的效率安全运行。

---

❶　塑壳断路器：为一种低压过电流保护之断路器，在美国称为 Molded-Case Circuit Breaker（MCCB），而日本则称为 No-Fuse Breaker，简称 NFB（无熔丝断路器）。

❷　Discrete section。

❸　Paralleling switchgear。

❹　也作分区停电、分级卸载、甩负荷。

❺　Reactive power control。

（1）电网电源特征

即便是对于大型的能源设施来说，公用电网容量通常是 CHP 能源站容量的 1000 倍，甚至更大。实际上，相对 CHP 系统的规模而言，公用电网可以认为是无穷大电源。因此，设计师在设计用户侧配电系统通过一栋建筑或能源站与公用电网连接时，通常是将连接点当作恒频、恒压以及容量无限可用的无穷大母线。现实情况是不存在无穷大母线，但是设计采用这种模型可以简化故障电流计算。然而，与公用电网不同的是，分布式能源发电机组有一定的电流限制。它们的故障电流是可以预计的；小功率发电机（功率≤100kW）在故障发生瞬间的初始短路电流有效值是其额定满载电流的 10 倍，并且在 0.1s 内降至一半。回路阻抗（如电缆电阻）会进一步减小故障电流的有效值。虽然可以将公用电网当作一个无穷大母线考虑，但是分布式能源发电机组不能如此考虑，在选择和设计系统的主要构成时，CHP 设计师必须认识到这一点。

加载到发电机的大负荷（无论负荷增加还是减少）称为阶跃负荷。阶跃负荷增加时，发电机的电压及频率将会下降。相反，发电机的电压及频率则会随着阶跃负荷的减少而上升。如果阶跃负荷较大（大约为发电机额定容量的 20%～25%），发电机的暂态过程是可测量的，而且可能造成发电机断路器跳闸。另一方面，如果阶跃负荷很小（小于发电机额定容量的 5%），那么这一暂态过程将很难察觉。当 CHP 发电机与电网并网运行时，由于公用电网等同于一个无穷大母线，从发电机侧观测到的阶跃负荷暂态过程将会很小。然而，如果系统是按照以下逻辑设计：当与电网非并联运行时，CHP 发电机可能遇到较大阶跃负荷❶（例如，增加了电驱动的制冷机），那么系统必须设计成具备处理较大暂态过程的能力。设计配电系统时应当限制阶跃负荷的大小，可选择的方案是使用变频器或者软启动器❷。

（2）黑启动发电机

较大规模的 CHP 能源站（＞1MW），特别是使用燃气轮机的 CHP 能源站，配电装置也允许连接其他专用电源。对于如此规模的 CHP 能源站，可能会出现以下情况（但不常见）：由于电网电源不可用（或者电网系统大面积停电），用户只能从 CHP 受电。如果 CHP 系统随后发生故障，导致能源站暂时关停，能源站运行人员将会想办法尽快启动发电机，因为在这一特殊时期，CHP 电源是用户使用的唯一电源。然而，由于电网电源的不可用，用于重启燃气轮发电机组的泵和启动电机无法获得电源。因此，设计一套单独的黑启动发电机组对电力系统至关重要。这种发电工况称作"黑启动"，它仅用于大停电事故时为一套独立的发电系统提供启动电源。黑启动发电机和直接与 CHP 能源站的马达控制中心（MCC）相连的自动切换开关是配电装置设计需要考虑的另一重要因素。

（3）控制

在对并网运行的 CHP 系统进行系统优化时，控制系统在控制电网电力（购买的电力）与内部自发电力之间联动时发挥着主要作用。例如，调峰系统应当监控对电网电量的需求，

---

❶ 阶跃负荷是指对负荷加载时，采用同时突加或同时突减一定量的负荷。

❷ 软启动器是一种集软启动、软停车、轻载节能和多功能保护于一体的电机控制装备。实现在整个启动过程中无冲击而平滑的启动电动机，而且可根据电动机负载的特性来调节启动过程中的各种参数，如限流值、启动时间等。

确保在某一给定期间内电量不会超过能源站与电网公司之间的合同规定值。完成这项工作可以采用甩负荷方案，如果 CHP 系统没有足够的容量带动以上所需的尖峰容量以及超过与电网公司签订的合同电量，预先设定的断路器将会自动分闸。

CHP 配电装置中有许多部件与控制、电能质量优化、能源管理相关。本章前面提及了断路器和负荷控制。另一个主要构成就是远程断路器控制，即允许操作人员在 CHP 控制室内打开或者关闭进线断路器或配电断路器。全日制值班员一旦发现潜在的问题后可以快速响应而无需派遣维修人员去电气室。另一个可选方案就是在所有的配电断路器上安装功率表。通过功率表可以获取每一个配电线路的详细信息，而不是计量配电总负荷，从而允许运行人员或系统在减少负荷或者增加负荷的时候，做出动态决策。功率计量可以与 CHP 发电机输出控制相结合。例如，实时或者全生命周期的经济评估可以测算得出从公用电网增加购电并不需要很多的边际成本❶，CHP 能源站可以减少燃料使用或者优化 CHP 输出。

(4) 发动机/发电机控制

CHP 系统的一个重要组成部分就是发动机控制系统及其与连接到公用电网的配电装置的互动。发动机控制系统的主要部件是调速器（ANSI 设备♯65）及其附属的负荷控制器（♯65C）。发电机控制系统的主要组件是电压调节器（♯90）及其附属的无功（VAR）/功率因数❷控制（♯90C）。

CHP 机组通常在恒定转速下运行，以输出恒定频率。这也就是人们熟知的同步系统。简单说，电子调速器实现负荷感应、调整与需求电量相匹配的燃料供应、维持恒定电压等功能都是通过调整励磁电流❸来实现的。当两个或者多个发动机并联运行，电子调速器将控制每台发电机组的总发电量。另外，发电机控制器调节每一台发电机组的励磁，从而使并联条件下的总无功功率（kvar）按照每台发电机的视在功率（kVA）进行比例分配。

例如，两台 500kW 发电机组和一台 1000kW 发电机组并联运行，系统总容量达到 2000kW。每台 500kW 发电机组分别承担 25% 的负荷（随着用户负荷变化而变化），同时还要承担 25% 的无功负荷。1000kW 发电机组承担剩下的 50% 有功负荷以及无功负荷。

负荷调节传感器控制调速器，随后控制每一台发电机组的燃料供应。这一级的控制保障了发动机在负荷变化时维持恒定转速。当多个 CHP 发电机并联运行且没有接入公用电网时，这些负荷调节传感器构成了负荷分配信号回路，因此所有的发电机可以按比例分配负荷。但是当发电机并联运行且接入公用电网时，会有一个附加的负荷控制信号加到负荷分配信号回路中。这一附加的控制信号持续监控公用电网输送到 CHP 系统的电力，以此决定机组出力。附属控制功能与 CHP 控制系统一起作用，对系统总需求（如热能和电量）实时作出响应。也就是说，电网的供电量根据附加负荷控制器变化，而 CHP 发电机根据电网供电量按比例分担负荷。这一功能可能会增加控制系统的复杂性。例如，当大系统与公用电网无穷大母线并列时，会采用有差调节。有差调节允许负荷增加时发动机的转速略微降低。微小的发动机转速降低可以使 CHP 电厂的运行效率达到最佳。此时发动机只需要根据负荷控制策略制定充足的燃料供应计划即可。电压调节器通过调节发电机的励磁设定单台机组的给定

---

❶　Marginal cost。
❷　功率因数（英语：Power Factor，缩写：PF）又称功率因子，是交流电力系统中特有的物理量，是一负载所消耗的有功功率与其视在功率的比值［1］，是 0 到 1 之间的无因次量。
❸　也作激励电流。

电压输出。当发电机并联运行且不并网时,母线电压设定值对所有机组都相同。

　　用于所有并联发电机电压调节器的电流互感器是串联连接,因此所有的调节器都采用相同的负荷分配信号,这称为涡流补偿。电压调节器控制励磁使每一机组按比例分担总无功负载。这些用于电压调节器的回路如同用于发动机调速器的负荷分配控制回路。

　　当发电机与电网无穷大母线并列运行时,端电压(发电机与并网柜连接处的电压)由电网电压决定。此时,用于调节每一台发电机无功功率的无功/功率因数调节系统显得至关重要(防止发电机过电流)。最有效的运行模式是将励磁作为系统功率因数的函数,使得无功出力能跟踪实际电力负荷,从而相应减少总功率(kVA)及任意用电设备的发电机电流。无功/功率因数调节系统的功率因数设定值应该在 0.8~1.0 之间,为了优化系统,我们建议功率因素选择中间值 0.9。

11.1.2　环境要求

　　所有电气设备对运行环境都比较敏感。温度、湿度的变化即使对最简单的电气设备都会产生影响。对于复杂的,尤其是安装在 CHP 系统的开关柜,电气室的环境要求更为严格,所述如下:

　　CHP 系统的大多数电气设备都布置在房间内或者专门的设备区域,或者布置在室内靠近原动机/发电机和相关的机械设备,诸如锅炉、制冷机、热交换器等设备。这意味着这些区域的空气湿度远比典型的电气配电间严重。湿度是电气设备最主要的干扰因素,因为随着时间的推移,湿度会导致断路器的触点和连接线路腐蚀,从而会造成潜在的运行风险及故障。另外,CHP 电厂开关柜中有大量的可编程逻辑控制器(PLC)、集成继电器以及其他各种电子设备,这些设备对于湿度较大的腐蚀性环境极其敏感。因此,开关柜被设计成安装特殊的垫片及密封件,并布置在房间内显得至关重要,这样就可以实现良好的密闭或与其他重型机械设备隔离。当然,如果开关柜布置在室外,需要更加关注环境因素的影响。开关柜室外使用时,防护等级至少达到 NEMA 3R[1]。然而,设计师指定采用更高的 NEMA 4X(或者 IP56)防护等级或者与工艺设计师合作寻求室内布置是一种更好的方式。

　　类似的因素还有室内温度。室内应当尽量保持足够凉爽以免超过电子设备的温度限值,确保电线不会因此降容。配电系统通常包括变压器,变压器工作时会产生较大的热量,因此对室内进行制冷和通风设计尤为重要。然而,需要注意的是,室内温度变化不应过大。如果制冷系统设计不当或者开关柜的布置阻碍了空气流通,温度变化会导致凝露,类似于冷暖空气交汇造成的降雨。

11.2　接地考虑

　　一台 CHP 发电机是与电网电源相独立,服务于用户用电设备,且与用户用电设备无直

---

　　[1]　NEMA 防护等级是美国电气制造商协会工业控制装置和系统中的外壳防护标准。NEMA 的防护标准除了防尘、防水之外,还包括防爆(IP 代码只包括防尘和防水)。

接电气连接的发电机。根据这个定义，按照国家电气规程（NEC），CHP 发电机是独立的电源系统。对于 CHP 发电机的接地以及发电机与用户配电系统的连接来说，这一定义包含多种含义，本章后面部分将会详细讨论。然而在这之前，我们将讨论各种类型的接地系统，并且指导如何选择接地系统。

11.2.1　接地系统类型

最常见的接地系统类型是星形[1]接地。通常，一次侧为三角形连接，二次侧为星形连接，一次侧与二次侧星形中性点之间有着紧密连接。这种情况下，流经二次侧接地导体（中性点）的是单相或三相不平衡电流。这种接地系统非常常用，因为它不但适用于三相电动机负载，而且适用于 277V 单相照明负载。

故障时，发生的单相接地短路电流由配电系统的阻抗决定。故障点与接地点之间的导体阻抗和一次电源侧的阻抗构成了短路总阻抗。

另一种常见的接地方式为经阻抗接地，这种方式与直接星形接地系统类似，在星形中性点与一次侧接地点处有连接。此时，一个阻抗源（例如，电阻）接在连接通路之间。如果电阻较大，则称之为"高阻"接地系统。该系统接地故障电流较小，某些情况下过流装置[2]不会动作[3]。使用较小电阻时就是"低阻"接地系统。此时，接地故障电流较大，过流装置动作，但是故障电流值仍然较低，便于 CHP 开关设备延时处理。

另一种可选的接地系统方式就是不接地。这种情况下，导体与大地之间没有物理连接。与阻抗接地系统类似，持续相对地故障时的故障电流值很小，过流保护装置不会自动动作。因此，两种系统的共同特征为：在接地系统故障时，电气设备可以继续运行。然而，阻抗接地系统有下述其他优势，但仅当接地故障发生时需要继续运行（例如，工厂），此时才推荐采用不接地系统。由于故障引起健全相的持续过电压（会导致绝缘击穿），维护人员必须快速切除故障。对于大多数 CHP 电气设备来说（例如，医院或者校园），不推荐采用不接地系统。

以下是一些可能影响接地系统选择的概述：

• 电压。发电机接地方式由发电机在能源站系统中的定位以及发电机接入电网的电压共同决定。我们可以考虑以下两个典型案例：公用电网采用中压，升压变压器的二次侧电压为 4.16kV，变压器经低阻接地（最大故障电流接近 200A）。能源站发电机电压也为 4.6kV 且与电网并列。此时，CHP 发电机最好采用中性点经高阻接地，将会限制接地故障电流至 2A 左右。这一故障电流可以有效触发报警而设备允许持续运行，直至故障回路被定位并且切除，从而避免了整个系统停电。

• 谐波。现今大多数用于 CHP 系统的发电机采用星形接线。相电流的三次谐波分量流经中性点而互相抵消。通过发电机中性点的接地电阻可以实现这一功能。这些接地电阻通常采用特定的电压和电流，并且封装在单独的空间内。当谐波对能源站的影响特别大，且能源站与公用电网母线并列时，发电机中性点应采用经电抗接地。

---

[1]　也作 Y 形接地。
[2]　也作过载电流装置。
[3]　也作脱扣。

• 运行模式。如果 CHP 发电机通常不与电网电源并列，那么接地方案必须考虑其他因素。首先，如果配电系统供应单相负荷（常见于非工业设备），根据 NEC230—95 的要求，它的中性点必须直接接地，接地线可以作为导线。其次，如果发电机与电网电源并列且其中性点是经高阻接地，接地线不可以用作导线。为了解决上述两种可能情况，通常是在接地电阻侧跨接旁路回路，必要时，旁路接地电阻。

11.2.2 连接要求

作为一个独立系统，按照 NEC 250.30 的部分规定，一个 CHP 发电机必须接地连接。鉴于接地以及连接这些复杂且相关联的电气系统的复杂性和重要性，2008 年 NEC 对这一部分的内容做了大量的修改。这一章节对良好的接地系统，包括系统接地导线、接地电极导体和接地电极作了概述。为了获得更多信息，设计师可以咨询 NEC 或者查看有关于这一议题的专业书籍获得关于接地部分更为详细的解释。

需要关注的是，以下概述关于直接接地或者经阻抗接地系统。另外，NEC 也有一个单独的章节（250.30B）涵盖了不接地系统；由于这一类型的接地方式极少应用在 CHP 能源站中，因此本书不涉及。

系统接地导线是 CHP 发电机的接地点与主要开关装置接地点（中性）之间的连接，是非常必要且重要的连接，接地故障电流可以通过接地导线返回到公用电网。如果系统没有安装接地导线，那么故障电流就会流经接地电极（例如，地球），而这是一个高阻抗路径。如果阻抗太高，故障电流过低，可能导致断路器跳闸并产生安全隐患（设备和人员方面），同时会带来设备损坏风险。读者们不会对前面所述的经阻抗接地系统感到陌生，而地球是一条极高的阻抗路径，比用在接地系统中的任何电阻都高。接地导线的截面必须至少是相导体截面的 12.5%。对用于接地电流不超过 600A 的接地导线，可以参考 NEC 中第 250.66 条例进行手动快速计算。

独立系统的接地电极布置应尽量接近主系统的接地电极。根据 NEC 标准，理想的接地电极可以使用金属水管或者金属型材（NEC250.52 对此作出了详细规定）。正常运行时采用这种接地电极主要是为了限制雷电电压和冲击电压，并将电压稳定到地电位。接地电极同时还提供了一条通向大地的能量损耗路径。需要指出的是，如上所述的高阻抗接地路径，接地电极连接无助于故障排除。

接地电极的尺寸与类型取决于 CHP 系统是否有一个发电机送出系统（一个独立送出系统，NEC250.30—A3 有描述）或者多个独立送出系统来决定。以上两种情况下，系统接地导线与开关装置接地点连接，并且根据 NEC 第 250.66 条规范确定其尺寸。然而，对于不止一个独立系统的接地安装，一条独立的接地电极导体可以与每一个独立系统的接地导体连接。因为每个独立系统的接地点通常都在同一个房间内（通常都在同一个使用了中继器的开关柜抽屉内），这样可以节省因采用较长接地导体增加的费用。

11.2.3 CHP 电能质量

无论电源来自哪里，输入到 CHP 能源站的电能质量非常重要。电压瞬变、电压浪涌、电压暂降等都是系统会出现的状况；然而，随着多年来负荷类型的不断增多，如今电压不规律对系统的影响比以往任何时候给整个电网及设备带来的冲击更大。虽然对电能质量、电压不规律性以及其他问题作出描述已超出了本书的范围，但是谐波及其与系统接地的关联性对CHP 系统非常重要，下面将详细论述。

如前所述，当部分绕组接地和/或发生电弧故障时，发电机中性点的接地阻抗可以限制流入发电机的总故障电流，并减少对发电机的损害。更重要的是，它可以大幅减少发电机产生的三次谐波畸变（此畸变会延伸到用电负荷）。

有趣的是，发电机定子绕组实际上并不与发电机大轴并联，而是与发电机大轴以某个角度安装。这种方式称作发电机节距。电力公司发电机通常采用 2/3 节距，发电时产生最小的三次谐波畸变。然而，典型工业场合使用的发电机（例如，中央动力站）很少使用 2/3 节距，因此会产生较大的三次谐波分量，具体数值取决于每个发电机的节距。

发电机采用合适的中性点接地方式和绕组节距可以发出具有较"干净"正弦波以及较小谐波失真的电能。例如，如果一台 0.73 节距的发电机通过星形接线的变压器接至电网，两者均采用中性点直接接地，正弦波波形很可能带有不可接受的三次谐波失真。然而，如果一台 2/3 节距的发电机通过星形接线的变压器与电网并列，变压器中性点直接接地，发电机中性点经阻抗接地，那么所发电能具有较好的正弦波波形，且三次谐波含量较小。如前所述，由于阻抗接地系统带来了其他问题，系统设计师必须以 CHP 能源站的谐波失真的合理预期来平衡这些问题。

11.3　并网规范和标准

CHP 能源站电气设计与其他电气设计或者更为简单的电气设计最主要的不同之处或许就在于公用电网对 CHP 能源站有具体的并网要求。大多数电力公司设立了相关的设计/建设标准用以规范与电网的并网。这些规范和标准的制定是为了保障公众的用电不会受到损害，因为小型能源供应商，如 CHP 能源站或者可再生能源提供者（如光伏发电）等会影响电网。例如，在加利福尼亚州，加州公共事业管理委员会（CPUC）制定了特定的标准（Rule 21），所有受监管的公用事业气电公司都必须遵守该规则。许多小型的地方电力公司在各州内采用了类似的标准，可以说，州政府管辖的以及市级的能源供应商在其管辖范围内对并网方面都有一定的标准和要求。这些标准通常包括一些非常严格的适用及认证过程，本书讨论的是一般性内容。详细的过程描述不在本章讨论范围内，通常每个地方公用事业电力监管委员会和/或者每个地方电力公司都有对此过程的指导性文件或者在网上提供信息。

11.3.1　保护要求

当 CHP 机组和公用电网并网运行时，为保障它的安全有效运行，设计师需要考虑诸多因素，例如，并网点、接地、同期、继电保护、系统隔离等。所有这些功能某种程度上或者可以更宽泛的归结到非常重要的"保护"这一概念上。电气系统如果缺少了系统保护，电网、CHP 系统以及它的下游用户都处于一种不安全的，甚至非常危险的状况。

一般来说，电网可分为两个独立的部分。第一部分为输电系统，是国家电力配送系统的主干网。在美国，输电系统以高压运行（通常在 110kV 及以上），并且受联邦政府监管。第二部分为地方配电系统，通常以中压运行，直接为客户提供电力。地方配电系统通常由公用事业管委会监管，而这一系统又与 CHP 系统互联。缘于这一背景，将会围绕配电系统展开论述。当然，我们鼓励读者进一步拓展阅读并研究本书中未论述的输电系统。

有两种典型的配电系统，每一种类型都有其独特的保护要求。最常见的配电系统是放射型配电系统❶。广义的放射型配送系统概念类似于车轮的轮辐。这一架构中，电网变电站就是车轮的中心，而轮辐就是承载传输电力给用户的输电线。通常，这些输电线单向传输电能——从电网至用户，并不承担用户向变电站送电。因此，电网公司设计的配电系统只承担单向电能输送而不接受从 CHP 能源站倒送电至变电站。随着 CHP 日益剧增的应用及其不断提升的重要性，用户和电力公司必须重新审视在设计以及安装辐射型系统时允许双向电能输送。与此对应的系统保护将在以下部分详细讨论。

配电系统的另一种类型是网状配电系统，这种系统多见于用电负荷需求量大的人口高密集区域。有多条输电线（与辐射型系统一样）以变电站为起点引出，但是与单向电能输送不同的是，这些输电线从变电站引出后在用户侧呈现为交叉互联结构。当主供电线路发生问题时，网状配电系统可以利用辅助配电线路实现"环形供电"，从而提高用户供电的可靠性。根据其定义，网状配电系统可以实现简单的双向电能输送，它的设计包含了用于保护当地配电网的网络保护装置。典型的网络保护装置包括并不经常动作的继电保护，因此，开关设备的继电保护设计应当在网络保护装置动作与重置之前能正确动作并快速隔离故障。

另一个影响特定保护要求的因素就是 CHP 能源站与电力公司之间的并网协议。并网协议通常取决于 CHP 能源站的类型和规模。电力公司一般不接受采用燃料电池或微型燃机的小型能源站的并网。这种情况下，由于 CHP 能源站的发电机容量远远小于公用电网的容量，CHP 能源站生产的电能无法输送给公用电网的配电系统。例如，在美国的加利福尼亚州，如果 CHP 发电机容量不超过负荷侧总容量的 25%，此时的系统保护通常要求指定两个可行解决方案中的一种。

一种可行的解决方案是在用户端安装电能监测器。电力公司根据典型的电力负荷需求比例进行负荷预测并给出设定值。如果电网用户侧负荷低于设定值，电力公司要求 CHP 控制系统减负荷或者发电机停机，直到电网用户侧负荷提高到一定水准（高于设定值）。另一种可行的保护方式是逆功率保护，通过这项功能，系统可以检测 CHP 能源站输送给电力公司配电系统的电能。如果逆功率持续时间过长（通常设定为 2s），或者电量过大（一般设定为电网变压器额定值的 0.2%），CHP 能源站的控制系统将减负荷或停机。

如果 CHP 能源站和电力公司能够就 CHP 能源站偶尔输出电能达成协议，也就是能源站的电力可以返送到公用配电网，那么通常采用上述的逆功率保护。当能源站设计成这种类型时，它的发电机容量的选择通常与能源站实际负荷接近。然而，CHP 能源站与公用电网之间的协议默认电网对 CHP 能源站输送的电能不支付任何费用。因此，CHP 能源站超发没有好处（条款内容为"偶尔的"电能输出）。

上述能源站与电力公司协商确定的电能输出模式具有以下优势，即能源站无需对逆功率状况下的电力短缺快速响应，特别是当电力公司同意能源站不向电网输出任何电能的前提下。对于经常发生电力负荷骤降情况的能源站（例如，大型的电驱动制冷机突然停机，或者

---

❶ 也作径向配电系统。

一个装设大容量电动机的工厂出现电动机停转），这些能源站可能并不愿意快速停机，因为有可能会影响到 CHP 能源站的其他能源输出。相比较能源站一时的负荷损失，对电网侧的应急负荷响应而减少能源站的发电功率具有以下优势：后者允许能源站在损失少量电量（不平衡电能输送给电网）的情况下能够更为平滑的运行。

完成这种并网协议需要在能源站内安装计量表。如果能源站的负荷变化较大，例如，一周内周末负荷远小于工作日负荷，或者一年内夏季与冬季的负荷有很大差异，能源站希望维持稳定的发电量而忽略了其生产的电能与实际电力负荷需求并不完全一致，要么略多，要么略少。这种情况下，电网公司计量 CHP 能源站从电网的受电量或计量 CHP 能源站向电网的供电量。净电量电费按月度或者年度结算。需要注意的是，这种协议（净计量电价）是近期才发展起来的，部分缘于最近兴起的可再生能源开发及利用，特别是太阳能发电行业。因此，CHP 能源站的设计师应调查是否有合适的契机能与当地的电网公司达成这种协议，以此确定是否设计用于净电能计量所需的表计和保护装置。

保护装置

电网保护最重要的构成是专用继电保护装置。继电保护装置必须以正确操作顺序安全运行，必须保护公用电网及人员免于伤害。我们建议 CHP 系统继电保护装置采用电子数字式。市场上多家企业可提供成套的继电保护装置，用户可以根据需求对继电保护设备进行任意的组合式下单。这些成套的继电保护装置具有高可靠性、无限次动作寿命、紧凑型尺寸、无需再次校准等特点。可以根据能源站的需求，通过简单的程序开启及关闭保护装置的功能，完成保护装置的定制。成套保护装置存在整个装置发生故障的风险。而值得庆幸的是，成套继电保护装置发生故障的概率极为罕见。

虽然旧式的电磁继电器变得越来越过时，但不失为用户的另一种选择。电磁继电器有着辉煌的过去，但是与电子式继电器相比，它们有着固有的缺点。电磁继电器的转盘有惯性，在动作之后必须旋转至初始位置实现重置，而这将花费大量的复位时间。相反的，电子式继电器可以瞬时复位，并即时投运。另外，因为电子式继电器不是机械式的，所以没有发条，也不需要进行调整或者校准。

CHP 保护系统设计另外一个需要考虑的因素就是无论何时发电机需要为变压器充电，电气设计师都需合理选择并设置过流保护、差动保护、电流平衡继电器以及低压闭锁保护。因为继电保护装置需要承受较大的变压器励磁涌流而不动作，同时还能为充电变压器提供恰当的保护。这也是设计师们慎重采用电子式继电器的又一原因。

11.3.2　专用保护要求

如前所述，电力公司要求的继电保护功能并不是保护 CHP 能源站，而是保护其配电系统。通常对于并网的能源站，所有的电力公司都提出了诸多保护要求。例如，所有的并网都要经过过压/欠压跳闸以及过/低频跳闸，以确保两个电源互联时的电压与频率是一致的。

当电力系统崩溃或者发生可能导致不安全、不稳定，甚至危险运行的扰动时，公用电网应当立即切除 CHP 发电机。一般来说，考虑到电力公司继电保护装置动作及重合的时间，公用电网恢复供电最快需要 12 个周波。当公用电网恢复供电时，无法保证电网能与 CHP 系统保持同步，因此保护系统必须确保公用电网供电恢复之前两个电源系统已经断开连接。因此，CHP 发电机通过继电保护装置必须在 8～9 个周波内与公用电网解列。一旦解列成功，CHP 发电机将为电网提供紧急及备用电源，此时 CHP 发电机强制切断负荷直至带载小于发电机容量。当电网供电恢复并达到稳定，CHP 能源站发电机可以再次与公用电网并网。为了实现这一目标，不可避免的，设计师需要对继电保护及控制系统进行良好的规划与设计，并且确保它们可以自动、有逻辑的、安全、有序地完成这些必要的功能。另外，为了实现系统测试、维护、校准，适当的手动功能（如手动同期装置）也需合并设计。设计应当简化，但是必须采取必要的架构和闭锁装置以防止任何可能导致不安全和不正确操作的动作顺序或者连接组合。

典型的保护功能测量一段时间内的电压和频率。这将会确保 CHP 能源站与公用电网解列且不会与它的配电系统重新并网，除非电网的电压和频率恢复到设定值并保持一段时间。这一过程被称作同期。在公用电网发生扰动之后及能源站发电机允许重新并网之前，公用电网通常要求的同期时间是 30s 或者更多。这样公用电网（通过重合闸、分段隔离开关）恢复至正常运行状态。如果失压时间不够长，分段隔离开关通常不能重新复位及正常操作。

电力公司非常关心 CHP 系统的其他运行方式，特别是"孤岛"模式。在这种情况下，当电力公司电力断供时，CHP 发电机仍然给用能设施供应能源。当 CHP 发电机容量比大型用能设施负荷略小时，"孤岛"状况并不成为问题，因为维护人员已经预想到这种情况并且能源站能部分供电。然而，如果 CHP 发电机同时给电力公司的配电系统输送电力，那么对于电力公司来说，CHP 能源站成为了带电的"孤岛"，并且被失电的配电系统包围。对于电力公司的维修人员来说，这种情况相当危险。

电力公司需要确保 CHP 能源站的设计对孤岛模式有对应的保护措施。有多种方法提供这种保护功能，如被动式保护，比如采用电压继电器（欠压，ANSI♯27 及过压，ANSI♯59）或者频率继电器（ANSI♯81）。然而，无论能源站与电网在何时断开，被动式保护寄希望于能源站的电压或者频率只是稍微降低，然而这点是无法绝对保证的。主动式保护包括 CHP 设备在系统中增加小干扰的测量。如果能源站并网，与 CHP 能源站"孤岛"运行时的阻抗相比，并网的系统阻抗将会非常小（接近于零）。当能源站解列时，小扰动的影响将会非常明显。

根据发电机容量、并网型式、接地类型的不同，存在着与其他系统保护问题和协调性的问题。例如，可能需要关注保护设备的不协调动作，特别是导致熔丝熔断（即暂时性故障发展为永久性故障）。CHP 能源站内的电压问题可能导致公用电网分段隔离开关不正确动作，或者导致电压调整。解决这些潜在问题需要针对不同项目情况采取具体的继电保护措施。本章最后部分展示了典型的保护配置图和单线图，并讨论了这些保护如何动作。

不管在线发电机是在哪里接入系统、怎样接入系统，人员和设备的安全必须是第一要素，包括公用电网侧和 CHP 系统侧均需提供安全的巡视和检修通道。因此，解列点的闭锁装置对于需要操作的电网公司员工来说是必备的安全设置。大多数电网公司要求中压开关设备安装接地和测试装置以确保任何人员对开关设备维护时，开关设备已经接地。

11.3.3 并网流程概述

电气设计师必须遵从电网公司对并网要求的规范，而这些规范随地区不同而相异。然而，其中一些标准适用于任意电站的设计，不受电力公司和管辖权的限制。完整流程包含提供电气单线图、设备平面布置图、接地设计、厂址总平图以及继电保护规范等在内的一系列图纸。当然，电力与控制单线图是这些文件的核心文件，公用电网的工程师们通过这些文件了解 CHP 能源站对并网的诉求。并网文件需要用图例标注 CHP 发电机、开关、并网馈线、导线/母线规范、控制继电器；一般来说，电网公司与 CHP 能源站业主一样，希望通过招投标选择能正确建设和安装电气设备的承包商。

根据并网协议，电力公司需要了解一些电气设备的技术参数。例如，如果能源站只作为备用电源并安装了自动切换开关（ATS）时，公用电网公司需要知道被切换电气设备的具体信息。如果能源站使用了闭合型自动切换开关，当公用电网与 CHP 发电机短时并列时，那么电网公司需要查看两个电源之间的同期及保护装置的详细信息。同样，公用电网公司希望获取变压器（例如阻抗）以及开关的具体参数。

其他重要的信息就是有关 CHP 发电设备的描述。并网申请将会标注安装的发动机组（含原动机）数量及组件数量。当然，电气信息也会标注，比如：

- 铭牌额定值（kVA 与 kW）。通常，电力公司想要获得能源站的总出力[1]及净出力[2]，"净出力"被定义为总出力减去发电机辅助负荷值。这些值之间会出现较大差别。
- 操作电压及接线图（单相或者三相）。
- 功率因数值（包括调整范围）。
- 接地方式（直接接地或者经阻抗接地）。
- 发电机的短路电流。这一项很重要，可以根据同步电抗、暂态电抗和次暂态电抗（适用于同步发电机）或者转子堵转电流（适用于感应电机）计算出短路电流。

一旦能源站的电气设计师提供电网公司所需要的初始信息，电网公司将对并网申请进行初审。在这一阶段，公用电网公司按照并网协议（不输电、偶尔输电、净计量）审查设计，同时审查设备证书，以及验证电压降和短路电流计算。在此时期，设计方与电网公司之间坦诚的沟通非常重要，可以顺利推进并网审查过程。如果 CHP 发电机相对较小且公用电网公司对所有设计参数均赞同，审查结束，能源站的并网申请将获得批准。

然而，当发电机的容量在用电负荷中占比较大或者并网方式较为复杂（例如，在一个网络中），那么需要进一步审查。公用电网公司将会自行开展并网研究，而这部分费用通常由 CHP 能源站业主承担。因此，项目进度计划和设计预算中应当计及并网研究的时间与成本。如果不包含这部分内容，那么最初用于验证 CHP 能源站的经济模型可能是不准确的。

11.3.4　最终并网接受与启动

一旦 CHP 能源站的设计获得核准，其施工将会步入正轨，遵照核准的设计图纸和设备规范进行施工是非常重要的。电网公司很可能监控施工过程，如果设计或者设备选择与核准的有所变化，那么公用电网公司（通常是其管理机构）将会再次启动审查和核准过程。这将影响到工程进度及预算。另一潜在的进度影响是预调试，这一过程要求 CHP 能源站与公用电网公司临时（全面）并网运行。某些情况下，能源站有必要与电力公司签订特殊协议，需要计及达成这些协议所花费的时间。

---

[1]　Gross rating。

[2]　Net rating。

　　CHP 能源站配电装置的建设过程分为两个独立的阶段以确保成功安装，即设备试验和交付。虽然设备试验要求经由独立的第三方机构实施，但是试验通常在设备制造商处进行。正如同开关设备由多个部件组成，试验也有多种类型。通常较为可行的试验方式是对每一组成部件进行试验，组件组装完成后再进行整体测试。此时，开关设备出厂前是作为一个完整系统而进行的试验，CHP 设计工程师和能源站业主可以确认设备已通过必要的试验。

　　另外一种试验类型需要测试所有的部件以确保每一部件的特有功能。之后，将根据事先确定的试验协议试验合格的所有部件组装在一起。此时，现场测试和试验变得尤为重要。测试是调试过程的主要工作。无论使用哪种方法，CHP 与电网并网安装使用的开关设备需要经过特殊的试验，试验必须要在国家认可的测试实验室（NRTL）内进行。

　　调试是安装过程的最后一步，确保开关设备将遵照 CHP 电气设计意图运行。当然，在安装过程中，为了在完工前发现并纠正某些问题，项目业主希望有资质和经验的 CHP 系统承包商在完成一每阶段的安装后都进行临时测试。然而，最终试验必须使项目业主和公用电网公司双方都满意，开关设备能按照设计意图在正常与故障条件下运行。这一检验大纲必须对每一阶段的检验项目做出详细规定。例如，调试说明书可能会指定为确保某一条馈线的过电压不反馈至其他馈线时需要操作的特定继电器或解列点；而过电压状况作为调试流程的一部分将通过模拟仿真来验证。

11.4　示例系统图

　　CHP 能源站与公用电网公司有多种并网结构。至于采用何种结构则取决于 CHP 发电机类型、CHP 能源站容量、公用电网公司的特殊要求以及公用电网配电系统的类型。以下实例将论述典型的公用电网与 CHP 能源站之间的保护配置以及对应的发电机保护类型。

　　通过联络母线与公用电网相连的 CHP 能源站继电保护配置如图 11-1 和图 11-2 所示。保护装置采用 IEEE/ANSI 标准定义的设备编号及功能，如下所述。

　　25—同期装置。一种电子控制设备，在并网断路器（ANSI 设备#52）合闸之前，控制需并网 CHP 发电机的频率、电压和相位角度与公用电网匹配。公用电网与发电机母线之间的电气参数偏差必须在并网瞬间最小，以防止突变的机械转矩对发电机组的冲击并限制母线上的电气扰动。通常频率允许偏差值≤0.2Hz；电压偏差≤正常电压的 10%；以及≤5°的相位差。

　　27—低电压继电器。这是一种三相继电器，当 CHP 能源站与公用电网并网时，用来检测并网点的不正常低电压。低电压继电器是为了在低电压时隔离两个系统并防止并网线路关闭。如果并网侧电压低于正常值，该继电器可以防止 CHP 与公用电网的同期及并网，并且可以帮助探查"孤岛"、电压调节失灵或者导致电压跌落的故障。因为系统电压瞬变时常发生，所以这种继电器在电压下降时会设定 2s 的延时，在电压上升时设定 1s 的延时。脱扣值通常设定为正常电压的 75%~80%，而吸合值设定为正常电压的 90%。

　　43—手动选择开关。这些开关不是控制系统的一部分，但通常和电子计量表组合使用，用于读取多种计量表的数值。有三个手动选择开关：一个是可选择电流表和电压表；一个是选择同期装置；还有一个是选择有功功率表或无功功率表。

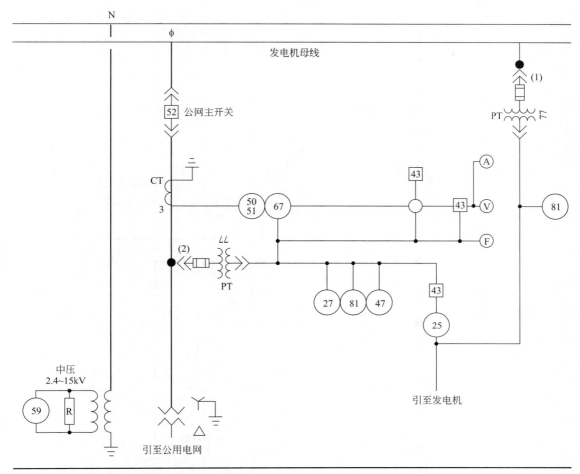

图 11-1　与公用电网间接连接的 CHP 发电机典型保护配置图

47—相序电压继电器（同期继电器）。这是一种高速继电器，用于隔离超过允许值的低电压或者过电压时的两路电源。它可以防止 CHP 能源站发电机与公用电网再次同步，直至公用电网侧电压恢复正常。

50/51—瞬时/延时过流继电器。它适用于三相保护，并且作用于任意方向电流出现过载时切断故障电流。当公用电网侧出现其他保护无法动作的过载电流时，选择合理的动作曲线和整定值协调系统中的其他保护因素有助于快速隔离 CHP 母线。

52—AC 交流断路器。它由继电器自动合闸或者分闸，必要时也可以手动操作。

59—过电压继电器。它主要在经阻抗接地的中压系统中检测接地故障（一次侧三角形接线）并分闸 52 交流断路器。

67—方向过流继电器。这是一种高速三相继电器（在三个周波内），主要功能是当流入公用电网的瞬时电流超过了 CHP 发电机的满载电流时解列 CHP 母线。这可以防止电网从 CHP 系统获取超过其安全输电极限的电能。解列后，公用电网和 CHP 系统的继电保护可以确定故障的位置及类型并正确动作。公用电网系统重启最快需要 12 个周波；这种高速继电器动作时间加上断路器的合闸时间要求系统必须在 9 个周波内隔离两个系统。

81—频率继电器。这也是一种高速继电器，用于并网母线频率跌落至 59.5Hz 以下（对

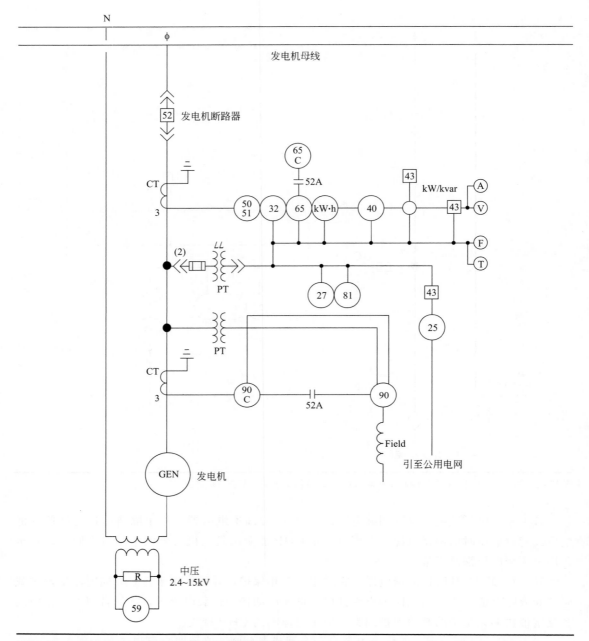

图11-2　与公用电网直连的 CHP 发电机典型保护配置图

应 60Hz 系统）时断开电网系统与 CHP 发电系统。发动机调节器通过调节发动机的转速与并网母线的频率相匹配，而并网母线频率取决于公用电网系统频率。

　　公用电网并网继电器、设备 52、50/51、27、81、25、59 和 43 都用于保护并网母线。另外，以下为专用于保护发电机的继电器，功能如下：

　　32—功率方向继电器。这种继电器用于感应发电机回路的功率方向。这种应用通常称为"逆功率继电器"。当原动机失去了驱动时，发电机从电网吸取功率。流入发电机的有功功率将发电机作为一个电动机驱动并使其旋转。这时，发电机必须切除并停机。当发电机并网瞬间，环流或者同期电流总是存在的，所以发电机控制系统需要一些时间获取继续旋转的有功功率。因此，这一继电器必须具有延时功能。该继电器脱扣值必须设置成能忽略同期电流，但是对电动机运行状态下最小的逆功率电流有反应。逆功率脱扣值设置为柴油和天然气发电机额定功率的 8%，涡轮发电机额定功率的 2%，脱扣时间设定为 2s。由于脱扣时需要同时设定脱扣时间和动作功率值，使用继电器的反时限特性既不恰当也不必要。

40—励磁继电器。当它感应到失磁时，发电机解列并停机。这种设备通过判断交流电流和电压的关系来确定是否失磁，以此来保护发电机。

11.5　总结

CHP 能源站的电气系统设计应当采用灵活及优化的架构实现能源供应。为此，电气设计必须考虑到复杂的并网要求和规范，必须为能源站提供必要的保护措施、控制、开关设备等用以保障公用电网、开关、设备和人员的安全。最重要的是，电气设计师必须与其他CHP 设计团队及能源站业主紧密合作确保这一复杂的系统可以很好的协调运行并具有一定的经济效益。

参　考　文　献

[1]　Cooley，C.，Whitaker，C.，and Prabhu，E.，California Interconnection Guidebook，California Energy Commission，November 13，2003，available at http：//www. energy. ca. gov/reports.

[2]　Davis，M. (chair)，"Edison Electric Institute Distributed Resources Task Force Interconnection Study，" Institute Electrical Electronic Engineers，June 2000，availableat http：//grouper. ieee. org/groups/scc21/1547/docs.

[3]　Toomer，R. J. (chair)，et al. National Electrical Code 2008. Quincy，MA：NFPA，2007.

第 **12** 章

获取建设许可

（Karl Lany）

对于设计建设一个新的 CHP 能源站来说，通常从各监管机构获得许可是非常重要的。市政规划部门和委员会有权利审查项目规划和具体实施内容，从而决定该项目是否与土地使用条例以及使用规划一致。项目的核准可能要求召开公众听证会。项目规划同样需要当地政府机构进行审查，审核该项目是否遵循建筑法规以及健康与安全法规等。环保机构通常独立于市政府运行，以加强对空气质量、水质量、公众健康的监督作用，对于 CHP 项目有颁发环境许可的权利。

12.1 环境评价与许可获得程序

世界上有着成熟的环境监管机制的国家，在颁发建设许可的过程当中通常会考虑到建设工程是否会带来大范围环境上的不良影响。环境评价过程作为对抗全球变暖、空气及水质恶化、噪声污染和有害化合物等环境恶化加剧的一种方式而成为常态工作。即使当地政府并不需要颁发许可或者要求对环境影响各方面作出评价，项目开发者需要面临向出资方证明该项目产生的环境影响在可接受范围之内的问题。

因此，联合国开发计划署针对各类项目采用了环境评价议定书和性能标准，目的是为了检验开发计划署资助的项目。美国国际开发总署❶（USAID）针对其援助的国外项目也实施了跨界环境评价。该评价类似于 USAID 对国内项目的环境评价。该组织同样制定最低限度的环境标准，对于其资助的国内和国外项目都适用。即使当地政府并未考虑工程项目带

---

❶ United States Agency for International Development（USAID）。

来的环境影响或者制定环保标准，许多跨国公司也会针对自身承担的项目制定环境性能标准。

　　许可证的颁发或者对资金放款的审核通常依赖于对完整的申请材料的审查。本章主要提供如何起草项目环境批复申请材料的指引，这些材料包含了与大多数 CHP 项目有关的各种环境影响，其中包括了空气质量恶化（包括全球变暖）、噪声污染、运输及储存危险品带来的风险等。不仅对 CHP 运行带来的环境影响进行评价，考虑到项目大小及地点，还要对 CHP 能源站建设过程产生的影响进行评估。本章也探讨美国国家、省（州）级、各地政府层面对于环境管理及监控的方法。通过了解环境监管者、项目拥有者、项目设计工程师或者项目开发者的关注点可以有效地认识申请过程。这样做的目的是帮助申请者在某个时间节点内获得必要的建设许可，某些情况下，可以确保他们获得项目资金。

12.2　建立有效的申请

　　获得环境许可或者 CHP 系统建设许可的程序通常花费大量时间。在核准一项申请以及授予 CHP 系统建设许可之前，审批机构通常要求项目申请者回答以下问题：

- 该项目是否违反现有法律、法规或者监管条例？
- 该项目是否造成不可接受的环境影响？
- 该项目是否造成不可接受的危险或者健康风险？
- 该项目是否给当地社区造成麻烦？
- 是否有合适的预案和步骤降低项目造成的负面影响？

　　如果想要快速获得批复或者建设 CHP 系统，项目开发方必须提供足够多的及必要的信息满足审批机构对上述问题的考虑。准备有效的申请材料可以帮助批复机构更好地了解项目并且颁发许可以确保运行灵活性。申请材料的构成必须有序并确保审批机构高效地审核。材料应当包含关于环境影响评价等方面的正式报告。一般来说，申请报告应该对现有环境状况、项目情况概述、适用的规程规范、量化环境影响、符合适用法规等各方面进行阐述，可能还包括使用建议的行政审批语言。本章将总结申请材料包当中的每项内容。

12.2.1　现有条件概况

　　项目设计工程师或者开发者必须确认拟建项目的周边环境，包括该地区土地使用特点以及项目建设周边可能生活和工作的群体概述等。申请材料也应当包括主用能场所本身的信息（地点、规模、现有的排放来源等），还应当包括对现有环境条件或者背景进行阐述。例如，如果讨论对环境的影响，那么应该提供能源站周围区域的空气质量数据。对现有环境条件的评判应当尽可能客观，根据相关官方标准，也应当依据可以衡量及量化的数据来判断。

12.2.2　项目建议书

　　申请材料里面应当包括对建议的项目清楚及详细的论述。主要考虑的方面包含建议的设备、运行周期、燃料消耗率，运营方的背景信息。建议书也应提供能源站规划图纸、工艺流程图，以及制造商的设备具体参数等。如果 CHP 系统是替代原场所内的现有设备，那么项目建议书里面也应当包含对现有设备介绍的一些内容。

12.2.3　适用的环境标准和规范

项目设计工程师和开发商应该总结对项目产生影响的法律、法规和监管规则。这些监管规则通常明确了最低的技术标准、影响的界限和限制、运行实践、选择合适项目建设地的条件等。适用的规则可能通过当地、区域、和/或者联邦政府机构以书面的形成呈现、实施和加强。

12.2.4　项目影响

项目设计工程师或者开发者应当利用拟定的方案量化和衡量项目带来的环境效应。环境效应应能体现能源站典型工况以及最大负荷工况的影响。如果项目是替换现有设备并在主要场所实施，那么改造过程带来的影响也要进行衡量。如果合适，上述实施带来的环境影响应该要与申报的 CHP 项目环境影响做比较。通常，项目工程设计师或者开发方将会结合具体的技术、运行时间以及其他方法来降低项目排放对环境带来的影响。在计算项目的排放影响时，要谨慎确定项目排放标准，同样对于通过使用减排方法后最终达到的排放影响也要谨慎分析。

12.2.5　遵循规章制度的决定以及建议的批复条件

一旦项目工程设计师或者开发方已经量化了项目的环境效应，他们应该总结如何使该项目符合适用的具体法律及监管规则。为了确保符合法规要求，建设许可通常为项目明确运行条件。项目工程设计师或者开发方应当明确必要的批复条件以及审核批复用语以确保符合法规要求，从而可以提高运行效率及灵活性。

12.3　空气质量

目前为止，由于 CHP 系统的发展，潜在的空气质量影响引起了人们对环境较高的关注。CHP 系统中燃烧化石燃料和生物质气体将带来标准污染物的排放，例如，氮氧化物（NO_x）以及活性有机气体。以上排放物是构成环境臭氧的主要来源，将极大地影响公众健康、生物资源以及财产。CHP 系统也会排放硫化物（SO_x）、一氧化碳（CO）以及细微颗粒物（PM），这些排放物会影响人类健康、造成财产损失以及区域雾霾。CHP 系统的运行同样排放危险性空气污染物，例如，丙烯醛、二甲苯、醛等，这些污染物是增加人类癌症患病风险的元凶，增加了急性及慢性疾病患病的风险。总之，CHP 系统排放大量的诸如二氧化碳（CO_2）和未完全燃烧的甲烷（CH_4）等温室气体，这些是全球变暖的原因。如前面章节所述，由于 CHP 系统高效的综合利用效率以及降低供暖需求的燃料消耗，它对环境还是具有减排效应的。表 12-1 包括了以燃烧为基础的 CHP 系统典型排放污染物的总结。

污染物	影响
氮氧化合物(NO_x)	包括各种氮氧化合物，例如，二氧化氮(NO_2)、一氧化氮(NO)及一氧化二氮。二氧化氮是构成大气颗粒物、地面臭氧(烟尘)以及酸雨的主要物质。人体暴露在大量二氧化氮环境下可以导致或者加剧呼吸疾病的恶化。一氧化二氮是一种温室气体
活性有机气体(ROG)	前驱污染物可导致大气颗粒物以及地面臭氧(烟尘)的产生。许多活性气体是有害化合物，引起癌症疾病以及带来其他健康风险
一氧化碳(CO)	可暂时或者永久影响人类大脑、神经、心肌或者其他需要大量氧气进行工作的人体组织
硫化合物(SO_x)	刺激鼻腔、喉咙及肺部神经。引起发射性咳嗽、刺激以及可能导致气管变窄。受哮喘及慢性肺部疾病困扰的人们易受感染。二氧化硫排放物导致酸雨、酸雾以及大气颗粒物的形成
颗粒物(PM)	细微颗粒物是雾状有毒及生物物质的载体，易被人体吸入并被血液吸收。人体暴露在大量颗粒物环境下会导致癌症患病机率以及其他健康风险增加。颗粒物是能见度降低(地区雾霾)的主要原因。柴油燃烧产生的颗粒物是致癌物
甲烷(CH_4)	温室气体
二氧化碳(CO_2)	温室气体
乙醛	增加癌症及慢性疾病患病风险
丙烯醇	增加慢性及过敏性疾病患病风险
氨	增加慢性及过敏性疾病患病风险
苯	增加癌症、慢性及过敏性疾病患病风险
丁二烯(1,3)	增加癌症及慢性疾病患病风险
乙苯	增加慢性疾病患病风险
甲醛	增加癌症、慢性及过敏性疾病患病风险
多环芳香苊(PAH)	增加癌症患病风险
萘	增加癌症及慢性疾病患病风险
环氧丙烷	增加癌症、慢性及过敏性疾病患病风险
甲苯	增加慢性及过敏性疾病患病风险
二甲苯	增加慢性及过敏性疾病患病风险

注：来源：加利福尼亚钻石湾南海岸空气质量管理局。

表 12-1　CHP 污染物和影响

　　CHP 系统的许可申请应当量化建议的项目所产生的空气污染物，同样也需要衡量这些潜在排放对环境和健康产生的影响。另一方面，监管机构应当评估法律法规是如何监管项目的以及项目如何遵循这些规章制度。本部分将提供更多具体的规章制度内容，这些将适用于 CHP 项目带来的空气质量影响。本章尝试提供项目设计工程师或者开发者期待了解的各规章制度的框架，而不涉及具体的 CHP 项目。详细的空气质量监管制度可能只适用于一些单体项目，但其内容不可能通过某一个章节进行详细阐述。

12.3.1 技术与排放标准

大多数情况下，工程设计师或者开发者将会证明申报项目会满足最低的技术和排放要求。一般来说，这些环境标准是合理地使用现有技术后能达到的。对于一个稀薄燃烧的往复式活塞发动机来说，环境性能标准通常反映了现代发动机技术，它一般不需要燃烧后的排放控制设施。例如，美国联邦监管法规针对往复活塞式内燃机对这些标准做了细化，称作新来源性能标准（NSPS）。对于烧天然气的往复活塞式内燃机，现行的 NSPS 明确表示该发动机为稀薄燃烧发动机，并且满足 $1.0\sim2.0g/bhp \cdot h$ 氮氧化合物，$2.0\sim4.0g/bhp \cdot h$ 一氧化碳以及 $0.7\sim1.0g/bhp \cdot hVOC$ 排放要求（$bhp \cdot h$ 是每小时发动马力）。尽管现代发动机技术在稀薄燃烧发动机应用当中需要满足这些标准，但 NSPS 在上述监管方面也足够宽松。因此，上述发动机运行不需要使用选择性催化还原系统（SCR）或者氧化催化剂。富燃发动机有着较高的不受控制的排放率，但是使用相对低廉的三效催化剂技术，它们的低排放效果可以得到控制。NSPS 要求富燃发动机结合低成本的排放控制技术。对于柴油发动机的原动机，NSPS 要求使用 SCR 系统或者氧化催化剂，要求发动机制造商在基本的发动机配置之外使用排放控制技术。

燃气轮机也有最低的排放标准。稀薄燃烧往复活塞式内燃发动机的最低标准是强制使用现有发动机技术，但不需要强制使用排放控制技术。加拿大环境部，相当于美国环保局，颁发了针对固定式燃气轮机的 NO_x 排放标准，允许余热利用带来的排放，反映了合理技术的使用，但不要求使用燃烧后排放控制设备。英国、澳大利亚、德国以及许多其他国家政府加强的燃气轮机最低排放控制要求，是在不使用燃烧后排放控制技术前提下燃机达到最低排放要求。美国 NSPS 对于固定式燃气轮机的要求是可以不使用燃烧后排放控制技术。NSPS 2006 年修正案针对 $3\sim50MW$ 燃气轮机发电作出以下要求：NO_x 标准排放量为 42ppmv（体积为百万分率），15% 的氧气或者 $2.3lb/(MW \cdot h)$。

其他国家及国际组织明确了经审核后获得资金援助的往复活塞式内燃机的最低排放标准。USAID 资助及监督许多发展中国家的项目，要求往复活塞式内燃发动机必须满足 NSPS 最低标准，而这一标准同样适用于美国境内的项目。联合国以及世界银行也颁布了他们赞助的各类项目在排放及性能表现上的最低标准。

上面概括的技术标准仅仅只是最低标准。许多情况下，地方环境审批机构可能要求更高的技术以及更严厉的排放标准，以满足区域环境状况或者项目特有的条件。例如，美国 NSPS 对于烧天然气的稀薄燃烧内燃机或者燃气轮机的安装没有额外的排放控制要求，而当地审批机构则要求安装 SCR 系统控制 NO_x 的排放，使其降低 90%，以及使用氧化催化剂控制 ROG 将一氧化碳的排放减少 50%~85%。虽然美国环保局要求使用更严格的标准，例如，我们所知的最佳可行控制技术（BACT❶）或者最低可行排放率（LAER），这些标准适用于大型用能场所以及安装地点所在区域不能满足国家环境空气质量标准的项目。

为满足地方环境排放要求而量身订做更严格的标准，这一做法并不是美国特有。虽然加拿大环境部提供了燃气轮机安装指导原则，地方省级部门也对燃气轮机的安装进行监管。亚伯达省要求低于 20MW 以下的烧天然气的燃气轮机必须将氮氧化合物排放量限制在 0.6g/

---

❶ Best Available Control Technology（BACT）：为美国清洁空气法案中的一项污染物控制标准。

（MW·h）。这些标准反映了更新的发动机技术，相比较加拿大国家指导原则里面提及的内容而言，以上排放标准依然是在不使用燃烧后排放控制技术的条件下满足。亚伯达省标准适用于省内安装项目，而与加拿大环境部颁发的指导原则关系不大。

12.3.2　技术评判工具与方法

因为技术更新速度较快，现行发布及已明确的地方排放标准并不能适用所有情况。虽然相对稳定的监管制度或者政策文件里面包含了具体的最低技术要求及排放标准，但是会出现类似 BACT、LAER 等更严格的标准以加强监管，或者审核批复机构出台强制执行的标准，这导致标准的制定变得不稳定，也因此不能形成正式的规章制度。与当地审核批复机构初次讨论项目时，项目工程设计师或者开发者应当要求他们提供可能强制执行的所有排放和技术标准或者由其他地方环境机构制定的排放和技术标准。

地方审批标准通常以政策或者指导文件的形式由相关监管部门颁布。因为审批机构通常会遇到同类项目的多个批复申请。在审批机构要求适用 BACT，而他们又没有 CHP 系统审核经验的前提下，CHP 项目申请者应说明申报项目采用的方案满足审批标准。在这种情况下，多种资源及工具可以帮助项目申请者进行设备选型，例如，技术中心、供应商技术数据以及技术分析工具和模型等。

（1）技术中心

多个环境监管机构都有技术中心和技术咨询，这些对于项目工程设计师和开发者来说是有用的，即使他们的项目并不在该监管机构的管辖范围内。美国环保局管理 BACT/LAER 技术中心、地方环境审批机构提交近期的项目信息并录入该技术中心。通过技术中心，可以看到各监管机构对向他们进行申请的项目可达到排放率的要求，包括 CHP。美国环保局保持这些技术中心的运行，通过网址 www.epa.gov 可以查询。加利福尼亚州空气污染控制执行协会同样维持了类似的技术中心，其中包含了境内最近批复的 34 个地方空气管理区域的数据（www.arb.ca.gov）。

一些机构提供技术指导文件。南海岸空气质量管理区域机构监管了洛杉矶、加利福尼亚州的空气排放，同时监管 BACT 指导文件，该文件反映一定时期内对现有技术的衡量标准。在美国或者其他地区，私人或者公立机构的代表可以通过对技术更新进行审核与辩论参与到上述指导文件的编写中。通过技术制造商、项目工程设计师或者开发者、系统运营商及监管方的广泛参与，可以确保技术指导的权威性及正确性，同样也确保了标准的可达到性（www.aqmd.gov）。

（2）供应商技术数据

供应商的规格表、排放保证值以及价格信息对于判定应用于 CHP 项目的恰当技术及排放标准相当有帮助。规格表可以说明应用于基本燃烧技术之上的不同排放控制技术性能之间的差异。很重要的一点就是，供应商未能提供排放保证（或者供应商提供的排放量保证高于一般可达到的排放量）并不能意味着适用于 CHP 项目的排放或者技术标准要比审批机构制定的标准要宽松。

（3）技术分析工具和模型

设备规格表与价格信息可以帮助申请者及审批机构了解 CHP 项目适用的各种备选技术的成本效益。很多情况下，并不是所有情况，排放控制技术备选方案的成本效益被视作确定项目最终设计的一个因素。一般来说，结合可实现的减排情况，成本效益分析考虑现金流折现或者假定的项目生命期的年成本费用，这样所得出的成本效益因素将与可接受的成本极限做比较。如果超过了成本极限，就不考虑采用该项技术。通常，成本效益分析通过"自上而下"的方式进行，从技术分析开始，然后推导得出可达到最低排放量的技术以及一个成本有效的方案，或者是一个全面可行的方案。同样，并不是所有的审批机构都允许基于成本效益选择控制技术，甚至那些考虑成本效益的机构也可能应用包括排放控制设备在内的基本可实现的技术标准，而不管成本如何。

如果审批机构允许根据成本效益角度排除部分技术方案，那么对于项目工程师和开发方来说，可以更好地理解每种技术在投资和运行成本上的差异。大多数监管机构提供用于成本效益分析的导则和模型。监管机构可能会提供一个可接受的建设成本的上限值，当然，大多数项目工程师对于每项技术的真实成本会有一个更清晰的概念。表 12-2 中列出了在成本效益分析中需要考虑的典型的成本分类项。

12.3.3 大气排放清单

一旦项目成立，CHP 系统配置以及技术方案得到确定，申请者与审批机构可以开始编制排放清单。编制排放清单的目的主要用于完成有关空气质量的排放影响分析及补充评价。根据审批要求，排放清单包含表 12-1 当中部分或所有的污染物，通过这些污染物的排放量可以反推工程设计师或者开发者建议的项目运行负荷及时间。供应商的排放参数、技术中心以及其他数据来源可作为编制排放清单的内容。

项目工程师或者开发者应该在开展编制排放清单工作之前做好准备讨论清单的架构以及与审批机构协商。清单的结构根据审批机构以及规则或者政策来决定，这些都会促进排放清单的编制。通常，清单将反映潜在的峰时及平均排放量。如果项目工程师或者开发者需要确定项目排放量是否会引起健康风险以及环境质量变差，那么需要量化排放清单中所有项目的平均年排放量。根据相关监管法则及政策，还需要制定月度及季度的排放量。

12.3.4 分析空气质量影响及遵循适用的规程规范

排放清单的第一个作用就是决定项目对环境产生的影响。接下来的，例如，弥散模型、空气质量影响分析以及健康风险评价等步骤不一定全部需要。如果需要额外的分析，审批机关将会承担并完成这项工作。项目工程设计师或者开发者应当确定所要求的分析是什么，谁负责去完成这些分析。最终这些分析将结合之前讨论的技术评价作为该项目是否符合适用法律、法规及监管制度的判断基础。

（1）空气扩散模型

环境空气质量影响评价及风险分析都在空气扩散模型分析基础上进行。一般来说，CHP

成本分类	考虑
资金成本	
排放控制系统直接投资	包括销售税、仪器设备、运费及其他控制设备的资金成本。某些情况下,控制系统安装后将会要求持续性排放监控系统(CEMS)的安装。这种情况下,应该包括 CEMS 的成本
安装成本	包括的项目有土建、施工机械、吊装、电气、管道、管道系统以及绝缘等费用。大约为设备成本的 30%
间接成本	包括工程设计费用、建设/现场管理费用、给承包商的费用、项目启动调试费用、性能测试费、意外开支等。一般默认的假设为,除去性能测试,该项成本占设备费用的 20%,性能测试费用占设备成本的 1%。设备交付的常规测试费用高于默认费用,特别是需要安装排放监控系统及获得认证的条件下
减排配额购买	某些情况下,通过购买减排配额增加项目的排放限值。如果使用减排技术来降低这些成本,预料中的成本可以通过该项目的其他资金花费而抵消
运行费用	
系统维护费用	包括直接人工、管理费用以及耗材等成本
燃料损失成本	包括由减排技术导致的运行效率降低带来的燃料成本增加以及额外的成本差异,例如,使用了更高成本的燃料
年度反应物原料成本	包括氨、尿以及其他反应物等成本
年度排放检验成本	包括减排系统测试以及额外的为遵从监管规定条例等进行的测试
催化剂清洁及替换成本	包括年度定期对催化剂进行清洁以及替换所产生的花费(原料和人工)。如果需要,也包括处理费
公用事业费用	包括电费、水费以及其他的运行排放控制系统需要的公用事业花费
间接运行成本	包括管理费用、税费、保险费用以及行政管理等费用。这部分成本一般占运行人工费用、管理人员成本以及原料成本的 65%

表 12-2　控制技术成本分析及考虑

系统的排气尾气将集中堆积在烟囱出口,但是会顺着风向以喇叭状扩散。高斯算法通常用来估算尾气的扩散。计算机模型,例如,美国环保局的工业来源复杂短期(ISCST)以及美国气象学会/环保局监管模型(AERMOD)融合了高斯消元法,可以估算尾焰扩散的性质,同时考虑了尾气的速率与温度。这些模型还考虑了项目所在地独特的气象以及地形特征。一旦了解了项目烟气的扩散,那么可以分析项目所在具体地点周围具体污染物的聚集以及确定它所带来的空气质量影响和潜在的健康风险。

(2) 空气质量影响分析

表 12-1 总结了各种污染物所带来的环境影响。监管机构以人类健康为基础,建立了污染物(例如,NO_2、CO、SO_2)以及 PM 的环境浓度标准。监管机构可能会限制这些污染物的排放量,因为它们对现有环境浓度产生影响。如果 CHP 项目的污染物浓度导致该项目超过环境空气质量标准或者极大程度增加了环境空气质量标准的不稳定,那么该项目会被审批机构否决。通过使用扩散模型来确定顺风排烟特性。通过顺风排烟的扩散性质结合排放清

单可以预估项目对当地或者区域的环境空气质量产生的影响以及确定 CHP 项目污染物在厂区外的浓度。建模分析可以展示项目以及现有排放污染物的累计估算浓度。

(3) 健康风险评估

另外一项的评估就是 CHP 项目产生的健康风险。健康风险评估依据空气扩散模型结果，结合危险污染物排放清单，确定人们居住和工作地短期、高峰以及长期平均污染物浓度，然后通过衡量浓度获得污染物具体的毒理学数据，这些数据将会决定每种污染物可能导致健康风险增长的概率。毒理学数据由健康机构发布，通常反映了实践研究的结果。

通常分析的健康影响有三种类型。最常见的是对附近居民癌症患病风险增加比率进行评估。人如果长时间接触一定的污染物，就存在患癌的风险。癌症风险评估可能包括个体风险，也包括整个社区（基于个体风险，潜在的癌症患病案例数）癌症患病概率的研究。此外，需要分析的是，在长期接触一定污染物的情况下，确定人们的慢性非癌症患病风险。最终，分析确定短期内接触某些污染物而导致的过敏性健康疾病的患病风险。

(4) 合规评估

一旦完成所有的技术分析和评估，申请者可以进入监管合规评估程序。这项评估提供更多具体信息来阐述 CHP 项目是如何遵循适用的法律法规要求。合规评估程序考虑了设备选型、运行时间以及排放清单。当然也考虑了程序要求的其他分析，例如，空气质量影响分析以及健康风险评估分析。通过 CHP 项目内容的具体细化和更好运行方式的确定，以及进行各种分析，最终通过监管规定的评估。当然，根据不同情况，要求采用一定的减排措施要求消除项目产生的环境影响。减排评估方式包括购排放配额或者自愿减少运行小时或者运行负荷，以及安装高于正常水准的排气管，帮助烟气扩散。在规划监管分析时，应该预见这些措施。大多数情况下，审批机构会在批复条件里说明自愿或者强制减排措施，以确保他们可以增强项目在当地监管政策和条例范围内的合规性。

12.4 噪声

噪声也是 CHP 项目一项重要的考虑因素。审批机构通常需要确保项目产生的噪声不会超出当地法令条规或者建筑法规的要求，否则 CHP 项目可能会给当地居民以及企业造成麻烦。原动机，例如，燃气轮机以及往复内燃活塞式发动机是 CHP 能源站的主要噪声来源。由于发动机或者燃气透平的高速运转，大量空气在其中混合并通过排气系统排放到周围环境中。发动机或者燃气透平机械运转也会增加周围环境噪声。辅助设施（例如，压缩机、泵）以及空气控制系统将会增加噪声水平。

12.4.1 噪声特征

声压是声源发出的声能，是噪声测量并监管的组成部分。声压通过分贝（db）来衡量，反映了声源点与声波垂直传播方向的单位面积内所通过的声能，即声强。分贝标度是声源功率与基准声功率比值的对数乘以 10 的数值，所以分贝的小幅增加意味着声音强度的大幅增加。10db 的强度是 1db 强度的 10 倍，但是 20db 声音强度是 1db 声音强度的 100 倍。尽管分贝系统是客观衡量声压的方式，但是人类对于声音的感觉（大小）是主观的，并且受到对特殊频率产生敏感的限制。对于人类耳朵来说，声压每增加 10db，通常会感觉声音增大了两倍。

表 12-3 总结了声音的水平以及各类典型声音来源的效果。一个 10db 的声音，对于人类耳朵来说，仅仅是能听到的水平；声音达到 60db 水平则被认为是产生干扰的噪声，而空调机组产生的噪声也是同样的声音水准。长时间受 90db（靠近于重型卡车行驶位置并且听到的声音水准）声音干扰则会危害人类听力。当人类处于 120db 以上的噪声环境当中，耳朵将会感到疼痛，将对听力产生不可挽回的损害。

声音	噪声水准/db	效果
	0	听力开始
	10	仅可以听到
图书馆	20	非常安静
交通不拥挤(100ft)	50	安静
空调机组	60	有干扰的
高速公路交通	70	使人烦躁
重型卡车或者城市交通(50ft)	90	非常烦躁，持续 8h 后听力遭受损害
汽车喇叭(3ft)	120	最大可忍受的音量
空袭警报	140	让人疼痛的音量
火箭发射台,无听力保护	180	不可治愈的听力损害

注：来源：改编自各种资料来源，包括来自噪声污染技术中心的资料。

表 12-3　声音水平以及各类典型声音来源的效果

任何感觉器官（声音受体）感受到的声压不仅反映了声音的绝对力量，也反映了声波离开声源并且到达受体时的特征。当声波从声源传递至感觉器官时，它将会扩散并且逐渐失去强度，就像空气污染物浓度一样，当它逐渐离开排气管，浓度也会逐渐变得稀薄。举个例子来说，70db 的声压水平会在 50ft 之外降低至 40db 水平。也就是说，产生干扰的声音源在较远距离之外是相对安静的，原因就是空间减少了声音强度。

除了声音与受体之间的距离，地形、草木以及建筑架构都会改变声波到达感觉器官的强度。各式各样的模型工具可以帮助项目工程师估算声压到达各个受体的强度。一些模型融合了高斯算法功能，而有的则整合了准确的声音分布预测。使用这些模型可以推进环境审批进度，审批机构则应当要求业主提供项目符合噪声标准的证明。

12.4.2　噪声标准

监管机构倾向于通过加强地方的法规条令来控制噪声水准，而并不是通过国家或者区域监管条例来实施。虽然每个地方的噪声水准限制不同，但是在人们对噪声比较敏感的地区，监管法令将会变得越来越严格。此外，监管机构也限制一天当中不同时段的噪声排放。例如，在噪声来源与人类居住地区位于同一区域，并且处于相邻位置的情况下，华盛顿州的西雅图强化了针对该情形的噪声法规，限制一天当中（上午 7：00～下午 10：00）每种噪声来源可允许的排放标准为 55db；如果噪声来源位于工业园且靠近住宅区，那么可允许的噪声排放水准为 60db；如果噪声来源与受体同处于工业园区内，那么可允许的排放水准为 70db。西雅图的条例同样明确了晚上与周末这些重要时段，对于附近周边居住居民的噪声排放极限，这些时段的排放标准要比白天时段的排放标准大约低 10db。

地方监管同样处理重要时段的噪声排放，并明确了每天加权平均噪声的排放极限。除此之外，还确定了白天最高噪声排放极限。每天加权平均极限解释了各种噪声来源每天 24h 的活动，但是监管机构对这些噪声在夜晚及清晨时段的排放分配了较高的权重。加利福尼亚州的圣地亚哥市加强了噪声法规，限制了混合土地利用地区的高峰噪声排放，上午 7 点～晚上 10 点限制为 50db，剩余时间里平均每小时为 45db 排放标准，但同时也明确了某些地区 24h 加权平均的排放标准限制为 10db。由于 24h 加权平均限制，相比较同类型但每天只运行几个小时的能源站来说，持续运行的能源站的设计标准会变得更严格。

12.4.3 降噪

发动机生产商可以提供各种类型的消音系统，有效地降低噪声水准。燃气轮机的排气烟囱也可以设计成消音性能。燃气轮机排气烟囱的高度可以帮助减少透平燃烧产生的噪声对地面人类受体带来的影响。仅考虑排气系统或许不能成功减少噪声影响，CHP 系统的其他组成部分（例如，泵、压缩机、风扇、空气控制设备）同样产生噪声。项目设计工程师在设计能源站时应当考虑以上噪声来源。保证噪声来源与人类居住者之间的足够距离是降低噪声水准的重要方式。为满足当地噪声限制，也可使用隔音罩以及其他声屏障降噪。

12.4.4 危险品运输及储存

使用液化燃料的 CHP 能源站（例如，柴油燃料或者液化丙烷气体）依赖于这些液体的运输以及储存。某些 CHP 能源站将使用 SCR 减少 NO_x 排放，使用燃气轮机的 CHP 系统可能使用氨水作为 SCR 系统反应物，氨水也需要运输至能源站并储存直到使用。CHP 能源站也会使用其他危险品，例如，溶剂、润滑剂以及涂料。项目设计工程师或者开发者应当清楚的了解运输和储存这些物品所带来的潜在环境风险，还应当在申请批复过程中阐述处理这些风险的应对措施。

12.4.5 液体燃料储存

虽然柴油燃料有着相对较低的闪点，并且爆炸危险性也不大，但是有对水资源有污染的风险，需要谨防它的漏洒。风险管理计划要求在储存系统安装第二层安全壳，确保当溢漏时修复，并且不会进入地表或者地下水系统。当燃料在转运时，为了防止燃料不进入地下蓄水层，需要在燃料转运地点铺上不透水的路面。设备防护等级和雨水收集系统的设计应具有防止受污染的暴雨洪流冲击地表水的功能。

12.4.6 氨运输与储存

虽然氨水的浓度被稀释了，约为 9%，但它仍为一种危险品。如果发生泄漏，周围环境的氨浓度增加，将严重影响健康。由于这一风险的存在，建筑法规以及当地的法律条例可能会基于与财产线和敏感受体接近程度来限制氨的储存量。项目工程设计师或者开发者对氨泄漏带来的风险进行评估，无论事故发生在运输过程中，还是在能源站的储存地点。他们还需要对现场氨储存罐破裂带来的健康风险进行评估。氨储存罐的设计应当有第二层安全保护壳，以便发生氨泄漏时运行人员可以快速修复。容器贮存器应当有足够空间以满足最大容量的氨储存。氨罐储存槽裕量的设计应当允许雨水积累，特别是当氨水泄漏发生时，第二层防护壳的表面应当尽量抑制氨水挥发以及周围环境氨水浓度的增加。

12.4.7 危险品

能源站极可能生产以及储存危险品。能源站应当采取恰当措施防止危险品发生泄漏和通过地表水渗透进入水系统。危险品的储存同时也意味着必须设置应急设备，例如，眼药水、淋浴设施、泄漏清理工具箱等。最终，能源站应当告知消防部门以及其他应急管理机构能源站物料储存的地点以及容量。关于能源站现场储存的危险品，能源站应当整理完整的清单并编辑成册，供应急处理人员参考。

12.5 其他潜在环境影响

大多数 CHP 项目是在现有的厂房中进行设计改造或者与新厂房同时设计，事实上绝大多数 CHP 系统是相对较小的。这些特征可以帮助确定项目带来的环境影响，这部分影响不在上述讨论之列，也不是很重要。但某些 CHP 项目可能会出现需要处理这些环境影响的情况。

12.5.1 施工影响

施工活动可以导致大量空气污染物的排放、噪声以及交通车辆堵塞。空气污染物排放包括土方工程中带来的扰动土扬尘以及施工设备的燃烧排放。施工人员以及设备的运输可能导致交通拥挤以及额外的空气污染。审批机构可能要求对能源站建设过程中产生的环境影响进行评估，以及制定为了减少这些影响进行缓解和管理的措施。

12.5.2 审美影响

工程项目的外观在社区居民对项目的接受度方面发挥重要作用。美化管理需要运用各种方法，项目开发者可以通过这种方式来降低其他方面的环境影响。通过在能源站与居民社区的缓冲地带、声障以及减少噪声影响的围护设计方面考虑美化因素,项目设计工程师或者CHP项目开发者可以在花费较少的情况下提高项目的视觉效果以及周围居民的接受程度。

12.5.3 环境正义

环境监管机构越来越多地致力于确保CHP项目促进环境正义。对比现有的环境条件以及人口,越来越多的监管者思考平衡项目带来的环境影响,并且采取措施确保项目对当地居民的影响是他们可接受且可平衡的。再次赘述,大多数CHP项目是规模相对较小,以及作为已经通过审批并建设的主要建筑场所的一部分。CHP项目在上述条件下产生的环境影响通常不会引发人们对环境正义问题的关注,但是焦点依然存在,尤其是当CHP项目业主支持在原有设施基础上扩大运行容量的情况下,这一做法将会对环境和公众健康方面产生影响。

12.5.4 文化及古生物资源

大型项目的挖掘工程将会产生损害文物或者古生物资源的风险。项目设计工程师或者开发者应当在项目动工之前咨询当地的历史学会以及文物保护单位来决定是否存在上述风险发生的可能性。可能破坏上述资源的动工位置将变得至关重要,项目工程设计师或者开发者将需要监控土方工程实施过程,并且制定应对措施计划。这些计划通常要求有资质的人员来进行监控,他们在现场操作过程中可以提前预报并通知施工方及项目业主对上述资源进行处理。为了管控安全,当地监管机构通常要求,如果挖掘过程中发现手工艺品,在对其进行检验并向公众发布消息之前,项目责任方应当进行收集、登记造册并立即转交归口的行政管理部门。这样将会严重影响项目工期,延期的时间很大程度上由以下因素决定:施工地点与最初发觉可能含有文物地点的距离远近、经验丰富的专家教授对文物进行仔细检验的时间长短。当文物经过检验之后,已经签约的承包商与各相关利益方进行协商继续施工的问题,有时也需要与各监管机构协商。

参 考 文 献

[1] Alberta Environment,2006,Alberta Air Emission Standards for Electricity Generation and Alberta Air Emission Guidelines for Electricity Generation. Canadian Government,Edmonton,Canada,ISBN 978-0-7785-6758-5.

[2] American Speech-Language Hearing Association,"Noise and Hearing Loss," availableat http://www.asha.org/public/hearing/disorders/noise.htm,accessed on October22,2008.

[3] Calabrese,E.J. and Kenyon,E.M.,1991,Air Toxics and Risk Assessment,Chelsea,MI,Lewis Publishers,Inc.,ISBN0-87371-165-3.

[4] Environment Canada,2005,National Emission Guidelines for Stationary Combustion Turbines,Canadian Government,Gatineau,Canada.

[5] Freedman,S. and Watson,S.,2003,Output-Based Emission Standards—Advancing Innovative Energy Technologies,Washington,DC,Northeast-Midwest Institute,ISBN 1-882061-95-0.

[6] Godish,T.,1991,Air Quality,Chelsea,MI,Lewis Publishers,ISBN 0-87371-368-0. Marriott,B.B.,1997,Practical Guide to Environmental Assessment,New York,NY,McGrawHill,ISBN 0-07-040410-0.

[7] Patrick,D.R.,1994,Toxic Air Pollution Handbook,New York,NY,Van Nostrand Reinhold,ISBN 0-442-00903-8.

［8］ Technical University of Kosice. ："Human Ear and Hearing," available at http：//www. kemt. fei. tuke. sk/pred-mety/kemt320 _ ea/web/online _ course _ on _ acoustics/hearing. html，accessed on December 29，2008，chap. 1. 2.

［9］ United Nations Development Program，"Environment and Energy," available at http：//www. undp. org/energy/en-projs. htm，accessed on October 22，2008.

［10］ U. S. EPA，2006，Standards of Performance for Stationary Compression Ignition Internal Combustion Engines 40 CFR 60，subpart IIII，Washington，DC.

［11］ U. S. EPA，2006，Standards of Performance for Stationary Spark Ignition Internal Combustion Engines 40 CFR 60，subpart JJJJ，Washington，DC.

［12］ U. S. EPA，2008，National Emission Standards for Hazardous Air Pollutants for Stationary Reciprocating Internal Combustion Engines 40 CFR 63，subpart ZZZZ，Washington，DC.

［13］ U. S. EPA Office of Air and Radiation，"Fate，Exposure，and Risk Analysis," available athttp：//www. epa. gov/ttn/fera/，accessed on January 30，2009.

［14］ U. S. EPA Office of Air and Radiation，"RACT / BACT / LAER Clearinghouse," availableat http：//cf-pub. epa. gov/rblc/htm/bl02. cfm，accessed on January 30，2009.

［15］ U. S. EPA Office of Air and Radiation，"Support Center for Regulatory Atmospheric Modeling," available at httm：//www. epa. gov/ttn/scram/，accessed on January 30，2008.

［16］ U. S. EPA Office of Emergency Management，"Risk Management Plan," available athttp：//www. epa. gov/oem/content/rmp/，accessed on January 30，2009.

［17］ Vesilind，P. A.，Pierce，J. J.，and Weiner，R. F.，1990，Environmental Pollution and Control，Stoneham，MA，Buttersworth-Heinemann，ISBN 0-7506-9454-8.

建设

第**13**章

CHP 建设

（Milton Meckler）

CHP 能源站的建设要求参与各方承担不少的风险。对大多数承包商来说，他们习惯应对处理这些风险，但是对于初次承担 CHP 建设或者经验较少的 CHP 能源站业主—运营者来说，他们对 CHP 项目建设中将要面对的风险知之甚少，而且他们更关注项目建设团队组建后应该担任怎样的角色。本章并不对承包商应当处理的所有问题进行论述，而是倾向于提出那些在建设 CHP 能源站时，承包商与项目业主—开发商之间合同关系中的一些重要事项。

CHP 设施的业主—运营者或者开发商从一开始就应当明白，在项目建设过程中自己同工程设计师、建筑师、承包商一样，是项目成功不可或缺的重要角色。另外，项目业主方还应知道，在一个工程建设项目中，根据项目业主方与项目承包方之间协议的类型与条款，缔约方之间的风险都是可以转移的。例如，项目业主—运营者在合同上缔约履行承担一些风险，如偶然的重大灾害天气，无法估计的地下状况，燃气轮机或者内燃机供应商制造厂的工人罢工、法令法规的修改、价格上涨以及由于这些原因导致的项目完工延期等。

相应地，CHP 能源站业主—运营者和/或者他主要的总承包商或者机械建设承包商不仅需要考虑是否有足够的资金完成建设，同时还要准备执行彻底的风险管理审查和对项目架构及合同条款进行分析，通常结合以下原则性目标进行：

① 鉴定面临的最大风险。

② 判定降低或消除这种风险的方法。

③ 在第一项结果下，对一项或者多项财务风险进行评估。

以下部分介绍了业主—运营者和 CHP 项目承包方进行风险管理审查时可采取的步骤。

13.1　评估承包商的优势

承包商，特别是面临不确定的多数股权所有者们，容易忽视的风险之一是他们公司是否具有建成一个成功的 CHP 能源站项目必要的经验。在这种情况下，需要考虑的方面有：

① CHP 能源站项目是否是该工程建设企业基于之前经验而拓展的业务？

② 在能源站项目中，建筑公司所扮演的角色是什么？是承包商、施工经理还是专项承包商？

从风险管理的角度来看，建筑公司不应该持有这种观点：即具有一个或多个公共事业发电或工业发电项目的经验就能成功建设任何规模的 CHP 项目，反之亦然。水力发电、公共事业发电和废物发电能源站的经验均有其自身特性。这些独特技术给有经验的不同细分市场的承包商设定了要求，即承包商需要面对不同的管理和法规问题，而这些问题需要在 CHP 合同程序开始前仔细审查和详尽了解。

更进一步，为了更好地判定这些职员和/内部管理团队是否有能力完成 CHP 项目的建设，工程建设企业管理团队在项目开始时应当对自己的主要雇员的专业技能进行详细、客观的审查，尤其是相关的项目经验和技术能力。假设此时最初的评估结果是正面的，但是建设企业的发电经验仍是有限的。

一个重要的考虑因素为，企业的任何一位重要的"股权"管理人员和/或者重要的雇员是否熟悉项目定位？大多数有经验的工程建设企业的管理者们从过去的经验当中学到的是，任何项目的成功都可能会受到当地条件的影响，例如，所需技术人员的可用性，对当地法规的了解、气候以及潜在邻近人员对于工程项目建设和公用事业类型项目是否会产生过激行动等。

如果企业在检视了项目现有积压的工作之后，依旧对以上方面的集体研究结果感到满意，那么就意味着这家企业在决定调配更多的资源用于推进所提出的 CHP 项目之前，确定有能力处理以上任何问题。

对于企业来说，面对特殊工程建设项目，需要花费很大精力组建一支队伍，并且让这支队伍能够克服任何可能出现的问题，以及现有的或其他可预见的新项目进入公司工程排期表带来的冲突以及项目经验缺乏等问题。

13.2　CHP 能源站合同组织架构

工程建设企业的所有者或者决策者推进 CHP 项目的第一步就是确定这个项目的组织架构便于调整协调团队人员之间的关系，包括委托管理运营者或开发者、设计工程师、建筑师（如果涉及新建筑）、工程建设经理、工程建设监理、施工检查员、建设工头以及其他的二级承包商等。一个安排良好的组织架构可以大大地提高项目成功率以及避免很多风险，包括潜在的进度问题和其他在大多数工程建设合同里面可能出现的交易冲突等。相反的，缺少策略性的计划和准备会使 CHP 项目的推进更加困难，增加冲突的可能性，减少或者排除了项目成功的可能性。

对于涉及 CHP 工程项目建设的自有管理运营者或者开发企业来说，存在多种多样的合同交付方法。相应的，采取的工程建设交付方法应当最大化确保项目业主的所有目标都可以实现。以下列出的是常见的工程建设合同交付方法，这些方法在建设任何规模的 CHP 能源站时均可考虑使用。

13.2.1　传统的设计—招标—建设程序

在竞标、有或没有最大保价协议合同的传统方法下，CHP 项目业主—运营者或者项目开发者雇佣有经验的、最好的工程企业来准备 CHP 项目建设合同文件（计划及技术标准）。当后者的设计服务完成后，在上述建设文件的指引下，CHP 项目业主—运营者或者开发者雇佣总承包商进行 CHP 建设。

成功的总承包商可以选择部分使用或者全部使用他自己的雇员或者雇佣一些人力、总承包商或者专业承包商，以及供货商来实施部分工作或者全部工作。在建设期间，总承包商的现场管理人员、专项负责人或者总负责人、训练有素的安全人员、工程专家们以及 CHP 业主—运营者代表们监督建设工作按时进行，以确保承包商的工作完全符合合同文件和规范的设计目标，而这些文件和规范在建设之前应当已经通过当地、州级或联邦政府等具有相关权限机构的评审和批准（见第 12 章）。

由于大多数 CHP 建设项目的技术复杂特性，使用上述传统的合同方式可能会给施工带来挑战。业主希望拥有一个可以保证达到某种能源输出和排放目标的能源站。设计专家们在进行详细设计时并不提供这样的保障，部分缘由为这不是他们的保障范围。另一方面，传统的总承包商不提供保证，而只是确保项目是按照设计专家提供的设计而建设。

另外一个关注点是由于能源项目建设的快速性，施工方在建设开工前很难获得完整的设计。结果，承包商有可能被项目业主要求在一系列设计和技术标准并没有 100% 完成的情况下就参与竞标。如此一来，就会产生关于最终设计中一些具体条款的争议，而这些是承包商在最初投标时就应考虑到的。这种情况会导致项目后期主要的索赔。

13.2.2　设计—建设过程

作为解决保障问题方法之一，许多 CHP 项目在设计—建设合同模式下进行建设。设计—建设也被称作需要实体的"交钥匙"以及"EPC（设计、采购和建设）"合同，其承担了工程设计和建设的双重责任。

CHP 能源站特别适合设计—建设合同交付方式。首先，设计—建设使业主能够控制一方对整个项目的设计和建设负责。相对于在传统的合同方式下，设计—建设方法使得建设项目更接近于一个产品。这种单一合同不仅减少了业主协调工程师和承包商的必要，而这些往往会引起建设纠纷和延期，而且也可以使业主在履行项目的保障性方面签订具体的合同。

应当注意的是，项目业主采用设计—建设合同方式时承担多种风险。例如，尽管业主通过一方来负责项目完整的规划及建设而获得益处，但是如果建设过程当中出现任何问题，项目业主也只能依靠这一方来进行追偿。考虑到这一风险，许多业主要求第三方做资金保证或担保，以确保建设组织有资历。其他业主则寻求设计—建设方参股，作为确保项目实施效果的方法。

另外的风险是当设计和建设分开时，设计—建设方式就消除了两者之间存在的制约与平衡。在传统方式下，设计专家们仔细检查总承包商的表现来确定他们的工作是否满足规范要求并证明付款合理性。而如果设计和建设都通过一个实体企业来进行，上述的制约和平衡则不存在。我们审慎建议业主拥有自己的内部人员，或者雇佣外面的工程公司，来审查设计—建设者的工作以确保完成的产品满足业主的项目目标。

当然，另一个风险是在设计—建设合同下，承包商有可能提供可接受的最低项目质量。当然，该质量满足自有运营者的项目要求且将施工返工减到最少。如果使用设计—建设的方式，对项目的自有开发者来说，书面的要求写得尽可能详细是明智的。至少，项目业主—开发商应当形成（或者已经规划好了）一个"设计好的基础文件"概述业主对项目的要求。对业主而言，更好的选择是形成 30% 的设计衔接文件作为与设计—建设者合同的一部分。

最后，需要记住的是，一个真正的设计—建设者是需要承担所有设计责任的。一些设计—建设者试图通过在室内完成大部分设计和根据设计—建设意图执行合同来减少费用。这样会导致以下争论：设计—建设者仅仅是基于业主开发者的假设完成设计，还是全面保证整个设计的充分性？在这种情况下，设计—建设者是否应该承担由开发方设计工作带来的额外费用？双方在设计—建设合同应当清楚的解决这一问题。

13.2.3　整合项目交付程序

整合项目交付（IPD）是由美国建筑师协会（AIA）倡导的项目交付方法，这一方法试图整合人员、系统、业务架构以及实施为一个过程。通过利用所有参与者的才能及洞察力从而优化项目结果、为项目业主增加价值、减少浪费和最大化项目设计、组织、建设所有阶段的效率。IPD 团队除了包含传统的项目业主方、工程设计师，还包括一些可持续评估系统，例如，LEED 中公认并提倡的综合程序。IPD 宣称可以给三大利益攸关集团带来以下益处。

（1）业主—运营者

运用先进的交互软件也就是 BIM（建筑信息模拟）可以持续分享项目数据，CHP 自有运营者可以快速沟通推进中的项目信息，并得到持续更新的数据；当 CHP 能源站设计者决定项目备选方案及相关费用时，他们可以对各种选择做出实时反馈，这样会促使他们的项目团队掌握 CHP 自有运营者的预期，从而开始早期的建设以及加快 CHP 运行后业主获得正现金流的速度。这样可以提高他们队伍掌握和控制预算目标的能力，从而改进计划、降低周期费用、提高质量及可持续性。

（2）建设者

IPD 也可以使得项目建设者在设计阶段早期运用他们专业知识选择建设方法，这样可以推进项目建设时间进度并改善财务结果。建设者参与早期的设计阶段可以提前进行规划建设，及时了解设计者的意图，预估和解决与设计相关的问题；也可以在开工建设之前设想最佳的建设步骤。当建设开工后，他们更有可能获得费用控制和工程预算管理的实际数据，所有这些因素都增加了项目目标（包括进度、生命周期成本、质量以及可持续性）实现的可能性。

（3）设计者

IPD 也可以激发提高各个设计者之间的沟通和协调，他们从前期参与设计的建设者那里获得建议，从而避免后续建设性问题。更进一步，通过早期价值工程●和互动式讨论的应用，精准的工程造价预算更可能有助于做出更好地设计决定，解决建设前期问题；提高项目质量，以及带来更好的财务结果；提高设计初始阶段工作效率，减少所有的文档工作时间，改善成本控制和项目管理，由此提高实现项目目标，包括进度、生命周期成本、质量以及可持续性实现的可能性的可能性。

（4）决策者

IPD 清晰的档案管理方法可以从传统设计交付过程中得到提高并平稳过渡。更进一步，IPD 文档程序促进 CHP 自有运营者、工程设计师、建筑师以及建设者更早地形成合作团队，从而处理设计和建设阶段的问题。CHP 自有运营者和建筑师/工程设计团队必须同意受到条款 AIA B195 以及 A295 的制约，这些条款可以帮助 CHP 自有运营者尽早制定潜在的合格的承包商企业名单。

项目业主应当尽早与主要承包商协商好，保证最大价格（GPM）并按照 AIA A195 及 A295 程序形成协议条款。在具体的设计阶段，我们鼓励建筑师/工程设计团队成员经常与 CHP 自有运营者及主要承包商审核正在设计过程中的设计文件，以及重新讨论项目预算的限制和目标。同时，建筑师仍旧对管理工程计划及承包商和分承包商提供的结构性或可构造性信息进行综合汇总和协调负有责任。

为了有充足的时间得到项目自有运营者关于项目计划、进度、建设费用以及质量等方面重要决定的书面许可，通常必须采取措施直接咨询主要咨询人（指定的建筑师或工程师）和承包商。

遗憾的是，虽然某些公司或者参与者加入了"标准形式单一目的统一项目交付实体协议"简称"IPD"，但对 IPD 或者加入了 IPD 的公司或参与方来说，目前市场上没有一致的关于有效规避风险损失的保险产品。相应的，每一方必须负责获得类似大多数其他交付方式需要的标准保险套餐。然而，这并不能确保所有参与成员能够事先达成协议，在问题发生时放弃对其他团队成员进行索赔。当建设接近尾声且团队解散之前，如果出现设计缺陷或疏漏，而赔偿金被证实不足，那么会出现谁对财务负责或者使用哪一方的保险来弥补这一损失的难题。

当团队解散之后，也存在其他不确定性因素，例如，"通过一致决定的设计方案，保险涵盖的范围应当在什么程度？"，构造性风险管理以及自有运营者满意度等仍然得不到解决。因为目前还没有保险产品为 CHP 项目团队选择这样一种建设交付方式做好准备，尤其保险公司与 CHP 项目团队之前没有以这种方式合作过。

13. 3　确定恰当的建设交付方法

业主常见的疏忽就是对项目的合同交付方式不恰当的描述。例如，如果承包商扮演设计—建造者的角色，那么业主应当仔细，并且全面地描述承包商将要承担的设计职能。业主如

●　Value engineering，直译"价值工程"，也作 Value analysis "价值分析"。

果没有在合同中具体明晰这一点，那么将会在建设过程中面临争论：承包商的设计职责被大大限制，或许例如，他们只是简单的审核了业主对于项目性能的要求，而这原本不是业主的本意。业主应当详细说明从项目开始、测试、试运营、运营，以及到维护（根据具体情况），承包商应当承担什么样的责任。

在合同阶段，无论是承包商、自有运营者或者开发商，对于安排及购买保险事宜都承担责任。这一阶段准备的保险合同为：

① 建筑工程全险❶。涵盖在项目地或者内陆运输中，建设工程或者其他财产的物理遗失或损坏。

② 延期开工保险❷。涵盖由于工程上的物理遗失或损坏导致的商业运行推迟带来的经济后果。

③ 海运货物保险❸。涵盖通过航空或海上运输的设备和其他供货的物理损失和损坏。

④ 海运延迟开工险❹。涵盖在海上运输期间由于（货物或者财产）的物理损失、损坏，或者消失导致商业运行延期带来的资金后果。

⑤ 第三方责任险❺。涵盖了项目所有参与方对第三方造成的人身伤害或者财产损失的法律责任。

⑥ 参与工程项目建设的每一方将通常安排针对以下曝光事件的保险与资金：

a. 在适当的管辖范围内，工人的赔偿或者雇主责任；

b. 合同当中规定的设计工程师、建筑师，或者其他专业顾问的错误或者疏漏；

c. 承包商的工具和设备；

d. 汽车；

e. 雇员的不法行为、受托人和管理部门的债务曝光。

13.4　通过工程合同保护项目

判断谁应当承担建设风险责任时，关键是要记住实际上任何风险都可以以合适的价格来假定。因此，工程合同的一个最重要的功能就是合理分配合同各方承担的权利、责任及风险。

自有运行者需要认识到，健全的风险管理并不是制定合同文件来转移每一个未知或者潜在的现场风险给承包商。此种尝试并不是不被察觉的，更有可能导致高价的不合理的投标合约。经验丰富及见多识广的建设项目业主知道，他必须决定什么样的风险他的企业可以承担，制定这些风险的提案，以及在最有可能或最糟的基础上，深度思考如何在工程合同里分配这些风险。

例如，如果一些重要设备需要通过航空或者海上运输到达项目建设地，项目贷款方或许

---

❶　Construction all risks insurance。
❷　Delay in start-up insurance。
❸　Marine cargo insurance。
❹　Marine delay in start-up insurance。
❺　Third-party liability insurance。

坚持要求项目业主购买包含海运延期开工的保险。通常，设备制造商将承担购买货物运输过程中的保险。因此，使得业主—运营者只能以非常高的价格购买"单一保单"。最直接的解决办法就是将货物和海运延期涵盖在运输承保范围内。假如可以从制造商那里获得恰当的信贷（或者赊账），这将是非常有效的解决方法。一个更简单的解决方法就是进行风险评估并向银行解释。例如，假设银行要求业主—运营者购买发动机运输过程中的相关保险。如果发动机不是项目运行的关键设备，在这种情况下，备用发电机可以及时的就位和运输来满足项目开工日期的要求，那么银行会降低他们对保险的需求或者至少减少最初的要求限制。上面内容所述的都是项目业主—运营者利用有效的、前瞻性风险管理技巧的简单案例。

13.4.1 建设期间合同范围的变化

对于项目业主来说，必须意识到的一个重大风险就是诸如 CHP 能源站这样的工程建设项目几乎很难按照当初合同缔约方协商的内容精准的完成。因为最初合同里描述的既有项目的范围和参数的情况及条件会随着时间的变化而发生变化。大多数情况下，项目参与方对于条件的变化几乎没有控制能力或者只有有限的控制能力。

工程建设期间的变化或许由许多原因导致，包括：

① 第三方要求。这有可能源于政府监管机构或者法令法规的更改。

② 业主—运营者改变要求。例如，如果 CHP 项目的业主，也是场所业主，决定扩大厂房，那么就需要改变项目而获得更多的热输出来支持厂房扩大后的能源需求。

③ 技术的变化。这一条件的发生是由于项目使用特殊的技术程序，而没有使用最近开发的备选技术方案，导致项目业主获得的经济性较少的情况；当然，合同指定使用的技术与现实条件不一致的情况也会发生。

聪明的项目业主应该坚持合同条款，从而以合理的价格保证工作在安全可靠的范围内，并获得适当的灵活性。通常允许项目业主单方面直接更改以下相关合同条款：①图纸和技术规范；②项目实施的方式和方法；③实施的时间；④由业主提供的设备、材料、设施或者服务。

对于业主来说，他们必须意识到关于条款更改最重要的一点就是他们有权在未获得承包商同意的前提下直接提出条款更改。这一前提可以允许合同内容的更改，而未给予承包商坚持不合理的时间和费用让步的权利，从而作为快速推进工作的一项条件。然而，对业主最明显的风险就是，在没有获得价格和时间协商的情况下进行合同条款变更，那么业主将有可能面对实际的合同费用比预期高出很多的风险。因此，即使合同赋予了业主有单方面更改合同内容的权利，谨慎的做法是：①与承包商深入讨论变化内容；②给承包商足够的时间对变化做出新的报价以及整合工作当中的变化；③在变化执行之前达成总价❶。

在承包商被引导同意新价格或者进度之前，"变化"的条款应当包含一个进行合理公正调整决定的程序。一般来说，当他们需要多余的花费来完成项目，承包商有权利获得合理的补偿来补贴开支和利润。业主有时会考虑限制开支及利润在直接花费中所占的比例。为了确保不造成误会，承包商应当清楚地标明组成费用开支的细项，例如，保险、债券溢价以及小工具等。

---

❶ Lump sum price，也作"混合价格成本""一次性总价"。

当条款变化导致完成项目时间增加，承包商可以适当延长项目进度。出于谨慎考虑，合同条款应当规定只有在关键节点变化，造成整个项目完成由此延期或者加时的情况下，才能对工程进度进行延时。

13.4.2　不同的场地条件

任何类型的工程建设项目频繁遇到的一个问题就是无法预估的现场条件。如果没有对无法预估条件进行风险分担的条款内容，承包商通常会合理的增加他们的竞价来补偿遇上此类情况而带来的可能发生的费用。有经验的建设业主会试图分担这一风险，通过在合同当中增加"不同的现场条件"条款以及为候选承包商提供地下条件数据等方式。

在一般性不同的现场条件条款中，承包商可以承担不可预计条件导致的额外费用，通常这一条件与合同文件上描述的不大一样，例如，无法预估的地下管线。当实际条件为非常规类型时，也会导致承包商承担额外的费用，这些现场与以往建设项目遇到的情况不一样。

在设计—建设约定条件下，不同的现场条件带来的风险造成了有趣的"进退维谷"的状况。通常，设计专家有责任建议及实施竞价前的现场及地下状况调研。因此，如果一个设计—建设合约包含了"常规的、不同的场地条件"这一概念，那么设计—建设者即使实施不充分的调研也可从合同中受益。

能源建设项目的合同缔约方想要通过协商合同条款指定设计—建设者进行经济谨慎的现场调研来解决这一两难局面。那么，如果实际条件与设计—建设者调研显示的有重大不同，设计—建设者将有权对发生额外的费用要求进行公正调整。

在这种提议的安排下，业主可以避免支付设计—建设者报价中用于防止也许从来不会发生的不可预测情况下可能出现的这种意外费用。承包商的风险也降低了，因为如果不可预测的情况发生，他们可以获得额外的补偿，而且整体价格将会降低。作为备选方案，业主将会考虑在与设计—建设者签订合约之前付给他们用于实施具体的初步设计场地调研的费用。坚持要求设计—建设者来承担全部不可预测风险的项目，业主将会付出一大笔额外费用。

另一方面是被污染的土地或甲方工厂产生的废物造成的潜在风险，特别是当甲方是精炼厂或危险材料的使用者。如果没有具体的合约协商，就会出现这样的问题，即垃圾材料是否能够作为不同场地条件，从而判定 CHP 项目业主应当提供给承包商资金救济。因为清除项目实施地的垃圾将会产生一大笔费用，合同缔约方必须针对是否由业主或承包商来承担清除工作的内容达成一致。

13.4.3　不可抗力

实际上，所有现代工程建设合同都包含了允许承包商工作失败的条款，如果失败原因是远远超过合理控制之外的因素，即不可抗力。条款中约定超过承包商控制能力范围的事件可以适当对项目完成进度进行延期。典型的不可抗事件包括洪水、社会暴动、政府或者军事权力交替、叛乱、动乱、禁运、罢工、天灾或者社会公敌、异常恶劣天气等。

一些特殊的实施问题是 CHP 项目特有的，可能会影响到不可抗力条款。

① 从监管及环境机构获得核准或者允许。为了避免关于核准延期是否为可容许的争论，合同缔约方应当定义：任何监管方造成的延期构成不可抗力情况；另外也很重要的一点就是

确认是否可以针对这种延期获得补偿，或者承包商可以简单地被授权对项目时间进行延长。

② 项目实施地业主的技术问题。这会成为非常严重的问题，而这既不是项目业主，也不是承包商可以控制的，工作可能因此停止。

③ 设备交付延期。许多CHP项目业主详细说明某些关于设备的条款，例如，燃气轮机或者内燃机由指定的设备制造商供应；而这些大型设备制造商通常使用他们自己的标准合同条款，其中宽泛地定义了不可抗力；在这些情况下，针对这些大型制造商提供的工作与设备，合同缔约方应当考虑是否加入单独的不可抗力条款。

13.4.4　违约金

由于承包商无故拖延而导致工程建设项目不能及时完成时，通常很难计算给项目业主造成的损失。因此，即使可以进行计算实际的损失，而计算也会成为业主与承包商之间的主要争议主题。所以，为避免无法对实际损失进行验证的风险，项目业主谨慎的做法是坚持在合约内容里加上预定违约金的条款，规定项目完成延期带来的每天损失的金额。

项目业主必须清楚这些类型的条款存在几方面的问题。第一，法庭会要求项目业主对于实际将要发生的损失进行合理的违约罚金预测，而不是惩罚。第二，一份精心起草的违约罚金条款应当清楚地表达：延期会给业主带来难以确定的、参与各方认可的规定数额的损失。

作为业主，明智的做法是需要记住，违约罚金不能替代合约履行过程中承包商违约或者放弃合约所发生的损失。在这些情况下实际超出项目完成费用的部分可以通过预定违约金得到补偿。合同必须清楚地表述业主的这一权利。

13.4.5　履约担保

CHP工程建设合同的一个独有的特征是，业主通常追求的、承包商也愿意提供的就是能源站某些方面的履约担保。这些担保可能与电或者热输出、噪声污染、空气污染、燃料效率、能源站各种各样影响项目业主实现资金或者技术目标的方面相关。

当业主坚持从承包商那里获得履约担保，必须记得以下几项风险。

第一，项目业主确保存在健全的机制可以判定承包商是否达到了要求的性能水准。这一步骤通常由指定的具体的调试和试运行程序完成。在上述内容中，需要处理的是用于试运行的草案（项目业主有权对其进行核准）、测试结果可接受的范围、测试持续的时间以及测试失败后的补救方案。试运行过程应当由项目业主雇佣独立的第三方实施。在CHP项目开发过程中，尽早雇佣试运行企业可以减少项目风险。

第二，项目业主应该认识到履约担保只履行合同里面规定的内容。例如，一个经常发生的问题为承包商是否将担保能源站系统及次级系统的性能，因为当CHP能源站进行满负荷输出生产时，系统有可能不能正常工作（例如，超负荷运行以及能源提早耗尽）。除非进行了特殊说明，一般对于系统故障而非一般的保修要求，承包商是不会给予担保的。

第三，担保水平和担保费用是相对的。承包商将会对项目业主提出的担保要求进行收费。因此，项目业主应当建立与能源站所有运行目标一致的担保。

达到这些目标的一个方法就是使用"买断"。买断的金额有些类似于传统的违约金，这将是项目不能达到保障的产出性能时承包商试图补偿给项目业主的金额。当履约担保不能满足时，承包商可以通过"买断"免除未来将要承担的预定违约金，并可以继续成功完成性能测试。如果"买断"的金额可以与减少的系统容量形成合理的联系，项目业主应当将其视为不错的选择。

13.4.6　履约保证金和保证书

项目业主—运营者面对的一个风险就是承包商不能按照合同规定的内容履行自己的责任。处理这种风险的方法就是要求承包商提供赔偿或履约保证金。履约保证金保证了合同履行的满意度以及工程建设项目的完成。对于业主而言，在保证金数额的范围内，承包商有义务按时并以工匠般的精神完成项目。支付保证金的书面阐述是为了维护二级承包商的利益，确保他们完成项目后获得相应报酬。在为自由机械工人设有留置权法的国家，此项合同内容相当有帮助。

一些项目自有运行者更愿意放弃保证金而利用第三方机构担保使合同按照条款执行。从自有运行者的角度来看，这项保证足够保护他们免于承受承包商违约带来的资金问题。

13.5　有效的项目管理

如果以业主为代表，按照一些完善的项目管理基本规则进行合同管理，许多业主面临的风险是可以规避的。

13.5.1　进度

CHP 能源站的自有运行者应当对进度排期方法有着充分的了解，这些方法将被承包商用于规划及按时完成工程建设项目。成熟的日程安排方法被广泛用于活动规划和对关键延期的预测，例如，关键路径法（CPM）❶。项目日程安排作为管理工具被恰当使用时可以使业主对可能威胁项目盈利的情况发生时获得早期预警。

在调度领域经常被提出的问题是项目自有运行者是否应该核准承包商的工程建设日程安排。多种有力的原因说明了为什么项目业主—运营者不应该对日程安排进行核准。有些法院认为，如果缔约方同意 CPM 日程安排为实施工作的合理计划，那么这一日程安排被假定为正确的。由于业主—运营者对工程建设方式、方法、工时负荷或者经济约束没有控制力，实际上他们不可能担保这些日程安排的正确性。没有一个业主想对承包商的日程安排承担责任，因为业主真正关心的应该是项目是否按照里程碑日期完成，而不是承包商如何实现这些关键的里程碑。

然而，对于业主—运营者很重要的是对日程安排进行衡量，并且决定他们是否需要按照合同条款为承包商提供某些服务。例如，日程安排可能需要在超常的更短的时间内提交某些

---

❶ 关键路径法（Critical Path Method，CPM）是一种基于数学计算的项目计划管理方法，是网络图计划方法的一种，属于肯定型的网络图。关键路径法将项目分解成为多个独立的活动并确定每个活动的工期，然后用逻辑关系（结束—开始、结束—结束、开始—开始和开始—结束）将活动连接，从而能够计算项目的工期、各个活动时间特点（最早最晚时间、时差）等。在关键路径法的活动上加载资源后，还能够对项目的资源需求和分配进行分析。关键路径法是现代项目管理中最重要的一种分析工具。

文件进行核准，这样的情况可能使得业主耽误承包商的工作。此外，应当注意判断燃料到达项目地的日期是否与 CHP 项目合同当中业主已经加入的其他协议内容一致（通常此项工作是自有运行者或者开发商的责任）。

项目进度表应当成为提出识别、准备以及验证要求的分析工具。这将使业主—运营者有着清晰的目标数据来判定合同内的某些延期是否是可容许的，并使业主能够提前判定提出的变化是否会导致项目延期。

项目业主—运营者应当特别关注项目工程建设的完成，因为他们承担与多方签订合约的风险，例如，与设备供应商以及建筑承包商。在这些复合式主合约项目当中，业主通常要考虑承担类似于一般主（总）承包商关于进度和工作协调的责任。业主—运营者的责任在这方面包括采取措施要求主要承包商及时完成工作以免耽误或者干扰其他主要承包商工作。业主—运营者的进度安排可以使每一个二级承包商实现工作的经济性，而他们各自的工作与其他二级承包商环环相扣。

13.5.2 文件编制（文档资料）

工程项目另一个避免风险的重要管理手段就是项目记录和文档的创建、移交、监督、保存。在建设期间，工程建设业主应当建立和维护的系统包括：a.确认记录的类型、质量、频率、分布等得到控制；b.确保文档规范标准及证明得到保留；c.确保每天项目的管理及实施细节得到记录及存档，如果需要的话，第三方可以从这些文档中重建项目。

项目保留的记录应该包括一般全部的通信函件、日程排期以及更新、工作或者协调会议的会议纪要、每日及每周工作汇报、备查记录、工作日记、进展照片或者视频、测试及检验报告、天气数据等。当然，订单变更、施工图纸、付款申请等事项的准确记录也十分的重要。工作记录是解决纠纷及减少潜在诉讼的主要证据来源。

对于承包商提出的延期或者施工中断，业主的现场工作人员应当试图针对问题的发生原因及影响进行内部分析研究。如果记录被很好地保存，那么将有助于防止合同行政管理方面问题的发生。业主不仅可以获知合同实施的历程，并且可以在问题发生或变得严重之前进行更好的预判。

13.6 创新的解决争议的技巧

尽管项目参与各方在协商各项工作及详述项目要求时采取了全面的预防措施，但是争议仍会发生。因为参与的任何一方都不想引起民事诉讼及仲裁，项目业主应当考虑选择快速高效的解决纠纷的技巧。然而，通常首先要做得最好的、特别是最高效的步骤就是控制情绪，冷静地坐下来讨论这个问题，最终合理、公平、公正地解决发生的争议。

13.6.1 仲裁

如果项目参与方不能对问题达成一致，工程建设项目争议当中越来越广泛使用的方法为仲裁程序。仲裁者执行一个协调问题的角色，通常没有权力提出有约束力的决定。为了使仲裁成功，仲裁机构要求由个人授权代表的所有参与方全程参与到仲裁程序中。另外，对于参与方很重要的是，公正的决策者可以促进问题的解决。

13.6.2　微型审判程序

微型审判的概念在复杂的民事诉讼中的接受度正在增加。这个名字在某种程度上是用词不当的，因为微型审判根本不是审判。它是一种有组织的解决问题的程序，通常形式为自愿的及没有约束力的。实质上，项目参与方在有限的期间内表达他们所诉讼的主要问题因素。证据及相关法律依据摘要被提出后，由各争议方代理和一个中立者组成的"决策者"提出解决问题的建议。

13.6.3　项目争议委员会

另一个解决 CHP 能源站工程建设项目争议的方法为，在项目初期聘用由有能力进行项目争议处理的技术及法律分析的个体或者由多个专家组成的团队来处理这一问题。这一概念在大型工程建设项目当中很适用，特别是争议委员会定期见面并对 CHP 项目进度进行评判时。

13.7　总结

CHP 能源站的业主—运营者、开发者以及承包建设者们必须认识到，工程建设开始之前，细致地审查项目有助于识别合同履行期间的风险及应对这些风险中的意外事件。各方需要发挥自身评估技能对挑战、风险以及机会进行仔细评估。CHP 自有运行者需要了解各种项目交付方法以及各方法的优点与缺点，从而确定哪种方法可以给能源站带来最大利益。所有参与方必须了解合同所有条款，这些条款包含了所有常见工程建设方面的内容，例如，工作内容变化以及 CHP 能源站特有的情况（如热输出与电输出性能保障等）。合同条款应当恰当地平衡风险与责任，从而使项目成本达到最低。通过所有团队成员进行有效的项目管理是 CHP 能源站项目成功的关键要素。

参　考　文　献

［1］ AIA Document A201，Article 7（1987 ed.）；EJCDC Document 1910-8，Article 10（1983ed.）；FAR 52.243-4（1987）.

［2］ Currie，Abernathy，and Chambers，"Changed Conditions," Construction Briefings No.84-12 Federal Publications（1984）.

［3］ Loulakis，M.C.，Gilmore，and Hurlbut，S.B. "Contracting for the Construction of Power Generation Facilities," Construction Briefings No.89-5，Federal Publications（1989）.

［4］ Loulakis，M.C.and Love，"Exploring the Design-Build Contract," Construction Briefings No.86-13，Federal Publications（1986）.

［5］ Loulakis，M.C.，Thompson，and West，"Managing Construction Risks-The Owner's Perspective," Construction Briefings No.91-5 Publications（1991）.

第**14**章

获得运营许可及实施合规管理程序

（Karl Lany）

当 CHP 项目从建设阶段转入商业运营阶段，项目开发者及业主必须取得所在地的运行许可。他们需要通过完成规定的系统调试、安装环境监测系统以及实施合规管理程序，证明系统的运行遵循运行许可和相关适用规程的要求。

14.1 CHP 系统的调试

书面的施工许可通常只允许 CHP 系统进行暂时运行，直到发布最终的运行许可。虽然施工许可里面可能包含了项目的运行条件，有时审批机构仍然要求项目开发者或者业主再次提交运行批复申请，以获得 CHP 系统的永久运行权。项目业主、项目工程师、开发者需要在项目调试之前采取措施获悉整个审批程序并确保满足所有的申请要求。如果不能完成所有提交程序，将会导致调试的延迟。同样的，如果违反了规章制度也会导致调试延期。

在系统调试之前，开发方、业主（许可持有人）以及系统运行方将共同审查施工许可，从而确保其准确性，并充分了解所有与项目调试和 CHP 系统运行有关的情况。施工许可通常包括的条款有通知监管机构项目施工里程碑计划以及系统开始运行时间。许可还包含了作为调试的一部分必须完成的特殊项目。空气质量许可通常主导了能源站调试过程中必须完成的环境管理工作，例如，实施具体的测试程序、明确项目排放标准或者检验系统安装的排放监测设备等。这些论证将与能源站的其他启动和调试程序同时进行。CHP 系统在调试时必须实施规范的监测和管理程序，而许可通常也会明确这些程序的基本组成部分。

14.1.1　连续排放监测系统认证

由空气质量监管机构颁发的施工许可明确了连续排放监测系统（CEMS）的安装与认证。CEMS 的认证包括论证系统的可靠性及精确性。这些论证与系统性能规范一样，通常在环境法规中明确，或者由独立机构的标准文件进行说明。美国环保局（EPA）通过联邦法规[1]（40CFR60 及 40CFR75）管理 CEMS 的设计、精确度标准、质量保证措施。美国地方监管机构可以执行其他的 CEMS 标准。

除了美国之外，存在各式各样的 CEMS 设计和管理标准，大多数国家使用该系统时需要对项目进行认证。例如，英国环境署通过出台文件的方法加强 CEMS 管理，欧盟颁布指令明确不同排放源的监测方法。当这些文件和指令中涉及 CEMS 时，也会明确设计、安装及维护标准。美国材料与试验协会（ASTM）、国际标准组织（ISO）、TüV 莱茵认证这些独立机构也都相应制定了 CEMS 或者检验 CEMS 组成部件性能的标准。监管机构在批准 CEMS 的安装时应当遵循以上标准。

(1)　提交系统规范

CEMS 认证依赖于开发方交付完整的系统说明以及质量保证程序。项目开发方必须向监管机构提供数据来证明监测系统的设计满足机构规定的所有的技术规范要求。如果项目开发方或者业主在 CHP 项目申请核准的前期阶段未能提交此类数据，那么也可以在 CHP 系统的建设与运营之前提交数据。提交的文件必须明确监测的排烟尾气参数。大多数 CEMS 的安装是用来监测 NO_x 以及 CO 的浓度。因为标况下的浓度已经明确，监测系统还可以测量排气稀释物，例如 O_2 或者 CO_2。如果施工许可中明确了最大排放率，那么 CEMS 包含的部件也可以测量排烟尾气流量，或者通过测量燃料流量计算排烟尾气的流量。基于效率的排放标准 [lb/(MW·h) 或者 kg/(MW·h)] 还要求集成 CHP 系统的电力输出数据以及 CEMS 的输出数据。

项目开发者应当明确所有系统主要组成部件的产品型号，例如，分析仪表、取样调节系统、计量系统。同时也必须确认重要的系统组成部件的序列号。开发者同样需要确定监测系统及操作环境的控制方法，所有的技术数据及信息应当由供应商提供的技术规范及安装图纸作为补充说明。

CEMS 同样也依赖于数据采集系统的运行。提交的系统技术规范需要体现 CEMS 如何管理监测数据并形成报告，同时利用数据流程图作为支持文件。适用于计算排放量的公式也应当参考相关的监管政策。申请文件也需要描述概括运行 CEMS 软件的计算机。

(2)　质量保证计划

CEMS 的持续精确度很大程度上依赖于有效的维护以及规范的操作程序。能源站开发方应该编制质量保障计划并交付给运营方。监管机构可能还要对该计划进行审查和批准。该计划应当对确保系统的可靠性及数据的精确度所采取的步骤进行概述。这些步骤包括日常的系统校准、定期校准气量测量仪以及定期进行相关的精准度测试等。完成以上任务的程序需要补充到运营方遵循的预期时间计划中。

---

[1]　Code of Federal Regulations：CFR，联邦法规。

质量保障计划应当包括预防性的维护程序以及校正措施。维护程序以维修计划以及备用件清单作为补充。校正措施应包括可行的程序计划，以便向能源站的设备管理人员及监管者预报系统障碍，这些故障可能会影响数据可用性和准确度。各方联系信息（合作的承包商、能源站管理及监管机构）也应当包含在计划当中。

（3）初始可靠性及精确度测试

为了交付 CEMS，开发者需要测试它的可靠性以及精确性。这些论证通过一系列的测试完成，并且需要花费数周时间。第一项测试是为了验证 CEMS 在无干预或调整条件下运行的可持续性以及可靠性。这种"无干预"测试通常至少需要持续 7 天。CEMS 第二个测试必须验证系统在七天内具有维持可接受的校准的功能。测试期间，系统每天的校准检查必须在规定范围内进行。如果 CEMS 的任何一项可靠性测试失败，必须纠正导致失败的原因并重新进行测试。

随着系统可靠性测试的完成，开发者可以进入到系统相对精确度的测试过程。精准度测试可以与施工许可中规定的其他排放测试程序同时进行，以提高测试效率。这些程序将在接下来的章节讨论。在相对精确度测试审查（RATA）过程中，将 CEMS 测量结果与独立实验室在同一时间开展的多个持续 30min 的排放测试结果进行比较。通常最少要求进行 9 次测试，以确保数据的有效性。经过比较，CEMS 与独立实验室的测试结果都应该在技术规范允许的范围内，并且具有统计意义。成功完成所有调试测试后，CEMS 的测试数据就可以用来证明其符合排放标准。

（4）首次排放测试

排放合规测试通常要求在系统开始运行时进行，尤其是当施工许可的颁发依赖于排放控制系统的安装或者批准的运行时间安排受到某种特殊污染物影响的前提下。排放测试通常需要确定标准污染物的排放速度，例如，NO_x、CO、ROG、SO_x 以及 PM（见第 7 章）。在一些情况下，需要对特殊的危险空气污染物进行测试。另外，还需要进行燃料分析以及燃料计量精确度测试。施工许可很可能明确了测试方法以及完成这些测试的时间。许多组织机构已经开发了确定的测试方法，包括美国环保局、国际标准组织以及美国材料与测试协会。地方环保机构可能也会在其管辖的范围内制定项目的测试方法。

（5）协调排放测试

某些情况下，项目业主或者开发者在选取测试承包商时具有完全自主权。其他情况下，必须选择取得监管机构认证的承包商。极少数情况下，监管机构亲自进行排放测试。如果监管机构不负责开展测试，那么测试承包商需要向监管机构提交测试方案以获得测试资格。测试计划明确了现场测试人员、测量的污染物、测试方法、重复取样以及样品持续时间。另外，方案还要明确 CHP 运行条件、排气烟道的构成（包括取样口位置）以及预估的排放浓度。一旦测试方案得到核准，承包商可以开始进行测试，但是可能需要提前通知监管机构，以便监管机构人员到达现场见证测试过程。如果在测试前未能通知相关单位，则可能导致测试不合格。

开发者负责协调各承包商、监管者以及系统运营者之间的关系来确保 CHP 系统测试是在充分运行一段时间后完成的。根据监管机构具体的测试方法规定，测试项目需要 1～10h（或更长时间）来完成。开发者要确保能源站的运行在不受干扰的情况下完成测试。CHP 系统也必须在不同负荷条件下运行来完成测试。开发者也可能需要承担其他后勤方面的责任，例如，提供足够的测试工具，并且确保排放测试不会被该场所内其他调试以及启动活动干扰。

（6）解决不被接受的测试结果

理想条件下，排放测试可以证明新的 CHP 系统满足排放限制要求。在这种条件下，开发者以及许可持有人才能申请最终的运行许可并且将项目移交给运行方。不幸的是，启动运行的排放测试结果可能不符合许可条件，那么必须进行改进。改进措施可能包括从监管机构获得许可条件或管理要求的暂时免除，直到引起排放超标的问题得到解决。在这一交付时期，开发者必须联合许可持有人进行该项工作，因为只有许可持证人才有资格与监管机构签订合规协议。

为了解决不可接受的测试结果，CHP 项目开发者必须了解可能违反的核准批复条件和监管要求。某些情况下，超标排放违规的现象可能直到 $30 \sim 365d$ 结束后的某一时段才会出现。这种情况下，开发者仍有时间对导致超额排放的原因进行改正并且重新测试，达到合规要求。举例来说，运行许可可能根据系统最大运行时间以及假设的每小时排放率，限制了每月 PM 具体的排放量，但是也可能并未明确小时排放率。如果测试显示 PM 排放量超过了假设的小时排放率，开发者则可以预估 CHP 持续运行 $30d$ 后将会导致排放违规，但是系统仍可能是满足排放标准的，除非排放许可设定了短期排放标准。如果在 $30d$ 结束之前，通过第二次测试，CHP 系统达到较低排放率，或者开发者缩短了运行时间来达到 $30d$ 内的排放限制要求，那么实际超标违规就不会发生，也不需要立即进行核准免除（虽然政策允许与监管机构协调进行免除）。

如果测试结果表明了排放浓度超过了限制（ppmv 或者 mg/m^3）或短期最高限制（lb/h 或者 kg/h）或者最大速率 $[lb/(MW \cdot h)$ 或者 $kg/(MW \cdot h)]$，那么开发者可能需要暂时关停 CHP，并且许可持有人需要暂时免除核准或者脱离监管。这种脱离根据以下条件实施：

- 停止运行造成的经济困难。
- 缺乏可替代的电力或热能资源来维持设备运转或保存正在加工的产品。
- CHP 系统支持着的重要的公共服务机构，例如，医院、废水处理中心等。
- 系统需要运行来查找问题，后续可以被论证为遵守规章制度。

监管者在决定是否免除核准时，可能会考虑运行者的勤勉度和责任心。很重要的一点，就是证明排放违规是无法预料的，并且超出运行方控制能力之外。同样很重要的一点是，运行方迅速采取措施避免违规，并且通知监管机构违规发生的事实。

获得暂时免除核准的程序可能变得像与监管机构人员协调一样简单。大多数情况下，监管人员以及管理者有权与许可持有人达成遵守协议。这些协议有时代表了约定的命令或者规定的协议内容。其他情况下，机构职员及管理者不会被准予暂时免除核准条件或者监管要求。这一情况下，许可持有者将没有选择，只能通过召开公众听证会请求获得核准免除。在听证会期间，开发者以及监管机构都允许陈述相关证据，表明项目获得核准免除的合法性及必要性。

14.1.2 最终运营许可的颁发

一旦完成了所有的调试程序，而且达到了核准条件，开发者、运营者以及监管机构可以将施工许可转换成运行许可。这可能是整个核准程序的最后一次机会可以对许可进行简单的行政变更而无需提交申请或者支付费用。同时调试要求将从许可内容里面删除，只剩下运营方需要遵守的条件。

（1）换证程序

当许可持有人通知监管机构建设完工后，监管机构就可以颁发最终运营许可证了。但是直到能源站的调试工作完成，并且监管机构对所有测试结果进行审核并通过之后，项目开发方、运营者及监管机构才可以进行换证手续。监管机构在颁发最终的运行许可证之前，也希望对 CHP 能源站进行检查，确保能源站满足许可条件，以及适用的规章制度。某些情况下，运行许可需要更多时间进行审核，这将导致许可证颁发延迟。在换证办理期间，只要项目业主已经按照监管要求提交所有必要的申请，施工许可可以当作临时的运行许可使用。

（2）最终许可用语

大多数情况下，运营者期望运行许可包含的条件与前面相关许可一致，而不是与施工许可里面包含的调试条件一致。然而少数情况下，运营者可能有机会根据排放测试结果微调许可条件。比较常见的情况是，许可文件里面明确了具体的运行时间，而在这一前提下，预期假设的排放率与测试论证的排放率会有很大区别。例如，开发者获得的施工许可根据保守的默认排放因子限制了年运行时间或者每年消耗的燃料数量。如果排放测试论证的 CHP 系统排放比最初假设的排放率低很多，并且运营者希望满足低排放率要求，那么就有可能修改运行条件，提出较低排放率以及较高的运行时间限制。某些状况下，可能会修改许可内容增加允许排放率，如果其补充条件进一步限制了年运行时间，排放测试结果就应该高于预期排放率。

14.1.3　实施合规管理程序

许多环保许可不能为所有类型排放测试提供担保，但是开发者可以通知审批机构系统的启动时间，以及开发实施合规的管理程序。大多数情况下，CHP 系统的安装需要内部评审，确保项目的运行符合运行许可以及适用的规章制度要求。某些情况下，运营者应当在接管能源站之前或者稍后，向监管当局提交合规管理以及风险管理计划。

14.1.4　提交潜在需要的规划

对于新建能源站，管理机构要求提交各种各样的环境管理规划，但是如果 CHP 系统是与现有用能场所或者新用能场所的集成，那么开发者只需要保证提交核准后的规划。由于 CHP 系统具备特殊的环境及安全风险，项目业主—运营者通常还需要提交一些方案，包括有害物质的应急响应预案和化学品意外泄露的风险管理方案。这些方案必须在 CHP 系统开始运营之前或者稍后上报。

（1）危险品应急响应

运营者应当告知消防部门或者其他应急响应部门关于 CHP 能源站潜在的危险。通常通过提交计划书的方式，主要指危险品商业计划或者商业应急计划。这些计划明确了能源站重要的联系人和能源站储存的危险品材料清单以及材料存储和使用的位置图。当能源站的突发事故危及公众时，这些信息可以使应急响应部门更好地了解应该采取怎样的安全预防措施。

（2）突发泄漏事故风险管理

当氨水发生泄漏时它会蒸发，人类接触后会引发严重的健康风险。监管机构要求运营者提交计划提醒监管者及公众发生氨水泄漏事故的风险。风险管理计划通常明确了发生泄漏带来的潜在威胁健康的风险。这些计划也同样阐述了运营者预防风险发生所采取的措施。这些措施包括：在人口聚集中心旁边建立运输通道、设计的储存容量不超过实际需要容量、将氨水从运输卡车转运至能源站储存地点过程中采取防漏措施、氨水装罐的过程中使用蒸发回收系统、设计第二层保护壳缩小表面积从而当储存罐发生泄漏时可以回收氨水。

14.2　合规管理程序

CHP 系统的环境许可可能包含各种运行条件。适用的规章制度可能包含在合规要求中。不能遵守这些许可条件，以及监管要求对 CHP 运营者和能源站非常不利。违反了这些条件将会导致经济罚款，不合规运行的重复出现将会导致监管机构对能源站运行加强审查。为了保障遵守运行许可的条件以及监管要求，运营者必须开发并实施有效的符合规定的管理程序，防止设备运行不当导致违规。合规管理程序应当包含了符合环保要求的监测、记录以及报告条款。

14.2.1　运营及维护程序

有力的运营及维护措施可以帮助确保能源站满足环保标准。运营方必须开发以及实施正规的程序保证 CHP 系统的可靠运行，包括为减少环境影响设计的部件。预防性的维护程序及维护计划也应当被纳入到正式的管理程序当中。这些程序的建立依赖于 CHP 设备供应商的建议，但是也参照环境许可以及规章管理明确的额外条款。

理想条件下，导致重大环境影响以及违反许可条件的故障可能永远不会发生。但是实际上，这些重大问题确实会发生，处理这些问题的方式可能会导致直接的监管强制执行。许多环境规章制度条款里面规定，当设备出现问题时，如果能源站采取了措施缩短运营时间、纠正运营错误并及时通知监管机构，那么可以使能源站运营商免除强制执行的规定。能源站运营程序应当包含应对设备故障的措施，并明确运营者、监督方以及监管机构之间的特定沟通渠道。正式的运营程序里面还应当包括采取纠正措施的最后期限、监管机构通知和潜在的设备停运。

14.2.2　合规监测

能源站运营方必须提出并实施监测计划，确保符合许可条件及监管标准。有效的监测程序可以确保运营人员定期开展工作并保持一致性，有效地提高了对环境保护所履行的责任。如果这些计划得到实施，那么有助于预防环境问题的发生，并且可以向监管机构证明，能源站的运营者在环境合规管理方面投入了大量精力。当问题发生时，通过这种方式可以减少强制执行的影响。

（1）排放监测

本章前面的章节已经讨论了 CEMS 的使用，但并不是所有的 CHP 能源站都需要遵守 CEMS 要求。许多小型系统可以通过每天监测各种发动机运行参数进行合理管理，从而达到规范要求。运行许可会定义这些参数，用于论证系统是否正确运行且达到预期的排放限制要求。对于往复活塞式内燃发动机，监测参数包括空气燃料控制器故障传感器、废气中的氧含量、累计的运行时间以及燃料流速（或者累计的流量）。这些参数反映了发动机是否按照技术规范运行，是否超负荷运行。如果发动机安装了燃烧后排放控制设备，运营者会被要求监测催化剂进口温度以及催化剂进口与出口的压差。如果控制系统使用氨水或者尿素，那么应当监测这些反应物的流量。这些参数帮助验证排放控制系统功能是否运转正常以及催化剂是否受到污染。某些情形下，运行许可包含了基于排放量限制的功率输出 [lb/（MW·h）或者 kg/（MW·h）]，当余热回收利用时，许可对排放的限制要求会放松。在这些情况下，必须监测功率输出以及余热利用效率。如果 CHP 系统使用的是燃气轮机，除了不需要监测氧气或者空气—燃料特征，监测参数与使用往复活塞式内燃机的系统差别不是很大。

在无 CEMS 系统的前提下，能源站必须使用手持分析仪定期监测 CO 和 NO_x 排放。经论证，手持监测设备在监测排放浓度性能表现上是可靠且精准的，但是能否使用手持检测设备作为官方合规判定取决于遵守质量保障程序的严格程度。由于实际操作的局限，定期排放监测程序通常只是作为补充，并不能取代参数监测及正式的排放源测试。如果定期监测程序作为补充程序，运营者应当开发正式的测试程序以及应对不利结果的措施。同时也必须开发分析仪质量保障程序。为了开发这些程序，运营者应当遵循监管机构及分析仪制造商的指导。

（2）其他合规监测程序

运营者可能被要求实施与空气质量无关的额外的合规监测程序。在某些情形下，只需要对现有主要建筑场所的合规管理程序进行简单修改，满足新建的 CHP 能源站要求。其他情况下，CHP 运行需要开发新的监测程序来管理用能场所之前未曾发生的环境风险。如果使用 SCR 系统控制 NO_x 排放，运营者将极有可能被要求定期检查储存设施，确保减压阀的正确运行以及防止泄露发生。如果燃料储存在能源站现场来供应 CHP 系统，类似的检测程序将被要求实施。

14.2.3 记录与报告

做记录是遵守环境合规管理程序的一项重要组成部分。长期的维护记录验证了能源站的合规历史和运行趋势，这些或许对环境影响有作用。良好的记录保持程序可以证明合规管理程序得到有效实施及管理。如果没有规范遵守记录，监管机构将不得不认为委托实行的合规管理计划没有得到实施，那么许可条件及适用的规范的遵守情况将无法得到保证。

　　运营者必须记录运行监测日志，从而帮助能源站人员合规进行设备维护和环境监测。监测日志应当确定 CHP 每一个需要检测的部分。监测日志也可以允许能源站人员确定监测完成日期和监测事件的研究结果。如果能源站人员确认操作符合具体的运行参数，那么监测日志应当确定可接受的参数取值范围，从而可以再次测量表现性能。如果安装了 CEMS 系统，应当配备数据采集系统以及操作系统。这些系统记录重要的数据，例如，污染浓度和质量排放率、每日校准结果以及 CEMS 数据失效或者消失的时间段。能源站运行方通常是可以获得这些数据，并且应当定期审查。

　　许多重要的合规记录由其他人员记录而非 CHP 运营者。外包的测试及检查记录也是重要的合规证明，并且由 CHP 运营方收集保管。第三方记录的例子包括排放测试报告、燃料及 SCR 反应物分析、储存罐检查报告、锅炉检查报告以及雨水分析等。

　　并不是所有的合规记录都要送至监管机构备案。许多记录保存在现场，如果监管机构需要，可以进行审查。规章制度一般规定了 2～5 年的记录留存。少数情况下，定期合规报告需要上报至监管机构。这些报告总结了能源站合规记录的内容，但是不包括记录本身。运营者有责任了解需要保存哪些环保合规记录以及需要提交哪些记录。在许可条件里可以找到对报告的要求，但也可能只在适用的环保规章制度内对报告要求进行了说明。如果规章制度明确要求提交合规报告或者其他的合规报告给监管机构，我们建议应当保存报告的送审收据。所有记录的复印件也要上报至监管机构，包括能源站运营方保存的递交函。

参 考 文 献

[1] Lodge，James P. Jr.，1988，*Methods of Air Sampling and Analysis*，Chelsea，MI，Lewis Publishers，Inc.，ISBN 0-87371-141-6.

[2] U. K. Environment Agency，2005，"Method Implementation Document（MID14181）—Stationary Source Emissions Quality Assurance of Automated Measuring Systems," Preston，U. K.

[3] U. S. EPA，1991，"Standards of Performance for New Stationary Sources—Performance Specifications 40 CFR 60," appendix B，Washington，DC.

[4] U. S. EPA，1991，"Standards of Performance for New Stationary Sources—Quality Assurance Procedures 40 CFR 60," appendix F，Washington，DC.

[5] U. S. EPA，2006，"Standards of Performance for Stationary Compression Ignition Internal Combustion Engines 40 CFR 60," subpart IIII，Washington，DC.

[6] U. S. EPA，2006，"Standards of Performance for Stationary Spark Ignition Internal Combustion Engines 40 CFR 60," subpart JJJJ. Washington，DC.

[7] U. S. EPA，2008，"National Emission Standards for Hazardous Air Pollutants for Stationary Reciprocating Internal Combustion Engines 40 CFR 63," subpart ZZZZ，Washington，DC.

[8] U. S. EPA，"Emission Measurement Center," available at http：//www. epa. gov/ttn/emc/，accessed on January 30，2009.

[9] U. S. EPA，Office of Emergency Management，"Risk Management Plan," available at http：//www. epa. gov/oem/content/rmp/，accessed on January 30，2009.

第 **15** 章

CHP 能源站建设期间风险管理

（Milton Meckler）

  风险管理是一套系统的方法论，可以用于项目开工前建立和量化风险，以便于项目业主—运营者做出如何管理好可预见风险的决策来确保 CHP 能源站完工后满足性能要求。

  本章的目的是为了论述一种用于预测各项支出成本可能的分配比例的技巧。成功的分包商可在有限的信息条件下预测各项成本支出。当取得所有的支出项信息后，建设承包商可以对提出的 CHP 能源站建设项目的可行性进行考虑及判断。常规的风险管理方法体系适用于所有 CHP 能源站项目投资评估、开发评估或者设计过程的任何阶段。

  如果建设方对风险管理有很好的认识并且执行恰当，那么远远超出已知保险受理范围之外的建设风险也可以得到很好的控制及处理，但是不能保证可以判别所有的风险。然而严谨的风险管理远胜于依赖直觉判断或者从已建设完工的大能源站或者相关 CHP 能源站建设项目当中获取的经验，特别是与上述项目在应用范围、并网以及复杂程度上都有很大区别时。

  本章更深层的目的是向有经验的以及刚刚接触 CHP 能源站建设的承包商归纳概括及传达一些可取的、经过论证的风险管理方法。这些方法经过证实是实用的和节约成本的。当需要利用其中一种结构风险分析方法作为符合 CHP 能源站最重要特征的严格正规的方法时，项目业主—运营者才会采用这些方法。在最终的分析中，对于 CHP 建设及能源站性能风险分析想要达到的深度往往与分析人员的常识、判断力以及所处的环境有关。

  虽然一些风险是可控的，但如果各分包商之间或者其与员工之间缺乏互相协调，又或者建筑工程师（A/E）、MEP（机械、电力、水暖）、市政、机构信息征询或者施工图审查等工作未能及时处理，其他的风险将无法得到控制。为了处理这些不可控的风险，管理者可以实施风险管理程序，对这些风险的源头进行排列分级，例如，恶劣天气、不合理的现场安全监察等。这些风险的源头会导致员工严重的工伤或者死亡，随后带来例如，项目延期、起诉与罚款，以及将来增加的保险成本等其他不良后果。

  不可控风险可能需要应急经费，用于处理以上任何合同违约赔偿责任带来的风险，或者业主延期或第三方损失，无论这种损失是最坏的结果还是稍坏的结果。遇到这些问题，承包商应当从风险影响中仔细区分风险发生的来源，并利用常识及经验分配这些应急经费，特别是在竞标的情况下。其他可能存在的情况还有，业主可能会考虑通过简单资格预审和富有经验的 CHP 工程设计承包商协商 CHP 设计—建造的方案，以避免设计变更导致的成本增加，从而确保主设备及时订货、减少不必要的备用设备、进一步避免项目延期，帮助 CHP 项目及时地并按照预算完成交付。

15.1　风险管理：保险行业视角

CHP 能源站的风险管理是非常有挑战性的，特别是在各州或者联邦能源政策发生变化以及市场环境导致合理的融资成本不能确定等情况下。如果发生最坏的情况，在商业环境下，一些与 CHP 能源站运行有关的主要风险管理问题可能需要重新调整解决。

保险公司承保范围不包括协商期间内的电力销售合同、当前市场调研、可预见的区域电力需求增长或者形式上的现金流分析。在处理日常已知的与实体建设有关的风险，例如，医院、零售商店、公寓、写字楼等过程中。保险公司发现，量化 CHP 项目现场的风险通常具有挑战性。因此，CHP 项目业主需要与保险公司及风险管理专家进行早期的和持续的沟通，向他们介绍自身关于项目建设的充分准备、以前 CHP 能源站成功完成建设的记录以及盈利的私人投资运营的 CHP 项目，从而让他们尽可能熟悉这些内容。

下面内容是从承担 CHP 项目的开始、设计、建设、运行的全过程的责任方角度论述风险管理。在项目的初期阶段，项目业主需要做到：

① 分清"风险管理"与"保险"的区别。

② 识别与 CHP 能源站项目的相关风险。

③ 了解以上相关项目的典型"保险"保单内容。

④ 约见多家保险公司，并与风险经理讨论关键问题，更好地了解 CHP 能源站保险市场。

关于风险，项目业主必须了解一点，保险公司通常认为"不确定性"是非常不好的。因此，对于 CHP 投资企业来说，最佳的做法就是最小化导致这些事件或者不确定性事件发生的可能性。大多数早期的 CHP 能源站开发商对待风险的态度是寻找一款合适的保险产品，来满足他们认为可能发生的风险管理理赔需求。例如，保险公司提供火险，那么通过购买这一保险可以处理火灾发生带来的损失。如果某项可感知的风险不在保险范围内，那么这项风险从本质上可能被忽略或者通过增加建设成本建立内部应急资金管理这一风险。

保险风险经理和保险经理通过各种方法管理风险。保险经理采用"风险管理循环"作为处理这些风险的参考，并告知所有企业。采用"循环"这一暗喻是因为风险管理既没有开端，也没有结束。只要项目存在内部以及/或者外部的不确定性，风险管理将会持续并且循环进行。

下一步，业主必须了解"循环"的组成部分，包括它们的概念以及应用方法。CHP 项目业主应该确定所有风险，而不能局限于投保范围内的风险。如果企业有意想量化所有的风险系数，那么风险识别过程应该超出传统的资产、锅炉以及责任险涉及的领域。调查、研究、标杆管理以及创造性思考只是一些识别风险的方法。确定最大可预测的和可能的最大损失的关键因素并不能使项目业主或者开发者计算出覆盖需要的大约损失。

通过列出风险清单并进行量化，保险公司以及理赔系统需要确定哪些风险是完全可以避免的，但是往往最经济的避险步骤可能会使项目业主错失与避险策略有关的重要机会成本。

CHP能源站开发者在许多承保人当中有时被视为冒险者。大多数负责的保险代理人在承担一些风险的同时追求回报最大化。但是保险代理人并不会将他的工作视为"零回报"游戏，保守的保险风险管理专家则更加强调风险的最小化。从他们的客户角度来说，安全及损失控制是开支项目，并且降级委托给非运营专业人员负责。但是这些非运营专业人员在面对紧张的工期以及不断增加的项目成本时，可能无法影响、控制及维持安全的运行实施。

当今的保险损失控制及安全专家们被要求将损失发生的概率降到最低，他们必须要同时考虑损失发生前与发生后的各种相关因素。损失控制专家也会尝试开发一些系统、程序，以及流程减少所有可预见的损失和损失发生的概率。健全的防火保护、恰当的零备件以及有效的危机管理计划是构成每个CHP能源站综合风险管理计划的重要组成部分。

通常，最简单也是最经济的风险处理办法就是与CHP业主或者他的承包商签订合同，通过合同的约束转移风险，合同要求业主及承包商承担一定风险。项目融资方不希望承担任何风险，并且寻求将所有风险转移给借款方。只要通过合同及保险，明确涵盖的风险内容及范围，并且均衡各合同及保险承担的风险比例，那么业主方就可以预见风险成本。如果一方放任风险发生或者风险承担不平衡，不受管理的风险将会损害项目业主、承包商、建筑安装商以及工程设计企业自身的盈利及经营。

保险公司需要解决风险融资。风险融资包括两个基本组成部分，称作风险保留和风险转移（通过保险）。

风险保留方案中，无论是否通过自办保险（或者自筹资金），都是根据相关保险政策，以更复杂的方式成立假设的保险公司，从而避免虚构的成本。自办保险是一种根据以往经验针对很可能发生的、至今未知事件的风险缓冲方法。虽然自办保险不具有保险公司承担真实风险的优势，但是资金雄厚的企业可以长期考察风险发生的概率，作为企业经营的一项成本为风险损失提供津贴。转移汽车或者建设设备的物理性损坏或者小组件的损失风险，通常并不划算。我们不建议自办保险承担发生频率低，但严重性较大的风险损失，例如地震或者洪水。

风险保留有多种方案。简单的方式可以设立准备账户（也作公积金账户）来补偿员工损失。复杂的方式包括通过独立的限额风险合同，对于公司内部保险公司进行再次承保。对应的，投资组合风险保留部分至少应当确保该企业具备从经营动荡以及（或者）批量损失状况当中自我保护的功能。

通过详细分析、同行学习和一些明智的猜想，保户、代理人和保险公司尝试利用所谓的大数定律，从自身盈利及市场竞争力的角度确定合理的风险转移的花费。

保险公司通过自身数量庞大的客户来转移经营风险，其谨慎的做法是通过再次外包保险，转移一部分风险。保险公司对一些风险类型很有兴趣，例如，CHP能源站项目短期内盈利水平变化之类的风险。经营环境非常不好的一年加上毫无吸引力的投资回报足够使保险公司撤离某一风险投资市场。

如果保险公司决定以低于平均价格购买短期市场份额时，应当寻找可以重新协商保单内容的机会。保险公司在停止某项业务或者决定退出某一市场时，可以发出临时通知。原因可能是他们不能理解风险发生前后保单应当涵盖的范围，或者不能了解面临这些风险的概率，以及不能接受 CHP 能源站经营不景气带来的长期运行风险分担。

对于大多数 CHP 能源站，风险保留—风险转移结合的方式可能是最节约成本的，无论周边环境怎么样，项目业主应当建立结构性的计划确保 CHP 能源站运行及盈利方面是稳定及划算的。

通常来讲，私人投资的 CHP 项目相关的风险是一种与项目有关或者与项目无关的风险。与项目无关的风险包括不利的利率，影响融资的不可预见的通货膨胀，物料、设备或者人工成本，法律法规更改，或者成本监管的实施等。不幸的是，后一种风险并不在传统保险之内。

项目风险是指与预期的 CHP 项目直接相关的风险，包括了另一个 CHP 能源站开发者的损失、长期不切实际的电力价格、未能满足许可要求或者影响电力需求的经济衰退等。

关于偶然发生的风险或者其他突发事件引起的风险，如果符合保险公司承保条款，那么就可以分散风险并消除道德风险问题。这些风险将包括员工或者第三方受伤、工期延误、项目设备物理性损坏或者损失导致的收入或者利益损失、专业人员渎职造成的相关后果、CHP 能源站中止运行以及主要 CHP 能源站设备的损毁等。

很不幸的是，目前没有针对用户端 CHP 能源站行业的标准保险及风险管理计划，但有很多企业对 CHP 能源站项目有关的风险管理及保险计划有着浓厚兴趣。

除了 CHP 项目借款方及开发方，政府、承包商、供应商以及公众对于计划建设的 CHP 项目也享有正当的保险利益。在 CHP 能源站的生命周期内，各利益阶层的重要性会发生变化，这将导致意见分歧。为了恰当处理很可能变化的不同利益阶层，项目风险管理实施者需要专注于风险协调、风险策略、保险项目及支持服务的集中购买。

负责 CHP 能源站设计、建设及运行的融资方通常会规定合约当中的条款，并且严格执行。不幸的是，当金融机构对于 CHP 能源站最终收益率的预期与承担 CHP 项目风险的保险公司之间存在巨大认识差异时，不能识别这一所谓的预期差异将会导致严重的问题。此话题不在本章讨论范围之内，感兴趣的 CHP 投资人可以在确定项目的保险承运人之前公开讨论这些问题。签订 CHP 业主—运营者合同之后，专业人员约见保险公司协商减少免赔期，将财务的免赔替换成每日免赔额，修正赔偿范围来反映实际的损失以及/或者延长赔偿期限使其超过项目发生故障的期限，这些在获得保险赔付之前都是值得讨论的问题。

关于融资及电力购销合同内容的讨论需要专业人员参与谈判。进行保险及风险管理合同谈判的专业人员需要与项目各利益方紧密联系，从而平衡上述保留、承担和转移风险。电力项目保险程序通常按照下面两个阶段安排，称之为：

阶段 1：建设阶段，包括任何测试及调试期。

阶段 2：CHP 能源站运行阶段，该阶段通常会每年进行审查。

15.2　现有措施概述及限制

大多数承包商对计划的 CHP 项目成本进行估算时，他们通常将过去 CHP 项目作为数据库来调整未来项目。建设成本的估算作为一个自然的开端，通常是依据少量已建成的包含一些成本分析形式的公司内部 CHP 项目样本进行的。这些项目与新的 CHP 项目存在一些相似之处。然而，当无历史数据可察看时，则必须依靠经验和技巧，它们在预估未知成本的信息收集中发挥重要作用。各项因素相互作用并影响成本估算的可靠性，包括 CHP 设计信息获取程度、与正在考虑的 CHP 项目有关的内部或者发布的以往价格信息数据的可用性、对建议的 CHP 项目建设熟悉程度以及/或者其他 CHP 项目相似的范围和规模。

然而重要的是要了解任何预测的 CHP 项目成本，只有当与参考的样本一致时才准确。理想的样本装机尽可能越大越好。同样重要的是，这些样本只包括与即将建设的项目非常相似的相关 CHP 建设项目，也就是说，样本 CHP 项目与建议的 CHP 项目在主要成本显著特性方面应当呈现相同的性质。

可以从多个完成建设的 CHP 项目中获取历史价格信息，即使牺牲一些可比性，造价预估的可靠性也可以得到大幅提升。因为可获取的信息库是有限的，通常需要"权衡"样本装机规模与同质性。不幸的是，这种经过"权衡"本身的精确本质意义是不知道的，但是随着不确定性的升高，有限的样本可能是不足够的（例如，少于 5 个样本的情况）。

在这里，谨慎将变得一文不值。通常，成本数据受地域环境影响很大。因地区不同，项目建设在成本、规模、质量、复杂程度以及可实施性方面存在较大差别。因此，在选择与提出的项目类似的项目样本方面需要专业的技能与仔细判断。成本计划流程图如图 15-1 所示。

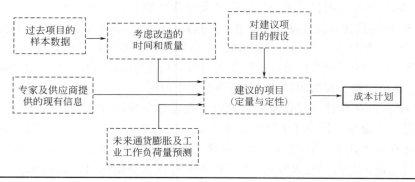

图15-1 成本计划流程图

15.3 应对承包商的不确定成本

无论是在实际建设之前对成本进行测算，还是通过在预选的合格承包商或者设计企业当中对建设项目进行招标、协商不超过或者保证建设最大成本，在既定的 CHP 能源站项目里，建设活动所产生的费用都几乎不可能出现最好或者最坏的开支排列项。通常可预见的合理的 CHP 能源站建设成本基本上是在实际花费的波动范围之内。许多成功的总包或者特殊专业承包商使用的方法是概率论，考量以下三个重要的成本点：最小成本、最大成本以及大多数情况下介于最大及最小成本之间的最可能成本。

选择概率分布的过程对于内部建筑风险经理来说存在一定困难。为了选择正确的概率分布，一般建议注意以下事项：

① 确定列出所有已知的变量，包括影响这些变量的所有的适用条件。

② 试图更好地了解概率分布的基本类型以及最好的应用方案。

③ 仔细选择能把所寻找的成本变量描述的最好的概率分布。

15.4　使用概率分布

概率分布通常被用于评估多种条件下各种数据分布的概率，包括三角分布、均匀分布、泊松分布、正态分布、指数分布、几何分布、超几何分布、对数分布、β 分布以及韦伯分布。分布可能是连续的，也可能是分散型的。

在价格预测中，最重要的因素就是不确定性。与其说成本预估是科学，不如说是一项艺术。因为它需要融合成本造价师自身的直觉及经验判断。概率不存在客观测试，由于是多项因素的总和，这是一个特别的成本结果。因此只有使用统计方法时才可能对它的精准性进行客观评价。

概率论允许通过数字来表达未来的不确定性。因此，项目业主—运营者可以直接比较不同事件的不确定性。未来事件发生或者某项条件存在的概率信息通常以概率密度函数的形式表现。如果可以从概率密度函数中获得一个特定的预测价格，那么对这一可能性进行测试可证明该预测是准确的。

对上述每一个概率分布的全面解释超出本章讨论范围，在章节结尾提供了一些文献参考，其中对于大部分分布进行了清楚的解释，包含对于一个给定的分析，选择最合适的分布类型的应用案例。读者可以参考这些文献并熟悉这些概率分布。

对于前面提到的许多与 CHP 能源站建设相关的成本问题，最常用的三种概率分布为一致分布、三角分布，以及正态分布：

① 在一致分布中，所有介于最小与最大值之间的值发生的概率被认为是相同的。例如，如果现有的电力公司没有信息对于建议建设的 CHP 能源站厂址是可用的，那么任何必要的联系发生的概率都被假设是相同的。当应用正态分布时，必须确定三个条件：最大和最小值以及所有介于最大与最小值之间等概率发生的值。

② 三角分布用于描述以下情形。在已知最小及最大值的情况下，分析人员对最有可能发生的值进行估算。然而，接近于最小值与最大值的值发生的可能性要小于接近于最可能值发生的可能性。因为使用便捷，三角分布在建设估算中被广泛使用。三角分布最常见的缺点为它最多是一个近似值。然而在有限的条件下，使用三角分布方法，近似值可能等于固定收益。

关于三角分布结构的描述相对简单，可在下文中找到它的图解法。如果将概率密度制作成纵坐标与横坐标的图表来覆盖最小值到最大值的可能值的范围，分析测算人员可以从三角分布基准线（同样位于横坐标）左端的最小值开始，向右上方画直线直到出现峰值，然后从该值开始向下画直线直到与横坐标最大值相交，完成整个三角分布。

最可能的值可以这样确定：从峰值往下引垂线，与横坐标相交，得到 2 个纵坐标相同的直角三角形。这一图解法是根据共同的纵坐标与横坐标的交点得出最可能值的，因为两个垂直三角形中较小面积的垂直三角形代表了价格介于最小值与最可能值之间的概率。

③ 正态分布被认为是概率论中最重要的分布。正态分布是一系列分布。每一个正态分布形状都类似于钟型。钟形向外及向下扩散，但与水平坐标并不相交。该分布采用两个参数，平均偏差和标准偏差。所有数值以平均值为对称轴呈对称分布，因此需要对数据的变化有合理的判断。

如果最可能的价格具有很高的确定性，那么正态分布是最实用的。正态分布使用标准差。68%位于平均值两边的所有值的偏差都在 1 个标准偏差之内。相应地，可以根据经验得出价格在平均值的 1 个标准偏差之内的概率为 68%。峰态分布有着较小的标准偏差。标准偏差值较大的图形有着较低且扁平的顶部，底部占据较大面积。钟形曲线也可以是均匀非对称的（无论是在平均值左边或右边）。这种现象与分布的偏斜度有关。标准统计度量可以结合偏斜度一起使用，关于它的特征讨论可以在之前提及的参考文献中找到。

15.5　利用风险分析建立"最可能成本"

建设工作的成本由 A 与 B 组成。成本 A 是由客户支付或准备支付的成本，成本 B 即 CHP 能源站承包商打算以合理利润承担该项目的费用。相应地，这两种成本可以认为属于成本共同体，此时会出现两个极端，例如，最小值或者最大值以及最可能成本。

未来的 CHP 能源站拥有者一般认为，在 CHP 能源站设计阶段完成时，制定的建设成本预算（估算值）代表了最可能成本。然而，他们与计划的 CHP 能源站的承包商都清楚，实际的建设成本可能高于或低于设计阶段完成时的成本预测。

如果 CHP 能源站建设成本预估过于乐观，未来的 CHP 能源站业主往往在这些建设文件上浪费时间及资源。当收到承包商的投标文件后，他们又不得不放弃先前的那些资料。另一方面，设计阶段完成时进行过度保守的建设成本预算将对 CHP 能源站的建设投资带来消极影响，并且导致投资者将资金转投给其他有吸引力的节能措施（Energy Conservative-Measures，ECM）。

需要进一步考虑的是，成本计划当中使用的分类因素之间的相互依赖性。研究表明，某些因素是相互依存的。比方说，CHP 项目由于大型计算机及/或者数据中心运行要求，需要安装大量的暖通空调系统，当暖通空调系统通过电力驱动的离心式制冷机，以及使用余热的吸收式制冷机提供能源时，电气安装成本会大大提高。

当使用历史数据制作建设成本计划时，任何风险分析方法论都必须考虑除客观的相关系数之外的相关成本之间的依存关系，并且对该历史数据进行仔细的检查。设计阶段可以使用各种各样的估算技巧。

在设计阶段，一些风险不能被盲目的预估，例如，项目现场的基础施工在冬天开始进行，格外寒冷的天气将会对成本产生的影响。然而，大多数风险的产生是由于信息的缺乏。例如，在设计早期阶段，不充分的设计及技术参数信息的缺乏会带来设计不当的风险。随着设计阶段信息量的增加，许多风险问题可以得到解决，所以在建设竞标结束之前，建设成本估算过程中的风险就仅剩残余风险了。

增设风险费用的简单做法是将它们罗列出来，并对每项风险事件发生的概率进行分析，同时使用三点预估，即最低价格、最高价格和最可能价格。

　　例如，一项典型的风险为在项目现场安装新的燃气管道的必要性。在设计阶段并没有提及已有燃气管道，因此设计人员并不清楚这些燃气管道的条件及规模。最有可能（常识）的成本列支项可能包括了对现有燃气管道进行改造的费用。然而，选择了最少的成本列支项则意味着不考虑对现有管道进行改造，那么最糟糕的情况就是实际需要大量的工作对管道进行改造。以上两项选择都不是应对建设成本估算风险当中最有利的选择。相应地，每项事件发生的概率呈以下方式分布：需要对管道进行一些改造的概率为 0.5，不需要任何工作的概率为 0.3，需要大量的工作的概率为 0.2。概率测评几乎很难说明数据的科学精确性，因此需要依靠专家的直觉及判断力。

　　下面考虑的是在获得实际的现场条件之前，在需要使用现有燃气管道供应 CHP 能源站燃料的情况下，承包商如何对最可能发生的成本列支项做出最好的预估。对于我们的 CHP 承包商来说，依然需要考虑以下三种情况：

① 对现有现场的燃气管道的一些改造。

② 除了为确定连接点进行的检查，对现有燃气管道不需要改造。

③ 现有现场燃气管道需要大量的改造。

序号	项目	价格/ $	概率	花费/ $
1	对现有燃气管道进行改造	8000	0.50	4000
2	无改造，只是检查	3000	0.30	900
3	对现有燃气管道进行较大改造	23000	0.20	4600
总计		34000	1	9500

表 15-1　基于价格以及概率的样本费用计算

　　如表 15-1 所示，承包商应当考虑分配给各项开支的成本。对于 CHP 承包商来说，只有当他们注意到选择 3 的概率仅为 0.20（需要实际改造），那么 4900 美元的成本开支项涵盖了估算当中的选择 1 与 2。因为 4900 美元与 4600 美元两项成本只相差 300 美元，所以 4750 美元这项平均数显然成为最大的风险规避成本开支。

　　在建议的 CHP 能源站的成本风险分析中可生成每一项分类成本因素的假设平均单位成本。这些假设的单位成本来源于具有相同统计特性的概率分布，也就是说可以提取原始样本数据特征，然后依据它们估算出单位成本的概率密度函数。这些假设的价格可累计计算出建议的 CHP 能源站总建设估算成本。它们也可形成概率密度函数图来表示总的建设成本的特征，从而确定最可能的建设总成本。

　　本章讨论了基本的成本计划是说明成本分析的基础。如果可以取得历史样本价格，这些同样适用于其他建筑工程分析和预估项目。例如，在预测建设周期工作时，利用计算机的各种软件模拟各项活动和时间，如经常使用的 Primavera 软件等。

15.6　成本计划中使用蒙特卡罗模拟

　　被称作蒙特卡罗模拟程序的方法是一项更精确、可用的方法，可在成本计划中使用历史数据进行风险分析。在这种情况下，决策者使用计算机生成成本计划并定义其分布。其他的方法则是决策者们利用经验、技巧以及判断对成本进行估算。蒙特卡罗分析程序通过对建议的项目进行一系列的模拟，通过每个模拟给出一个项目的估算价格。它将这些估算画成图形，首先形成累计概率曲线，随后形成柱状图，然后分几个步骤对其进行分析。不过这些内容超出本章讨论范围。

　　有些时候也会使用随机数据。计算模型中的随机数值在 $0.0 \sim 1.0$ 之间，并且作为概率值使用。而该值可以在与其对应的累积概率分布当中找到。数字是随机生成的，并且它与这个序列的前后没有关系，但它必须根据发生的概率按比例产生值。机制是由概率分布所决定的，并且它们所生成的值会把概率分布组合起来。常用的方式是常规蒙特卡罗抽样，但是也可以选择拉丁超立方抽样方法，该方法中，概率分布被分隔成等概率区间。该方法可以增加精确度，但需要花费更多的计算机计算时间和内存消耗，这些已超出本章讨论范围。

　　最终，项目业主—运营者应当准备好认真地解释模拟结果。记得查找分析各元素类别之间的依存关系。使用蒙特卡罗模拟时需要合约签订经验及直觉。两个变量之间的关联度将表明他们之间的依赖关系。累计频率分布可允许在所选择的单位成本之下检验获得单位成本的概率。基本上，能够获得最可能成本。通过分析数据生成统计数据，可能的话，并对这些获得的数据进行敏感性测试，通常对主要成本元素实施敏感性分析。

参 考 文 献

[1] Bowker, G. L., 1972, *Engineering Statistics*, 2d ed., Prentice-Hall, Inc., Englewood Cliffs, NJ.

[2] Flanagan, R. and Norman, G., 2003, *Risk Management and Construction*, Blackwell Publishing, Oxford, UK.

[3] Langley, R., 1971, *Practical Statistics Simply Explained*, Dover Publications, Inc., New York, NY.

[4] Larson, R. and Farber B., 2006, *Elementary Statistics*, 3d ed., Pearson Prentice Hall, Upper Saddle River, NJ.

[5] Lifson, M., 1972, *Decision and Risk Analysis for Practicing Engineers*, Cahners Books, Boston, MA.

运行

第16章

运行及维护

（Paul Howland）

16.1　能源站运行人员

　　CHP 能源站运行人员是保证 CHP 能源站成功、安全、可持续运行的重要因素，他们必须对电器设备、CHP 系统、控制、运营模式、系统综合效率影响因素以及应急操作等工作非常熟悉和了解。CHP 运行人员必须具有丰富的经验，而且需要经过正规培训和对现代化新技术和监管政策非常了解的优秀人员。

16.1.1　经验及培训

　　能源站运行人员是确保 CHP 能源站可靠高效运行的重要因素。在美国多个州及较大城市中，监管机构针对能源站运行人员实行颁发职业许可证的计划。这一计划考验了能源站运行人员对能源站运行、维护及安全等知识的了解，而且这一计划重点考验运行人员对安全知识和操作程序的掌握和了解。许多雇主要求雇用的能源站运行人员必须获得距能源站最近的城市或者州颁发的蒸汽工程师执照。大多数保险公司认识到，当能源站雇用了这些有执照的运行人员以后，设备损害和人员伤害的事件大幅减少，所以保险公司提出措施来激励能源站雇佣这些有执照的工程师（尤其针对那些对雇员完全没有执照要求的能源站雇主）。

　　在美国，从 20 世纪 50 年代开始，有执照的蒸汽工程师通常被生产蒸汽（生产的蒸汽用于区域供热、供冷以及其他工艺中）的能源站所雇佣。持有执照的能源站运行人员大部分都接受过培训或者通过学徒计划的培训，而且只有不少于 4 年培训和工作经验的受训生才有资格参加蒸汽工程师执照的考试。

　　历史上，能源站一般利用燃煤或燃油锅炉产生的蒸汽驱动汽轮机进行发电。这些能源站通常由公用事业电力公司拥有和运行。公用事业公司有些属于私人投资者所有，有些则是由市政当局运行。这些公用事业公司有自身的内部培训项目，这些项目通常根据电力行业特定职位特点来开发培养工作人员的不同能力，所以他们并不要求或者不认为市或者州政府颁发的蒸汽工程师执照是雇佣员工的必需条件。而对许多在区域供冷及供热的能源站内就职的公用事业蒸汽工程师来说，他们在船舶行业或公司接受了基本培训。在船舶行业，发动机技术与电力系统是非常普通及常见的技术。

从 20 世纪 80 年代开始，制造业的工厂业主们逐渐意识到小型燃气轮机发电机组以及往复式内燃机发电机组技术，这些逐步改变了工厂的运行及工作方式。随着从公用事业电力公司购买的电力成本的升高，往复活塞式内燃机和燃气轮机发电技术（以及其他的 CHP 技术）在区域供冷及供热领域得到普遍应用并且适用于所有的规模类型。现在我们的蒸汽工程也不再使用传统的锅炉来生产工艺用蒸汽。蒸汽工程师们需要学习各类知识：发电机组、余热利用技术、高压蒸汽的生产及输配以及维持发电后产生的蒸汽或热水的有效平衡。

虽然蒸汽和电力的技术及需求都发生了变化，但这些仍然需要合格的能源站运行人员。从手动控制到基于微处理器的控制系统，能源站运行人员可根据各自工作岗位的需求，无论是现在，还是将来都需要在新技术方面接受额外的培训。然而，接受培训的基本条件是这些运行人员依旧负责机械运转设备，同时在能源站日常运行过程中有着不可替代的位置。

每一个运行人员都会将他个人的技巧及能力运用到能源站运行当中。这些技巧及能力应该是能源站管理层认可及鼓励的。运行人员应该具备利用所有知道的常识不断地分析能源站现有及不断变化的问题的基本能力，而一些技巧，例如，焊接、管道连接、仪器校准等都是基本技能之外的能力。运行人员需要了解单个设备的内部工作原理、CHP 能源站系统的各个设备是如何连接并被控制的以及 CHP 能源站系统的各单元如何运行才能保证 CHP 系统高效的运行。

16.1.2　优秀的运行人员

运行人员了解能源站运行状况最常见的方式是通过视觉来观察。他们通过仪器可以获知能源站每个监测器压力、温度、扬程及流量。这些数据通过尺度测量、图表及计算机显示出来。运行人员可以看到显示的数据并从数据当中判断能源站是否正常有效地运行。通过利用计算机程序监测、人机交互（HMI）软件以及监测屏幕显示等，运行人员不仅可以观察到呈现能源站工艺流程的图像，并且还可以观察设备开启及关闭的状态以及警告和报警情况。运行人员还可以根据参数变化将各互动过程生成视觉图像，获得对于能源站运行的新认识。能源站的计算机可以存档上百份运行数据作为历史数据，同时可为运行人员建立图表进一步分析能源站运行性能（见第 17 章）。

一位优秀的运行人员还可以利用他或者她自身其他的感知能力。能源站不仅仅是一个嘈杂的需要对听力进行保护的地方。它发出的某些声音需要优秀的运行人员进行学习与听辨。例如，运行人员听辨给水泵或者冷凝泵的声音；同样他们应当听辨蒸汽轮机（STG）或者燃气轮机（CTG）的声音等。运行人员应该能听辨出设备正常运行的声音和能识别一些个别声音信号（例如，频率、音度等）。运行人员应该具有较强的声音识辨能力，当运行声音突然发生改变时，运行人员应该意识到运行的潜在问题或者运行故障的情况。一个优秀的运行人员在交班之后走进能源站的瞬间，如果听到设备发出与以往不同的频率和音度，他会根据这一情况展开进一步调查。

运行人员如果给予足够的关注，他也能感觉到能源站的振动。优秀的运行人员通过双脚行走或者站立在不同地点感知能源站的振动力度与振幅，或者通过触摸每个设备也可以感觉到能源站的振动。当然，有些振动太微小运行人员感觉不到，在这种情况下，可以使用非常灵敏的设备测量能源站百万分之一英寸之内（mils）的振动幅度或者频率。

优秀的运行人员同样可以利用经验或者一些通过计算机分析识别的工具来判断能源站是否正常运行或者是否存在一些较小且容易更正的问题。运行人员需要在这些小问题变成更大的问题之前进行处理。因为小问题发展成严重问题之后会导致能源站停运或更糟的情况出现，例如，设备严重损坏或者人员受伤等。从这个方面来看，优秀运行人员积累的任何经验只有在与管理层及其他运行人员进行分享时才会产生价值。能源站管理层应当鼓励及培养开放性的沟通；允许并创造以下氛围，即 CHP 项目业主—运营者接受能源站内任何人员的经验并认可它们的价值，即使这些信息在以后的运行环境中并未发挥一定的作用。

当优秀的运行人员的领导能力超过其技术技能之后，他们通常会升职至主管或经理职位。相应地，运行人员应该向主管或经理汇报工作并提出期待升职的事情。我们建议项目业主—运营者鼓励运行人员的这种行为，同时应当积极地为新的运行人员提供培训、指导以及指引，提高他们的技能和积极地加强对他们的帮助，让其成长为优秀的运行人员。

16.1.3　能源站检查

在交接班之初，能源站应当鼓励运行人员花费足够多的时间去彻底检查能源站运行。运行人员检查每一个正在运行的设备，并且迅速判断它目前的运行状况。同时，他们也应当检查每一台备用设备的情况或者备用状态，比如检查压力表及温度计、流量表、液位计等。运行人员可以直接用手触摸电机感知并检查电机驱动的泵及风扇的温度是否过高，振动是否过度。他们还需要查看冷却塔水流速、流量、温度以及进气口处的碎屑。运行人员必须对润滑油系统进行检查以确保维持正常的压力及流速，并通过窥镜检验润滑油是否在正常水准，以及是否存在被污染的可能。

在初步检查后，运行人员通常会进入控制室核实能源站巡检过程中观察的各种情况。他们会仔细查看能源站日志及记录，更好地了解交换班之前能源站的运行状况和其他需要跟进的事项。除此之外，运行人员也应当查看 HMI 的屏幕显示器，记录换班之前任何不寻常的发现。最后，前后交接班人员进行讨论询问，以帮助运行人员在进厂之前了解能源站内的运行状况。这些确认将有助于确保交接工作的顺利完成。

16.1.4　控制排放

近年来，各界对于环境的关注逐步提高，因此区域供热及 CHP 系统在减少有害气体排放方面都受到更严格的监督。第 14 章中提到，CHP 运行人员需要通过培训了解到能源站的强制排放标准，掌握如何辨别排放值超标，并且还需要知道如果事情偏离掌控时，他们应该进行协调，并及时做好回应，阻止问题发生。

在前面的章节谈到，世界上很多国家对 CHP 能源站的排放进行严格监管。运行人员必须检测排放物的成分含量，并且熟知规定的最大允许排放量。以天然气为燃料的燃气轮机发电机组系统的一氧化碳（CO）的排放量很低，因为它反映了系统完全燃烧的水平，当然它的氮氧化物（NO_x）的排放量也应该维持较低值。如果燃气轮机的燃料是液体（比如柴油）那么能源站也应当监测二氧化硫（SO_2）排放。如果采用选择性催化还原（SCR）技术减少 NO_x 排放量时，能源站人员应注意检查颗粒物排放中是否含有氨。

16.1.5 健康与安全

健康及安全规划在所有 CHP 能源站运营中都是极其重要的，能源站必须鼓励每一位运行人员严肃对待并注意保护自身的健康。比如说在日常工作中，能源站要求运行人员正确恰当地进行安全操作程序、穿合适的衣服以及参加所有必需的安全培训。严重的伤害会导致运行人员丧失工作能力，对其个人来说是非常致命的打击，同时也影响了能源站其他人员的工作积极性。

CHP 运行中最重要的一方面就是上锁和挂牌（LOTO）程序（简称"上锁挂牌"）。当运行人员正在操作设备时，应该阻止其他人员接触并开启这些设备。每一位在能源站的工作人员（包括承包商）必须严格遵照强制实施上锁挂牌（LOTO）程序，从而确保不会出现以下情况：电路突然通电、蒸汽或者热水阀突然打开或关闭等情况。这些突发事件都可能导致其他工作人员受伤或者死亡。

CHP 能源站水处理系统中需要使用多种潜在的有害化学物质。一般来说，这些化学物质用于控制生物生长而抑制腐蚀。每一位运行人员必须了解处理化学品泄漏时应该使用的安全设备种类。他们必须阅读及熟悉每一种特定化学品的安全说明书（MSDS）。如果这些化学品被突然释放或者由于疏忽大意或者违规操作，运行人员将自己暴露于危险品环境时，他们应当知道应对步骤。

16.1.6 操作手册及作业规范

大多数运行良好的 CHP 能源站运行人员都接受过培训，或者拿到过由能源站提供的书面运行参考标准。运行人员接受训练并被要求按照上述标准去观察和处理一些未来可能发生及出现警报的运行突发事件。因为不可能预料到每一项突发事件，能源站制定一系列书面指引及程序让运行人员了解他们的基本职责，告知他们承担特定工作的内容以及一些总则和预期的结果。某些情况下，指引会根据季节性负荷而改变模式。指引中提供处理负荷设备选型的建议和优化系统效率的方法。关于 CHP 能源站，非常重要的一点，设计应当确保余热回收系统存在多种选择，比如可以选择产生蒸汽或热水的余热锅炉（HRSG）或者生产热水的余热热水交换器。通过多种方式可以确保：即使电负荷发生变化，余热回收系统仍可以满负荷运行或者可以转换成别的方式运行。

运行人员通过观察的运行情况而做出决策是运行当中非常重要的一点，但是他们所做出的决定应当在管理层制定的指引规范内，这样才能保证能源站的有效运行。有时候，优秀的运行人员可以寻求一些方法改变操作方式，而这将可能导致操作规范或运行手册的修订。这些特例必须经过管理层仔细审核及记录在册，这些改变的操作方式只有被证实为可重复性操作的前提下才能被写入操作手册里面，以避免误用。

16.2　能源站启动

黑启动

　　在许多 CHP 能源站中，能源站是与当地电力公司电网并网运行，通过这种方式满足用能负荷的需求。用户端的负荷需求可能超过 CHP 能源站的装机容量，必须同时依靠电力公司的电力达到一种平衡来满足所需求的电力。电力公司电力可能由于自然原因、电网超载或者设备损毁等原因导致电力供应紧张或下降（如停电等）。当上述情况发生，由于电压的不稳定，给工厂供电的燃气轮机发电机组或者内燃发电机组也会跳闸。此种情况下，工厂处于无电或者"黑"掉的状态。能源站运行人员应当尽快让工厂恢复电力供应。这种情况下，需要开启黑启动发电机，或者一直等待直到电网电力恢复。在某些工厂，能源站可以实施自动甩负荷保护功能，这样可以防止由于电网电力的突然消失导致能源站发电机负荷超载而跳闸的情况出现。

　　在黑启动中，通常使用柴油发电机，能源站运行人员应当首先断开与电网电力连接的断路器，让工厂处于"孤岛"模式（也就是断开工厂与电力电网的连接）。如果工厂的用电负荷足够大，能源站应当制定甩负荷计划，从而使 CHP 能源站始终处于电力平衡启动的状态。如果断路器不是自动操作的，管理层应当指导运行人员手动断开断路器，移除负荷。通常能源站设计黑启动发电机的目的是给辅助负荷提供足够的电力，这些电力可以启动 CHP 能源站。例如，辅助负荷应当在紧急情况下提供燃气轮机以及相关的 HRSG 电力。另外，黑启动发电机可以使 CHP 原动机达到同步运行的电压和频率。一旦发动机开始旋转并完成了它的暖机循环，运行人员可以使发动机进行 RPM 运行，从而带动发电机运行。发电机频率必须与在线监测的频率保持一致。能源站运行人员通常使用自动控制或者手动模式两种方案选择同步发电机频率。在手动模式中，运行人员观察带有旋转指针的表盘。表盘上方的指针在零刻度之间摆动。零刻度表示发电机频率与在线监测的频率一致。通常表盘上面有两条刻度线，指针通常在零刻度，或者零刻度与刻度线之间波动。运行人员通过使用表盘下的旋钮调节放缓指针旋转速度。当指针旋转非常缓慢并到达零刻度，运行人员将打开开关锁定并保持发电机频率与在线频率一致。应当注意的是，对于大多数监测系统，如果频率不一致和指针并未到达零刻度，即使运行人员打开开关，控制系统也不能锁定发电机频率，该问题将会持续存在，直到它得到纠正解决。

（1）自启动法

　　在能源站，自启动法通常指用黑启动方式启动主要的发电机组。在大型公用事业电力公司，可能存在柴油发动机，其允许小型燃气轮机发动机发电，并且与柴油发电机的频率保持一致，除此之外还提供足够的电力启动主发电机。在联合循环能源站内，柴油发电机可以允许备用锅炉燃烧天然气生产蒸汽推动汽轮机做功发电。汽轮机与柴油发电机并联并提供足够的电力给燃气轮机发电机。在很多情况下，能源站自启动过程中可以使用体积更小、更经济的柴油发电机。

（2）重启

每一次燃气轮机或者内燃机发电机组突然关停或者跳闸，原动机设备和 HRSG（或者热水回收单元，也作余热锅炉）的内部将遭受热应力。这一情况在机组关停或者启动运行时都会发生。当启动开始，能源站运行人员必须等待机组完成暖机循环。如果发动机或者燃气轮机跳闸，运行人员应当快速查找原因并分析是否存在导致机组长期停运的严重问题。发动机将有一个惰走时期，可在控制系统中编入该功能。根据发动机组的规模，惰走时期可能需要 10min 或者更长的时间。如果可以快速找到跳闸的原因并重新设置，运行人员有充足的时间重新启动机组，而不会导致进一步拖延。如果燃气轮机或者内燃机发电机组的关停持续一段时间，那么发电机组暖机循环至少需要一个小时；如果发动机组规模较大以及设备/系统停运的时间较长，那么暖机循环可能需要更长时间。

16.3　能源站优化运行

能源站的优化取决于多种因素，包括用户负荷与 CHP 生产负荷（电负荷及热负荷）容量的比较；能源站生产以及使用电能、热能、冷能的多样化选择；能源站计量、监测以及控制的水平及深度；数据分析等（参见第 17 章）；运行人员的知识和经验。举例来说，如果 CHP 能源站是按照所有运行时间内用户电力及热负荷的需求而设计和建设的话，那么可以对能源站的优化设计没有更好的选择方案了。而相比之下，如果 CHP 能源站根据变化的电能及热负荷需求而设计，那么能源站的优化空间会很多。另一方面，联合循环的 CHP 能源站利用补燃的方式可以调整汽轮机的蒸汽及电能的产出比。在 CHP 运行中，如果计算机绘图、计量及监测显示等技术应用的越多，那么设计人员对 CHP 能源站的了解及系统优化则会更容易（参见第 17 章和第 18 章）。

燃气轮机及蒸汽轮机的优化

对于运行人员来说，CHP 能源站的优化将是一项长期且充满挑战的工作。在对能源站进行设计时，设计人员应当考虑无论用户负荷发生怎样的变化，余热回收单元生产的所有蒸汽或热水都能被全部利用，这样才能使发动机关停的风险降到最低。需要注意的是，如果需要从 HRSG 当中制取蒸汽或者热能，降低风险最有效的方法是尽量满足这一部分需求或以热负荷为第一考虑，虽然以发电为第一考虑的设计可能会带来更大的价值。

余热回收产生的蒸汽或者热水还可用于制取冷能。在联合循环能源站里面，如果需要更多的电力，多余的蒸汽可以驱动蒸汽轮机发电。通常来说，当蒸汽轮机可根据蒸汽量调节电力输出时，CHP 能源站的运行效率可以达到最高。如果需要额外的电力输出而蒸汽轮机又没有满负荷运行，则可以通过增加烟道式补燃燃烧器（即补燃余热锅炉）生产更多地蒸汽进入到蒸汽轮机做功，也称作点燃加力燃烧室。

（1）补燃余热锅炉

补燃余热锅炉可以提升 CHP 能源站的性能，通过为补充装置的管道燃烧方式增加 HRSG 的蒸汽输出。运行人员必须监测和控制补燃余热锅炉产生的汽量，并且能够决定在什么样的能源站条件下适合利用烟道补燃的方式优化能源站运行。管道燃烧使用的燃料成本可与因能源站效率提高而减少的成本进行抵消。能源站运行人员必须保障控制中心有足够且有效的数据以供他们做出任何决定。

（2）空气进气冷却

直接增加燃气轮机运行效率的方法是通过进气冷却，特别是在暖季，该方法更直接。运行人员要求密切监测燃气轮机的性能，以及调整已设定的进气冷却温度的控制值，提高发电机的出力，提升燃气轮机标准工况下工作性能。特别是在闷热潮湿的午后，电力负荷需求达到最高时，空气进气冷却成为必要。进气冷却过程还可以去除空气当中的湿气（如果使用了冷却盘管），增强燃气轮机发动机的性能。

（3）能源站平衡

在联合循环的能源站里面，HRSG 制取的蒸汽通常优先供应用户的热负荷需求或者热工艺。能源站运行人员必须持续监测所有的负荷，并且决定处理这些负荷最有效的方式。他或者她必须清楚整个能源站的系统平衡、各设备的性能以及天气状况导致的系统不平衡等。

在运用 CHP 进行区域供暖、供冷的系统中，供暖或供冷负荷不断变化，这将要求运行人员寻找 CHP 原动机、蒸汽轮机、制冷机、建筑供热生产设备之间的平衡。能源站设备的种类越是多样化，运行人员根据负荷变化对能源站效率进行优化的机会越多。举例来说，能源站运行人员可以选择电制冷机组或蒸气制冷机等设备为建筑提供制冷。许多 CHP 的设计当中，吸收式制冷机用于生产冷冻水。吸收式制冷机通常利用大量蒸汽，在相对较低的压力下运行，并持续提供冷冻水。

在很多情况下，随建筑热负荷降低而出现冷负荷输出增加的情况，这是一种理想状况。在此种状况下，运行人员可以将建筑采暖中的蒸汽转换给蒸汽驱动的离心式制冷机或者吸收式制冷机，或者供给蒸汽辅助动力设备，例如，安装的风扇和泵。当然也会存在以下情况，在潮热的午后，电负荷达到最高水平，那么几乎所有的蒸汽将会供给蒸汽轮机生产更多的电力。

（4）计算机数据记录

正常来说，基于微处理器的监测及控制系统分布在能源站的各个角落。在系统设计及编程过程中通过设定某些值来控制整个能源站，以确保能源站里面重大设备的安全性。呈像显示的计算机有时称作 HMI（人机界面）。HMI 从控制系统中获得数据，并且将流程信息和控制点提供给运行人员。HMI 同样可为运行人员或者管理人员提供历史数据及实时数据。

数据日志有多种表现形式，例如图表、柱状图和表格等。计算机可以收集能源站运行情况和效率的信息，并且以方便人们阅读的方式呈现这些信息。能源站运行人员应当能够将他们的决策和行动与能源站运行显示的结果进行对等比较，并且有能力在短时内进行及时调整并查看结果。

16.4　能源站维护

16.4.1　燃气轮机

大多数燃气轮机或者内燃机发电机组需要停机检修，这项检修工作通常要求由经过能源站培训，并且具有机械经验的专业人员进行操作。能源站运行人员有责任注意能源站运行数据的任何变化。他们必须对不寻常运行情况保持警惕，这些情况可以通过振动或者噪声的变化来感知。

能源站运行人员负责的最重要工作之一就是检查并维持润滑油系统的完整性。润滑油的状态可以通过肉眼来观察，例如，润滑油在储存罐当中的颜色、流量，以及液位高度等。控制系统应当监测及预警过滤器中的润滑油温度及压差。

保持燃气轮机发电机组的清洁，为能源站长期效率最大化的运行提供了最好的机会。能源站必须监测进气过滤器，及时调整它的变化，以防止进气压力过低导致燃气轮机的性能降低。即使配备最好的过滤器也不能防止燃气轮机发电机组变脏。一些燃气轮机的水洗工作可以在运行时进行，而不需要发电机组停机。

16.4.2　余热锅炉

热回收蒸汽发生器（余热锅炉）基本上是一个非燃烧的热锅炉。余热锅炉是利用燃气轮机发电机组排气的热量来产蒸汽的设备。余热锅炉的过热器与省煤器是分开的。与其他锅炉一样，对余热锅炉来说，非常重要的一点是维持可靠的水处理系统，防止结垢。CHP 能源站运行人员必须每天对余热锅炉的水进行取样化验和进行化学处理。

进一步来讲，与其他任何锅炉一样，运行人员必须每年对余热锅炉进行清洁与检查。环境监测管理条例对许多安装设备都提出大量减少废气排放的要求。在这种情况下，能源站运行人员通常在余热锅炉中安装催化剂装置。通过肉眼可以对催化剂的一部分进行检查。而另外一些部分需要从装置当中拆除后，在实验室里测试并决定它剩余的使用年限。NO_x 催化剂要求注入氨水，这将要求能源站必须保持氨水的运输、注入系统的清洁并定期进行检查。

16.4.3　蒸汽轮机

除表 16-1 所示计划之外，能源站需要定期检查蒸汽轮机的内部。检查的频率取决于蒸汽的状况和运行条件。但是如果可能的话，每次检修的间隔不要超过 3 年（见表 16-2）。蒸汽轮机在启动之前或者运行时，运行人员需要对润滑油系统的水平及质量进行确认，这一步骤是非常重要的。

16.4.4 蒸汽型制冷机及吸收式制冷机

蒸汽驱动的离心式制冷机的维护要求与蒸汽轮机一致。检修人员必须对制冷机末端进行泄露检测，并保持一定数量的冷冻剂。蒸发器与冷凝器、热交换器必须是清洁的，并且每年需要检查一次。冷却水的供应必须维持在恰当的温度以保证制冷机较高的综合效率。如果能源站使用了冷却塔，运行人员必须制定一个有效的水处理和化学处理维修计划，以保证冷却水管不受阻塞和腐蚀。

吸收式制冷机的维护是独特的，因为它的内部没有可以移动的部件。在机组内，持续流动的水经过蒸发器和冷凝器将保持稳定的热交换过程。因为发生器的部分使用蒸汽或者热水隔离水与溴化锂溶液，冷凝器当中的传热大于离心式机组的传热，因此冷却水供应变得更加重要。

16.4.5 能源站辅助设备

CHP 能源站有多种辅助系统支持着燃气轮机、发动机、发电机、余热锅炉或热水余热回收单元。大多数设备在 CHP、区域供暖及供冷中都很常见，例如，给水泵、除氧器、冷凝泵、冷凝器，以及冷却塔等。这些设备的清洁和维护一般都相对标准化，更容易了解操作。但在 CHP 能源站运行中，如何保持这些设备高效率的运行才是最重要的。

维修
年度许可检查
打开所有管道—检查松散的绝缘设施，所有内部面板、催化剂并进行清洁
排干并打开泥浆桶和汽包并清洗干净
安全再认证（将现有的部件送去再次验证）

表 16-1 典型 HRSG 维修计划

维修	每天	每月	每季	半年	每年
检查提升轮机的跳闸速度来检测超速脱扣		×			
清洁所有连接系统，并且检查磨损			×		
清洁所有移动的部件，并且上机油或者润滑（杠杆的支点）			×		
移动轴承并检查				×	
检查所有径向叶片接触面（轴承）				×	
检查所有轴向叶片的接触片（推力面）				×	
确认没有过热、过度磨损的迹象，包括凹痕、沟槽、裂缝或者脏痕				×	
检查所有排水系统的有效性				×	
断连并分开联轴器；清除所有的油脂及污泥，然后冲洗；检查轮毂的磨损和轮毂盖，然后进行干燥处理并重新装满高质量的油脂				×	
检查报警阀和安全阀确保其运行正常。当压力水平高于正常压力值 10% 时报警阀开启的同时，安全阀也要开始启动并完全开启				×	
在没有负荷的情况下运行轮机，检查调节器的运行及振动				×	

续表

维修	每天	每月	每季	半年	每年
尽管非常燥热,如果可以,排干调节器的润滑油;冲洗调节器并重装润滑油					×
拆下并清洁调节阀和内部蒸汽过滤器,检查是否泄漏					×
将润滑油样品送去分析					×
替换润滑油过滤器					×
必须定期检查轮机内部,检查的频率视蒸汽运行条件决定,但不超过 3 年					3 年

表 16-2　典型蒸汽轮机维修计划

　　CHP 能源站中其他的辅助系统比较特殊,对这些辅助系统的定期检修或停机检修等都需要经过专门的培训。举例来说,能源站使用了氨水注入系统减少 NO_x 减排的,当 CHP 能源站靠近公共区域时,通常使用尿素代替氨水进行运输及储存。尿素从储存区域抽取出来,并且通过加热转换成氨,随后被注入催化还原组件里面。输送的管道、泵,以及加热器必须保持干净,并且必须使用蒸馏水进行冲洗,以此来防止尿素的结晶。如果尿素结晶最终将会堵塞注射管道,并且会导致 NO_x 排放超过限制标准。

　　第二个例子则是天然气压缩机。许多燃气轮机需求的天然气或者其他可燃烧的气体,压力较高,超过燃气主管网的压力。燃气压缩机可提升燃气压力,以满足燃气轮机的进气要求。燃气压缩机系统中也包含过滤器,该系统也要求定期检查与清理。

　　另一特殊系统则是烟气排放监测系统。在 CEMS 系统中可对烟道气进行取样,并且持续分析。CEMS 必须定期校准,该内容已在"运行许可"当中阐述过了。任何在标准校准以外的服务都应当由经过能源站培训的技术员实施。

16.4.6　停机计划

　　为了完成维修要求,停机计划是一项艰巨的任务,特别是当用户要求每天 24h、一周 7d 连续运行的情况下。能源站管理层必须确定每年的停机维修计划,如果该计划对能源站业绩产生的影响为最低的话,CHP 能源站将会支持这一计划。最大的影响将是电力成本的增加。在许多情况下,无论能源站内发电是否停止,当地的公用事业电力公司将会对 CHP 能源站征收备用容量费。

　　无论燃气轮机的停机维修计划定于何时,所有相关的设备都必须停止运行,并且按照预期的计划进行维修。停机检修必须经过详细计划,运行人员必须确保已经提前约定了外部的合同商,并且确保他们可以按照能源站预期的计划进行维修工作;并且还要准备好所有现场需要的备品备件。能源站维修合同可以帮助简化零部件、人工以及专家等各项协调工作程序。

16.5　CHP 能源站运行人员

　　CHP 能源站的设计可以预测能源站运行效率,从而可以预测资金收入,这给所有的利益相关者留下了深刻印象，从而使他们可以专注于工厂的建设或者扩大现有的设施规模。在能源站建设及交付之后，运行人员开始接管能源站，并且验证运行是否满足设计要求或者超出预期的性能。本章勾勒了优秀的运行人员作为个体和运行团队的一员的重要性。他们的存在是保证任何 CHP 能源站成功、可持续运行的重要因素，他们应当被认可。

第**17**章

维持 CHP 系统的运行效率

（Srinivas Katipamula
Michael R. Brambley）

　　本章通过提供一些背景知识来说明维持热电联产系统运行效率的重要性。文中针对 CHP 系统的性能监控和调试验证（CxV，Commissioning Verification）提出了一些算法公式，并分别列举了系统整体级和各部件级的性能参数，之后又通过运用文章中之前出现的参数，对系统的性能监控和调试验证（CxV）的公式进行了详细的描述。

　　调试验证（又称指令的确认）是通过对比实际测得的性能参数与系统集成商或各部件生产商所提供的基准性能参数而得到的，然后自动分析这些对比的结果，以便得出如 CHP 系统及各部件的运行指令是否使得其合理运行、哪里出现问题的结论，并且给出解决问题的指导方法。这些算法和公式的作用就是运用它们来处理分析实验或现场的数据。在本章结尾，作者针对这些公式在现实世界中是如何应用的进行了深刻的探讨。

17.1 背景

　　尽管近年来的科技进步使得楼宇型 CHP 系统成为一种更加可行的选择，但如果在商业建筑领域广泛地应用 CHP 技术还需要克服一定的困难。因为 CHP 系统是基于多种系统的相互作用，因而其技术比传统的建筑系统更加复杂。只有不同部件作为一个集成系统来工作运行时，系统的全部运行潜力及市场渗透潜力才能够充分地被认识到，如果早期安装遇到操作问题，这种潜力就会受到一定程度的损害。把 CHP 系统和现有建筑系统集成到一起会带来更多的挑战。最后，许多商业建筑缺乏足够的控制系统、需要雇佣经过培训的运行 CHP 能源站的人员和建立经验证的运行及维护措施来优化并确保这些系统的可靠运行。

　　鉴于目前在商业建筑中的不良运行状况，集成分布式能源技术（DG）在现有建筑中的应用遇到很大的挑战。尽管没有进行比较权威的全国范围的评估，但在过去十多年里，在有限的地理区域内，很多案例表明商业建筑中有相当大的一部分能量（约占耗能的 30%）被白白地浪费了（Ardehali et al. 2003；Ardehali and Smith 2002；Claridge et al. 2000，1996，and 1994）。大部分的能量浪费都归因于建筑系统运行没有得到较好的控制和维护，以及能源站的运行人员不能在运行问题发生时及时地探测、诊断并改正。

　　整个 CHP 行业将面临一个挑战，即构建可靠的集成控制系统。该控制系统通过控制不同设备来使系统效率实现最大化、优化系统性能、防止设备损坏，并且将 CHP 与现有的建筑系统集成在一起实施控制。正如前几章所述，CHP 各设备的制造商不同，其尺寸与规模也不同。工程师、承包商和集成商把这些零散的设备整合到一起，使它的容量及运行与各个建筑的负荷状态相匹配。为此，系统以接插即用的方式组装成一种自动并且准确无误的控制系统（内含诊断能力），这将为这项新科技进入建筑市场提供一个巨大的优势。

　　为了使 CHP 系统在近似最佳的或无误的条件下运行，能源站需要安装控制系统监控 CHP 能源站和用户的用能设施。控制系统不但可以协调整个 CHP 系统设备的运行工况，并且还可以将 CHP 系统与现有建筑系统耦合到一起。集成现有建筑系统与 CHP 系统遇到的困难包括：选择最佳的设备与系统规模满足建筑负荷要求；如何将 CHP 系统的控制与现有建筑系统的控制做到平稳无缝衔接；定期并频繁对建筑负荷（电和热）、设备及系统的性能进行评估；如何使建筑负荷、市电负荷与 CHP 系统输出负荷相匹配，同时需要决定 CHP 系统各运行时间及对应的能源输出量或者向电网售电的时间和电量等。合适的控制系统可以使 CHP 系统与现成的设备系统完美无缺地合并运行，然而很多建筑并不具备上述条件。

为什么监控和诊断如此重要

　　当今 CHP 技术所面临的主要挑战就是把单一设备集成"交钥匙产品"；在这样的"交钥匙产品"中，针对特定的建筑用能负荷，选择不同设备的大小和型号并进行控制，从而使 CHP 达到最优的运行状态。这代表着供应商可以从原始设备制造商（OEMS）那里选择各种不同类型和大小的设备进行组合，并为其提供相关的控制策略。这样的话，CHP 系统输出的电能、冷或热就能与建筑的逐时负荷和季节负荷相匹配。

　　要让大家意识到 CHP 系统的节能性潜在的社会效益，需要将这项技术快速地渗透到商业建筑领域并让他们接受。为了达到这个目标，供应商必须能够灵活快速、廉价且可靠地生产出这些系统。另外，CHP "交钥匙"供应商在制造该设备的过程中应当遵循设备生产商提供的设备操作条件和限制条件的范围。考虑到"交钥匙"CHP 系统设备之间的物理兼容性，迫切需要一个即插即用（Plug-And-Play）的控制系统。

　　高水平的机组运行性能可以使更多的消费者接受 CHP 系统，为确保系统达到高可靠性需要对运行的系统进行持续的诊断。诊断的内容包含了各组件的故障和整个系统运行性能下降等问题。不同厂商的各设备组件的诊断需要集成到一起，然后形成系统级别的诊断。

　　监控及自动诊断计算方法都是这些自动化工具的基础，这些自动化工具可以帮助建筑工程师、建筑管理者、能源供应商更好地处理 CHP 系统与现有建筑系统复杂的相互关系，监控和诊断的三个主要功能要求如下：

①　使用易于理解的性能参数为运营商连续提供系统运行的反馈。

②　针对自动检测、诊断和利用自动检测诊断的算法来制定自动检测、诊断和预测系统与组件衰减与故障计划。

③　通过使用适应性预测控制方法及自动决策工具来保证系统运行的平衡和最优化。

(1)　连续性能反馈

尽管通过反馈给 CHP 系统运行人员或者给能源供应商的运行数据来管理 CHP 系统并不能使系统达到最佳运行状态，但是它所反馈的运行性能信息有助于帮助运行人员识别系统出现的异常状况并采取必要的操作。前方运行人员通过这些反馈信息来观察设备的变化、检查设备，并且对设备的运行做一些必要的纠正和变化。

(2)　自动诊断与预测

自动错误检测诊断（AFDD）是一个自动的过程，通过这个过程它可以检测分析报告那些物理系统中的错误操作、运行性能的降低和出现故障的部件等。AFDD 工具通过一些算法公式对过程数据不断地进行计算，从而决定数据来源是否正常。如果想要知道更多关于建筑系统的 AFDD 方法的细节，请参考 Katipamula 和 Brambley（2005a 和 2005b）。

AFDD 工具既可以是被动的，在不改变设备/系统的设定点或控制输出的情况下对设备/系统的运行情况进行分析；也可以是被动的 AFFD 可以自动地做出变化，创造一些运行条件或者模拟当前运行状况，这种情况下，它的功能比正常运行条件适应的范围更广，花的时间也较少。

尽管在安装阶段已经对整个集成系统进行过调试，但这不能保证后期的运行期间它会一直保持正常合理的运行工况。想要使 CHP 系统保持连续正常运转的工况，运行人员只有不间断地对各设备及运行性能数据进行监控，并及时修正故障。AFDD 作为这个连续监控和调试过程的核心，要通过它对设备实行不间断地监控，并在运行中辨别故障和诊断性能降低问题。不仅如此，预测工具还可以在遇到故障错误或性能明显下降之前通知运行人员和维修人员。在收到故障信息后，能源站的所有运行人员计划并参与设备的维护。操作人员与维修人员仍然是能源站调试与周期性维护工作的重要组成部分。但是如果没有连续的自动监控系统，如果系统出现运行问题，那么在几天、几周或几个月，甚至几年内都有可能监测不出来，并且运行人员事先也无法预估此类问题。

所需要的诊断算法公式的功能类别如下：

• 部件级别的诊断。是关于连续监控部件运行性能的一些诊断算法，该算法用来监测并诊断系统部件的故障。

• 系统级别诊断。即使单个部件运行正常，但是对于整个系统来说并不一定是最佳运行状态。因此，我们需要一个连续监控整个系统运行的诊断算法公式，用此来监测并诊断系统故障和系统性能降低等问题。

• 建筑性能综合诊断。因为 CHP 系统的热输出和建筑现有的冷、热等供能循环系统集成为一个整体，因此需要将整个集成系统的运行性能调节到最佳状态。

• 预测工具。这些工具的作用就是使得操作人员和维护人员能够提前计划并参与到系统维护中修复和维护系统，从而保证运行的良好状态和将停产期缩减到最短。

17.2 性能监控

本部分阐述了运行监控及调试（指令）验证的目的和一般方法。本节同样详细地列举说明了关于一般 CHP 系统的各部件的运行监控算法。由于各部件可以以不同的方式组合到一起形成 CHP 系统，因此，这种算法可以用来监控各种不同配置的系统。

CHP 系统的性能可以根据一次能源消耗量（The Outcome of Primary Interest）来进行分类。CHP 系统的目标是在花费最少的成本的前提下优化满足用户电能及热能，同时还要满足其他环境方面的限制，例如，对排放的限制。如果系统已经经过设计并建成，那么可以通过维持系统的高效率运行来控制运行费用。要达到这一目标，首先必须确保 CHP 系统是良好运行的（最佳的运行状态），其次能源站必须确保系统一直维持高效运行。要达到最高效率，能源站需在满足用户负荷要求的前提下尽可能减少燃料使用。当然，这里需要与每一笔额外的维修费用进行权衡。

算法公式是实现某项功能的工具，它会向 CHP 系统的执行器提供信息，从而保证 CHP 系统及各设备的运行性能达到项目工程师和制造商初始的预期运行效果（通过 CxV），并且能够监控系统运行，以便迅速发现系统效率下降等问题，进而通过改变或维持运行状态来保证系统的效率不发生变化。系统性能的监控可以为修正系统运行操作和基础维修等内容提供基础（例如，状态检修与维护）数据。

为了使控制器全程监控 CHP 系统的运行性能和及时发现故障问题，我们需要一些算法公式来监控整个 CHP 系统和各个部件的运行效率。能源利用效率表明系统将燃料转化为有用的电和热的效率。系统效率的明显降低说明产生的有用功量减少，或者是生产同等有用功而消耗的燃料增加，这将造成燃料的损失。

能源利用效率 η_F，是整个 CHP 系统运行性能的度量参数，定义如下：

$$\eta_F = \frac{W_{elec} + \sum_j Q_{th,j}}{Q_{Fuel}} \tag{17-1}$$

式中 W_{elec}——净输出电量；

$Q_{th,j}$——j 过程中，热回收所利用的有效供热量；

Q_{Fuel}——输入 CHP 系统的全部燃料的能量。

上述等式是表示 CHP 系统效率最常使用的公式，尽管 Katipamula&Brambley（2006）中指出，该算法没有考虑到不同能源的品质（有用能）。在后面章节我们将介绍方程式（17-1）如何应用于特定配置的 CHP 系统。为了将不同能源品质（有用能）考虑在内，我们可以使用一个加权平均的能量使用系数（EUF_{vw}），这些将在 Katipamula&Brambley（2006）和后面的章节当中详细阐述。

CHP 系统的主要部件包括燃气轮机、微燃机或往复式内燃机发电机组等基本原动机、热回收设备（热交换器）、蒸汽型离心式制冷机或吸收式制冷机（可以利用原动机产生的废热制取冷冻水制冷）、调峰型蒸汽电动压缩制冷机（当余热型制冷机不能满足全部冷负荷时，电动制冷机可以承担部分冷负荷）、冷却塔、空气除湿系统、溶液泵、风扇等。

17.3　调试验证（指令确认）

调试验证（CxV）是一个验证过程。通过这个过程，可以验证系统实际运行时单个部件及整体系统的运行性能是否较好的符合设计师、制造商所设定的运行性能。不仅如此，对于一些新的系统，试运行（Commissioning）的目的在于满足用户需求计划和保证 CHP 系统可靠地运行。试运行过程包括一系列系统的操作过程：从项目规划阶段开始，一直持续到设计、安装及启动运行。在系统启动运行之前，试运行还应包含对 CHP 系统的所有设备进行检查，并确保这些设备部件均已正确安装且安装完毕，可以可靠地实施运行。

本章节的另一个目的就是为读者提供一些公式。读者们利用这些公式可以实现 CHP 系统的自动化，从而验证系统调试是否成功，同时验证 CHP 系统的最终结果是否满足设计及运行的期望值。尽管 CxV 可以对部件及系统进行测试，但本章主要讲述如何对系统的运行性能进行确认核实，从而保证系统合理并成功完成调试，并且在发现缺陷时，提供仍需要的调试指标。

调试过程依赖于下面我们将要提到的监测演算法。CxV 算法公式提供了一种逻辑，通过这个逻辑我们制定一些措施保证系统运行性能达到期望值。同样，通过这个逻辑，我们也可以在 CHP 系统试运行阶段发现系统或主要设备性能的不足之处。通过对单个设备运行特性的监测，就可以将整个系统的不足孤立开来，这样便于能源站运行人员针对将来设备可能出现的问题采取后续操作。此外，某些问题可能牵涉到系统中多个设备。在这一前提下，能源站迫切需要一个集成控制系统以便对各部件进行反复的检查和确保它们执行更多的指令。CxV 算法最终输出的结果是警告、性能故障的定量指标和指导正确操作的辅助信息。

17.4　部件监测

CHP 系统的各部件存在多种不同的组合方式（见图 1-2），而这些算法公式可以用来监测这些系统中的部件。

17.4.1　原动机

原动机可以把燃料中的化学能转化成为旋转的机械能来驱动发电机转动发电。如在第 2 章提出，小型汽轮机和往复式内燃机可以代表大部分在 CHP 系统中应用的原动机，尤其是电力输出小于 1MW 的机组。这些原动机的废热都是以烟或者缸套水的形式排出。对于小型汽轮机发电机组的热回收利用而言，缸套水余热并不是很大的一部分。但对于往复式内燃机发电机组而言，180℉或更高温度的水在缸套中可以通过与冷水循环换热而被吸收利用。为了方便分析，可以将原动机和发电机作为一个单元部件，所以输出有用能就是电能

（W_{elec}），输入原动机能量 $Q_{Fuel,\ engine}$ 是通过流入其中的燃料流量乘以其低位热值 LHV 得到的，而该部件当中未能利用排放掉的能量即为排气损失和缸套损失之和。

原动机的效率

设备的发电效率 η_{EE} 指的是原动机和发电机结合产生的有用能，定义如下：

$$\eta_{EE} = \frac{W_{elec}}{Q_{Fuel,\ engine}} \tag{17-2}$$

如果 CHP 系统中通过从原动机的排气回收的余热，未通过利用其他设备（例如，蒸汽轮机）来产生更多的电能，这一过程当中也没有为了补充加热而增加多余的燃料，那么这个效率也可以称为 CHP 系统的发电效率。输入发动机的燃料能量表述如下：

$$Q_{Fuel,\ engine} = \dot{m}_{Fuel} LHV_{Fuel} = \rho_{Fuel} \dot{v}_{Fuel} LHV_{Fuel} \tag{17-3}$$

式中　　　$\dot{m}_{Fuel}$——输入原动机的燃料的质量流量；

$\dot{v}_{Fuel}$——燃料的体积流量；

LHV_{Fuel} 和 ρ_{Fuel}——输入工况下燃料的低位热值和密度。

联立式（17-2）和式（17-3），产电效率用可测量表示如下：

$$\eta_{EE} = \frac{W_{elec}}{\dot{m}_{Fuel} LHV_{Fuel}} \tag{17-4}$$

$$\eta_{EE} = \frac{W_{elec}}{\dot{v}_{Fuel} \rho_{Fuel} LHV_{Fuel}} \tag{17-5}$$

式中，当燃料消耗量用质量流量表示时，可以使用式（17-4）；当燃料消耗量是以体积流量表示时，可以使用式（17-5）。

原动机效率 η_{engine} 表示如下：

$$\eta_{engine} = \frac{W_{engine}}{Q_{Fuel,\ engine}} \tag{17-6}$$

式中，W_{engine} 是原动机（小型汽轮机或内燃机）输出的旋转机械能。

发电机同样有损失，基本上可以当做发电机外壳的热损失而耗散，可以用发电机效率表示：

$$\eta_{generator} = \frac{W_{elec}}{W_{engine}} \tag{17-7}$$

式中，W_{engine} 代表原动机输出的机械轴功，等同于输入发电机的机械功。当原动机和发电机之间采用变速箱时，则发电机效率表示如下：

$$\eta_{generator} = \frac{W_{elec}}{W_{gearbox}} \tag{17-8}$$

式中，$W_{gearbox}$ 是变速箱向发电机输出的轴功。在这种情况下，变速箱的效率 $\eta_{gearbox}$ 就是原动机输出轴功与变速箱输出轴功之比：

$$\eta_{gearbox} = \frac{W_{gearbox}}{W_{engine}} \tag{17-9}$$

则发电效率可以用三种效率表示如下：

$$\eta_{EE} = \eta_{gearbox} \eta_{engine} \eta_{generator} \tag{17-10}$$

从式（17-6）～式（17-10）可以看出，我们有很多办法用来提高发电效率，如提高原动机、变速箱或发电机等效率。如果系统中没有变速器时（比如以微燃机作为原动机的情况），η_{gearbox} 在式（17-10）中值为 1。

17.4.2　热回收设备

正如第 4 章中所述，热回收单元（HRUS）在 CHP 系统中是很重要的一部分，因为它提供了一种回收利用原动机（汽轮机或往复式内燃机发电机组）的排气余热的方法。尽管在 CHP 系统中有多种不同形式的 HRUS，本章只考虑间接换热的情况：①利用间接加热方式提供热水；②通过间接加热方式提供加热干空气；③通过间接加热方式提供工艺用蒸汽（在下一部分讲述）。一些 CHP 系统会设计使用辅助燃烧（也叫混合燃烧或补充燃烧）来增加从排气中回收的热量。因此，热回收单元的效率方程都是在假设存在辅助燃烧的前提下进行推导得出。

（1）热回收系统的效率
HRU 的效率定义为实际热流量除以理论最大的传热量。

$$\varepsilon_{\text{HRU}} = \frac{Q_{\text{HRU, actual}}}{Q_{\text{HRU, max}}} \tag{17-11}$$

式中　$Q_{\text{HRU, actual}}$——由热回收流体（如热水、热空气或者水蒸气等）通过 HRU 获得的热量；

　　　$Q_{\text{HRU, max}}$——从原动机流出的废热流，在流经 HRU 时最大可能的热损失量。

如果在 HRU 流体侧，没有相态改变，$Q_{\text{HRU, actual}}$ 可以如下表示：

$$Q_{\text{HRU, actual}} = (\rho \dot{v} C_{\text{p}})_{\text{HRU, w}} (T_{\text{HRU, w, o}} - T_{\text{HRU, w, i}}) \tag{17-12}$$

式中　$T_{\text{HRU, w, o}}$——流出 HRU 的水温；

　　　$T_{\text{HRU, w, i}}$——流进 HRU 的水温。

通过 HRU，最大可能的热流量 $Q_{\text{HRU, max}}$（无相变情况）如下：

$$Q_{\text{HRU, max}} = (\rho \dot{v} C_{\text{p}})_{\text{HRU, min}} (T_{\text{HRU, ex, i}} - T_{\text{HRU, w, i}}) \tag{17-13}$$

式中，$(\rho \dot{v} C_{\text{p}})_{\text{HRU, min}}$ 是 $(\rho \dot{v} C_{\text{p}})_{\text{HRU, ex}}$（排气流）与 $(\rho \dot{v} C_{\text{p}})_{\text{HRU, w}}$（热回收气流）两者中的较小者。尽管排气温度在 HRU 中会发生很大的改变，但 $(\rho \dot{v} C_{\text{p}})_{\text{HRU, ex}}$ $= (\rho \dot{v} C_{\text{p}})_{\text{HRU, min}}$ 时方程式（17-13）依然成立，因为在稳定状态时，入口质量流量等于出口质量流量。然而，在 HRU 进出口侧，废气的热容量值至少相差 10%（见 Kovacik 1982），这也进一步说明了在使用方程式（17-13）时暗含的假设。这时，为了尽可能减少使用一个固定数值热容 $C_{\text{p, ex}}$ 带来的误差，可以用进出口侧热容的平均值来计算表示。

将式（17-12）、式（17-13）代入式（17-11）得：

$$\varepsilon_{\text{HRU}} = \frac{(\rho \dot{v} C_{\text{p}})_{\text{HRU, w}} (T_{\text{HRU, w, o}} - T_{\text{HRU, w, i}})}{(\rho \dot{v} C_{\text{p}})_{\text{HRU, min}} (T_{\text{HRU, ex, i}} - T_{\text{HRU, w, i}})} \tag{17-14}$$

类似地，如果要用热空气代替热水，式（17-14）表述如下：

$$\varepsilon_{\text{HRU}} = \frac{(\rho \dot{v} C_{\text{p}})_{\text{HRU, a}} (T_{\text{HRU, a, o}} - T_{\text{HRU, a, i}})}{(\rho \dot{v} C_{\text{p}})_{\text{HRU, min}} (T_{\text{HRU, ex, i}} - T_{\text{HRU, a, i}})} \tag{17-15}$$

式（17-14）中的其中某一个流量可以通过一个建立在 HRU 之上的热平衡方程来消除，也就是说，在 HRU 中，废气的热损失等于热水所获得的热量（$Q_{HRU,w}$）加上 HRU 壁面的热损失量（L_{HRU}）：

$$Q_{HRU,ex} = Q_{HRU,w} + L_{HRU} \qquad (17\text{-}16)$$

其中

$$Q_{HRU,ex} = (\rho \dot{v} C_p)_{HRU,ex}(T_{HRU,ex,i} - T_{HRU,ex,o}) \qquad (17\text{-}17)$$

$$Q_{HRU,w} = (\rho \dot{v} C_p)_{HRU,w}(T_{HRU,w,o} - T_{HRU,w,i}) \qquad (17\text{-}18)$$

与 $Q_{HRU,ex}$ 和 $Q_{HRU,w}$ 相比，HRU 壁面损失的热量一般非常小（根据 Kovacilk，1982，P213，对于一个热回收蒸汽发生器而言，通过 HRU 壁面损失的热量只有 $Q_{HRU,ex}$ 的 1.5%）。因此，可以忽略 L_{HRU}，其对结果造成的误差也不会很大。由式（17-16）知，$\dot{v}_{HRU,ex}$ 可以看作是 $\dot{v}_{HRU,w}$ 的函数：

$$\dot{v}_{HRU,ex} = \frac{(\rho \dot{v} C_p)_{HRU,w}(T_{HRU,w,o} - T_{HRU,w,i})}{(\rho \dot{v} C_p)_{HRU,ex}(T_{HRU,ex,i} - T_{HRU,ex,o})} \dot{v}_{HRU,w} \qquad (17\text{-}19)$$

将此式代入方程式（17-14）中，得到：

$$\varepsilon_{HRU} = \frac{T_{HRU,ex,i} - T_{HRU,ex,o}}{T_{HRU,ex,i} - T_{HRU,w,i}} \qquad (17\text{-}20)$$

对于一个利用原动机废气来产生热水的 HRU，当 $(\rho \dot{v} C_p)_{HRU,ex} = (\rho \dot{v} C_p)_{HRU,min}$ 时，此式是正确的。

一个用来加热空气的 HRU，具有与上边相似的道理，定义如下：

$$\varepsilon_{HRU} = \frac{T_{HRU,ex,i} - T_{HRU,ex,o}}{T_{HRU,ex,i} - T_{HRU,a,i}} \qquad (17\text{-}21)$$

此时 $(\rho \dot{v} C_p)_{HRU,ex} = (\rho \dot{v} C_p)_{HRU,min}$。

同样由式（17-15）可得：

$$\varepsilon_{HRU} = \frac{T_{HRU,a,o} - T_{HRU,a,i}}{T_{HRU,ex,i} - T_{HRU,a,i}} \qquad (17\text{-}22)$$

此时 $(\rho \dot{v} C_p)_{HRU,ex} = (\rho \dot{v} C_p)_{HRU,min}$。

对于加热空气的 HRU，在决定使用哪种流体来表示 $(\rho \dot{v} C_p)_{HRU,min}$ 以及是否使用式（17-21）和式（17-22）时，可以通过如下关系式来决定，这些关系式是通过对式（17-19）的重新组合（包括用加热空气工况代替加热水工况）得到的：

$$(\rho \dot{v} C_p)_{HRU,min} = (\rho \dot{v} C_p)_{HRU,ex}, \quad 当 (T_{HRU,ex,i} - T_{HRU,ex,o}) > (T_{HRU,a,o} - T_{HRU,a,i})$$
$$(17\text{-}23)$$

$$(\rho \dot{v} C_p)_{HRU,min} = (\rho \dot{v} C_p)_{HRU,a}, \quad 当 (T_{HRU,a,o} - T_{HRU,a,i}) > (T_{HRU,ex,i} - T_{HRU,ex,o})$$
$$(17\text{-}24)$$

通过式（17-20）～式（17-24）可知，确定 HRU 利用废气生产热水或热空气的效率只需要测量温度即可，而不用测量任何流量。但如果想知道 HRU 输出的有用能是多少，则必须测量其中的一个流量。

（2）热回收单元的效率计算

为了估算 HRU 的效率（用其中一种输出表示），需要测量其中三个温度 [见式（17-

20)]。如果想要进一步计算 HRU 输出的有用热量 $Q_{HRU, actual}$，则还需要测量水流量和另一个温度 $T_{HRU, w, o}$ [见式(17-12)]。测不测辅助输入的流量都可以，这对计算效率及有用热能的输出量没有影响。除了需要测量的五个输入变量外，还需已知水的比热及密度。

对于一个利用废气加热空气的 HRU 设备而言，需要测量 4 个温度，并利用其中一个公式 [式(17-23) 或式(17-24)] 来确定计算 $(\rho\dot{v}C_p)_{HRU, min}$，而后其中三个温度将被代入式(17-21) 或式 (17-22) 中来计算 HRU 的效率。计算 HRU 效率时不需要测量流体的流量。然而，与生产热水的 HRU 设备相类似，在计算产生热空气的 HRU 设备输出的有用热量时，也需要测量其中某个流量（最好是空气的流量）以及空气的比热和密度（如果流体的质量流量可以直接测量的话，只需要比热值就可以）。为提高结果的准确性，可将气体出口和入口工况的平均比热值作为气体的比热值来计算。

17.4.3　热回收蒸汽发生器（HRSG）

HRSG 是一个热交换器，通过它可以回收废气的余热并将其用于产生蒸汽，该蒸汽可在热工艺当中使用或用于驱动蒸汽轮机。联合循环发电厂常常使用 HRSG，其中燃气轮机的排气废热被送到 HRSG 来制蒸汽，这些蒸汽又被用来驱动蒸汽轮机做功发电。而在 CHP 应用中，HRSG 通常被用来产生蒸汽，以满足设备的热需求（如通过加热吸收式制冷机或运行一个蒸汽轮机驱动的制冷机）。HRU 和 HRSG 基本类似，两者最大的差异就是 HRSG 用来产生蒸汽，而 HRU 是用来产生热水或热空气。

(1) HRSG 的效率

余热锅炉的效率（ε_{HRSG}）同样可以同式 (17-11) 中的 ε_{HRU} 一样来计算。在该情况下，实际的传热量包括水蒸发所需的潜热和温度升高所需的显热。因此，如果用水的变化来表示传热量时，它等于流出 HRSG 蒸汽的焓减去流入 HRSG 的水的焓，其中焓都是关于温度和压力的函数，如下：

$$Q_{HRSG, actual} = (\dot{v}\rho)_{HRSG, w, i}[h(T_o, P_o)_{HRSG, steam, o} - h(T_i, P_i)_{HRSG, w, i}]$$

$$(17-25)$$

此时假设流入 HRSG 的水的质量流量等于流出 HRSG 的蒸汽质量流量。其中，$h_{HRSG, steam, o}$ 是指蒸汽在离开 T_o 和 P_o 下的比焓，$h_{HRSG, w, i}$ 是指水在 HRSG 进口侧的 T_i、P_i 条件下的比焓，$\dot{v}_{HRSG, w, i}$ 和 $\rho_{HRSG, w, i}$ 是指 HRSG 入口侧水的体积流量和密度。

或者，传热量也可以用流过 HRSG 的废气的余热热损失来表示（此时假设缸套热损失可以忽略），热传递公式如下：

$$Q_{HRSG, actual} = (\dot{v}\rho C_p)_{HRSG, ex, i}[T_{HRSG, ex, i} - T_{HRSG, ex, o}] \qquad (17-26)$$

式中　　$\dot{v}_{HRSG, ex, i}$，$\rho_{HRSG, ex, i}$ ——进入 HRSG 的烟气体积流量及密度；

$C_{p, ex}$ ——废气混合物的比热；

$T_{HRSG, ex, i}$，$T_{HRSG, ex, o}$ ——分别指废气流进和流出 HRSG 的温度。

两种流体间可能最大的传热量 $Q_{HRSG, max}$ 计算如下：

$$Q_{HRSG, max} = (\dot{v}\rho c_p)_{HRSG, ex, i}[T_{HRSG, ex, i} - T_{HRSG, w, i}] \qquad (17-27)$$

式中，$T_{\text{HRSG, w, i}}$ 是指进入 HRSG 时饱和水的温度。

因此，HRSG 效率的计算如下所示：

$$\varepsilon_{\text{HRSG}} = \frac{(\rho \dot{v} c_p)_{\text{HRSG, w, i}} \left[h(T_o, P_o)_{\text{HRSG, steam, o}} - h(T_i, P_i)_{\text{HRSG, w, i}} \right]}{(\rho \dot{v} c_p)_{\text{HRU, ex, i}} (T_{\text{HRSG, ex, i}} - T_{\text{HRSG, w, i}})} \tag{17-28}$$

$$\varepsilon_{\text{HRSG}} = \frac{T_{\text{HRSG, ex, i}} - T_{\text{HRSG, ex, o}}}{T_{\text{HRSG, ex, i}} - T_{\text{HRSG, w, i}}} \tag{17-29}$$

HRSG 通常有不同的工作状态阶段，各阶段产生不同压力的蒸汽（如高压蒸汽、中压蒸汽及低压蒸汽）。在这些情况下，必须对输出蒸汽的焓分别进行计算，所以：

$$\begin{aligned} Q_{\text{HRSG, actual}} = \sum_j &\left[\dot{v}_{\text{HRSG, s, o}} \rho_{\text{HRSG, s, o}} h(T_o, P_o)_{\text{HRSG, steam, o}} \right] \\ &- \left[\dot{v}_{\text{HRSG, w, i}} \rho_{\text{HRSG, w, i}} h(T_i, P_i)_{\text{HRSG, w, i}} \right] \end{aligned} \tag{17-30}$$

$$\varepsilon_{\text{HRSG}} = \frac{\sum_j \left[(\dot{v}\rho)_{\text{HRSG, s, o}} h(T_o, P_o)_{\text{HRSG, steam, o}} \right] - (\dot{v}\rho)_{\text{HRSG, w, i}} h(T_i, P_i)_{\text{HRSG, w, i}}}{(\rho \dot{v} c_p)_{\text{HRU, ex, i}} (T_{\text{HRSG, ex, i}} - T_{\text{HRSG, w, i}})}$$

$$\tag{17-31}$$

这里，分子当中的求和计算的是各阶段（相对应于蒸汽处于 HRSG 的 j 阶段的工况，如压力和温度）所产生的蒸汽的流量、密度及焓二者乘积的总和。如果可以忽略 HRSG 的能量损失，废气所有的传热量都用来加热产生蒸汽，则 HRSG 的效率由下式给出：

$$\varepsilon_{\text{HRSG}} = \frac{T_{\text{HRSG, ex, i}} - T_{\text{HRSG, ex, o}}}{T_{\text{HRSG, ex, i}} - T_{\text{HRSG, w, i}}} \tag{17-32}$$

（2）热回收发生器的计算

对于计算 HRSG 的效率 $\varepsilon_{\text{HRSG}}$，则需要三个温度的测量值［见式（17-32）］。如果要计算从 HRSG 输出的有用热能 $Q_{\text{HRSG, actual}}$，［见式（17-30）］，则需要其他的测量值，包括水的流量、每种流出 HRSG 的蒸汽的温度、压力及流量，同时还应有蒸汽和水的密度。同时，要计算相应温度和压力下，水蒸气各自的比焓，该计算需要查询焓值表。辅助输入的流体量可测可不测，这对于计算效率和有用热输出量是无用的。然而，对辅助输入流体的测量，可为决定燃料使用情况及评价 CHP 整体系统的运行性能提供有用信息。

17.4.4　吸收式制冷机

如第 4 章所述，吸收式制冷机的工作原理与机械/电驱动（蒸汽压缩式循环）制冷机的原理相似，只是各自的压缩过程不同。与蒸汽压缩式循环制冷机一样，吸收式制冷机也包括冷凝器、蒸发器及膨胀设施（节流）。两种制冷机的不同之处在于怎样把由蒸发器出来的低压蒸汽转变为流入冷凝器的高压蒸汽。吸收式制冷机不用机械驱动式的压缩机，而利用热能来驱动制冷循环。驱动制冷机运行的热量可以通过直接与间接两种方式获得。在直接加热的吸收式制冷系统中，驱动的热量由原动机排出的高温废气直接提供。间接加热系统则是采用蒸汽或热水来驱动制冷循环。如果需要补充热量，则可以通过在废热气流中的烟道中添加辅助燃料燃烧来提供热量。

（1）吸收式制冷机的效率

吸收式制冷机的效率通过性能系数来表示，定义如下：

$$COP_{AbChiller} = \frac{Q_{evap}}{Q_{gen}}\tag{17-33}$$

式中　Q_{evap} ——蒸发器中冷冻水的热量；

　　　Q_{gen} ——输入热量，等于废气、蒸汽或热水在流经吸收式单元发生器时，从稀溶液中将制冷剂分离出来而损失的热量。

$$Q_{evap} = \dot{m}_{evap,w,i} C_{p,w}(T_{evap,w,i} - T_{evap,w,o}) = \dot{v}_{evap,w,i}\rho_{evap,w,i} C_{p,w}(T_{evap,w,i} - T_{evap,w,o})\tag{17-34}$$

式中　　　$\dot{m}_{evap,w,i}$ ——流入蒸发器的冷冻水的质量流量；

　　　　　$\dot{v}_{evap,w,i}$ ——流入蒸发器的冷冻水的体积流量；

　　$\rho_{evap,w,i}$ 和 $C_{p,w}$ ——进入蒸发器的冷冻水密度和比热；

$T_{evap,w,i}$ 和 $T_{evap,w,o}$ ——冷冻水在蒸发器进出口侧的温度。

直燃型吸收式制冷机：

$$Q_{gen} = \dot{v}_{ex,i}\rho_{ex,i} C_{p,ex}(T_{ex,i} - T_{ex,o})\tag{17-35}$$

式中　　　$\rho_{ex,i}$ ——进入制冷机的废气密度；

　　　　　$\dot{v}_{ex,i}$ ——进入制冷机的废气体积流量；

　　　　　$C_{p,ex}$ ——废气比热（制冷机内的废气在平均温度下计算得到的）；

$T_{ex,i}$ 和 $T_{ex,o}$ ——废气在进、出口侧的温度。

热水型吸收式制冷机：

$$Q_{gen} = \dot{v}_{hotwater,i}\rho_{hotwater,i} C_{hotwater,p}(T_{hotwater,i} - T_{hotwater,o})\tag{17-36}$$

式中　$\rho_{hotwater,i}$ 和 $C_{hotwater,p}$ ——进入吸收式制冷机的热水密度和比热；

　　　　　$\dot{v}_{hotwater,i}$ ——进入吸收式制冷机的热水体积流量；

$T_{hotwater,i}$ 和 $T_{hotwater,o}$ ——吸收式制冷机进、出侧的热水温度。

蒸汽型吸收式制冷机：

$$Q_{gen} = \dot{v}_{steam,i}\rho_{steam,i}[h(T_i,P_i)_{steam,i} - h(T_o,P_o)_{steam,o}]\tag{17-37}$$

式中　$\rho_{steam,i}$ ——进入吸收式制冷机的蒸汽密度；

　　　$\dot{v}_{steam,i}$ ——进入吸收式制冷机的蒸汽流量；

$h(T_i,P_i)$ ——在 T_i 和 P_i 条件下进入吸收式制冷机的蒸汽焓；

$h(T_o,P_o)$ ——在 T_o 和 P_o 条件下流出吸收式制冷机蒸汽的焓。

（2）吸收式制冷机性能计算

对于用热水或蒸汽作为热源的吸收式制冷机的运行性能，可根据式（17-33）和式（17-34）或式（17-36）和式（17-37）来计算。对于直接加热的吸收式制冷机而言，其性能要用式（17-33）～式（17-35）来计算。应该在与入口测量流量相同的工况下计算液体水和废气的密度。假定水和废气的比热在流经制冷机时是恒定的。这对于制冷机典型温度范围内的液态水是一个很好的假设。而对于废气而言，应该取出口和入口温度的平均地热值。尽管在直燃型制冷机方程中并没有提到补燃流量，但燃料补充的流量可以通过转化为已使用燃料的比例来引入式中，从而可以跟踪确定所使用的补充燃料的用量（对于热水型或蒸汽型吸收式制冷机，由于它的输出对象是 HRU，所以并不包含在对制冷机的输入项中）。

17.4.5　冷却塔

冷却塔（CTs）可以从冷凝器和吸收器中把热量带走，排到大气中，这是吸收式制冷循环中的必要环节。对于一个水冷式冷凝器，热量从冷剂水传到冷却水，而后冷却水通过泵压送到冷却塔，冷却塔使用蒸发式冷却方式把来自冷凝器的冷却水的热量散发到周围大气环境中。风机把其周围的空气吹（强制通风）或吸（抽气通风）到冷却塔进行换热。

（1）冷却塔效率
冷却塔效率 η_{CT} 定义如下：

$$\eta_{CT} = \frac{T_{CT,w,i} - T_{CT,w,o}}{T_{CT,w,i} - T_{wb}} \tag{17-38}$$

式中　$T_{CT,w,i}$ ——进入冷却塔的冷却水温度；

　　　$T_{CT,w,o}$ ——流出冷却塔的冷却水温度；

　　　T_{wb} ——周围环境大气的湿球温度。

η_{CT} 值仅仅表示冷却塔对冷却水的冷却程度，呈现方式就是冷却水温度接近环境空气极限湿球温度的程度球温度的差别，但它并不能显示出冷却过程是怎样做到的，以及为了降低温度而消耗的外部电能量。例如，如果冷却塔内发生介质堵塞，就会增加空气流动阻力，并且抑制热传递。那么冷却塔的风扇可能要运行更长的时间或以更高的速度运行（对于变风量风机而言）来达到相同的冷却水温降。如果在介质不堵塞的情况下，要达到相同的效果，风机的耗能会减少很多。不仅如此，将冷却水从冷凝器送入与送回冷却塔也要消耗电能。定义一个可以度量该过程中电能消耗量的值，即定义为冷却塔的用电效率（$\eta_{CT,elec}$），如式（17-39）所示：

$$\eta_{CT,elec} = \frac{Q_{CT,th}}{W_{CT,elec}} \tag{17-39}$$

式中　$Q_{CT,th}$ ——冷却塔排热量，等于冷却水流经冷却塔的热损失；

　　　$W_{CT,elec}$ ——冷却塔泵、风机的总用量。

总用电量指的是所有各个风机和泵的用电量之和，如：

$$W_{CT,elec} = \sum_j W_{CT,elec,j} \tag{17-40}$$

式中，$W_{CT,elec,j}$ 是指第 j 个风机与泵的用电量之和，即对第 j 个所有风机与泵用电量的相加。

冷却水损失的热量可以通过测量以下参数来计算：进入冷却塔的水温 $T_{CT,w,i}$，流出冷却塔的冷却水温度 $T_{CT,w,o}$，流出冷却塔的冷却水体积流量 $\dot{v}_{CT,w}$，使用关系式如下：

$$Q_{CT,th} = \dot{v}_{CT,w} \rho_w C_{p,w} (T_{CT,w,i} - T_{CT,w,o}) \tag{17-41}$$

式中，ρ_w 和 $C_{p,w}$ 分别是冷却水的密度和比热。

联立式 （17-39）～式 （17-41），冷却塔的用电效率可以如下表示：

$$\eta_{CT, elec} = \frac{\rho_w \dot{v}_{CT, w} C_{p, w} (T_{CT, w, i} - T_{CT, w, o})}{\sum\limits_j W_{CT, elec, j}} \tag{17-42}$$

（2）冷却塔性能计算

主要根据式 （17-38） 和式 （17-42） 对冷却塔的运行性能进行计算。通常认为，水的密度和比热在冷却塔过程中是恒定的常数；为提高计算准确性，水温通常选用进出口温度下的平均值来计算。

17.4.6　泵

泵通常都是利用电动机发电机提供的旋转机械能来制造压力差，从而驱动流体运动。

泵的效率 η_{Pump} 表示如下：

$$\eta_{Pump} = \frac{W_{Pump}}{W_{Pump, elec}} \tag{17-43}$$

式中　W_{Pump}——泵输出给流体的机械能；

$W_{Pump, elec}$——泵消耗的电能。

泵输出给液体的机械能等于流经泵的液体体积流量与泵前后的压力差之积，即：

$$W_{Pump} = \dot{v}_{Pump, w} (P_{discharge} - P_{suction}) \tag{17-44}$$

式中　$\dot{v}_{Pump, w}$——流经泵的流体体积流量；

P——压力，"discharge" 和 "suction" 分别表示泵的出口侧与吸入口侧的变量。当泵运行时，其入口和出口之间的压力差也称为动压头。

联立式 （17-43） 和式 （17-44），得到泵效率的关联式，也包含电动机效率：

$$\eta_{Pump} = \frac{\dot{v}_{Pump} (P_{discharge} - P_{suction})}{W_{Pump, elec}} \tag{17-45}$$

17.4.7　风机

与泵相似，其通常利用电动机产生机械能来制造压力差，从而驱动烟气或者空气流动。

风机效率

风机效率 η_{fan} 表达式如下：

$$\eta_{fan} = \frac{W_{fan}}{W_{fan, elec}} \tag{17-46}$$

式中，W_{fan} 指由风机传递给气流的机械能；$W_{fan, elec}$ 指输入风机的电能。由风机传递给空气的机械能等于流经风机的流体体积流量和其两侧压力差之积：

$$W_{fan} = \dot{v}_{fan, w} (P_{fan, o} - P_{fan, i}) \tag{17-47}$$

式中，$\dot{v}_{fan, w}$ 是指流经风机流体体积流量；$P_{fan, o}$ 和 $P_{fan, i}$ 代表上游和下游流体的压力。

联立式（17-46）和式（17-47），得到风机效率如下：

$$\eta_{fan} = \frac{\dot{v}_{fan}(P_{fan,\,o} - P_{fan,\,i})}{W_{fan,\,elec}} \tag{17-48}$$

式（17-48）不仅仅只是风机的效率，也包含电动机的效率。

17.4.8 除湿系统

CHP 系统中常常使用固体除湿系统来除湿，因为它可利用低品位热源除去空气中的水分，这样可以省去传统典型除湿系统的过冷却和再热步骤，从而可以节省电能并能降低利用废热来达到相同除湿效果过程的成本。除湿系统中产生的干空气可以用于工业过程和空调空间。固体除湿系统包括固体转轮、供气风机、排气风机以及一个用来再次生产干燥剂的热源。在 CHP 系统中，无论是从原动机直接排出的废气，还是经过 HRU 间接换热后排出的废气，都可以用作再生干燥剂的热源。在某些情况下，可以通过补燃来提高废气的热量，从而提供更多的附加热量。

（1）除湿系统的效率

除湿效率 η_D 定义为除湿负荷（移除水分率）与为使干燥剂再生而输入的电能和热能之和的比值：

$$\eta_D = \frac{Q_d}{Q_{d,\,in} + W_{d,\,elec}} \tag{17-49}$$

式中　Q_d——除湿负荷；

　　$Q_{d,\,in}$——再生除湿系统所输入的热量；

　$W_{d,\,elec}$——所有输入风机的电能（对于过程气流和再生气流）。

Q_d 可以用以下方程计算：

$$Q_d = Q_{d,\,total} - Q_{d,\,sensible} \tag{17-50}$$

式中，$Q_{d,\,total}$ 是指供气侧进口与出口之间总的传热量，如下计算：

$$Q_{d,\,total} = (\dot{v}\rho)_{d,\,a}[h(T,\,DP)_{d,\,a,\,i} - h(T,\,DP)_{d,\,a,\,o}] \tag{17-51}$$

$h(T,\,DP)_{d,\,a,\,i}$ 和 $h(T,\,DP)_{d,\,a,\,o}$ 是指空气流在进口和出口的干球温度（T）和露点温度（DP）下的比焓。在进口或出口测得的质量流量用 $(\dot{v}\rho)_{d,\,a}$ 表示。

$Q_{d,\,sensible}$ 是指除湿系统的空气流经进出口之间传递的显热，计算如下：

$$Q_{d,\,sensible} = (\dot{v}\rho c_p)_{d,\,a}(T_{d,\,a,\,i} - T_{d,\,a,\,o}) \tag{17-52}$$

$T_{d,\,a,\,i}$ 和 $T_{d,\,a,\,o}$ 分别指除湿系统空气侧进口与出口的干球温度。$Q_{d,\,in}$ 是指再生过程中输入的能量：

$$Q_{d,\,in} = (\dot{v}\rho c_p)_{d,\,ex}(T_{d,\,ex.i} - T_{d,\,ex,\,o}) \tag{17-53}$$

$T_{d,\,ex,\,i}$ 和 $T_{d,\,ex,\,o}$ 分别指再生气流在入口和出口的干球温度。

（2）除湿系统的性能监测与计算

在不考虑辅助燃料输入的前提下，性能监测的计算公式都是基于式（17-49）～式（17-53）计算得来的。应在测量入口流量相同的工况下，估算供应的空气及废气的密度。在除湿系统中，假设供应空气和废气的比热都是定值常数，这对两种流体来说都是一个合理的假设，因为其比热在入口和出口的差别都很小。

CHP 系统各部件的效率方程如表 17-1 所示。

部件	目的	效率公式	变量
小型蒸汽轮机发电机组	原动机，产生电能	$\eta_{EE} = \dfrac{W_{elec}}{Q_{Fuel.engine}}$	η_{EE} ——发电效率 W_{elec} ——净电量输出 $Q_{Fuel.engine}$ ——输入原动机的燃料总能量
往复式内燃机发电机组	原动机，生产电能	$\eta_{EE} = \dfrac{W_{elec}}{Q_{Fuel.engine}}$	η_{EE} ——发电效率 W_{elec} ——净电量输出 $Q_{Fuel.engine}$ ——输入原动机的总燃料耗量
热回收机组	原动机排出的废气与热回收流体的热量交换	$\varepsilon_{HRU} = \dfrac{Q_{HRU.actual}}{Q_{HRU.max}}$	ε_{HRU} ——热回收设备效率 $Q_{HRU.actual}$ ——热回收流体的热量 $Q_{HRU.max}$ ——原动机排出的废气在 HRU 中可能的最大热损失
吸收式制冷机	在吸收式制冷循环中，通过热量驱动制冷剂蒸发，最终产生冷冻水	$COP_{Abchiller} = \dfrac{Q_{evap}}{Q_{gen}}$	$COP_{Abchiller}$ ——吸收式制冷机的性能系数 Q_{evap} ——通过蒸发器的冷冻水放热量 Q_{gen} ——热源流体流经制冷发生器损失的热量
蒸汽压缩式制冷机机	在蒸汽压缩式循环中，通过电能驱动压缩机来产生冷冻水	$COP_{Chiller} = \dfrac{Q_{evap}}{W_{ChillerElec}}$	$COP_{Chiller}$ ——吸收式制冷机的性能系数 Q_{evap} ——通过蒸发器的冷冻水放热量 $W_{ChillerElec}$ ——输入制冷机的电能
冷却塔	通过显热或潜热换热将从制冷机出来的冷却水热量传给大气环境	$\eta_{CT} = \dfrac{T_{CT.w.i} - T_{CT.w.o}}{T_{CT.w.i} - T_{wb}}$ $\eta_{CT.elec} = \dfrac{Q_{CT.th}}{W_{CT.elec}}$	η_{CT} ——冷却塔效率 $\eta_{CT.elec}$ ——冷却塔耗电效率 $T_{CT.w.i}$ ——进入冷却塔的冷却水温度 $T_{CT.w.o}$ ——流出冷却塔的冷却水温度 T_{wb} ——周围环境的湿球温度 $Q_{CT.th}$ ——冷却水流经冷却塔的热损失 $W_{CT.elec}$ ——冷却塔风机和泵所用的电能总和
除湿系统	利用废热除湿再生，将空气中的水分除去	$\eta_D = \dfrac{Q_d}{Q_{d.input}}$	η_D ——除湿系统效率 Q_d ——从空气流中除去水分所需的热量（湿负荷） $Q_{d.input}$ ——输入除湿再生系统的热量
泵	利用电动机的旋转机械能，使得流体具有压力差来产生流动	$\eta_{Pump} = \dfrac{W_{Pump}}{W_{Pump.elec}}$	η_{Pump} ——泵效率 W_{Pump} ——由泵传给流体的机械能 $W_{Pump.elec}$ ——输入泵电动机的能量
风机	利用电动机作为旋转机械能的来源，使空气产生压差来保持流动	$\eta_{fan} = \dfrac{W_{fan}}{W_{fan.elec}}$	η_{fan} ——风机的效率 W_{fan} ——风机输出的有用能 $W_{fan.elec}$ ——输入风机电动机的电能

表 17-1　CHP 系统部件的效率方程汇总

17.4.9　系统整体的运行性能的监测

系统整体的监测目的在于确保系统在特定要求工况下稳定运行，并且保证系统性能不会出现大幅度下降。如果监测和定量计算发现性能出现故障问题时，可以利用部件监测信息，把问题单独分离开，从而确定性能降低出现故障的原因，最后实施纠正。这个过程将在本章后面的"应用方案"当中详细阐述。

第 1 章中所描述的 CHP 系统代表着目前最完善的楼宇型 CHP 系统。而实际中，CHP 系统的配置可以选择具体的原动机或者增加余热利用部件。

如果要对 CHP 系统的运行性能进行系统性的监测，则需要使用两个效率指标以及其他通过直接测量或间接测量情况计算而得的若干指标。两个效率指标为燃料整体利用效率 η_F ［如在式（17-1）中所定义］和能量利用加权平均指数（EUF_{VW}），后者定义如下：

$$EUF_{VW} = \frac{W_{elec}\gamma_{elec} + \sum_j Q_{th,\,j}\gamma_{th,\,j}}{\sum_j Q_{Fuel,\,j}\,Price_{Fuel,\,j}} \qquad (17\text{-}54)$$

式中　W_{elec}——输出净电能；

　　　$Q_{th,\,j}$——通过热回收或转换过程 j（如吸收式制冷机得到的制冷能力）输出的有用净热能，即指系统中通过热回收或转换过程而向末端提供的能被有效利用的总能量（如吸收式制冷和除湿设备）；

　　　Q_{Fuel}——输入 CHP 系统的燃料的总能量。对于有使用多余燃料来辅助加热的系统（如加热一个热回收器、蒸汽发生器或干燥剂再生器），Q_{Fuel} 指的就是进入系统的全部的能量：

$$Q_{Fuel} = \sum_j Q_{Fuel,\,j} \qquad (17\text{-}55)$$

式中，$Q_{Fuel,\,j}$ 是指在系统的 j 点输入的燃料（如进入原动机的燃气或在进入换热单元前为了辅助加热废气而补充的燃气）能量，计算它的和就是输入 CHP 系统的全部燃料能量。这些在系统不同点输入的燃料有可能都是同一种燃料，如天然气，也可能是不同种类的燃料，如往复式内燃机作为原动机时，启动时采用的是柴油而其他地方机组的补充燃料用的却是燃气。燃料的能量可以用燃料的低位热值（LHV）或高位热值（HHV）来表示。相比而言，燃气轮机行业倾向于采用低热值来定义能量或计算效率，而天然气供应行业和发电行业更倾向于采用高位热值来出售或表示天然气的热量（Energy Nexus Group 2002）。在 CHP 系统中，一般采用低位热值来决定小型蒸汽轮机或往复式内燃机发电机组的耗能情况及效率。这样做是合理的，因为燃烧产物离开汽轮机或内燃机时其排气中的水是以气态存在的。在监测 CHP 系统各时间段的运行特性或检测系统故障时，虽然监测计算数据都可以使用 LHV 或 HHV，但是从开始到结束只能用一种数值。如果能源站将系统的数据与制造商所提供的基准数据进行比较时，那么必须保证在确定基准及计算监测性能参数过程中，只能使用 LHV 或 HHV 中的一种，并且从开始到结束都只能使用一种。但对于使用冷凝换热回收装置的系统，在计算输入燃料热量时应该使用 HHV。

在式（17-54）中出现的其他变量定义如下：γ_{elec} 和 $\gamma_{th,\,j}$ 分别指产生每单位电能的价格［如 \$/（kW·h）］和通过第 j 个热利用设备（如吸收式制冷机组和除湿装置）而能提供的每单位有用热能（或冷能）的价格。$Price_{Fuel,\,j}$ 是指在 j 点输入系统的燃料价格，并且相对于前一阶段所使用的燃料，是同一种，还是不同的种类，在目前是颇有争议的。通过计算各产物的价格，这个指标就可以表示消耗单位燃料而获得的产品价格，然而，消耗单位价格的燃料时，会产生多种不同价格的产品。对于一个正在运行的系统而言，为了使其运行性能达到最佳的经济状态，就应该使 EUF_{VW} 的值达到最大。一般在有热能利用的情况下，$\gamma_{elec} > \gamma_{th,\,j}$，因此 CHP 系统运行时就可以更多地输出电能。然而，如果生产的电能超过当地用户需求，并且又不能出售给电网的前提下，那么 CHP 系统应该随着当地用户电负荷的变化而生产电能。在衡量由 CHP 系统性能下降引起的 EUF_{VW} 值的变化时，通常通过用系统产生能量的数值来表示。最终，可以通过 EUF_{VW} 值的变化来辨识系统是否存在故障或性能下降的现象，而该现象对价格会有很大影响。

其他系统级变量如下，可以通过分别检测这些变量来提供诊断 CHP 系统效率或了解系统运行费用的信息：

- 当前输出有用的热能、冷能的能量，Q_{th}（kW_{th} 或 Btu/h）。
- 当前输出电能，W_{elec}（kW）。
- 当前所用燃料总量，$Q_{Fuel} = \sum_j Q_{Fuel,\,j}$（$kW_{Fuel}$，$MJ_{Fuel}/h$ 或 Btu_{Fuel}/h）。
- 当前燃料的花费，$Cost_{Fuel} = \sum_j Q_{Fuel,\,j} Price_{Fuel,\,j}$（\$/h）。

这些指标同样也可以通过不同时间间隔的平均值来表示，例如，每天平均输出的有用热能、每小时平均热输出、全天全部热输出，对于其他类型参数也可以用这种方法表示。

利用系统整体性能参数和辅助部件运行的性能指标，可以实现系统级别的监测和更好的性能监测解决方案，同时使能源站在检测和诊断故障方面更具潜力。这些都将有力地支持运行人员基于能源站状态进行的维护工作。

17.4.10　CHP 系统性能监测与计算

监测计算公式主要依据于式（17-1）和式（17-54），以及前面给出的监测变量的表达式。还需要分别确定每个燃料流（j）的密度、比热和热值。我们假定燃料的密度和热值相对于输入的采样时间间隔而言，变化很慢，因此可认定它们的值是固定的输入值。但是，如果对它们采取一定的做法或者改变燃料供应商的信息，都可以使这些参数的值发生阶段性改变。所有的有用热能输出中，都需要将每一个热流进行特定的区分和指明，以确保输出结果和价格 $\gamma_{th,\,j}$ 的合理性。系统级别的监测为 CHP 设备运行性能提供了最高级别的指标，并且还有部件级别的监测参数来进行辅助补充说明。这样我们就可以掌握更多的细节及解决办法。

17.4.11　指标的汇总（Summary）方程

本部分我们将讲述系统级别指标的汇总（Summary）方程。关于这些指标参数的方程都在表 17-2 中列出。通过对这些参数比值的积分可以获得某个选定时间段的平均值。系统平均利用率和平均效率都可以用如下方法确定：对其相应的表达式的分子分母分别进行积分再相除。下面是一些关于时间积分数值的通用表达式。

(1) 比率
从时间 t_0 到 t_1 的平均值：

在过去的 n 个小时内的平均值 $= \int_{t_0}^{t_1} (current - rate) dt / (t_1 - t_0)$

$$\approx \sum_{j=n_0}^{n_i} \text{current} - \text{hourly} - \text{rate}_j /(n_1 - n_0) \tag{17-56}$$

式中，t_0 和 t_1 分别代表开始和结束时间，是指从开始时间 $t=0$ 到时间轴上任一时间的某一时间段。n_0 和 n_1 是相对用于从时间 t_0 到 t_1 的时间间隔数；$n_1 - n_0 = (t_1 - t_0)/\Delta t$，其中 Δt 是时间步长（如，1h）。下面有几个根据式（17-56）而得的特定表达式例子。

（2）日平均值

$$\text{平均值} = \int_0^{24\text{hours}} (\text{current} - \text{rate})\mathrm{d}t \approx \sum_{j=1}^{24} \text{current} - \text{hourly} - \text{rate}_j /24 \tag{17-57}$$

$$\text{在过去的 } n \text{ 个小时内的平均值} = \int_{t-n}^{t} (\text{current} - \text{rate})\mathrm{d}t /n$$

$$\approx \sum_{j=t-n}^{t} \text{current} - \text{hourly} - \text{rate}_j /n \tag{17-58}$$

例如，CHP 系统每天平均产生的电能由式（17-57）得到：

$$\text{每天平均输出电能} = \int_0^{24\text{hours}} (W_{\text{elec}})\mathrm{d}t \tag{17-59}$$

（3）效率和使用指标

从时间 t_0 到 t_1 的时间段内的平均值；

$$\text{每天平均值} = \frac{\displaystyle\int_{t_0}^{t_1} (\text{metricnum})\mathrm{d}t}{\displaystyle\int_{t_0}^{t_1} (\text{metricdenum})\mathrm{d}t} \approx \frac{\displaystyle\sum_{j=n_0}^{n_1} \text{metricnum}_j}{\displaystyle\sum_{j=n_0}^{n_1} \text{metricdenum}_j} \tag{17-60}$$

利用式（17-60）计算系统每天或过去的 n 个小时内的平均效率或效能，其例子如下：

参数指标	目的	函数关系	变量
燃料利用效率 η_F	表示整个 CHP 系统的燃料利用效率	$\eta_F = \dfrac{W_{\text{elec}} + Q_{\text{th}}}{Q_{\text{Fuel}}}$ $= \dfrac{\sum_j W_{\text{elec}.j} + \sum_k Q_{\text{th}.k}}{\sum_l Q_{\text{Fuel}.l}}$	η_F ——燃料利用效率 W_{elec} ——输出净电能 Q_{th} ——CHP 系统输出总有用热能 Q_{Fuel} ——CHP 系统所消耗的燃料总量
能量应用加权指数 EUF_{VW}	根据输入燃料和输出能量的价格，这表示整个 CHP 系统的效率	$EUF_{\text{VW}} = \dfrac{\text{系统输出净价值}}{\text{Cost}_{\text{Fuel}}}$ $= \dfrac{\sum_j W_{\text{elec}.j}\gamma_{\text{elec}.j} + \sum_k Q_{\text{th}.k}\gamma_{\text{th}.k}}{\sum_l Q_{\text{Fuel}.l}\text{Price}_{\text{Fuel}.l}}$	EUF_{VW} ——能量应用加权指数 γ_{elec} ——电能单价 $\gamma_{\text{th}.k}$ ——输出热流 k 的单价 $\text{Price}_{\text{Fuel}.l}$ ——在 l 点输入系统的燃料的单价 $\text{Cost}_{\text{Fuel}}$ ——系统中，所有燃料的消耗价值
有用热输出的当前热流量 Q_{th}	表示在 CHP 系统中被用来加热或制冷的有用热输出的能量流量	$Q_{\text{th}} = \sum_j Q_{\text{th}.j}$	Q_{th} ——CHP 系统输出的所有有用热能量 $Q_{\text{th}.j}$ ——CHP 系统第 j 个有用热能输出量

续表

参数指标	目的	函数关系	变量
当前输出电能 W_{elec}	表示 CHP 系统输出的净电能	$W_{\text{elec}} = \sum_j W_{\text{elec},j}$	W_{elec}——CHP 系统输出的净电能 $W_{\text{elec},j}$——CHP 系统第 j 个过程所输出的电能（附属设备使用电能用负值）
当前输入燃料总能量 Q_{Fuel}	表示 CHP 系统燃料的利用量	$Q_{\text{Fuel}} = \sum_j Q_{\text{Fuel},j}$	Q_{Fuel}——CHP 系统中燃料的总消耗量 $Q_{\text{Fuel},j}$——在 CHP 系统 j 点，输入的燃料使用能量
当前所消耗的燃气的费用 $\text{Cost}_{\text{Fuel}}$	表明 CHP 系统所消耗的燃料的价值	$\text{Cost}_{\text{Fuel}} = \sum_j Q_{\text{Fuel},j} \text{Price}_{\text{Fuel},j}$	$\text{Cost}_{\text{Fuel}}$——系统所用燃料所花费的总资金 $Q_{\text{Fuel},j}$——在 j 点输入 CHP 系统的燃料量 $\text{Price}_{\text{Fuel},j}$——在 j 点输入 CHP 系统的燃料价格

表 17-2　CHP 系统级别参数的汇总函数关系式

（4）每天平均值

$$\text{每天平均值} = \frac{\int_0^{24\text{hours}} (\text{metricnum}) dt}{\int_0^{24\text{hours}} (\text{metricdenum}) dt} \approx \frac{\sum_{j=1}^{24} \text{metricnum}_j}{\sum_{j=1}^{24} \text{metricdenum}_j} \tag{17-61}$$

式中，metricnum 和 metricdenum 是效率、有效性或利用系数的分子和分母。例如，将式（17-61）应用到燃料利用效率中：

$$\text{平均每天 } \eta_{\text{F}} = \frac{\int_0^{24\text{hours}} \left(W_{\text{elec}} + \sum_j Q_{\text{th},j}\right) dt}{\int_0^{24} Q_{\text{Fuel}} dt} \approx \frac{\sum_{j=1}^{24} \left(W_{\text{elec}} + \sum_k Q_{\text{th},k}\right)}{\sum_{j=1}^{24} Q_{\text{Fuel},j}} \tag{17-62}$$

其中指标 j 的总和是指全天 24h 的时间，指标 k 的和是指 CHP 系统输出的全部有用能的总和。

（5）过去 n 个小时的平均值

$$\text{在过去 } n \text{ 个小时的参数平均值} = \frac{\int_{t-n}^t (\text{metricnum}) dt}{\int_{t-n}^t (\text{metricdenum}) dt}$$

$$\approx \frac{\sum_{j=t-n}^t \text{metricnum}_j}{\sum_{j=t-n}^t \text{metricdenum}_j} \tag{17-63}$$

利用式（17-63）可计算得到加权能量利用指标（EUF_{VW}），过去 8h 内的 EUF_{VW} 平

$$
\begin{aligned}
均值 &= \frac{\displaystyle\int_{t-8}^{t}\left(W_{elec}\gamma_{elec}+\sum_{k}Q_{th,k}\gamma_{th,k}\right)dt}{\displaystyle\int_{t-8}^{t}\left(\sum_{l}Q_{Fuel,l}Price_{Fuel,j}\right)dt} \\[2em]
&\approx \frac{\displaystyle\sum_{j=-8}^{0}\left(W_{elec}\gamma_{elec}+\sum_{k}Q_{th,k}\gamma_{th,k}\right)_{j}}{\displaystyle\sum_{j=-8}^{0}\left(\sum_{l}Q_{Fuel,l}Price_{Fuel,j}\right)_{j}}
\end{aligned}
\tag{17-64}
$$

式中，对 j 的求和就是指对过去的 8 个小时的求和，对 k 的求和是指对系统输出的所有有用热能的求和，对 l 的求和是指对所有输入 CHP 系统的燃料求和。式（17-56）～式（17-64）的所有变量都在表 17-2 中定义了。

利用式（17-56）～式（17-64）可以用来确定之前定义的或表 17-2 中的系统级别参数的平均值。对于需要长时间（如一个星期或一个月）的平均值求法，可以按所要求的平均值时段的起始时间和终止时间，来增加算式中积分号或求和号的上下限。

17.5　基于监测和实验测试数据的应用实例

本部分主要内容是利用项目中产生的算法公式来监测 CHP 系统的工作性能，并且检测系统故障及性能下降原因等。本次实例不仅引用由模型而得到的模拟数据，又采用了实验数据，以此来说明前部分所提到的公式的适用性。

所测试的实验数据是来自 ORNL（Oak Ridge Nation Laboratory）实验室中的 IES（Integrated Energy System）实验室的 CHP 系统的运行记录（Rizy et al. 2002 and 2003；Zaltash et al. 2006）。这个 CHP 系统包括一个微燃机发电机（MTG）、烟气—水热回收换热器、热水型驱动吸收式制冷机和冷却塔。微燃机的发电容量为 30kW，它是以天然气为燃料，产生 480V 的三相 AC 电，并且排气温度在 480～560℉之间。系统还需要一个压缩机，将燃气供气压力由 5psig 提升到 MTG 所需的 55psig。在空气进入燃烧室之前，可以利用热回收器对其进行预热，从而可以提高发电效率及减少废气有用的热损失。具有余热的废气经过一个汽水换热，产生 185～203℉的热水。最终废气以 248℉左右的温度排至大气环境中。为了提高燃料利用效率，这些被排放的废气可以用于一个直接加热的除湿设备，这在 IES 实验室是可以实现的。但在这些测试中，IES 系统的废气则是直接从 HRU 排向大气。由 HRU 生成的热水用来加热驱动一个制冷量为 10 冷吨（35kW）的单效溴化锂吸收式制冷机，提供温度约为 44℉的冷冻水。用闭式的冷却水循环对制冷机中的冷凝器进行冷却，并利用湿式冷却塔将热量排到环境中。

图 17-1 显示了模拟 CHP 系统的图解。图中模拟系统不仅显示了传感器所测量的数据，也同样显示了系统性能计算参数。ORNL 实验室收集的数据引入模拟系统中，实现实时模拟 CHP 系统的运行，计算而得的数值在模拟屏幕（图 17-1）的左下部分或内部标出。模拟

系统也可以对测量值及计算值设定一定的报警极限。尽管模拟系统可以显示任意给定时间或报警时的实测值及计算值，但如果这些值不在一定的合理范围之内时，它将不会在趋势图上显示。

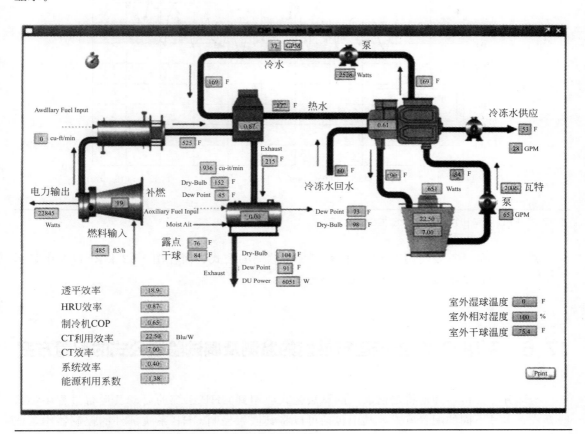

图 17-1　用来测试性能监控算法的 CHP 监控系统的原理图

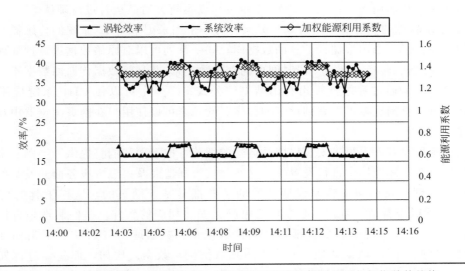

图 17-2　汽轮机效率、冷却塔效率、系统效率、冷却塔使用效率及燃料使用加权指数的趋势

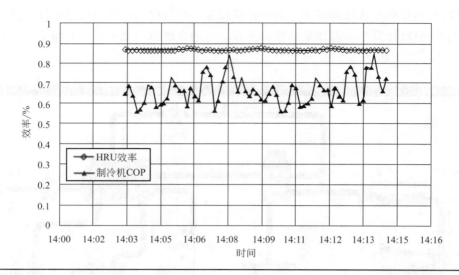

图 17-3 HRU 效率和吸收式制冷机 COP 的趋势

关于效率的计算要使用表 17-1 和表 17-2 中总结的公式，而在图 17-2 和图 17-3 中显示了效率、有效性及能量使用率的变化趋势等。

17.6 利用 CHP 系统运行性能的监测及调试验证公式的配置方案

本部分主要讲述如何将之前展示的算法公式应用到 CHP 系统的启动及运行过程中。这些算式有多种不同的配置方式，其中包括可以将其嵌入控制 CHP 系统部件的控制器中，或者可以开发一个可独立在计算机平台上运行的应用软件。在本部分中，将假设一个配置方案。在方案中，前面部分介绍的那些在 CHP 系统监测及 CxV 中展示的算法公式将被引用配置到本系统中，从而用来模拟一个 CHP 系统的启动运行并对其运行进行确认。

CHP 系统软件的主要部分，有如下元素：①一个用来记录 CHP 系统的传感器数据和控制数据的程序；②一个用来储存信息的数据库；③一系列可以对原始数据进行预处理的程序（如运行质量控制、转换单元、一段时间内的聚集数据），并且将数据传递回数据库；④一系列可以将原始数据通过程序计算出有用结果的公式；⑤一个可以使 CHP 系统应用自动装置，并且通过网页浏览器可以看到设定的程序；⑥一个可以使用户在网页浏览器中观察到结果的程序。

虽然在这里没有提出很多安装启用及运行的细节，但下面我们将提供一个例子来说明这些公式是如何在实际应用中进行设置的。这些公式为制造商及第三方服务商开发某些工具提供了一定的基础。我们期望将来发展开发的工具都是基于网页的，这样工具的使用者在 CHP 应用设置或查看结果时就不必在自己电脑上安装相应的软件。我们假设来自传感器与控制点关于 CHP 设备的原始数据都是间断性被记录到数据库的（如以 1～15min 的间隔）而言。这些数据被间断地预处理，并产生附加（衍生）数据。比如，那些经过预处理的数据，可以是将小时以下的数据转化成为小时数据的简单集合，或是对导出的工程数据的计算

（COP 是通过使用很多来自传感器数据而计算得到的）。预处理还包括对某些测量数据的移动平均值进行计算。预处理的结果又被重新写进数据库。一系列的公式，连续或者定期的，都会分析原始数据和预处理过的数据来产生有用的信息，并且又将其传输回数据库，然后用户可以预览这些结果，或者系统可以通过网页浏览器向用户提供警报和建议。

17.7　CHP 系统性能监测及调试验证（指令确认）的应用场合

在这部分，我们假想两种场合，在这些场合中，CHP 系统的监测和 CxV 中提到的算法公式在 CHP 系统的启动和运行过程中都被使用。CHP 系统利用一个天然气驱动的燃气轮机作为其原动机，排气中的余热被回收利用来加热热水；而产生的热水被用来驱动一个吸收式制冷机生产冷冻水为商业建筑供冷。当用户冷能需求大于废气所提供的热量时，可以利用烟道式补燃燃烧器为吸收式制冷机补充热量产生足够多的冷量来满足建筑负荷要求。

该 CHP 系统的发电量是 1MW，并且可产生 1.7MW 的有用热能，同时可为吸收式制冷机提供大约 257℉（125℃）的热水。制冷机组将 45℉（7℃）的冷冻水提供给商业建筑供冷。吸收式制冷机的性能系数接近 0.7。当地用来驱动燃气轮机和烟道式补燃的燃气价格约为 \$1.00/kcal（≈ \$9.50/GJ），并且电价为 \$0.10/（kW·h），提供的冷能价格为 \$0.035/（kW·h）（\$10.25/million Btu）（根据在相同标定价格的前提下，与蒸汽压缩式制冷空调及电制冷进行对比而得出）。

我们首先列举了一个方案来说明系统监测的使用，然后又列举一个方案说明系统调试验证（指令确认）过程的使用。

监测系统为下列效率和有效性指标提供了连续的数据流：

- 能量使用加权指标，EUF_{VW}。
- 系统燃料利用效率，η_F。
- 发电效率，η_{EE}。
- 热回收单元效率，ε_{HRU}。
- 吸收式制冷机性能系数，$COP_{Abchiller}$。
- 冷却塔效率，η_{CT}。
- 冷却塔耗电效率，$\eta_{CT, elec}$。
- 冷却塔泵效率，η_{Pump}。

系统还针对以下变量情况进行了实时的监控：

- 输入汽轮机的燃料能量，$\rho_{Fuel}\dot{v}_{Fuel, Turbine}LHV_{Fuel}$。
- 输入烟道式补燃燃烧器的燃料流量，$\dot{v}_{Fuel, Aux}$。
- 排气温度，$T_{Turbine, ex}$。
- 输出有用热能，Q_{th}。
- 冷冻水供水温度，$T_{evap, w, o}$。
- 冷冻水回水温度，$T_{evap, w, i}$。
- 进入 HRU 的水温度，$T_{HRU, w, i}$。

- 流出 HRU 的热水温度，$T_{HRU,w,o}$。
- 离开 HRU 的排气温度，$T_{HRU,ex,o}$。
- 当前输出电能量，$W_{elec}(kW)$。
- 每天平均输出电能量，$\int_0^{24hours} W_{elec}dt\,[(kW \cdot h)/day]$。
- 过去 n 个小时的平均电能输出量，$\int_{t-n}^{t} W_{elec}dt/n\,(kW)$。
- 每天的平均小时电能输出量，$\int_0^{24hours} W_{elec}dt/24\,(kW)$。
- 冷却塔进水温度，$T_{CT,w,i}$。
- 冷却塔出水温度，$T_{CT,w,o}$。
- 冷却塔方式，$T_{CT,w,o} - T_{wb}$。
- 冷却范围，$T_{CT,w,i} - T_{CT,w,o}$。

系统对这些性能参数及情况进行了监测，并且当工况明显脱离了其基准时，向操作器提供警报。表 17-3 中列出了一系列的假设数据来描述一个情景，相对于没有安装此类监测系统的能源站而言，对这些参数的监测将帮助运营商更快的对系统运行性能进行监测并纠正一些错误和故障。表格采取了 30min 的时间间隔来说明的，而实际系统进行监控时，数据监控间隔时间应该比表格中的 30min 更短一些。

时间	13:00	13:30	14:00	14:30	15:00
EUF_{VW}	1.12	1.12	1.07	1.12	1.12
η_F	0.59	0.59	0.54	0.59	0.59
η_{EE}	0.27	0.27	0.27	0.27	0.27
ε_{HRU}	0.63	0.63	0.54	0.59	0.59
$COP_{AbChiller}$	0.70	0.68	0.60	0.68	0.70
η_{CT}	0.71	0.70	0.52	0.68	0.71
$\eta_{CT,elec}$	7.0	7.0	3.5	6.5	7.0
η_{Pump}	0.65	0.65	0.65	0.65	0.65
$Q_{Fuel,turbine}/kW$	3703	3703	3703	3703	3703
$Q_{Fuel,aux}/kW$	0	0	0	0	0
W_{elec}/kW	1000	1000	1000	1000	1000
Q_{th}/kW_{th}	1190	1180	1000	1185	1190
$T_{Turbine,ex}/{}^{\circ}F$	620	620	620	620	620
$T_{evap,w,o}/{}^{\circ}F$	45.0	45.0	48.0	46.0	45.0
$T_{evap,w,i}/{}^{\circ}F$	55.0	55.0	58.0	56.0	55.0
$T_{HRU,w,i}/{}^{\circ}F$	239	239	247	241	239
$T_{HRU,w,o}/{}^{\circ}F$	257	257	258	257	257
$T_{CT,w,j}/{}^{\circ}F$	95	96	102	96	95
$T_{CT,w,o}/{}^{\circ}F$	80	81	88	82	80

续表

时间	13:00	13:30	14:00	14:30	15:00
$T_{wb}/°F$	74	75	75	75	74
$T_{CT.w.o} - T_{wb}/°F$	6	6	13	7	6
$T_{CT.w.j} - T_{CT.w.o}/°F$	15	15	14	14	15

表 17-3　运行参数及物理状态的监测值序列

　　在 13:00 之前的几个时间步数内的运行工况与 13:00 基本一致，而且这些时间段内系统运行正常合理。在 13:30 时，可见一些性能参数（如 $COP_{Abchiller}$，η_{CT}，Q_{th} 和 $T_{CT.w.o}$）与 13:00 时的值存在偏差。但是他们的数量级太小，因此并没有太明显的问题。实际上，这些偏差与在正常无误的运行中所测得数据的变化范围相比，它们全部都是在正常范围内。

　　在 14:00，一些性能参数的变化相当明显。加权用能指数减少了 4.5%（从 1.12 下降到 1.07），但此时的数值不足以引起警报。如果这种情况持续更长时间，那么燃料的消耗是相当的大。燃料使用效率从 59% 降到 54%，热回收换热器有效效率从 63% 降到 54%（例如，占总回收热量的 14%），这表明了热回收换热器出现了未知的问题。发电效率并没有减少，但是制冷机的 COP 从 68% 降到 60%。最值得引起注意的是，冷却塔效率和用电效率分别减少 26%（从 70% 到 52%）和 50%（从 7.0 到 3.5）。制冷机输出冷能也从 1180kW 降到 1000kW。通过对这些数值的观察，操作人员可以将注意力直接集中在冷却塔上，这表明冷却塔一定存在某种问题。通过对冷却塔的一些可测量的变量的观察，发现进出冷却塔的冷却水的温度分别升高 6°F 和 7°F，从而进一步证明了操作者关于冷却塔故障的结论。冷却塔不能把冷却水的热量有效地排除，这将会花费更多电能来驱动风机运行（因为冷却水泵的效率并没有降低，那么引起温度值上升的原因只剩下风机）。

　　为更好的处理这些观察值和结论，运营者派遣两个技术人员去检查冷却塔。通过检查，技术人员找到了一大片的硬纸片，这硬纸片可能阻塞了风机的引进气流。该硬纸片可能来自于一个大型运输设备的某类容器，也可能是来自于冷却塔内空气进气口开口时的机器，但技术人员同时猜测到了另外一种可能，就是当日午后正好有一股狂暴的大风吹过此区域，旁边垃圾桶中的硬纸片碎片被风吹起来然后落在冷却塔上，正好堵住风口。为了增加那些减少的流通面积，冷却塔的控制器开始运行附加的风机。从而增加了冷却塔的耗电量，导致冷却塔电效率 $\eta_{CT.\,elec}$ 的明显下降。虽然几乎没有对冷却塔的冷却效果产生影响，但冷却塔的性能显著下降。技术人员把硬纸片取出并进行合理处理之后回到控制室，整个检查及维修工作仅仅花费 15min。

　　14:30 后的 15min 内，监测数据表明去除硬纸片的效果非常明显。燃料利用效率又回到 59%。热回收效率也回到了先前的水平（62%）。冷却塔效率和用电效率全部都恢复到接近先前的水平，现在的数据为 68% 与 65%。制冷机也将近全部恢复从前状态，达到 1185kW 制冷量。冷却塔进出口水温也将近回到原先温度。在 15:00 时，所有参数数据显示系统已经全部恢复，这是我们通过性能模拟场景得出的结论。

　　如果此方案并没有模拟的显示，则冷却塔的问题将会持续更长时间，可能是一天、一周或者更长。燃料的使用和消耗将增加，冷能输出也会保持很低，而且设备需运行的时间更长，并且更难运行。用闭环模拟来检测许多运行错误或者性能下降的原因是可能的，重点是实时，并且以短时间间隔来提供信息，从而操作人员可以实时地了解 CHP 系统、主要装置和部件的状态。

为了能够了解 CxV 公式的应用，我们提供了一个使用热水驱动吸收式制冷机为商业建筑供冷的方案。在这种情况下，该方案主要致力于原动机（一个小型汽轮机）的运行性能，以及作为副产品的排气废热的利用。

方案中，系统制造商将把汽轮机功率定在 $1MW_e$，利用 $1.7MW_{th}$ 余热产生 257℉（125℃）的热水。热水是由一个相匹配的热回收机组产生的。当机组以 80% 的功率状态运行时，制造商的特定参数表明，在室外温度为 60℉（-15.6℃）时，汽轮发电机将产生 $800kW_e$ 的电能，余热量为 $1.36MW_{th}$ 的 257℉（125℃）的热水。系统从初始条件启动，在运行一段时间之后，使系统达到满负荷的 80%，并且达到稳定状态时，CxV 系统将显示如下：

- 电力输出是 $800kW_e$，对于当前的室外温度及燃料利用率，电力输出在预期范围之内。
- 热输出是 $1100kW_{th}$，在预期范围之内。

使用其诊断能力，CxV 系统将显示如下：

- 汽轮机排气温度，$T_{Turbine, ex}$ 是 670℉（354℃），比预期温度 620℉（327℃）要高。
- 离开 HRU 的热水温度，$T_{HRU, w, o}$ 是 302℉（150℃），比预期温度 257℉（125℃）要高。

这将建议能源站运行人员对系统的变频水泵进行检查控制，得到的结果是变频水泵的速度似乎比正常需要的泵速要低一点。

一个技术人员检查了泵控制器，发现它的运行范围和校准刻度都不正确，则将 CxV 系统中的用控制代码表示的变量数据表格替换成制造商基于系统中泵的测试数据的表格（在开始点火运行之前）。在替换了表格，并且等到系统达到稳定运行状态之后，CxV 系统将会显示运行是达到预期效果的。这样 CHP 设备的运行问题就已经被 CxV 系统纠正和证实了。

17.8 总结

在本章我们提供了一些信息，包括系统和部件级别的运行参数，来解释为什么 CHP 的维持运行和 CHP 系统运行监测及试运行（指令确认）的公式是同等重要的。我们也通过实际测试运行数据与由系统集成商或部件制造商提供的运行性能数据的对比，讨论了试运行验证过程是怎样完成的。

CxV 方案展示了这些比较的结果是怎样被软件自动解读的，并且在关于 CHP 系统和其部件是否已经通过合适的验证和出现故障问题的地方给出结论，并提供改正的指导。文章也阐述了 CHP 系统分析实验和现场数据的公式应用，并且本章节讨论了这些公式是怎样布置展开的，最后给出结论。正是由于燃料价格的上升，CHP 系统的应用变得越来越广泛，让我们对能源系统的稳定运行变得更加关心，本章所阐明的监测及试运行验证（指令确认）将会变得越来越重要。

参 考 文 献

[1] Ardehali，M. M. and T. F. Smith. 2002. "Literature Review to Identify Existing Case Studies of Controls-Related Energy-Inefficiencies in Buildings. " Technical Report：ME-TFS-01-007. Department of Mechanical and Industrial Engineering，University of Iowa，Iowa City，IA.

[2] Ardehali，M. M. ，T. F. Smith，J. M. House，and C. J. Klaassen. 2003. "Building Energy Use and Control Problems： An Assessment of Case Studies. " *ASHRAE Transactions*，vol. 109，pt. 2，pp. 111-121.

[3] Brambley，M. R. and S. Katipamula. 2006. *Specification of Selected Preformance Monitoring and Commissioning Verification Algorithms for CHP Systems*. PNNL-16068，Pacific Northwest National Laboratory，Richland，WA.

[4] Claridge，D. E. ，C. H. Culp，M. Liu，S. Deng，W. D. Turner，and J. S. Haberl. 2000. "Campus-Wide Continuous Commissioning^{SM} of University Buildings. " In Proceedings of the 2000 ACEEE Summer Study on Energy Efficiency in Buildings. ACEEE，Washington，DC.

[5] Claridge，D. E. ，J. S. Haberl，M. Liu，J. Houcek，and A. Athar. 1994. "Can You Achieve 150% Predicted Retrofit Savings：Is It Time for Recommissioning?" In Proceedings of the 1994 ACEEE Summer Study on Energy Efficiency in Buildings. ACEEE，Washington，DC.

[6] Claridge，D. E. ，M. Liu，Y. Zhu，M. Abbas，A. Athar，and J. S. Haberl. 1996. "Implementation of Continuous Commissioning in the Texas LoanSTAR Program：Can You Achieve 150% Estimated Retrofit Savings Revisited. " In *Proceedings of the 1996 ACEEE Summer Study on Energy Efficiency in Buildings*. ACEEE，Washington，DC.

[7] Energy Nexus Group. 2002. *Technology Characterization：Microturbines*. Arlington，VA. Available at：http：// www. epa. gov/chp/pdf/microturbines. pdf. Accessed on May 24，2006.

[8] Horlock，J. H. 1997. *Cogeneration—Combined Heat and Power（CHP）*，pp. 26-28. Krieger Publishing Company， Malabar，FL.

[9] Katipamula，S. and M. R. Brambley. 2005*a*. "Methods for Fault Detection，Diagnostics and Prognostics for Building Systems—A Review Part I. " *International Journal of Heating，Ventilating，Air Conditioning and Refrigerating Research*，11 (1)：3-25.

[10] Katipamula，S. and M. R. Brambley. 2005*b*. "Methods for Fault Detection，Diagnostics and Prognostics for Building Systems—A Review Part Ⅱ. " *International Journal of Heating，Ventilating，Air Conditioning and Refrigerating Research*，11 (2)：169-188.

[11] Katipamula，S. and M. R. Brambley. 2006. *Aduanced CHP Control Algorithms：Scope Specification*. PNNL-15796， Pacific Northwest National Laboratory，Richland，WA.

[12] Kovacik，J. M. 1982. "Cogeneration. " Chapter 7. In W. C. Turner，（ed.）*Energy Management Handbook*，John Wiley and Sons，New York NY，pp. 203-230.

[13] Midwest CHP Application Center（MAC）. 2003. *Combined Heat & Power（CHP）Resource Guide*，University of Illinois at Chicago，and Avalon Consulting，Inc. ，Chicago，IL. Available at：http：//www. chpcentermw. org/ pdfs/chp _ resource _ guide _ 2003sep. pdf.

[14] Rizy，D. T. ，A. Zaltash，S. D. Labinov，A. Y. Petrov and P. Fairchild. 2002. "DER Performance Testing of a Microturbine-Based Combined Cooling，Heating，and Power（CHP）System. " In *Transactions of Power System 2002 Conference*，South Carolina.

[15] Rizy，D. T. ，A. Zaltash，S. D. Labinov，A. Y. Petrov，E. A. Vineyard，R. L. Linkous. 2003. "CHP Integration（or IES）：Maximizing the Efficiency of Distributed Generation with Waste Heat Recovery. " In *Proceedings of the Power System Conference*，Miami，FL，pp. 1-6.

[16] Timmermans，A. R. J. 1978. *Combined Cycles and Their Possibilities Lecture Series，Combined Cycles for Power Generation*. Von Karman Institute for Fluid Dynamics，Rhode Saint Genese，Belgium.

[17] Zaltash，A. ，A. Y. Petrov，D. T. Rizy，S. D. Labinov，E. A. Vineyard，and R. L. Linkous. 2006. "Laboratory R&D on Integrated Energy Systems（IES）. " *Applied Thermal Energy* 26：28-35.

第 **18** 章

维持 CHP 运行

（Lucas B. Hyman

Milton Meckler）

　　正如在前面章节描述的那样，CHP 系统现场的可持续性运行受多种因素和要求的共同影响。CHP 能源站管理层及运行人员必须对以下知识有深刻了解：CHP 能源站、CHP 能源站系统，以及 CHP 能源站设备；CHP 能源站运行策略；公用事业电力、燃气公司的定价结构；能源市场和能源采购策略；用能计量、记账和计费；最后，也是最重要的，恰当的能源站运行和维护。同时，CHP 能源站咨询人员也必须了解上述内容。

　　俗话说："无法衡量就无法管理"。因此，CHP 系统若要可持续运行，则应具有完善的计量与监测系统，这些系统构成能源站控制系统的一部分。配备完善的计量与监测设备可以为热电联产的公用事业电力公司提供各种 CHP 度量标准，以及根据该标准计算生产成本，本章稍后进行讨论。同时这些设备的配备可以帮助优化系统运行及简化性能诊断。

　　CHP 系统现场的可持续性运行依靠有能力的能源站运行人员，投资并对他们进行培训，同时建立反馈机制、开放的沟通机制，以此改善能源站运行。CHP 能源站运行策略和系统的要求/结果/成本需要全面分析，并让所有人都关注了解。当然，应当保存和消耗资源，为 CHP 能源站的长期可持续性运行做准备。此外，运行还需要仔细考虑保险要求，以及如何满足这些要求确保可持续性。最终，为了提高 CHP 的推广与使用，CHP 能源站管理层应向其他人分享能源站运营的成功经验，比如可以最大化提高整个能源站燃料利用效率、减少一次能源的消耗、减少整体污染。如果能源站经过合理规划、设计以及建设，相比较传统供能系统（BAU），会带来可观的投资回报率，传统供能系统一般是从公用事业电力公司购买电力，使用燃气锅炉提供热力。

18.1　了解 CHP 能源站

如果负责管理及运行 CHP 能源站的人员完全不了解能源站运行，那么将会给 CHP 可持续运行带来挑战。了解 CHP 能源站运行的第一步就是了解能源站各设备的功能和运行。CHP 能源站运行人员应当有能力了解并讨论能源站每一个设备是如何工作，以及该设备的主要组成部分和它的功能。各式各样的单个设备组成了能源站系统，CHP 能源站人员应当做到：

- 了解能源站的所有系统（即根据能源站内管道铺设，环绕能源站，从开始到结束）。
- 从记忆里想象设计图纸，即能源站每个系统的装置示意图，示意图显示了所有重大设备和系统重要组成部分，包括阀门。
- 与运行班组长讨论每个系统当中的每个设备，以及该系统如何有效运行。

各式各样的 CHP 能源站系统组合形成了可以工作运行的能源站，而 CHP 能源站的各种设备有不同的策略和运行选择。为了保证系统具有好的经济性，CHP 能源站工作人员必须对设备/系统运行方式进行分析与了解，并能够判断选择运行方式［举例说明，在夏季高峰时期，启动加力燃烧室（也称作补燃燃烧器）和蒸汽轮机发电机组，或者在高峰时期停止使用电驱动制冷机，而使用吸收式制冷机］。

CHP 系统现场的可持续性运行需要 CHP 能源站管理层、能源站运行班组，以及外部咨询机构（工程、能源采购、财务）整个团队的共同努力，而且每个组员发挥重要角色。虽然每个组员都承担了一定工作和在一定领域内具备一定水平的专业知识，但是 CHP 能源站所有组成人员都必须十分熟悉和了解 CHP 能源站的运行及维护的基本概念。

CHP 能源站可持续运营的主要目标就是使能源站本身的投资回报（ROI）最大化，尽快收回投资，为能源站运行及维护提供资金，以及为设备置换提供准备金。CHP 能源站的年利用效率达到最大化时，它的 ROI 也会最大化，例如，发电机满负荷运行和废热产生的蒸汽全部被用户端消耗的情况下。假设 CHP 能源站装机合理，可以根据工厂的电或热负荷变化而运行，通过维持能源站高的可靠性，CHP 能源站的能源输出会最大化。这些都得益于良好的运行与维护程序，同样也依赖设备的质量以及能源站的设计。

降低能源站运行费用可以使 ROI 最大化，燃料成本是最主要的成本因素。根据 CHP 能源站的地理位置，燃料购买的方案也会变动。购买选择方案可以是仅从当地的公用事业燃气公司购买燃料或者通过在开放市场通过订立不同的合约期（现货、短期、长期）购买燃料。在变化的市场购买燃料，需要知识、经验、专业以及一些运气来预计未来价格是否减少可能的成本。CHP 能源站管理层必须根据不可知的未来情形做出决定，比如燃料价格是否会上涨或下跌，如果发生上涨或下跌，上涨率和下跌率是多少？同时，管理层还需要做出其他决定：如燃料的现货市场短期、中期及长期合约之间怎样分解才是恰当的？是否签订长期合约以锁定燃料价格，通过该保护手段确保燃料成本；又或者在现货市场寻找机会，当燃料价格下降时，可以节约一部分燃料成本，从而避免了因签订长期合约而多付的部分，如果燃料价格长期下降，长期合约多付的部分则会更多。某些能源站雇用了全职的能源经理从事上述工作，然而有些能源站从外部雇用咨询机构听取专业建议来处理上述工作。需要注意的是，通过提高能源站运行效率和减少每单位能源产出消耗的能源可减少燃料成本［即 Btu/

（kW·h），kW/ton]，这些在本章的"运行策略"中谈到，每单位能源的产出和运行效率受多种因素影响。人工成本也将是 CHP 能源站运行的一项重要成本，如果该厂雇用全职的、有执照的蒸汽轮机运行人员，其人工费相比没有执照的运行人员要高。

多数情况下，为使 ROI 最大化，需要对 CHP 能源站提供的能源服务进行恰当的计量和计费。因此，CHP 能源站管理及运行人员需要了解能源站使用的计量表的基本数量、功能、类型，以及如何将计量表上显示的信息反映在消费者使用的电力、热力等账单上。

18.2 CHP 数据收集

需要注意的是，为了达到以下目的，CHP 能源站可持续运行的一项重要条件是收集有效信息/数据：①对 CHP 服务进行恰当的计量及计费；②为了达到设备性能最大化，对设备运行进行监测及预示。第一步从数据收集开始，该项工作可作为能源站控制系统自控的一部分。

18.2.1 计量

CHP 系统通常作为区域能源系统的一部分，在很多情况下，消费者需要对其使用的电力及热力支付费用。计量表常用于测量电力、蒸汽、冷凝水、供暖热水、生活热水以及冷冻水。电力的测量通常包括使用计量和需求计量两种。电能计量不仅需要测量每个建筑消耗的电量，同时也需要捕捉发电机组能源输出、自用电源损失、购买的电力、卖给电网的量（如果该情况存在），以及单个系统/设备的电量消耗（例如，计算制取每吨冷水所消耗的功率）。流量表有多种类型。蒸汽计量表需要合理安置在调节阀的上游或者下游，并且应保证计量表的口径恰当且前后端留出一定长度的直管段，从而确保计量表的正常工作。蒸汽计量表需要记录所有的蒸汽生产、自用损耗以及单个建筑的蒸汽消耗。能源站还需要安装冷凝水计量表，按照消费者使用的净计量（Btu）计费。该能源消费的总量为蒸汽供应的能量（焓）减去回收的冷凝水能量。通过这种方法，计算 CHP 能源站没有回收的冷凝水能量和费用。最终，随着计量表技术的重大提升，智能电表、自动计费系统以及无线技术允许计量表可以进行远程数据读取，这样大大节省了时间和成本。

18.2.2 监测

除了计量电力输出和各种能源的使用，CHP 能源站控制系统还需要监测生产的总热能（蒸汽/热水），以及热能的使用和生产的冷冻水量。监测与控制系统应当监测和记录所有第 17 章中提到的流量、温度及压力。除了警报及控制，能源站监测的数据应当应用于计算能源站运行的设备和系统的利用效率，从而可以更好地跟踪 CHP 系统运行，这将有助于能源站问题的解决，以及提供 CHP 能源站运行优化的反馈。监测点和计算量的趋势同样可以帮助决策能源站的运行。

18.3　CHP 数据分析

能源站运行人员和外部的咨询人员可以通过获得的能源站数据分析 CHP 能源站运行。重要信息可以直接从基础数据单中搜集，可以采用多种标准分析 CHP 能源站运行。数据分析结果可以作为与其他能源站或本能源站运行方案进行比较、反比和总结的基准。

基础数据的审查可以直接提供以下重要信息：
- 总发电量。
- 总制热量。
- 总制冷量（冷吨）。
- 消耗的燃料。
- 电力销售。
- 热能使用（冷和热）。
- 能源站运行的重要参数，例如，温度、流量、蒸汽压力、冷凝水系统、热水系统、冷冻水系统以及冷却水系统中对整个系统效率影响的参数。

18.3.1　标准

为了可以更好地了解 CHP 能源站运行，除了了解基本的 CHP/工厂数据，还需要利用原始数据及记录形成重要的指标（性能表现指标）并进行计算，为能源站高效持续运行提供指引。关注的重点不应当只是对各项指标进行总结或者进行错误假设。CHP 能源站重要的指标包括：
- 生产每度电的成本。
- 每单位热的成本［Btu、千焦(kJ) 或者其他适合的余热单位］。
- 提供 CHP 能源站能源服务与传统供能服务的成本对比。
- 采用 CHP 与传统 BAU 情况的节约成本对比。
- CHP 综合利用效率［等于(净发电量＋余热利用总量)/总的燃料输入］。
- 美国 FERC 效率（在上述 CHP 效率计算中利用的余热总量乘以 0.5）。
- CHP 热耗率［生产每单位电力消耗的燃料能源，以 Btu/(kW·h) 或者 kJ/(kW·h) 为单位］。
- 发电效率（等于净发电量除以燃料输入）。
- 加权平均能源利用系数［电力加上所有热能的值除以燃料输入（见第 17 章）］。
- CHP 发电效率（等于净发电量除以燃料能源输入与总的余热利用之间的差值）。
- 减少的燃料购买量。
- 减少的污染量。

以每单位为基础（即 kW·h、kCal 或者 t/h），计算和比较生产各项能源服务的成本（即电力、蒸汽、冷水或者生活热水），从而给 CHP 能源站的利益相关者提供了重要信息。基于这些信息，利益相关者可做出重要决定。为了计算 CHP 能源站节约的全部费用，还需要知道公用事业公司的单位生产成本。CHP 能源站的公用事业服务类型理所当然依赖于 CHP 能源站本身架构。某些 CHP 能源站提供不同压力级别的电力、不同压力级别的蒸汽、高温热水、供暖热水、生活热水、冷冻水、压缩空气和处理过的水，例如，去离子水（DI）、反渗透水（RO）等；而其他 CHP 能源站仅仅提供单一压力级别电力和单一压力级别蒸汽（或者某一温度的供热热水）。无论 CHP 能源站提供怎样的公用服务，都应当计量所有提供的能源并计算成本。大多数购买的公用事业电力、热能等都存在峰谷分时和阶梯价格，这些因素都应当在 CHP 能源站的计算和分析当中反映。例如，电驱动制冷机制冷的成本在夜间相对白天要便宜（除非能源站获得的是单一价格），然而 CHP 白天生产的电力要比夜间生产的电力要贵。单位成本比较指标通常包含：

- CHP 每度电的成本对比公用事业电力公司每度电成本。
- CHP 单位制热成本（例如，一磅蒸汽、一英热、一千卡或者一千焦）对比当地燃烧锅炉的每单位制热成本。
- CHP 单位制冷成本（例如，英热、吨/每小时、千焦）对比当地制冷成本。

为了比较单位成本，必须计算和确定各项 CHP 能源服务的总成本。成本分析偶尔具有挑战性，其结果将根据各成本的分配而改变。例如，如何在电力和制热成本之间进行分解是很重要的问题。因为燃料成本牵涉到如何在 CHP 能源站生产的各项公用事业能源之间进行分配，所以会影响到单位成本分析和指标结果。类似地，如何在各类 CHP 能源站提供的各项公用能源之间计算人力成本也是一项重要问题，因为不是所有设备都需要相同的监视。例如，高压余热锅炉可能强制要求有执照的运行人员每天 24h 值班，而配有控制面板的电驱动离心式制冷机只需维护人员定期检查就可以。通过比较 CHP 的能源生产成本与传统供能（BAU）情况下的成本，如果投资回报率是正值，即说明 CHP 能源的成本比 BAU 情况下的能源成本要低。需要注意的是，达到较低的单位 CHP 能源成本并不代表或者暗示系统的 ROI 保证达到最大化（例如，可能存在这种情况，在相同固定费用前提下，单位能源成本很高，导致总体 CHP 能源站营业收入较高，从而获得较好的收益）。

与常规能源供应相比，用户采用 CHP 后所节约的费用可以为预估 CHP 能源站实际运行的财务性能提供依据。该节约费用是通过从当地电力公司购电的成本加上从当地公用事业燃气公司购买燃气烧锅炉供热成本，与分布式用户端 CHP 发电成本及余热利用成本进行比较。任何时段的成本都可以进行比较，间隔为 15min、1h、每天、每月、每年等。

另外一项重要指标是计算和监测 CHP 能源站综合热效率（或者燃料利用效率）。它等于 CHP 能源站发电净输出（输出的电力减去厂用电损耗）加上 CHP 净热力输出（热力输出减去 CHP 能源站运行的自用部分）除以 CHP 能源站总的燃料输入，公式内各项使用统一单位。通过监测 CHP 效率，运行人员可以获得能源站的运行状况和该运行策略的反馈，可以预见运行趋势，从而保证 CHP 运行效率最大化，最终减少燃料消耗的同时带来经济及环境双重效益。需注意的是，通过监测可以计算任何时段的 CHP 效率。

还有一个重要的效率指标是热耗率，即生产单位电力［Btu/(kW·h)］所需要的燃料量。热耗率低表明了发电机组效率更高。知道热耗指标，发电效率（也是一个效率指标）可以很容易计算得出，并可对其进行监测和趋势预测，这些数据可以提供关于发电机组效率的重要反馈。但需注意的是，虽然能源站达到了较低的热耗率（也就是说较高的发电效率），但并不意味着 CHP 能源站已经达到了较高的综合热效率；较高的热耗率也并不意味着 CHP 能源站有着较低的综合热效率，因为 CHP 能源站可以回收和利用大量的废热。

一个具有挑战的问题就是在考虑 CHP 综合效率时，计算者需同等对待电力和热力输出。然而，电能比热能通常有着较高的火用值。在第 17 章谈到，烟是一项重要指标，即可以提供关于 CHP 能源站有用能的性能表现指标，是加权平均能源利用系数（EUF_{vw}）。EUF_{vw} 等于净发电价值量加上回收的热力价值除以燃料输入的成本价值。EUF_{vw} 代表了边际成本价值率，其值应当大于 1。EUF_{vw} 值小于 1 表明了 CHP 能源站花费在燃料上的成本大于其对应的热能和余热回收的价值。电的价值等于净发电量乘以每度电的成本，而蒸汽或者热水的价值等于净热力输出乘以每单位热能成本（例如，单位为每英热）。将能源站生产的相关服务的成本与决定 CHP 单位生产的成本分开计算，这一内容将在后面部分进一步介绍。通常，CHP 能源站人员的目标是尽可能使 EUF_{vw} 最大化。

CHP 系统发电效率等于净发电量除以输入的燃料能源与余热回收能源总量的差值。它是确认 CHP 能源站电力输出价值的另一项指标。在既定的电力输出基础上，余热回收的量越多，CHP 系统发电效率的值越接近 1.0，因为没有转化成电力的能源被回收变成有价值的能源重新利用。

此外，还有一项重要指标就是燃料节省量，通过燃料消耗量的减少从而降低排放到大气的温室气体（GHG），计算方式为：BAU 情况下使用的燃料减去 CHP 能源站使用的燃料。BAU 情况下使用的燃料通过以下公式计算：

BAU 燃料消耗＝生产的电/当地电网发电效率＋所有回收的余热量/制热效率

通常电网发电效率为 32％，燃气锅炉效率为 80％。根据节约的燃料消耗量，可以按第 7 章描述的方法计算得出减排的 CO_2 量。

最终，需要提醒的是，没有任何一项单一指标可以精确地对 CHP 能源站运行方式进行建模，每项指标都有局限。例如，热耗率仅仅用于计算发电效率，但不能计算回收的余热。同样，尽管 CHP 效率可以反映热力学过程和燃料利用效率，但是它不能说明发电以及余热回收的增值。EUF_{vw} 不能反映人工费、还本付息以及备用金。ROI 计算不能够说明系统外部特征，例如，污染物减排量等。每项指标的确为系统运行提供了重要的反馈，但需结合运行趋势和其他指标才可以为能源站运行提供重要指引。

18.3.2　基准调查

标准与上述指标结合，可以帮助 CHP 能源站人员比较他们的 CHP 能源站每发一度电或者每生产一磅蒸汽（与其他类似的 CHP 工厂）的成本以及每单位的能源使用成本。这些成本将取决于能源站的类型、建设、地点、季节、天气以及工期等因素。标准在某些时候可能会产生误导。例如，相比有着较高的能源使用价值的 CHP 能源站来说，某个 CHP 能源站出现了每平方英尺内能源利用率低的情况，发生上述情况的原因有可能是这两个能源站分别位于较好的气候区域和极端的微气候区域，也有可能是由于后者相对其他 CHP 能源站来说，运行小时数太短。

18.4　保持问题日志

为了维持或者保持系统高效率地运行，CHP 能源站管理层应当制定一系列的规范程序，以获得和记录所有与运行相关的问题、控制的变更，以及能源站任何运行策略。这些问题日志（有可能是电子档案、纸质版或者两者兼有）应该提供按时间顺序而记录的所有事故呼叫、设备故障、警报、可能的原因以及解决方案。这本日志也应当记录位于身边的、旁边以及遮盖的任何系统、和/或者设备、和/或者控制的情况，以及任何损坏的设备。日志还应当提供一定的空间，记录运行人员要求的关于计划/运行方式的变更、变更的原因、该请求的相应措施等。最终，也是最重要的，运行人员必须提供一种提高系统运行的建议，从而保证CHP能源站可以持续优化运行。

18.5　开票（计费）

对于这些能源站业主—运营者来说，他们向客户收取能源费用，精准且明确的计费是维持CHP能源站高效可持续运行的重要方面。因为它为CHP能源站提供了运营、维护费用以及未来设备替换的必要备用金。计费的最佳实施方式为：

- 透明的。
- 可审计的。
- 公平的（合理的）。
- 容易跟踪。
- 按照一般公认的会计准则（GAAP）记账。
- 对所有成本进行说明（包括资本）。

通过这些措施，所有与电力、蒸汽以及冷冻水生产有关的成本得到合理解释与分配，包括：

- 燃料。
- 运行人员。
- 维护。
- 购买的电力/备用容量费。
- 行政管理。
- 水/化学品。
- 供应。
- 能源许可/源代码测试。
- 还本付息。
- 折旧以及/或者备用金。

在计费时应尽可能地做到：成本必须分摊至适用的各项能源服务里面。与发电机组有关的工作费用应当分配至电力生产成本。如果某项成本被严格定义为供热成本，那么应当分配至供热成本。如果成本不能作为发电或者制热成本计算时，那么应当在这两项当中分摊。目前，关于公用能源服务产品之间共享成本的方法有很多，都可以恰当地进行成本分配。简单的方法则为一半分配给电力服务成本，另一半分配给余热利用成本。其他成本分解方法或许具有更多优点，例如，根据成本占实际能源产品价值的比例进行匹配分解的方法等。

为了计算最终能源的净输出，自耗负荷也应当包含在计算当中。自耗负荷包括：

- 天然气压缩机。
- CHP 能源站内的泵。
- 冷却塔风扇。
- 水处理系统。
- 除氧器（蒸汽）。

除了自耗负荷，也应当衡量系统损失，包括：

- 配电系统。
- 蒸汽配送系统。
- 冷凝水回收系统。
- 热水系统。
- 冷水系统。

获知运行成本和损失之后，就可以得出合适的消费者账单价格。账单本身应该是便于用户查询，且应当包含说明效率的相关指标，例如，每平方英尺消耗的电量、前几年同一时期内公用能源（电力、热）使用情况等。

18.6　运行策略

能源站运行策略可能的数量和类型一般依赖以下因素：CHP 能源站的规模、用户用电负荷及用热负荷；可用的 CHP 能源站设备选型的性质及类型；各种 CHP 单元的数量及规模；可利用的 CHP 能源站的特殊设施，例如，烟道式燃烧器等。一个现代的、技术先进的、坚固的、快速启动的、可进行计算及自动决策的控制系统对实施各项运行方式非常有帮助，如果它不是必要的。然而详细讨论各种运行策略超出本章讨论范围，本章主旨在于尝试为阅读者提供如何根据具体的用户端能源情况进行思考，以及开发合适的 CHP 能源站运行策略的总体指引。

运行策略将取决于 CHP 能源站的规模、用户用电负荷及用热负荷。用热负荷包括了所有的供热、供冷以及发电用热负荷。例如，如果 CHP 能源站是根据 100% 时间内电力及热力的基础负荷决定装机容量，那么运行策略一般仅仅关注如何将设备及系统的效率最大化，如前所述，通过减少自用损耗从而减少 CHP 燃料消耗。另一方面，CHP 能源站跟踪用户用能热负荷的变化，那么当热负荷下降时，能源站将会决定调整热能利用、发电以及相关原动机的操作运行。此外，能源站运行策略还依赖于可用的设备性能与类型、所有可用设备选型的矩阵组合方式以及需要开发的方式。矩阵组合应当显示所有能源站设备的选型，列举各设备/系统的选择方案。例如，设备/系统选择可能包含了运行一个发电机组、运行两个发电机组、使用补燃燃烧器、运行轮机进气冷却系统、运行蒸汽制冷机、运行电制冷机、运行蒸汽轮机发电机组、直接或者通过热交换器间接地将热力传输至各种用热负荷处，以及在矩阵里面单独列举各项负荷或者系统热交换器等。矩阵应当包含了各系统适用的单元数量、CHP 组件的数量、制冷机的数量、泵的数量和边际运行成本、价值以及相关的价值（例如，尖峰时段运行节省的费用或者成本），这样可以帮助确定好的设备选型/运行策略。

财务模型也可以创建公式来计算/预估总量和边际成本、价值以及每个设备/系统运行所节省的费用。当然，成本及价值将会受到公共电网、燃气公司峰谷分时段价格、公用事业能源产品成本季节性差异以及燃料成本（将根据季节/采购协议/条款等有所变化）等因素影响。所有上述因素都将纳入考虑范围，并且可以更好地了解各设备/系统操作的选择和他们带来的合成成本/收益的影响/结果。

关于大方向，一般运行策略包括以下内容：

- 最大化净收入。
- 降低热耗、最大化 CHP 能源站效率、减少厂用电损耗以及减少其他的损耗。
- 减少碳排放。

最大化净收入（价值）可能是 CHP 业主和运营者最常采用的策略，创造良好的财务意识和根据上述列表当中的各项方式整合其他策略。在价值最大化策略下，所有努力用于最大化营业收入（在既有的能源站资源下，即使发电/生产并不是最有效率的，在 CHP 能源站综合效率指标降低的条件下，生产和售卖 CHP 提供的所有服务），以及减少成本（提高效率是一项重要因素），因此可以保证净收入最大化。通常根据净收入最大化来决定设备选型/系统运行的选择。例如，在某段时间内，需要在启用蒸汽型吸收式制冷机或者电动制冷机二者之间做出选择，或者将二者组合运行。正如前面提到的，通过设备选型分析可以得知设备运行的最低成本。在这种情形下，例如，电价尖峰时期可以运行吸收式制冷机，而其他时间用电制冷机，该运行方式可能是最节约成本的。在这一假设条件下，那么就会考虑是否使用余热产蒸汽驱动蒸汽轮机发更多的电，或者利用蒸汽型吸收式制冷机生产更多的冷冻水为用户提供冷能。另外一个选择就是利用补燃燃烧器制取更多的蒸汽。当然，对于 CHP 能源站来说，余热利用撤销/更改成本的计算需要一定时间。

例如，如果废热直接排放到大气中，那么这一举措必须要满足监管条例，而且废热实质上变成无用的能量。测算必须对每一个方案进行分析/建模，从而为 CHP 能源站运行人员和控制系统提供信息使净收入最大化。在缺少单位造价成本分析数据的前提下，最好按照余热值从最高到最低的顺序利用，分别用它来生产更多的电力、制冷以及制热。

其他的运行策略也会整合到上述的最大化净收入的方案当中，比如减少自用和输送损失、最大化 CHP 能源站效率、降低原动机热耗率，当然，这些因素是紧密联系在一起的。对于任何能源项目来说，第 1 步是减少废气，第 2 步是减少用户用能负荷（日光、更有效率的照明、建筑保温、更有效率的窗体等）和减少 CHP 能源站损失，接下来的第 3 步则是持续研究、检验、实施。冷凝水系统经常发生的损失则是当冷凝水从建筑物返回能源站途中/或者在冷凝水管道中发生热损，从而导致能量丢失。而另外一个常见的例子是蒸汽疏水阀的维护不当，导致泄露浪费掉焓（蒸汽疏水阀是蒸汽进入冷凝系统的必经环节）。所有管道都应该得到良好的维护、良好的绝缘以及隔热措施，并且做到无泄露。能源站泵的选择和操作都应该使泵功率最小化。最重要的是，通过最大化循环液体加热系统的温差（供应与回收温度的差值）来降低泵的功率。当然，CHP 能源站本身的设计和施工会导致一些损失，例如，管网尺寸、进气管道尺寸以及固有的压降等。

提高 CHP 能源站效率（包括制冷站效率），是非常重要和有意义的一个课题，需要单独一个章节，甚至一本书来阐述。CHP 综合效率与发电效率一样，应当尽可能地回收余热，并且有效地利用，以此来达到最大化。提高 CHP 能源站效率的一个挑战是设备/系统之间是相互关联的，运行其中一个系统势必会影响到另一个系统。例如，更高的流量、更冷的冷却水使得电动制冷机的运行更有效率，要求更少的发动机马力。但是提供较多的冷却水流量，要求较高的冷却水泵功率（在既有系统中），而提供较冷的冷却水要求较高的冷却塔风扇功率（在既定的湿球温度下）。问题是无论制冷机节省的功率是否大于冷却水泵功率和风扇功率的增加之和（假设驱动马达的频率是多变的），这些都将依赖于设备负荷（也就是说部分负荷运行性能）。另外一个例子，系统运行制冷机为轮机进气冷却系统产冷水的成本可能没有增加燃气轮机发电机组电力输出的价值重要。目前存在的演算可以优化能源站的各个系统，例如，冷冻水和冷却水系统，在既定负荷和运行条件下，根据自然曲线最佳效率点来运行设备。使用电能消费计量表时，为了采取减少电能消耗的运行条件，实用的方法可以绘制出电能消费曲线图和各种各样的运行参数。

经过讨论，热耗率可用于衡量发电效率大小，较低的热耗率表示原动机发电效率更高（输出单位电能时消耗的燃料能源少）。降低热耗率将会帮助在输出既定电力的情况下减少燃料消耗。热耗率受原动机设计、能源站布置及安装（在已建设的工厂里面是固定的）、运行条件以及室外温度（可通过轮机进气冷却系统降低）等因素影响。

许多机构发布减少工厂碳排放的书面公开保证，而利用 CHP 可持续减少工厂的碳足迹。通过降低损失、最大化 CHP 效率、减少自用电消耗以及降低热耗率，在一定负荷下减少燃料消费来提高 CHP 的环境效益。

18.7 运营培训

在任何成功运行的能源站当中，能源站运行人员都是至关重要的，因为能源站运行人员工作在第一线，可以观察运行状况并进行报告，为提升运行效率提供建议，并且他们实施管理层/咨询机构建议的能源站能源保护措施。拥有丰富知识、经过培训的能源站运行人员对于 CHP 能源站来说非常重要，因此，对运行人员持续培训是系统持续运行的重要因素。无论个人拥有的知识量有多少，大部分知识还是需要通过学习获得。另外，技术持续更新速度很快，继续培训/教育可以保持专业性。当然，标准与监管也在发生变化，运行人员也应当熟悉这些影响能源站的法规条款。此外，一些运行当中优先顺序的改变也要求对运行人员进行培训，例如，能源效率/污染减少对于能源站整个生命期来说都变得更为重要。

18.8 维护

彻底、持续不断的维护是 CHP 能源站可持续运行的核心。每一个能源站必须要有预防维修（PM）系统，以及详细协调停工维修的计划等。如果 CHP 能源站设计配置了备用设备，则可以在无需停止运行的情况下，成功处理无法预料的故障等。在好的运行及维护前提下，即通过使能源站在平稳及安全状态下运行并保持设备良好状态的工作顺序，那么可以减少 CHP 能源站发生无法预计的运行干扰情况。多种软件程序和系统应用于能源站管理的维护和运行，该类程序或系统只是操作的复杂程度不一样。然而，这些运维软件和系统进行控制的基本概念是跟踪每一个设备、热交换器、阀门、控制设备，以及跟踪每个设备所需要维修的部分，还有众多对应的维修项目并细化到每一个小的维修项目（例如，机油更换、液体更换、润滑配件更换、履带更换，以及对系统进行最终的清洁确认等）和这些维修部件的维修时期（例如，每天、每月、每个季节或者每年），然后制定能源站的整体维修计划。

18.9　备用金

所有的设备，无论维护得是好是坏，最终将会损坏，并且被替代。工厂应该通过建立备用金，制定设备更替计划。CHP 能源站备用金将对应着另一类设备矩阵组合，各个设备都有各自的特点：

- 服务开始期限。
- 剩余的服务年限。
- 现有折旧成本。
- 未来折旧成本。
- 计算得出的现有备用金要求。
- 现有的备用金与计算得出的现有备用金数量比较（富裕或者不足）。
- 年度增加的备用金数量。

未来折旧成本是根据现有折旧成本按照设备在剩余的服务年限期内上涨的费用估算得出的。计算得出的现有备用金要求同样也由以下因素决定：未来折旧成本和剩余的设备年限与考虑到金钱的时间价值的设备总服务年限之间的对比。例如，忽略通货膨胀率和储蓄利息，一个价值 10 万美元的设备可以使用的期限为 20 年，如果设备还有 6 年的使用期限，那么工厂应当每年增加 5000 美元作为备用金，那么该设备的备用金则高达 7 万美元。当然，在现实中，应当考虑购买成本的升值和备用金的投资回报率。

18.10　保险要求

承担制定风险管理策略，以及安排与处理保险的责任归属于 CHP 能源站业主—运营者，在项目建设完工，获得相关机构的运行许可，并完成了运行人员每天 24h、每周 7d 的轮班手把手培训及交付上岗等工作之后，CHP 能源站业主—运营者开始进行风险管理工作。很重要的一方面就是保险的保障时期应与能源站建设阶段一致，但应排除 CHP 能源站需要处理设备故障及业务中断的时期。

从能源站运行的第一天开始，融资权益人同样对保险计划有着浓厚兴趣，并且希望 CHP 能源站业主—运营者保证他们可以偿付债务。与此相关，还有其他的保险可以处理 CHP 能源站停运后导致的财务损失。

关于 CHP 能源站运行时间风险，例如，CHP 能源站启动延迟并影响到电力销售，保险公司是否愿意承担后者多出的保险责任则依赖于 CHP 能源站业主—运营者的能力，以及他们的保险经纪人是否能向保险公司合理解释预期风险的本质。

　　当保险经纪人被要求为业务中断提供保险报价时，他应当了解到在业务中断期间，保险责任应该涵盖了被投保的 CHP 能源站业主—运营者持续开销的成本、业务收入，其中业务收入包括了 CHP 能源站业主—运营者应有的利润和业务中断带来的损失。对于 CHP 能源站业主—运营者来说很重要的一点，他们应当了解恢复期仅指代维修或者替换损坏的 CHP 设备和/或者相关能源站实际构造、资产所花费的时间。假设解决这些问题所花费的时间是合理的，那么 CHP 能源站正常运行的时间不会毫无理由的延迟。

　　技术风险情况一般与 CHP 能源站实际运行有关，为该风险提供预期保险的保险公司希望获得工程数据和包含了维修记录及程序、防火系统能力以及系统运行记录的文件，从而可以合理地为 CHP 能源站业主—运营者考虑投保。

　　当为 CHP 能源站业主—运营者投保时，其业务中断的基本内容会有一点复杂。CHP 能源站营业收入损失协议的分歧或不清晰的内容、CHP 能源站运行中断风险产生的花费，以及如何制定预算等问题都是保险公司在处理 CHP 能源站风险问题时不乐于处理的主要问题。

　　因为大多数 CHP 能源站业主—运营者购买协议，这些协议提供了可靠的条款与激励，实际的损失期限可能超出了维修时间。保险公司和理赔人不完全熟悉客户合约中的条款内容时，可能拒绝接受 CHP 能源站客户关于激励或者惩罚条款的协议。另一有争议的领域是由于电力购买方进行失败的可靠性测试而导致的容量损失的支付问题。如果标的保险当中包含了日常业务中断的免赔，那么 CHP 能源站业主—运营者的索赔将会被拒绝，因为 CHP 能源站未能满足具体的免责期要求。相应地，非常重要的是，CHP 能源站风险经理与保险公司风险咨询师/经纪人应当协商电力购买合约，并有计划讨论待定的电力购买合约条款，因此将会"结束"各项损失情况，并证实每一位参与人对合约中各种诱因、条款及激励内容等都做到了熟悉和了解。具备上述知识，保险经纪人将会为能源站业主-运营者提供如何构建最好的保险计划、如何以合理的价格获得最有效的保险范围的建议。

　　融资合约和电力购销合约通常持续多年。尽管上述提到的市场由长期参与者构成，但愿意提供特殊保险、准许一定的免赔或者提供具体的限制条件等条款也会随着时间的推移而发生改变。因此，如果保险合约中包含了非常清晰的保险要求，即具体的保险范围、限制条件或者免赔额等内容，那么将会出现一种情况，即在当前签订的合约内容中，CHP 能源站业主—运营者将会面临市场周期，而这一周期对能源站的影响将会阻碍他们获得要求的保险理赔。

　　作为额外的难题，保险公司的财务实力也是众人关心的。通常贷款方要求工厂从"A"级保险公司购买保险。虽然这是一个令人称赞的目标，但是在长期合约前提下，这可能是不实际的。

　　尽可能地保障保险条款的灵活性。然而，这并不意味着直到问题发生的最后一刻才意识到保险的重要性。能源站业主—运营者可以考虑在条款中加入"适用于合理的条款及情况"等内容，允许保险合约内容根据市场周期进行调整。一些保险公司愿意考虑多个年限的计划。只要双方互相理解保险单的注销条款，那么情况将变得对能源站十分有益。

18.11　让人们了解 CHP 的良好益处

　　最终，应该让人们了解拥有可持续性用户端 CHP 系统的良好益处。我们应该让人们知道，用户端 CHP 是经过时间、技术验证的，可以向建筑物、能源站、业主及运营者提供多项益处；对国家的经济竞争力、安全，以及整个人类社会来说，可持续用户端 CHP 也是存在很多益处的。需要让人们认识到它的重要益处包括：

- 降低用能设施综合能源成本。
- 提升系统总体效率。
- 减少对有限的电网电力的依赖和对满负荷发电设备的依赖。
- 减少一次能源的消耗（即总的燃料消耗）。
- 减少 CO_2 排放，这与全球变暖息息相关。
- 可以使用生物燃料，实现能源的可持续性，最重要的是实现碳平衡。

案例分析

第 19 章

案例研究 1：普林斯顿大学区域能源系统

（Edward Borer）

    图 19-1 中展示的普林斯顿大学中央能源站和能源系统被认为是"业界一流"的能源系统。该系统例证了集成完备的能源系统所能达到的效率、可靠度、经济性和环境管理程度，是优秀的模型系统。

图19-1   普林斯顿能源站屋顶视角（Christopher M. Lillja 提供）

普林斯顿大学的系统利用热电联产、吸收式制冷和电制冷、蓄热技术、区域能源技术和经济调度，实现了用最小的循环能耗来输送可靠的能量，同时显著降低了大学的碳排放量。尽管大学内有些建筑的历史可以追溯至美国革命之前，设备运行人员仍然尝试并实现了现代技术方法在这类建筑内的积极应用。他们开创了经济调度技术，应用生物柴油锅炉、燃气轮机和新型背压式蒸汽轮机，减少了工业杀菌剂的使用，优化了燃机的燃烧控制系统。该中央能源站被频繁的当作教学典范使用，并且是普林斯顿大学可持续发展计划中关键的组成部分。现在正在进展中的项目包括余热回收、文丘里蒸汽疏水器、冷冻水循环回收热量和基于经济和环境影响下的实时设备调度。普林斯顿大学是环境管理领域公认的领袖，获得了许多奖项，包括州环保卓越奖和环保协会 CHP 能源之星奖等著名奖项。

19.1　历史

从 1760 年起，普林斯顿大学能源站便为超过 900 万平方公尺的居民居住、行政、学术、体育和研发的区域供能，未来十年还计划利用区域能源系统为 100 多万平方公尺的新增面积进行供能。

1754 年，菲茨兰多夫一家捐出了四亩半的土地建造了普林斯顿大学的第一幢建筑，这份礼物还包括用来作为燃料的 200 亩地所产的木材。这一举措成为校园供能系统探索的起点。而现在普林斯顿大学需要 26MW 的电能、24000lb/h 的蒸汽和 13000 冷吨的冷量来满足超过 12000 人的电力、办公生活舒适度和研究需求。

普林斯顿大学能源系统的历史不仅反映了校园的历史，甚至于反映出美国的历史。

1876 年，第一个锅炉蒸汽系统安装在迪金森大厅内向周边公共建筑提供热蒸汽。四年后锅炉被搬迁至拥有一台汽轮机的"新式发电楼"。发电后产出的蒸汽向公共建筑供暖，这也成为了校园内的第一个热电联供项目。这种现代化技术使得约瑟夫亨利医生手术室的电气照明更加安全。在此之前，约瑟夫亨利医生在使用乙醚迷醉剂时，甚至在同一房间内仍使用明火气体灯照明，这会产生安全隐患。

1903 年，大学能源公司安装了一台 500kVA、2400V 电压的两相的柯莱斯汽轮发电机，但是学生宿舍仍然用燃煤供热。不久之后，校方又增加了两台功率分别为 750kW 和 1250kW 的汽轮机。1926 年，校方用石材建造了一幢"学院哥特式"锅炉房。为了满足校园在建筑景观方面的要求，锅炉房内部配有三台平衡通风式锅炉和蒸汽驱动的引风机和送风机来降低烟囱高度。

1950 年，三台新式振动炉排锅炉取代了原有的旧锅炉，并且在校园边角建造了一个 750kVA，26kV 的变电站。

现有的冷冻水车间建造于 1960 年，配有 700 冷吨和 1100 冷吨的冷水机组。在小型电动泵应用于非高峰时段之前，整个能源站一直是蒸汽驱动的。在 1965 年，旧的 500kVA 的两相发电机被一台 3750kVA 的三相发电机所取代。1964 年和 1965 年，2200 冷吨和 3400 冷吨级的冷水机组也相继投入使用。在 1967 年，锅炉燃料由煤和石油转变为天然气，拆除了原有运送燃煤的铁轨，并且实行了空气污染控制标准。锅炉更换了炉排增加运行效率，功率提升了 10%～15%。

　　在 20 世纪 70 年代，校园的变电站扩张至 15000kW，第一幢宿舍楼应用了区域供热系统。为了应对能源危机，1978 年建立了校园能源管理系统。1985 年，一个 1500 冷吨的电制冷机组投入使用。1986 年另一个 20kVA 的变电站建成。1988 年又安装了第二个 1500 冷吨容量的电制冷机组。

　　到了 20 世纪 80 年代晚期，主要的锅炉都需要大面积的维修，而这些将花费昂贵的维修费。大气排放标准对污染物的控制也在显著提升。在进行了许多设计研究后，联供系统的计划得以发展。联供系统能够在满足同等热负荷和电负荷的情况下更经济环保。

　　1996 年，热电厂代替了原有的锅炉，并且增加了 15MW 的发电容量。20 世纪 90 年代期间，在冷水机组中应用的所有的 CFC 制冷剂都被 HCFC 所取代，因此为了保持原有的制冷机容量，制冷机转速也相应地有所提升。2000 年，一个 2500 冷吨的电制冷机组取代了原有的 700 冷吨的蒸汽驱动的制冷机组，能源站制冷机组的总容量也相应地达到了 15500 冷吨。

　　2001 年，为了给经营者提供专业的指导，普林斯顿大学为能源站建立了一个经济调度模型。在这之前，能源站设备的可靠运行是基于燃料和电价的季节性波动。之后的几年内，完整的能源和经济调度系统得到了充分发展，能够使系统在保证校园用能的前提下处于最高效的运行模式。2003 年 8 月 1 日，由于新泽西电力市场的违反规定导致电价波动，这时该系统的价值更加充分的显现出来。

　　2005 年，学校对石质锅炉房进行了改造，使它成为了校园公共安全及校园规划办公室。能源站则增加了每小时 40000 冷吨的冷水蓄冷装置和另外 2 台制冷机，这又增加了能源站的容量、可靠性和经济行。

　　2006 年，查尔顿街的变电站升级改造，增设了断路器，从 26kV 公共服务电网向校园提供 2 路独立电源。

　　2007 年，普林斯顿大学开拓创新使用了生物柴油。该能源站成为了新泽西州第一个取得环境提升小型测验许可证的能源站，该许可证允许能源站在固定运行锅炉中使用生物柴油作为燃料。同时该能源站也是世界上最先使用实物柴油作为通用电气 LM-1600 型燃气轮机燃料的能源站。

　　2008 年，一种新的热电联供模式加入到区域能源系统。两台背压式汽轮机安装在狄龙机房，当它运行并保持蒸汽压力在 15～200psig 之间时，大约能为校园提供 500kW 的电量。这也是第一次建设能够平行运行的两个压力等级的蒸汽系统。

19.2　中央能源站和系统

　　普林斯顿大学中央能源站能向校园提供 15MW 的电力，每小时 300000 磅的蒸汽和 25000 冷吨的冷却水。主要运行的设备有：一台型号为 GE LM-1600 的燃气轮机、一台内布拉斯余热锅炉、两台双燃料辅助锅炉、五台电制冷机、三台吸收式制冷机（蒸汽驱动式制冷机）和一个 40000t/h 的蓄冷系统。这种多样化的组合使得能源站能够用一种可靠且高效的方式向校园提供电力和热能。通过仔细严谨的设计和运行，该能源站每年不仅能够为学校节省几百万美元的开支，也极大地减少了排向周边环境的净排放量。图 19-2 是普林斯顿大学能源站的能源流程图，展示了能量的输入、能源站设备和流程，以及能源站实际的输出。

19.2.1　发电过程

普林斯顿大学能源站向校园的供电能力为 15MW，使用了 1 台 GE LM-1600 燃气轮机（见表 19-1）。燃机额定热耗率为 9983Btu/(kW·h) [10532kJ/(kW·h)，燃气完全燃烧，37.2℃送入]，发电效率大约 34%。通过回收的余热来发电，系统的效率增至 73% 以上，在使用余热锅炉补燃时，效率可达 80% 以上。

该联产系统还包括烟道式补燃，提供额外的供热能力。使用天然气进行补燃的典型效率可超过 80%。该联产系统安装于 1996 年。

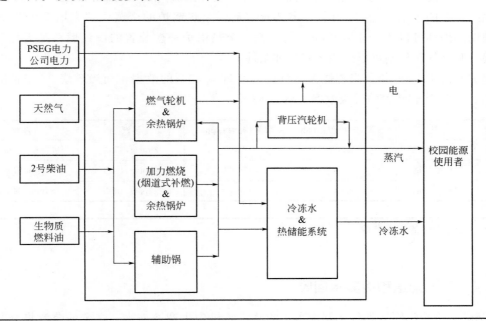

图19-2　普林斯顿能源工厂——能量流程图

名称	容量	热耗率(简单循环)	热电联供设计效率	排放
GTG-1	15MW	55℉输入时 9982Btu/(kW·h)	>80%	每 MW·h 排放 1.2lb 的 NO_x

表 19-1　GE LM-1600 燃气轮机的技术参数

19.2.2　配电

配电系统的建造是为了使能源站的产能和周边公共能耗之间实现无缝衔接。系统考虑了二者的关系，能够在校园的负荷需求小于其自身发电容量时实现自给自足，系统能够完全与外界隔离，实现孤网运行。这改善了整体系统的可靠性和灵活性。

能源站从外部引入了两路独立的，且经过两个较大变电站的市电，因此保障了较高的可靠性。

　　系统提供了自动转换开关来保证其高性能，从公用电网输送来的电压为 26kV，经过变压分配至校园的电压为 4160V。燃气轮机发电电压也控制在 4160V 来满足校园电力配送的需求。使用管理控制和数据采集系统（SCADA）来监控整个配电系统。

19.2.3　蒸汽生产

　　表 19-2 列出了能源站蒸汽制造设备的运行数据，根据表中所列，蒸汽主要由联产过程和两台辅助锅炉产生，联产过程通过余热锅炉（HRSG）产生蒸汽，余热锅炉利用了来自燃气轮机 950℉的废热作为热源。余热锅炉没有补燃时，只依靠余热可以生产 50000pph 的 225psig，450℉的蒸汽。在使用了补燃装置之后，余热锅炉的产蒸汽功率增至 180000pph。每台辅助锅炉都可以生产 150000pph 的蒸汽。余热锅炉补燃装置的设计燃料是天然气，而辅助锅炉和燃气轮机则可以燃烧天然气和柴油。

　　锅炉安装于 1996 年，当燃烧天然气时，有近似 83％的效率，而当燃烧 2# 柴油时，效率达到 87％。补燃装置的燃烧效率大概为 82％。

名称	描述	容量（未补燃）/pph	容量（补燃）/pph	蒸汽	排放
HRSG-1	余热锅炉	50000	182000	225pisg,450℉	包含在 GTG-1 中
BLR-1	双燃料锅炉	N/A	150000	225pisg,450℉	33ppm 的 NO_x
BLR-2	双燃料锅炉	N/A	150000	225pisg,450℉	33ppm 的 NO_x

表 19-2　CHP 组件的技术参数

19.2.4　蒸汽配送和冷凝水回收

　　225pisg 的蒸汽输送到位于制冷车间的蒸汽轮机中生产冷冻水。多余的蒸汽将会被输送到校园中进行采暖和实验研究。主蒸汽的压力为 220pisg，在蒸汽的配送系统中压力降至 45～90pisg，而到达每幢建筑入口处蒸汽压力降至 15pisg 以下。

　　校园蒸汽配送网络由以下部分组成：使用绝缘碳钢管的小型蒸汽管网、冷凝水地沟和大型多功能的通行地下管廊。一些冷凝水管道使用的是直埋方式。冷凝水回水率一般为冷凝水总量的 75％～85％，如此高的回收率能够使水、化学用品和热能的损失降至最低。

　　冷凝水回收持续改善计划包括以下几个方面工作：能源站运行、校园维护、能源站工程技术人员对问题的判定和判定锁定目标区域寻求提高校区冷水凝回收效率的机会。近几年来在该计划指导下，能源站运行人员维修和更换了许多冷凝水泵，为几千英尺长的管道做了保温处理，测试、计划改造和升级了几百个疏水阀。

19.2.5　冷冻水生产

　　由表 19-3 可知，在现有的冷水机组中生产的冷冻水是由内部八台离心式冷水机组制取的，其中的三台是由蒸汽轮机驱动的。蒸汽驱动的制冷设备的容量可达 9410 冷吨。五台电制冷机组可由热电联产系统供电，也可由公共电网供电，这些电制冷机组的总容量为 10225 冷吨。蓄能系统能够在 8h 内提供 5000 吨冷量，所以整个制冷机组的总容量为 24635 冷吨。

这些制冷机组安装的时间跨度很大，最早安装的时间为 1965 年，最迟安装的机组是在 2005 年。型号为 CH-2100 和 CH-2200 的机组既可以蓄冷，又可以供校园调峰使用。

2005 年建造了一个容量为 2600000 加仑（9842m³）的冷冻水蓄能系统，该系统设计容量为 40000t/h，设计温差为 24°。设计的目的是为"快速放冷"。四个 2500t 板式热交换器可以将位于校园侧冷冻水的化学性质、水力性质与蓄能系统相分离，并且还可将系统的最高输送冷量提高到 10000 冷吨。这使得系统对经济调度和校园调峰十分重要。为了使蓄能容量最大化和改善校园供回水温差，热交换器中蓄能系统侧冷冻水储存温度为 31℉，从而使校园内使用的供水温度降低至 34℉。使用密度抑制剂能使我们获得较低的蓄能温度而没有结冰的危险。低的供给温度也使得除湿能力增加，减少了泵的能耗，同时增加了分配系统大约 20％ 的容量。

名称	驱动	容量/t	效率	制冷剂
CH-1	蒸汽轮机	4500	8.86lb/t	R-22
CH-2	电驱动	2500	0.5kW/t	R-123
CH-3	蒸汽轮机	1850	11.4lb/t	R-134a
CH-4	蒸汽轮机	3060	11.9lb/t	R-134a
CH-5	电驱动	1375	0.63kW/t	R-134a
CH-6	电驱动	1350	0.72kW/t	R-134a
CH-2100	电驱动	2700	0.58kW/t	R-123
CH-2200	电驱动	2300	0.71kW/t	R-123

表 19-3　冷冻水生产设备的技术参数

19.2.6　冷冻水配送

普林斯顿大学冷冻水分配管网由管沟铺设管段和直埋式管段组合而成，冷冻水通常以 41℉ 分配给校园使用，高负荷情况下，回水温度可达 54℉。通过标明所有新建和改造项目中的大温差风机盘管（通常提升 20℃）和独立控制压力阀门，冷冻水温差和系统容量每年都得到稳定改善。

19.2.7　水系统质量管理

通过对所有能源系统当中水质的严密监控和管理，普林斯顿大学保证了水侧的高效率和冷水机组、锅炉、冷却塔和空气处理单元中设备较长的寿命。这也将安全健康隐患降到最低，防止管道和控制设备发生腐蚀和生物积垢。普林斯顿大学实施三个层次的水质管理程序：每一班运行人员在轮班时都要确保至少对水系统采集和试验一次。来自水处理公司的代表重复这些试验并进行额外的分析，每周提出建议。每三个月，一位外聘的水处理专家会对能源站的水系统进行取样和执行测试。在这之后将要举行一个有关水系统的会议，参会人员有能源站运行人员、校园维修人员、水处理公司代表和外聘的水处理专家。会议将对所有的结果进行比较，并讨论数据差异、今后对水系统的关注点以及改进的方法。该计划包括以下系统：冷冻水、锅炉给水、回收的冷凝水、城市水、井水、冷却水和蓄热用水。

19.2.8 能源站控制

能源站按热电联产、冷冻水和蓄热装置划分了许多控制室。这些控制都被完全整合到了一个系统中，运行人员即使身在不同的地方也都能够得到准确的系统状态信息，并对警报信息反馈一致和明确的回应，从而排除系统故障。

能源站控制系统基于 Allen Bradley PLC 硬件和 Intellution iFix 32 人机交互界面进行工作。控制系统为运行人员提供了所有的监督、控制、报表和数据采集功能。控制房间包括多个运行人员工作站和一个经济调度工作站。热电联供控制房间还包括污染物连续监测和电能配送/同步屏。所有的能源站控制系统由不间断电源（UPS）和柴油发电机作为备用电源。

19.2.9 仪表

能源站安装了大量的检测仪表。能源站工作人员连续监测关键工艺参数来优化系统经济性。同样的数据库也应用于能源站经济调度系统。历史数据会被记录下来用来记录燃料、水和能量的传输，也会用来分析未来的能源需求。这个数据库已经成为校园总体规划、工程决策和独立系统设计中非常珍贵的资源。

19.2.10 实时的经济调度

2003 年 8 月，新泽西州解除了商业用电买卖限制。在此之前，普林斯顿大学在固定的白天、夜晚、周末，按不同季节的价格购电。解除限制之后，普林斯顿大学持续使用不同的批发市场价格购电。在夜晚，电价通常降至 20 \$/（MW·h），这远低于普林斯顿大学自己发电的边际成本。而在炎热的夏季白天，电价增至 1000 \$/（MW·h）。自 2003 年以来，汽油和天然气燃料的价格都在上涨，而且变得越来越不稳定，这些都激励着普林斯顿大学成为一个对市场十分敏感的能源消费者。

依照原有的运行方案，热电联供系统仅仅根据校园负荷运行，联供系统不能满足的负荷由外网输入来满足。为了更好地利用现今的能源市场，普林斯顿大学能源站的运营者需要定期对发电量、燃料选择、蓄放热、用户侧管理和蒸汽驱动或电驱动制冷机组使用方面进行调整。

为了适应能源批发市场，普林斯顿大学开发了一个实时的经济调度系统。该系统能够连续预测校园能耗负荷和市场价格，进一步推荐在满足校园负荷条件下成本效益最好的设备组合运行方式。输入模型的参数有：天气的实时数据、气价和油价、校园能源负荷、设备效率和可用率。通过应用这个系统，能源站运行人员的关注点从简单的满足负荷转移到了用最具经济效益的方式来供能。

普林斯顿大学发现在一个高度不稳定的市场条件下，虽然联供系统运行的时间更短，但实际上却更有意义。这是因为多变的市场环境和能源站本身为运行提供了更多的机会。在市场电价较低时，联供系统停止运行，从外网购电。能源站也有了更多机会在高负载下运行，同时避免学校从外部购买高价电。普林斯顿大学经济调度的关键就是预测这些机会并使能源站提前做好准备，并对这些机会加以利用。

尽管这个系统完全实行自动化操作，但是普林斯顿大学仍然要求能源站运行人员将这个系统仅仅当作专业指导。这是因为与短期经济效益相比，有些时候安全性、可靠度和关键的校园活动往往变得更加重要。运行人员的劳工合同上包括了这项内容：如果他们在运行工作当中较大程度上遵循经济调度信号而进行运行的话，那么他们将有机会获得年终奖金。这对普林斯顿大学和员工而言是一个非常成功的设计。

19.3　服务的可用性和可靠性

普林斯顿大学从公用电网引入了两路独立的市电，通过大规模的变电站分别给校园的南部区域和北部区域供电。尽管南部变电站从公用电网引电会出现 101min 的断电情况，但燃气轮机会自动地承担起校园的用电负荷，所以不会影响用户的使用。

当蒸汽集汽联箱压力高于 100pisg 时，校园蒸汽供应可靠性高达 99.9%。意外中断的情况也没有超过 3h 以上，因此普林斯顿大学蒸汽供应可使用性为 99.7%。

19.4　能源利用效率

在 2007 年财政年度中，普林斯顿大学能源站购买了 1.497×10^{12} Btu 的天然气和柴油，并向校园提供了 27944000 冷吨的冷量，584121000 磅的蒸汽和 354212000 度的电，这表示系统净热效率超过 73%。当计算考虑了 87360000 度的外购电量时，总的能源输送效率达到了 77.8%！这些都转化成重要的节能和环保效益。但是设备在调度过程中遵循的原则主要是使输送到校园的能量花费的成本达到最低，而并不是严格按照能源效率最高的原则来运行。

普林斯顿大学选用高效率的设备保障了这些设备在高峰时段能源价格较高的时期以较高的功率运行。普林斯顿大学还明确了优选的发电机效率，他们通常还在泵与风机上使用变频器驱动使可变负荷达到 5hp 以上。CH-1 和 CH-2 冷水机组是典型的调峰机组，其运行效率都很高。通常，热电联产系统一般的运行效率高于 80%。

19.5　环境效益、遵从性和可持续性

与从电力公司和供热锅炉获取能源的传统供能形式相比，通过热电联产，普利斯顿大学

能源站去年在供给同样的能源条件下少排放了 1200t 的二氧化碳。

能源站在设计和运行时都满足所有的排放要求。采取的措施包括控制 NO_x 排放的汽轮机注水设备、二氧化碳催化剂、低 NO_x 排放燃烧器和辅助锅炉中的烟气再循环。主要的燃料是天然气，备用燃料是含硫量超低的柴油。按照污染物排放管理法规要求，污染物排放连续监测系统对 CO、O_2 和 NO_x 进行持续的排放监测并记录。

普林斯顿大学是美国所有大学可持续发展计划中的领跑者。普林斯顿大学承诺到 2020 年将二氧化碳排放量降至 1990 年的水平——通过在校园内进行如图 19-3 所展示的改变达到这一目标。而为了满足上述目标，普林斯顿大学并不需要购买碳配额来抵消能源站的碳排放。这个计划包括温室气体减排、资源节约、初步研究、教育和公众参与等多项活动。中央能源站和区域能源系统是这个大型校区能源计划成功的关键因素。

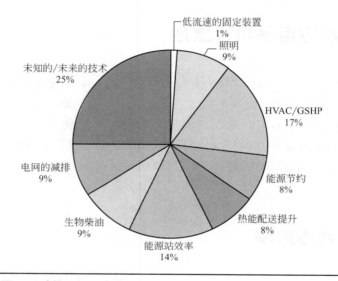

图19-3 普林斯顿校园 CO_2 减排目标图表

19.6 卓越业绩和行业领先地位

• 从 1870 年起，当普林斯顿在校园内建立了第一个区域供热和热电联产系统时，它就成为了该能源领域的开拓者，这种传统延续至今。

• 普林斯顿能源站是新泽西州第一个取得环境改善测试许可证并在固定锅炉中燃烧生物柴油的能源站，也是世界上首个以生物柴油为燃料运行 LM-1600 燃气轮机的能源站。这些测试都非常成功，普林斯顿大学也得到了新泽西州环境保护部门的许可，他们能够在实际运行时使用生物柴油作为第三种燃料选择。

• 普林斯顿大学和通用电气合作研发了第一个基于保持固定蒸汽压力，而不是恒定功率输出的燃机控制系统。这一系统可以优化春秋两季热负荷较低时的经济调度。

• 普林斯顿大学和 Nalco Chemical 公司合作，开创性的使用 ATP 进行实验研究，找出冷凝系统中生物积垢的来源。

- 普林斯顿大学目前在冷水机组中使用更高效的、对环境伤害更小的二氧化氯作为抗微生物剂。
- 普林斯顿大学正在试验和测量两种不同厂商生产的文丘里式蒸汽疏水阀的效率。
- 普林斯顿大学近期为热电厂建造了一个先进的余热回收系统。
- 普林斯顿大学和开利公司合作建造并适当控制了第一组两台并行的 270kW 背压式蒸汽轮机。
- 普林斯顿大学和 Icetec 公司合作开发了当今所有的区域能源工厂中最先进的经济调度系统。系统可根据校园需求、运行人员和学校管理员的工作变化而持续改进，是一个"有生命的系统"。最近系统增加了实时碳排放监测的模块。

19.7　员工安全和培训

- 在只有 29 名能源站员工的情况下，过去 8 年中能源站平均每年停机时间不到 15 天，占总天数的 0.21％。
- 能源站在安全运行和维护训练方面持续给运行人员提供培训，在培训的同时也积极地持续改善能源站的安全性。
- 普林斯顿大学建立了一个覆盖面广的安全和培训系统，这个系统的对象涵盖了运行部门和校园 HSE 办公室。管理层要求对任何可报告的事故发生的根本原因进行分析并提交报告。
- 在最近开发的 NFPA-70 电弧安全程序中，校园内的任何关键利益相关者，包括校园环境健康保护所、工程师、能源站运行人员、电气车间和建筑维修人员都被考虑在内。
- 能源站安全委员会每季度举行一次会议来讨论任何被提出的问题，例如，工会守则、政策改动或规范要求。不仅是安全委员会，普林斯顿大学在采纳校园环境健康保护所的建议之后，经常开展工作前安全会议，同时提供年度培训。为了高效地与能源站各个班次的人员进行沟通，能源站建立了凭密码登录的网站，在任何能够上网的电脑上都可以通过这个网站浏览操作备忘录和安全规程。工厂安全培训计划包括：
- 应急方案和防火计划。
- 正确了解与化学品安全技术说明书有关的调查。
- 必需的个人防护装备。
- 空气净化呼吸器的呼吸保护程序。
- 急救。
- 心肺复苏术。
- 燃料油泄漏的应对方法。
- 汽轮机和压气机着火时的应对方法。
- 校园公用电中断时的指导方针。
- 血源性病原体的曝光控制。
- 自动体外除颤器装置操作和紧急响应。

19.8 客户关系和社会责任

- 普林斯顿大学能源站被认为是行业领导者。员工积极主动工作促成了能源领域内最好的运行实践。

- 学校在工程、经济和环境政策方面的课程包含了来自于能源站人员所做的讲座和能源站的实地参观。能源站和校园能源系统成为了对此具有兴趣的学生的研究方向和学术论文的主题。

- 能源站和他的员工们最近出演了一个时长为1h的NJN公共电视纪录片："绿色建筑者"。这部纪录片讲述了一群绿色建筑的开拓者，他们致力于将建筑环境变得更节能和环保。可以在 http：//www.njn.net/television/specials/greenbuilders/showvod.html 在线观看这一视频。

- 能源站的管理人员积极参与专业组织，例如，国际区域能源协会（IDEA）、美国制冷和空调工程学会（ASHRAE）、能源工程协会（AEE）、LM-6000业主委员会、美国机械学会和新泽西可持续性高等教育合作企业。为了提升能源效率、保护环境和提高可持续性，他们还定期为这些专业组织撰写文章并提出讨论。

- 能源站运行人员还通过去华盛顿参见国会和美国能源部探讨区域能源的优点来支持国际区域能源协会（IDEA）的发展。

- 参观能源站的人员通常包括那些实施"最佳实践标杆"行为的学校和公司，例如，哥伦比亚大学（Columbia）、美国罗格斯大学（Rutgers）、百时美施贵宝公司（Bristol Meyers Squibb）、普林斯顿等离子物理实验室（Princeton Plasma Physics Laboratory）、新泽西医科大学（University Medical & Dental School of New Jersey）、新泽西公共事业理事会（New Jersey Board of Public Utilities）、新泽西州制药和食品能源用户群（the New Jersey Pharmaceutical and Food Energy User Group）和国会健康（Capitol Health）。

- 能源站的网站最初是为了给运行人员提供一致的信息而建立的，而现在它开拓成了面向公众的平台。人们可从该网站获取联系方式、历史和能源站的详细信息以及校园内的能源和天气数据等信息：http：//www.princeton.edu/facilities/engineering_services/energy/。浏览者每次重新加载时都会看到新的图片。

19.9 最近的荣誉和奖项

普林斯顿大学能源站和相关工程被授予了以下奖项：
- 美国EPA CHP合作企业：《认证书》，2009。
- 美国EPA：《CHP能源之星奖》，2007。
- 新泽西智慧启动项目：超过400000美金用于奖励能效项目的实施，不同年份。

- 新泽西环境保护部和新泽西先进技术公司：《州级环保优秀奖》，2007。
- 新泽西可持续性高等教育合作企业：《绿色设计实践奖》，2002。
- 钢罐产业协会：《年度钢罐奖》，2005。
- 美国能源公司协会：《国家成就奖》，2007。
- 美国建筑协会波士顿分会：《设计奖》，2006。

第**20**章

案例研究 2: 布拉格堡热电联产项目

（Steve Gabel
James Peedin）

　　布拉格堡能源站坐落在美国加利福尼亚州北部的一个军事基地之内，而该军事基地是美国特种部队和空降兵的基地之一。它是世界上最大的军用设施之一，也是美国军方快速反应部队的关键作战中心。2004 年，霍尼韦尔公司的工程团队在该基地第 82 中央供热站完成建造了一个大的热电联产系统，如图 20-1 所示。

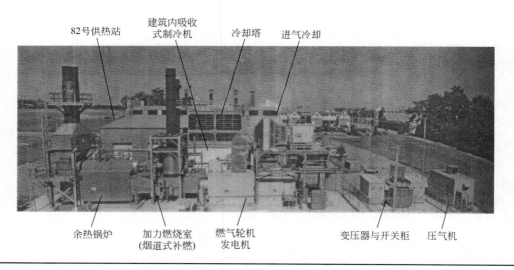

图20-1 CHP 系统俯瞰图

　　该热电联产工程主要是在实施节能服务合同（ESPC）的基础上通过公私合营的方式实施项目的投资。系统的制冷部分是由美国能源部与橡树岭国家实验室根据与投资方的研发合同完成, 技术方面的支持则来自美国陆军工程兵团和联邦能源管理计划。

20.1　技术概述

第 82 号中央供热站是基地所有 14 个中央能源站中最大的, 该能源站直接为 50 个军营建筑和其他设施提供区域供暖服务, 供热参数为 125psig 的蒸汽和 210℉ 的热水 (蒸汽转化而来), 能源站同时提供全年的食堂及生活热水用热负荷。能源站还利用制得的 45℉ 冷冻水为少数建筑提供区域供冷服务。

热电联产系统的主要设备有一台 5MW 燃气轮机、一台由废气驱动的 1000 冷吨容量的吸收式制冷机、一台余热锅炉和一台辅助的天然气烟道式燃烧器。燃气轮机既能燃烧天然气, 也能使用燃料油 (这样可以使基地的运行人员根据成本因素来选择燃料)。

能源站还包括一台辅助的燃气/燃料油型蒸汽锅炉和一台电动离心式冷水机组, 在需要时可作为调峰或者备用设备使用。热电联产系统的发电容量为 5250kW, 非补燃的供热能力为标准环境条件下 (60℉) 28700lb/h 的蒸汽流量, 辅助的烟道燃烧器能够将输出的蒸汽量提高至 800000lb/h。在高温季节, 运行人员可以通过使用进气冷却系统来增加燃机的发电容量。热电联产系统的流程如图 20-2 所示。

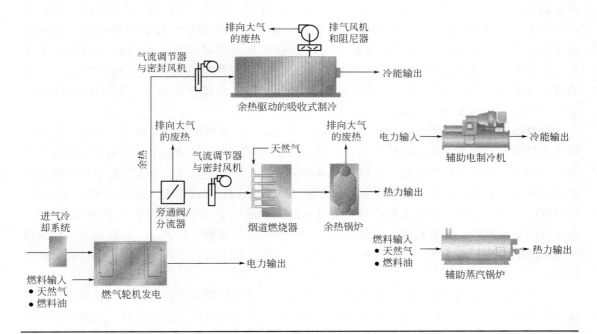

图20-2　CHP 系统流程图

依照最初的配置, 与系统相连的建筑高峰冷负荷完全可以由 1000 冷吨的吸收式制冷机满足。热电联产系统开始运行之后, 随着新建建筑的投入使用, 冷热负荷增加要求能源站的供能范围不断扩张。工程团队和布拉格堡公共工程董事会一起讨论并计划未来对能源站进行改造, 以满足不断增长的冷热负荷。

20.1.1 热电联产系统并网

燃气轮机所产生的电压等级为13.8kV，燃气轮机通过与13.8/12.47kV的变压器相连接与外界隔离。发电机与4座变压能力为230/12.47kV，总计为50MVA变电容量的区域变电所中的一座变电站相连。变电所利用倒送电保护来防止电能从能源站回流至高压电网。变电所典型的最小负荷为15MVA，对于其他的重要负载来说另有专用的电力来满足其负荷。

在基地内，除了CHP能源站以外，还配备了多个备用发电机与CHP能源站平行运行来保障其他重要负荷，特别是当大电网出现断电并且断电时间出现延期的情况下。但是，该切换作为项目的一部分，并不是自动化的。应对电网断电的第一步骤就是用备用发电机发电以及使用不间断供电设备（UPS）来实现无缝切换。如果未来条件允许的话，可以对能源站的系统进行重新配置。

20.1.2 运行

热电联产设备是布拉格堡运行人员管理能源需求和能源成本的关键工具。在冬季，系统的运行策略受燃料价格所支配，因此系统基本上在以热定电的模式下运行。运行人员通过调整燃气轮机的出力，运行人员能够生产基地需要的所有蒸汽和热水负荷，同时还可以为基地生产5MW的电力以供使用。以热定电模式将会使燃气轮机排气中的余热利用最大化。在热负荷较高的时段，能源站启动烟道式补燃器确保进入余热锅炉的热量足够充分。运行人员根据燃料价格选择燃料油作为能源站的替代燃料。天然气作为第一燃料的可使用性则取决于两个因素：天然气的购买是否可以实现持续性且不间断以及能源站运行空气许可要求的排放限制。

在夏季，热电联产系统的运行方式由电价来决定。系统根据基地外购电力的两部制电价环境来持续调整能源站的运行模式以获得最佳的电网响应。一部分的电费是由实时电价决定的，该部分能源使用指的是在合同规定的基础负荷之上的能源消耗。为了在高电价时使运行费达到最小，燃机在满负荷状态下运行的同时还可以使用进气冷却使发电输出达到最大化。可回收的余热用于驱动吸收式制冷机，也可以进入余热锅炉制热来满足基地的全年热负荷。在工程的设计阶段，需要精确匹配热电联产的设备容量与预测的热负荷，目的是为了尽量将不能利用的余热量最小化。在低电价的时段，系统停止使用进气冷却并在以热定电的模式下运行。

为了使运行费用降至最低，热电联产系统通过不同的控制策略运行。优化软件已经融合进入了能源站的管理控制系统中，并且以小时为基准来决定最佳的运行策略。优化程序考虑电负荷、冷热负荷、电网电价和燃料价格、设备特性和天气数据来决定利用热电联产设备、电网电力和辅助供热供冷设备的最佳方式来满足这些负荷。优化程序通过向运行人员推荐燃机和其他主要设备的设定值来做出指导策略。CHP优化软件产生的经济效益是由能源价格、负荷值和设备的实时特性等数据输入公式计算得出的。经过优化软件模拟计算得出，能源站每年的运行方式将比传统运行方式预计可节约5%的能源费用。实际上，实际的年经济效益随着能源价格和负荷的波动而变化。布拉格堡中央能源站的运行和全基地能源管理功能都通过中央能源信息中心管理实现。

　　总的来说，基地最高的电负荷约为 110MW，当出现用电高峰时，基地会从公用电网购买大部分电力满足需求。热电联产系统的发电容量最大可达 5MW，可以与一台约 8MW 的柴油发电机联合工作来管理能源费用并保障能源供给。这些安装在现场的发电资源有效地保证了能源供给，在电网中断时可以满足基地的重要负载。

20. 1. 3　性能测试

　　该计划包括在某一段时间内对热电联产系统实施详细的数据监测。监测的时间涵盖了 2004 年 7 月至 2005 年 8 月这一时间段。图 20-3 展示了系统的性能测试的边界。在下面几节中，我们将热电联产系统作为一个整体的能源体系进行介绍。

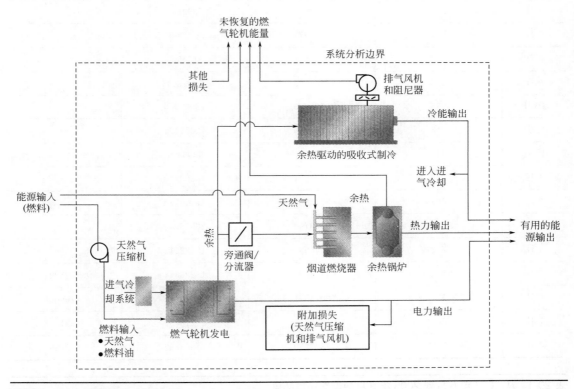

图20-3　CHP 系统性能分析边界

20. 1. 4　能量输送

　　图 20-4 和表 20-1 对检测时期的能量输送做了总结。由图表可知，基地在 2004 年夏季的运行时间和供能量受到了停机的影响，这一停机时段是由于调试活动延长和获取排放许可而造成的。

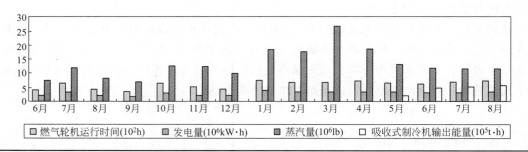

图20-4 从 2004 年 6 月到 2005 年 8 月的能量输送结果

	燃机运行时间 /h	发电量 /kW·h	蒸汽量 /lb	吸收式制冷机输出 /t·h
6 月	384	1904408	7392141	—
7 月	651	3289374	11923695	—
8 月	432	2053839	8130529	—
9 月	338	1664393	7001374	—
10 月	635	3169605	12520358	—
11 月	513	2654199	12374470	—
12 月	445	2262950	9808411	—
1 月	730	3876281	18302123	—
2 月	668	3515882	17495770	—
3 月	688	3553763	26515075	—
4 月	702	3543983	18422213	—
5 月	672	3456023	13226844	188622
6 月	651	3074551	11983409	476606
7 月	695	3098944	11716781	538104
8 月	735	3327250	11906622	578439

表 20-1 从 2004 年 6 月到 2005 年 8 月的能量输送结果

20.1.5 运行监测

图 20-5 和表 20-2 对检测时期的运行结果做了总结。系统效率的定义为（输出的有用能量）/（输入燃料所含有的总能量）。综合系统的能量效率是基于输入燃料的低位热值计算得出的。能量效率的计算基于 2004 年 10 月 29 日发布的"分布式热电联产长期测试协议"的临时版本。该协议由州能源研究中心和技术转让机构出台颁布。本节中的季节性能源效率是按月计算的，后文中则按季度计算。

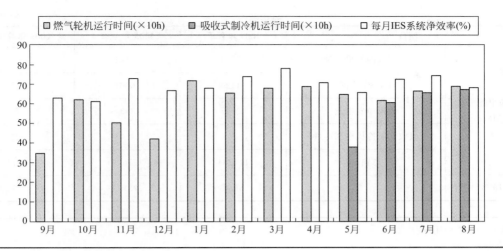

图20-5　从 2004 年 9 月到 2005 年 8 月的运行结果

		燃机运行时间/h	吸收式制冷机运行时间/h	IES 系统每月的运行效率/%
2004 年	9 月	338	—	65.4
	10 月	635	—	63.0
	11 月	513	—	72.0
	12 月	445	—	67.2
2005 年	1 月	730	—	72.0
	2 月	668	—	74.1
	3 月	688	—	80.2
	4 月	702	—	74.2
	5 月	672	404	67.9
	6 月	651	648	76.0
	7 月	695	693	77.2
	8 月	735	705	73.7

表 20-2　从 2004 年 9 月到 2005 年 8 月的运行结果

20.1.6　整体能源利用

表 20-3 对能源利用做了总结。输入和输出能量的波动反映了公用电价和季节性气候的变化特点。

项目		2004 年秋季	2005 年冬季	2005 年夏季
输入能量 /MMBtu	燃机（燃油）	3029	120	—
	燃机（天然气）	111934	169347	155605
	风道燃烧器天然气	—	9168	—
	总输入	114963	178635	155605

续表

	项目	2004 年秋季	2005 年冬季	2005 年夏季
输出能量 /MMBtu	未回收的燃机能量	37511	43131	43702
	HRSG 蒸汽	44126	86064	52057
	燃机净发电量	32647	48434	43073
	吸收式制冷机净制冷量	—	—	19521
	总输出	114284	177629	158353
IES 净效率/%		66.8	75.3	73.6

表 20-3 能源利用结果

20.2 关键结论

在热电联产系统最初运行的几个月份中，能源站仔细监测了它的运行性能。表 20-4 展示了一系列与性能相关的关键成果。

项目团队获得了一些经验反馈，可以为行业内其他工程师提供帮助。表 20-5 中展示了一系列与设计相关的关键成果。

关键成果	附注
①引风机所消耗的附加能量对于整个系统的能量效率来说并不是一个重要的因素(可变风速的引风机是用来控制输入吸收式制冷机内部的热量)	整个供冷期测试的现场数据显示,引风机所消耗的能量并不是运转系统所需的附属能量中重要的部分
②可以预见,能量效率是随季节变化的,这是由不同的热负荷和设备运转性能所决定的	测试的性能是非常良好的,符合工程初始阶段的预期,按月测得的能量效率最高可达 80%
③系统层面的性能也可以通过测量得到,而利用合适的现场仪器,设计意图也得到了验证	使用标准控制系统质量检测仪器可以测量出系统的稳态性能。更深入的调查研究需要更精密的仪器和数据采集设备。做好传感器标定也是成功的关键要素
④设备层面的性能也可以通过测量得到,而利用合适的现场仪器,设计意图也得到了验证	测试的现场数据证实,热电联产系统的每个主要设备都能够达到或超出其设计的性能指标
⑤燃机叶片的清洗应根据厂家指导进行	对叶片状态的仔细监测可以保证燃机在预期的性能状态点或附近运转

表 20-4 性能监测工作的关键成果

关键成果	附注
①调试是热电联产系统建造过程中非常重要的一部分	与任何建筑级和厂站级能源系统一样
②气流隔断阀可以在余热驱动的吸收式制冷机中得到应用（注：气流隔断阀在制冷机未运转时起到保护作用，防止其受到高温排气的损害）	尽管在调试阶段需要仔细的调试系统机械性能，但没有必要对气流隔断阀进行特殊的设计
③附加仪器（超出控制目的所需的）是热电联产工程中有价值的一部分	附加的感应器为操作人员和能源管理者提供更多的与设备和系统操作性能有关的信息

表 20-5　工程中与设计相关的关键成果

关键成果	附注
①现场操作人员应该保持适当的关键备品备件存货，或者经过仔细的计划，保证在需要使用前采购这些备品备件。例如，空气和燃料过滤器及其他关键耗材	计划制定不好会导致能源站因缺少必要的备品备件而导致非计划停机，缩短能源站的运行时间
②在热负荷较低的时期，高能源价格（与电价相比）会导致运行热电联产系统变得不经济	这说明了拥有控制优化系统的优势所在
③如果计划不周全，排放限制会推迟开机启动和试运行的时间	先启动排放限制程序，然后保证所有的排放限值在现场建设工作完成前符合要求
④对于联产工程而言，与地方电网联网（如继保系统等）是工程的关键	在能源站调试期间，与地方电网的接入设备调试是关键点之一

表 20-6　工程中与运行相关的关键成果

在热电联产系统最初运行的几个月份中，能源站仔细监测了它的运行性能。表 20-6 展示了一系列与运行相关的关键成果。

未来的方向

在运行最开始的四年中，运行人员发现系统的运行性能良好，但比预期实施了更多的维护工作。与此同时，一些热电联产设备与基地中央供热供冷其他设备不一样的是，它们需要由外部合约商进行专业的维护。在运行热电联产系统的这四年中，由于新建建筑的不断投入使用，冷负荷有了很大的提升。增长的冷负荷需要对第 82 号中央供热站进行改造，这些改造包括对冷冻水配送系统进行调整，并且需要更好地利用现有的电制冷机组和新增加的制冷容量。经验表明，在冷负荷较大的时期，基地的建筑所需的冷冻水供应为 42℉，而通过吸收式制冷技术很难达到这一温度要求，所以军方正在探索在改造计划中取消余热驱动吸收式双效制冷机的部分。

这个新的方向并不是说余热驱动的吸收式制冷技术并不适用于热电联产系统，相反，在设计任何热电联产系统中，吸收式制冷机或制冷供热一体机都为设计者提供了一种多样化的设计选择，应该予以高度的重视。

20.3　结语

　　热电联产系统的设计目的是通过烟气驱动的双效吸收式制冷机和余热锅炉来回收燃气轮机的能量。这种设计相比使用了余热锅炉和蒸汽驱动吸收式制冷机的传统联产系统而言，要略复杂一些。尽管设计者认为使用烟气驱动的性能效益有限，但这种类型的设备也有其重要的优点。在一些不需要生产蒸汽的应用条件下，烟气驱动单元可以使用热能的"冷温水"形式，在生产冷冻水的同时生产低温热水（170℉）。烟气驱动的吸收式冷温水机组的应用因不需要配置余热锅炉，极大地简化了设计，并且减少了热电联产系统的建设成本。烟气制冷机被认为是扩大余热驱动吸收式技术的有效途径，这一点在逻辑上是可行的。研究本案例的内容强调了以下几个方面：集成 CHP 解决方案的可能性（第 5 章）、管理运行效率的重要性（第 17 章）和详细的运行维护准则所带来的效益（第 16 章）。

第21章

案例研究 3: 利用计算机模拟确定
新校区的最优规模

（Itzhak Maor

T. Agami Reddy）

本案例的研究是为了说明如何使用模拟程序来确定原动机和吸收式制冷机的规模。我们选用临近纽约市的一个校园来说明这种原理和方法。如在第 8 章中概述所提及的，该方法利用了设计阶段的模拟程序和 LLC 评估（见第 9 章）。

利用该模拟程序，工程师和开发商在提交后续详细设计和施工阶段所需的资料前，能够评估一种或几种 CHP 方案的可能结果，有效保证了所选择的 CHP 能源站架构是具有经济效益的投资。

原动机和吸收式制冷机的规模是根据 Hudson 的优化程序计算得出的。该程序计算需要输入逐时热负荷、逐时冷负荷、逐时电负荷（不含制冷电耗）、性能及价格数据等参数。

针对一所能容纳 1500 名左右学生，229700ft^2 的大型高中开发了一个基于 DOE2.1E 的建筑能耗模拟模型。根据 ANSI/ASHRAE/IESNA Standard 90.1—2007 标准中的附录 B，学校在纽约对应的地理位置为 5A 区域。如图 21-1 所示，建筑设施由校园内下列区域组成：

① 两幢三层高的教学楼。

② 一幢两层高的包括诸如图书馆、教学实验师和电脑机房等专用区域的教学楼。

③ 两个体育馆的侧厅，含三座体育馆。

④ 礼堂侧厅。

⑤ 食堂侧厅。

⑥ 中央能源站，安装制冷机组、锅炉和泵等。

⑦ 一层楼高的行政楼侧厅。

⑧ 两层楼高的公共区域（连廊）。

图21-1 校园建筑图

　　围护结构属性、系统效率、操作计划（照明情况、居住情况等）都根据初步设计的文件和准则来确定。各种二次供气系统被加入到设计之中，这些系统包括用于教室区域的四通风机盘管，用于礼堂、体育馆和食堂的行政和单独区域使用带再热的变风量系统（VAV 技术）。表 21-1 和表 21-2 整理了对建筑描述的总结。

项目	数据
通常	
地点	NYC 地区，NY
占地面积/ft^2	229700
地上楼层数	根据职能的不同而变化，3、2 和 1 不等
地下楼层数	0
空调和照明百分比/%	100
建筑/侧厅	
教室	三个侧厅，三层和两层（98000ft^2）
礼堂	一个侧厅（12600ft^2）
体育馆	两个侧厅（31900ft^2）
食堂	一个侧厅（14400ft^2）
办公楼/行政楼	一个附属建筑（5400ft^2）
中央多功能用房	一个附属建筑（5400ft^2）
共同的（环状侧厅）	62000ft^2
楼层高度	13（通常），在体育馆和礼堂要高些
地板至天花板高度	9（通常）

续表

项目	数据
围护结构	
屋顶	大规模的，R-25
墙	CMU 灌浆，2 层，EIFS，30％绝对值，$U=0.1$ (Btu/h $\cdot$ ft^2 $\cdot$ F)
地基	厚板，$U=0.03$ (Btu/h $\cdot$ ft^2 $\cdot$ F)
窗户	双层玻璃低 E 数，$U=0.416$ (Btu/h $\cdot$ ft^2 $\cdot$ F)，SHGC$=0.43$
窗墙比/％	16
内部和外部窗帘	没有

表 21-1　大型学校校园情况描述

项目	数据
日程	
作业计划	学校日程安排
辅助系统	
教室	四管制风机盘管
礼堂	单一区域
体育馆	单一区域
食堂	单一区域
办公楼/行政楼	带再热的变风量系统
中央多功能用房	单一区域
共同的(环状侧厅)	带再热的变风量系统

表 21-2　大型学校日程和系统介绍

　　由于电价时刻都在变化，所以需要设定一年中的每个小时电费的消耗和电负荷，而且不同的 CHP 系统的电价不同，这导致备选的 CHP 系统拥有不同的售电价格。电费采用分时电价，表 21-3 和表 21-4 展示了非 CHP 系统的分时电价，CHP 系统则见表 21-5 和表 21-6。根据燃气的低位热值（LHV），燃气的价格为 $7.75/MMBtu。

电价(非 CHP 能源)		模式 1		模式 2	
月份	模式♯	能源时刻	价格[$ /(kW $\cdot$ h)]	能源时刻	价格[$ /(kW $\cdot$ h)]
1	2	1	0.1029	1	0.0903
2	2	2	0.1029	2	0.0903
3	2	3	0.1029	3	0.0903
4	2	4	0.1029	4	0.0903
5	2	5	0.1029	5	0.0903
6	1	6	0.1029	6	0.0903
7	1	7	0.1029	7	0.0903

续表

电价(非 CHP 能源)		模式 1		模式 2	
月份	模式♯	能源时刻	价格[$ /(kW · h)]	能源时刻	价格[$ /(kW · h)]
8	1	8	0.1029	8	0.0903
9	1	9	0.1029	9	0.0903
10	2	10	0.1029	10	0.0903
11	2	11	0.1029	11	0.0903
12	2	12	0.1029	12	0.0903
		13	0.1029	13	0.0903
		14	0.1029	14	0.0903
		15	0.1029	15	0.0903
		16	0.1029	16	0.0903
		17	0.1029	17	0.0903
		18	0.1029	18	0.0903
		19	0.1029	19	0.0903
		20	0.1029	20	0.0903
		21	0.1029	21	0.0903
		22	0.1029	22	0.0903
		23	0.1029	23	0.0903
		24	0.1029	24	0.0903

表 21-3　非 CHP 系统电价信息

非 CHP 系统需求		模式 1	$ /kW · mo
月份	模式♯	能量时刻	峰值
1	1	1	15.406
2	1	2	15.406
3	1	3	15.406
4	1	4	15.406
5	1	5	15.406
6	1	6	15.406
7	1	7	15.406
8	1	8	15.406
9	1	9	15.406
10	1	10	15.406
11	1	11	15.406
12	1	12	15.406
		13	15.406
		14	15.406

续表

非 CHP 系统需求		模式 1	$ /kW·mo
月份	模式#	能量时刻	峰值
		15	15.406
		16	15.406
		17	15.406
		18	15.406
		19	15.406
		20	15.406
		21	15.406
		22	15.406
		23	15.406
		24	15.406

表 21-4　非 CHP 系统电负荷消费信息

电价(CHP 能源)		模式 1		模式 2	
月份	模式#	能量时刻	价格[$ /(kW·h)]	能量时刻	价格[$ /(kW·h)]
1	2	1	0.06757	1	0.05551
2	2	2	0.06757	2	0.05551
3	2	3	0.06757	3	0.05551
4	2	4	0.06757	4	0.05551
5	2	5	0.06757	5	0.05551
6	1	6	0.06757	6	0.05551
7	1	7	0.06757	7	0.05551
8	1	8	0.06757	8	0.05551
9	1	9	0.12571	9	0.08793
10	2	10	0.12571	10	0.08793
11	2	11	0.12571	11	0.08793
12	2	12	0.12571	12	0.08793
		13	0.12451	13	0.08793
		14	0.12451	14	0.08793
		15	0.12451	15	0.08793
		16	0.12451	16	0.08793
		17	0.12451	17	0.08793
		18	0.12451	18	0.08793
		19	0.12571	19	0.08793
		20	0.12571	20	0.08793

续表

电价(CHP 能源)		模式 1		模式 2	
月份	模式 #	能量时刻	价格[$ /(kW·h)]	能量时刻	价格[$ /(kW·h)]
		21	0.12571	21	0.08793
		22	0.12571	22	0.08793
		23	0.06757	23	0.05551
		24	0.06757	24	0.05551

表 21-5　CHP 系统电价信息

CHP		模式 1			模式 2	
月份	模式 #	能量时刻	$ /kW·mo 峰值	非高峰	能量时刻	$ /kW·mo 峰值
1	2	1			1	
2	2	2			2	
3	2	3			3	
4	2	4			4	
5	2	5			5	
6	1	6			6	
7	1	7			7	
8	1	8			8	
9	1	9			9	8.901
10	2	10			10	8.901
11	2	11			11	8.901
12	2	12			12	8.901
		13	20.758		13	8.901
		14	20.758		14	8.901
		15	20.758		15	8.901
		16	20.758		16	8.901
		17	20.758		17	8.901
		18	20.758		18	8.901
		19			19	8.901
		20			20	8.901
		21			21	8.901
		22			22	8.901
		23			23	
		24			24	

表 21-6　CHP 系统电负荷消费信息

首先，逐时的能耗模拟软件由表 21-1 和表 21-2 中的数据创建。该软件提供的建筑负荷数据随同电价和气价信号数据输出至 ORNL CHP 容量优化软件。具体地说，选择最佳的原动机和吸收式制冷机需要以下信息：

① 不包括制冷电负荷在内的每小时电消耗量（应该注意的是建筑能耗模型不得不包括至少一台自适应容量的制冷机组）。ORNL CHP 容量优化软件中使用的每小时电需求量不应该包括这台制冷机的小时耗电量。这在表 21-7 中的"净电量"一栏下给出。

② 每小时的热负荷值（空间供暖、宿舍热水供应和其他热负荷）在表 21-7 中的"总热负荷"一栏中给出。

③ 每小时的冷负荷值在表 21-7 中的"冷负荷"一栏中给出。

表 21-7 也展示了逐时能耗模拟软件得出的典型逐时能耗报表。表中只列出了一天的数据，而实际上通过运行优化程序计算能够得到一整年 365 天（或 8760 小时）的数据。

在运行初始迭代计算之前，需要向优化程序输入初始的信息。表 21-8 展示了所有必需的基本参数。同时也需要考虑负荷和价格（包括电力、燃料和升级）的数据。此外，还需要详细说明 CHP 运行参数（例如，根据用户定义的小时费用）和设备的不适用情况。某些变量，如原动机"满负荷发电效率"和"电热比"等，应根据制造商真实的设计数据，在第一次迭代计算（能够提供初始的最优规模）后进行调整。

月份	日期	时刻	总能耗 /kW	制冷机输入 /kW	净耗电量 /kW	制冷 /Btu	热负荷 /Btu	生活用热水负荷 /Btu	总热负荷 /Btu
6	24	1	151	0	151	0	0	0	0
6	24	2	151	0	151	0	0	0	0
6	24	3	151	0	151	0	0	0	0
6	24	4	151	0	151	0	0	0	0
6	24	5	151	0	151	0	0	0	0
6	24	6	364	88	275	633392	0	1339	1339
6	24	7	387	97	290	704616	107190	2678	109868
6	24	8	429	128	302	929132	100962	4017	104979
6	24	9	497	172	325	1297076	98005	5356	103361
6	24	10	490	166	325	1199914	92565	5356	97921
6	24	11	499	174	325	1305016	92887	6695	99582
6	24	12	542	204	338	1819809	96918	5356	102274
6	24	13	550	207	343	1869372	98185	5356	103541
6	24	14	556	213	343	1964145	98334	4017	102351
6	24	15	554	211	343	1928063	98807	2678	101485
6	24	16	544	206	338	1850608	99296	4017	103313
6	24	17	525	199	327	1730005	102681	1339	104020
6	24	18	195	0	195	0	0	0	0
6	24	19	198	0	198	0	0	0	0
6	24	20	190	0	190	0	0	0	0

续表

月份	日期	时刻	总能耗 /kW	制冷机 输入 /kW	净耗 电量 /kW	制冷 /Btu	热负荷 /Btu	生活用热 水负荷 /Btu	总热负荷 /Btu
6	24	21	190	0	190	0	0	0	0
6	24	22	190	0	190	0	0	0	0
6	24	23	170		170	0	0		0
6	24	24	151	0	151	0	0	0	0

表 21-7 优化程序所需的一天建筑负荷数据（6月24日一天的数据）

变量	数值
现场锅炉效率	80%
常规制冷机组 COP	4.30
原动机发电效率(满负荷运行)	37.2%
原动机最低效率	30%
吸收式制冷机 COP	0.7
吸收式制冷机最小输出	25%
abs 制冷系统电耗量/(kW/RT)	0.02
CHP O&M 系统费用/[$ /(kW・h)]	0.011
原动机功热比	0.83
原动机机组数	1
原动机类型	往复式发动机
折现率	8.0%
有效收入税率	0.0%
原动机建设费用/($ /kW)	1500
AC 建设费用/($ /RT)	850
规划周期/年	16

表 21-8 ORNL CHP 规模优化输入的基本参数

　　当所有的参数输入完毕后，程序可以准确确定最佳规模。图 21-2 给出了优化规模的结果以及附加计算数据，例如，全年发电量、制冷量、供热量、年运行费用和 NPV 等。除了表中的数据外，用户可以在图像中观察优化结果，其中 x 坐标代表优化原动机的容量（kW），y 坐标代表吸收式制冷机的容量（冷吨）。

　　如图 21-2 所示，优化程序计算得出的原动机和吸收式制冷机的最佳规模分别为 500.1kW 和 109.2 冷吨。但他们的真实规模还要取决于用户对设备裕量的要求和市场上设备的实际容量。

　　对于已经使用的建筑也可以用类似的方法进行优化。在本案例中，如表 21-7 中所示的

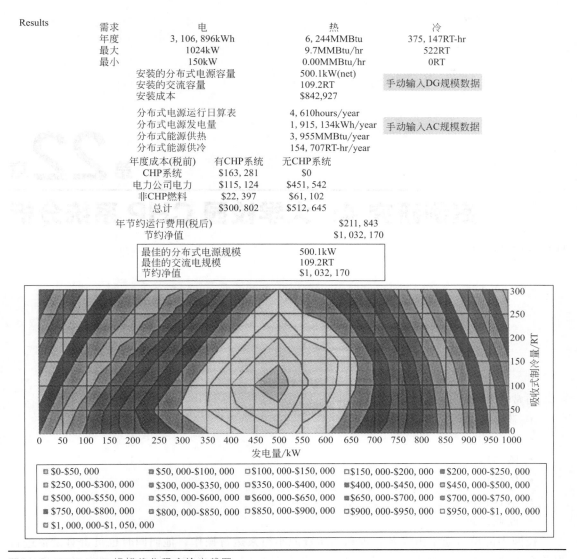

图21-2　ORNL CHP 规模优化程序输出截图

逐时负荷是通过能耗模拟计算得到的。CHP 优化软件可以适应任何新建建筑和现有建筑的组合计算。这种模拟同时也例证了第 8 章的基本设计理念和第 9 章的寿命周期成本分析。

参 考 文 献

[1] Hudson，C. R.，2005. ORNL CHP Capacity Optimizer：User's Manual，Oak Ridge National Laboratory Report ORNL/TM-2005/267.

[2] Briggs，R. S.，Lucas，R. G.，and Taylor，T. 2003. Climate Classification for Building Energy Codes and Standards：Part 2—Zone Definitions，Map，and Comparisons，ASHRAE Transactions，109（1），122-130.

第22章

案例研究 4: 大学校园 CHP 系统分析

（Dragos Paraschiv）

通常大学校园包含了大量的建筑群并且用途也呈现多样化。这些建筑包括：

- 教学楼。
- 办公楼。
- 图书馆。
- 体育馆。
- 宿舍和住宅。
- 商业建筑。

校园中的设备通常由设备管理和物质资源小组来运行操作，他们同时也负责对设备进行保养和维修。物质资源小组的另一项主要任务是校园设施管理。在美国北部的许多所大学中，校园公共服务是由中央公用能源站分配给各个建筑和设备的。大学基础设施的配送系统是由以下系统组合而成的：

- 电系统。
- 天然气系统。
- 燃料油系统。
- 蒸汽系统。
- 热水系统。
- 冷冻水系统。
- 生活热水系统。
- 生活冷水系统。
- 压缩空气系统。

在过去的时间中，大学校园不断扩张，许多设备都需要改造或更新，随着新设备的建造和运行, 学校也都开始制定许多制度和政策来支持和适应能源和能源系统的可持续发展。

　　基础设施系统大部分都包括供电、供暖和供冷。热电联产系统成为校园应对不断增长的校园负荷和更新改造旧设备的一种选择。

　　本案例研究分析了多样化中央能源站的运作方式, 为能源站运行人员应对开放的能源市场状况, 提供了一种决策的方法。

22.1　中央能源站介绍

　　本次分析所考虑的校园包括总面积约 7500000ft^2 的建筑。这些设备由中央能源站和配送系统提供下列公共服务:

- 蒸汽——生产来源。
- 两个热电联产机组。
- 四台蒸汽锅炉。
- 冷冻水——生产来源。
- 六台电制冷机。
- 一台吸收式制冷机。
- 电能——生产来源。
- 两个热电联产机组。
- 压缩空气——生产来源。
- 三台空气压缩机。
- 市政管网供应的生活用水。

　　为了对中央能源站进行优化分析, 分析内容没有考虑压缩空气和生活用水。表 22-1 给出了本次案例研究中央能源站的输入和输出。

输入中央能源站的燃料	中央能源站输出给校园的能源
天然气	蒸汽(来自热电联产机组或锅炉) 消耗原料:天然气
电	冷冻水(来自电制冷机或吸收式制冷机) 消耗原料:电和/或蒸汽
电	电(电网或热电联产机组) 消耗原料:电和/或天然气

表 22-1　中央能源站能源的输入和输出

22.1.1　热电联产设备

　　热电联产能源站包括:

- 两台燃气轮机。
- 两台带有补燃装置的余热锅炉。

每台燃气轮机的容量都约为 5MW，发电电压为 13.8kV，同时可以驱动余热锅炉中生产 25000lb/h 的压力为 275pisg 的蒸汽。当对余热锅炉进行补燃时，每台余热锅炉的 275pisg 压力下的饱和蒸汽产量由 25000lb/h 上升至 65000lb/h，所以总输出蒸汽量为 130000lb/h。因燃气轮机排气温度较高且过剩空气系数大，通过使用补燃装置提升蒸汽产生能力是可行的。附加 40000lb/h 的蒸汽生产效率为 94.5%，明显高于蒸汽锅炉的效率。表 22-2 总结了中央能源站设备的设计运行参数。

分析中使用了燃烧燃气的蒸汽锅炉的效率值，该效率值可以确定当联供机组停机时，满足等量校园蒸汽负荷所需的成本。

当热电联供机组生产的蒸汽用于满足校园热负荷时，机组的运行效率达到最高。该蒸汽由燃气轮机的废热生产而来，代替了以往燃烧燃气锅炉产蒸汽的方式。然而，当蒸汽不用于供热而是用于吸收式制冷时，整个能源站的效率则会受到影响，这是由于吸收式制冷相比电制冷在生产冷冻水上的效率有所差距。

平均蒸汽锅炉效率/%	80.0
热电联产机组燃气输入量/(m^3/h)	1710
热电联产机组电输出量/kW	4700
热电联产机组蒸汽输出量(不补燃)/(lb/h)	25000
补燃燃气输入量/(m^3/h)	1254
热电联产机组蒸汽输出量(带补燃)/(lb/h)	65000
平均热电联产机组中补燃器效率/%	94.5
热电联产机组设计效率/%	69.9

表 22-2 热电联产设备设计运行参数

22.1.2 吸收式制冷机

中央能源站产生的蒸汽可以在单效吸收式制冷机中生产冷冻水，提供给校园建筑。表 22-3 给出了吸收式制冷机的设计运行参数。

吸收式制冷机蒸汽输入量/(lb/h)	25000
吸收式制冷机输出冷量/t	1400
吸收式制冷机效率/(lb/t·h)	18
电制冷机效率/(kW/t)	0.7

表 22-3 吸收式制冷机设计运行参数

在同样的校园负荷下，能源站运行人员往往会使用电制冷机效率来进行运行对比分析。当不使用吸收式制冷机时，电制冷机组可满足同样的冷负荷。

22.1.3 校园蒸汽负荷

图 22-1 中展示了一年中向校园输送的蒸汽量和单效吸收式制冷机使用的蒸汽量。

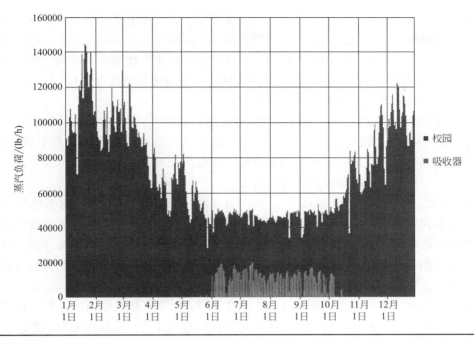

图22-1　校园年蒸汽量和单效吸收式制冷机使用的蒸汽量

22.2　热电厂优化方法

关于设备运行并为校园生产蒸汽、冷冻水和电的基本技术是很容易理解的，所以本文不详细论述。本章重点分析"工具包"的使用以及怎样最高效地生产这些能源。

本文所强调的是在不同的蒸汽负荷状态下，现有热电联产工厂最佳的运行模式。近些年建造的设备可以使用多种运行模式。分析说明了任何时刻运行的最佳模式取决于校园蒸汽负荷与联产系统蒸汽生产能力之间的差距，本案例称之为"热电联产过剩蒸汽"。

利用该方法可计算出热电联产过剩蒸汽收支平衡的值，并且展示了能源站所选择的运行模式是如何随着该值变化而变化的情况。与预期的结果一样，收支平衡值随着电价和气价波动而波动。

22.2.1　热电联产能源站的运行模式

热电联产能源站满足了校园的电负荷和蒸汽负荷，同时提供了一种通用的、可靠的和独立的能源，当生产蒸汽的同时，它能够以高于其他化石能源工厂的效率进行发电。

然而能源效率和经济效率通常并不相关。热电联产能源站的经济效率与用户端能否100%使用能源站输出的电和蒸汽直接相关。此外，项目投资人还必须比较用天然气的成本，即与从电网购电和传统方法生产蒸汽的成本进行比较，这样的计算可以允许能源站有正的现金流动来偿还资金成本或回收初投资和其他维护运行费用。

在春末、夏季和初秋，校园建筑的蒸汽负荷要小于两台热电联产机组 50000lb/h 的蒸汽输出能力。在这时，能源站运行人员会将剩余的蒸汽应用于吸收式制冷机中。制冷机组蒸汽的最高用量为 25000lb/h，相应地能够生产 1400 吨的冷冻水。使用吸收式制冷机组减少了这 1400 吨冷冻水所需的电制冷机的用电量，因此减少了中央能源站的电负荷。

在中央能源站中各设备的相关性总结如下：

- 电。热电联产机组为满足校园电负荷而连续满载运行。
- 蒸汽。热电联产机组运行产生 5000lb/h 的蒸汽，当校园蒸汽负荷高于机组输出时，补燃器或辅助锅炉投入使用生产不足的蒸汽量。当校园蒸汽负荷低于 50000lb/h 时，必须寻找其他蒸汽的应用途径，减少蒸汽的直接排放。
- 冷冻水。当校园蒸汽负荷低于 50000lb/h 时，能源站蒸汽压力控制系统通过调整吸收式制冷机来保证蒸汽压力，即把吸收式制冷机当作蒸汽用户来对待。如果吸收式制冷机组无法使用过剩的蒸汽，则这些蒸汽会排送至蒸汽冷凝器，使用冷却塔的水来冷凝这些过剩的蒸汽，以保证热量平衡。需要注意的是，凝结排气是最不理想的运行选项，只有当设备故障时才会采用，并不是常用的工艺。

当校园蒸汽负荷超过 50000lb/h 时，能源站能够完全发挥热电联供的优势。而只有当热电联供余热锅炉和补燃器同时运行仍无法满足蒸汽负荷时才会投入使用辅助锅炉。

本案例调查了热电联供能源站在低于 50000lb/h 的各种负荷状态下的运行情况，目的在于为热电联供机组研究出一种优化运行的策略。简而言之，提出了以下几种情形：

- 两个热电联供机组和一台吸收式制冷机。
- 一个热电联供机组和补燃器。

22.2.2　分析使用的公用事业公司的能源价格

在分析过程中使用了表 22-4 中的价格来计算在项目边际条件之内的盈亏平衡点。电和天然气的价格是校园从外部购买的价格，蒸汽和冷冻水价格则是中央能源站提供给校园内设备的。

电价/[＄/(kW·h)]	0.10
天然气/(＄/m³)	0.35
蒸汽/(＄/klb)	14.33
冷冻水/(＄/MMBtu)或(＄/t)	9.18 或 0.11

表 22-4　公共事业公司的能源基准价格

22.2.3　经济分析中的设备模块

为了比较不同设备组合之间的经济性，业主需要确定各个设备类型的成本和收益。这些取值是与一小时内能源站承担连续的校园负荷相对应的数值。

如表 22-5 所示，当补燃器不运行时，燃气的基本价格为 ＄0.35/m³，一个热电联供机组一小时内将使用 1710m³ 价值为 ＄598.50 的天然气。这一小时内机组的输出为 4700kW·h 的电加上 25000lb 的蒸汽。售电的价格为 ＄0.10/（kW·h），蒸汽售价为 ＄14.33/klb。在接下来的盈亏平衡点分析中，消费的燃气被看作是开销，电和蒸汽的价值被看作是收益。

热电联供机组,无补燃	
燃气输入/m³	1710
电输出/kW	4700
蒸汽输出/lb	25000

表 22-5　热电联供机组参数

使用本研究之前所提到的能源价格，热电联供机组生产蒸汽的价格可以由下式计算得到：

$$[1710\text{m}^3 \times \$ 0.35/\text{m}^3 - 4700\text{kW}\cdot\text{h} \times \$ 0.10/(\text{kW}\cdot\text{h})]/25\text{klb} = \$ 5.14/\text{klb}$$

注意，这仅仅是燃料成本，并没有考虑到固定成本和其他运行维护成本。

假设当不需要热电联供废热产蒸汽、蒸汽的分配值为零、热电联供机组运行方式仅为燃机的简单循环运行时，这样所计算得出的发电成本，在不考虑固定成本和其他运行维护成本的情况下为 $0.127(\text{kW}\cdot\text{h})$ [$598.50/4700(\text{kW}\cdot\text{h})$]。该成本显然要高于本地市场上的电价，这也更加强调了为了使热电联产系统更具竞争优势，能源站对蒸汽进行有效利用的重要性。

表 22-6 提供了 CUP 热电联供机组补燃器的性能参数。当热电联供机组满负荷运行时，通过向燃气轮机高温排气中燃烧额外的天然气之后再将热量送入余热锅炉中，可以产生额外的蒸汽。补燃器的效率通常要比类似的传统锅炉要高。在满负荷运转的状态下，补燃器每小时燃料成本为 $1254\text{m}^3 \times \$ 0.35/\text{m}^3 = \$ 439$，则多输出了 40000lb 的蒸汽。蒸汽的成本为 $10.97/\text{klb}$，输送给校园建筑的价格为 $14.33/\text{klb}$。

热电联供机组,带补燃	
补燃器燃气输入/(m³/h)	1254
补燃器产生的额外蒸汽输出/(lb/h)	40000
单位消耗量/(m³/klb)	31.35

表 22-6　余热锅炉补燃参数

(1) 吸收式制冷机

表 22-3 给出了设备的运行参数。单效吸收式制冷机利用热电联供机组的多余蒸汽为校园提供冷冻水。如前文所述，每当校园蒸汽的负荷小于机组输出负荷而机组又必须满负荷运行来满足校园电负荷时，那么系统就会产生多余的蒸汽。

根据本文研究目的，采用生产同样冷量的电制冷机电耗来衡量单效吸收式制冷机的输出值。

所以，一小时内吸收式制冷机的等价输出等于输入的蒸汽乘以两台制冷机的效率值：

$$收益 = 0.7\text{kW}\cdot\text{h/t-h} \times \$ 0.10(\text{kW}\cdot\text{h})/18\text{lb/t-h} \times 1000\text{lb/klb} = \$ 3.88/\text{klb}$$

$3.88/\text{klb}$ 的蒸汽购买价格使吸收式制冷机可以和类似的离心式冷水机组竞争，来满足校园的冷冻水负荷。因为离心式冷水机组需要以 $0.10/(\text{kW}\cdot\text{h})$ 的价格进行购电。如前文所述，热电联产机组生产蒸汽的成本价格为 $5.14/\text{klb}$，本案例中特殊参数的设定也使得电制冷机组比单效吸收式制冷机组更具经济性。然而，在吸收式制冷机组中使用这些蒸汽比在电制冷时直接从蒸汽冷凝器中排出的成本更低。

（2）电驱动离心式制冷机组

分析中提到的电驱动离心式制冷机组是为了在达到同样的制冷效果时，建立单效吸收式制冷机组消耗蒸汽量和电制冷机组所需电量之间的基准关系。假设当吸收式制冷机组停止运行时，电制冷机组满足同样的制冷负荷。分析中，电制冷机的平均效率为 0.70kW/t。

在平衡分析中，每小时内一吨冷冻水的成本为 $0.70\text{kW} \cdot \text{h/t} \cdot \text{h} \times \$0.10/(\text{kW} \cdot \text{h}) = \$0.07/\text{t} \cdot \text{h}$，收益则为 $\$0.11/\text{t} \cdot \text{h}$。

22.2.4　盈亏平衡分析

本工程的案例分析是为了比较下列两种情形的经济性：

① 同时运行 2 台热电联供机组和单效吸收式制冷机组。
② 只运行一台热电联供机组，同时使用补燃器来满足校园蒸汽负荷。

（1）经济性模型

根据上述的两种情形，表 22-7 和表 22-8 总结了一小时内校园消费蒸汽的成本和收益。这些表格反映了本案例研究中的经济模型。

设备	项目	每小时的成本价格	每小时的收益
热电联供机组	天然气	机组消耗的燃气	
	电		电输出收益
余热锅炉	蒸汽		校园供蒸汽收益
热电联供机组		固定成本	
吸收式制冷机	蒸汽	吸收式制冷机蒸汽消耗	
	冷能		校园供冷收益
总结		"成本 1"	"收益 1"

表 22-7　两台热电联产机组和吸收式制冷机组的计算模型

设备	项目	每小时的成本价格	每小时的收益
热电联供机组	天然气	机组消耗的燃气	
	电		电输出收益
余热锅炉	蒸汽		校园供蒸汽收益
热电联供机组		固定成本	
补燃器	天然气	余热锅炉消耗的燃气	
	蒸汽		校园供蒸汽收益
电制冷机	电	电制冷机耗电量	
	冷能		校园供冷收益
总结		"成本 2"	"收益 2"

表 22-8　一台带补燃器余热锅炉的热电联产机组的计算模型

表 22-9 和表 22-10 给出了本案例中基于设备参数得到的计算结果，其符号的意义为：

R_g 代表燃气价格（＄/m³）；

R_e 代表电价[＄/(kW・h)]；

R_s 代表蒸汽价格（＄/klb）；

R_c 代表冷冻水价格（＄/t・h）。

为了达到比较的目的，假定电制冷机和吸收式制冷机产生冷冻水的收益相同，电制冷机的成本则为产生和吸收式制冷机同等冷量所需要的电能成本。

设备	项目	每小时的成本价格	每小时的收益
热电联供机组	天然气	$R_g \times 1710m^3 \times 2$	
	电		$R_e \times 4700kW \cdot h \times 2$
余热锅炉	蒸汽		$R_s \times 50klb$
热电联供机组		固定成本	
吸收式制冷机	蒸汽	$R_s \times (50klb-$校园蒸汽负荷$)$	
	冷能		$R_c \times (50klb-$校园蒸汽负荷$)$ $/18lb/t$-h
总结		"成本 1"	"收益 1"

表 22-9　两台热电联产机组和吸收式制冷机组的数据

设备	项目	每小时的成本价格	每小时的收益
热电联供机组	天然气	$R_g \times 1710m^3$	
	电		$R_e \times 4700kW \cdot h$
余热锅炉	蒸汽		$R_s \times 25klb$
热电联供机组		固定成本	
风道燃烧器	天然气	$R_g \times ($校园蒸汽负荷$-25klb) \times$ $31.35m^3/klb$	
	蒸汽		$R_s \times ($校园蒸汽负荷$-25klb)$
吸收式制冷机	蒸汽	$R_e \times (50klb-$校园蒸汽负荷$)$ $/18lb/t \cdot h \times 0.7kW \cdot h/t \cdot h$	
	冷能		$R_c \times (50klb-$校园蒸汽负荷$)$ $/18lb/t \cdot h$
总结		"成本 2"	"收益 2"

表 22-10　一台带有内置风道燃烧器余热锅炉的热电联产机组的数据

（2）分析结果

在表 22-7 和表 22-8 中，情形 1 的净收益等于（收益 1－成本 1），情形 2 的净收益等于（收益 2－成本 2）。盈亏平衡点为情形 1 和情形 2 净收益相同的值，也就是：

$$（收益 1－成本 1）＝（收益 2－成本 2）$$

或

$$（收益 1－收益 2）＝（成本 1－成本 2）$$

需要注意的是，
- 成本 1 和成本 2 中的固定成本值相同。
- 收益 1 和收益 2 中的校园供蒸汽收益相同。
- 收益 1 和收益 2 中的校园供冷冻水收益相同。

当成本和收益均都如公式进行减法运算时，其最终固定成本、蒸汽收益和冷冻水收益相减之后的值均为零。这说明盈亏平衡点与固定维护成本和从 CUP 购买的蒸汽或冷冻水的价格无关，所以在分析中不作考虑。

在表 22-9 和表 22-10 中，未知变量是"校园蒸汽负荷"。利用研究中的天然气价和电价来解答关于吸收式制冷机和补燃模式的方程，计算得到校园蒸汽负荷为 29415lb/h，所以当校园负荷超过此值时，运行两台热电联供机组和吸收式制冷机是比较经济的。当校园负荷低于 29415lb/h 时，运行一台带补燃的热电联供机组更经济。

(3) 公共价格对收支平衡点的影响

只有使用本次研究所选定的电价和气价时，吸收式制冷机运行模式和补燃运行模式的盈亏平衡点才为 29415lb/h。图 22-2 展示了盈亏平衡点随电价和气价改变的情况。通常来说，盈亏平衡点随着气价的上涨而上升，随着电价的上涨而下降。从图中同样可以看出，当气价和电价的比值不变时，盈亏平衡点也会保持恒定。

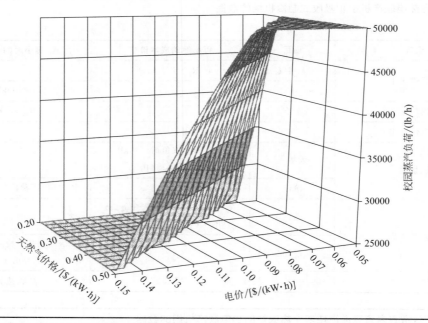

图22-2 盈亏平衡点随天然气价格和电价的变化

(4) 吸收式制冷机和烟道燃烧器运行的净差值

图 22-3 是根据本次研究中的基准电价和气价绘制而成的。随着校园蒸汽负荷的改变可以看出，吸收式制冷运行方式与补燃运行方式相比有收益优势。盈亏平衡点在 29415lb/h 时为 $0。

收益优势以美元每小时为单位，在 29415lb/h 这一值上随着负荷的增加而增加。低于盈亏平衡点的值则是指补燃运行方式比吸收式制冷方式更具优势。

图中没有给出负荷在 25000lb/h 以下时 CHP 能源站的运行情况。这时一套热电联供机组会停机，并使用吸收式制冷机。在这种情况时，应对运行一个热电联供机组加吸收式制冷机和运行一台辅助锅炉两种方式进行比较。由于辅助锅炉生产蒸汽的成本要高于热电联供机组，所以运行一个热电联供机组和吸收式制冷机要比运行一台辅助锅炉更加经济。

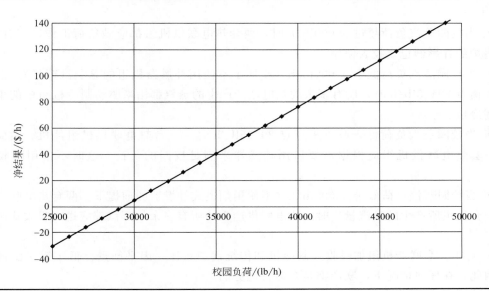

图22-3　吸收式制冷机和烟道燃烧器运行的净差值

图 22-4 展示了图 22-3 中负荷为 25000lb/h 和 50000lb/h 时根据上述气价和电价所做出的三维视图。位于表面上的点对应美元是正值时，两台热电联供机组和吸收式制冷机的运行方式更具优势。对应负值时，则应采用补燃运行方式。比较这两幅图，在气价越高和电价越低的情况下，蒸汽负荷越大则更应采用吸收式制冷的运行方式。

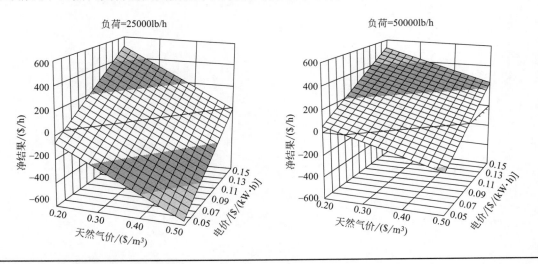

图22-4　天然气价格和电价的净结果对比

22.3　结论

• 运行两套联产机组或一台联供机组加余热锅炉补燃运行方式之间的盈亏平衡点约为 29415lb/h。

• 当校园蒸汽负荷超过 50000lb/h 时，两套热电联供机组都应满负荷工作，如有需求，余热锅炉的补燃器也要投入使用。

• 当校园蒸汽负荷低于 50000lb/h（或低于不使用补燃器机组的总蒸汽产量），但高于收支平衡点 29415lb/h 时，所有多余的热电联产产生的蒸汽都用来驱动制冷机组中的单效吸收式制冷机。

• 当校园蒸汽负荷低于收支平衡点 29415lb/h 时，一台热电联供机组停机。然而，剩下的一套热电联供机组应根据需要启用补燃器来满足校园的负荷，这时不使用吸收式制冷机。

• 当校园蒸汽负荷低于 25000lb/h（不使用烟道式补燃器的前提下，两套热电联产机组中的一套机组所产生的蒸汽量）时，热电联供产生的所有多余的蒸汽都应送入吸收式制冷机制冷。

• 对于一套联产机组加吸收式制冷机和传统锅炉相比，因平衡点已低于锅炉的最小出力，因此，在任何情况下，联产都是有运行优势的。

• 如果当校园蒸汽负荷高于 25000lb/h 而低于盈亏平衡点时，运行了第二台锅炉，本研究给出了运行 CUP 所造成的额外成本的计算方法。

第**23**章

案例研究 5: 政府设施——任务的关键

（Michael A. Anthony）

　　如同 CHP 系统在单一工作流程中将一份热量利用了两次一样，我们能否为了国家安全而二次利用节能资金呢？尽管非常微妙，但在这些问题中存在共同性。创新式的监管可以将这些目标合并起来，它的历史可追溯到公共领域为了保障能源设施的安全性、灾害应急以及灾后重建等方面而设立的各方面政策。可参考下列情况：

　　① 在康涅迪格州，教育和应急管理部和国土安全部已经直接拟定了市政可再生能源计划，优先补贴高中里的救灾中心。

　　② 在纽约，立法允许纽约能源研究发展局向灾难反应和恢复过程中使用的避难设备提供财政资助。

　　③ 芝加哥已经为新一代拥有基于 CHP 的模块化原动机的警察局开始了一项试点工程。

　　④ 新罕布什尔州的埃平镇已经在污水处理厂建造了微燃机。

　　能源安全不仅仅是科技上的问题，也不是仅靠财政融资就能解决的问题。电子商务高达 99.99％的可靠性及共性正逐步影响着应急管理设施的发展，通过《2008 国家电气规程》的 708 号文件中的规定对应急管理设备的修复工作提出了新要求。当关键能源操作系统 (COPS) 708 号文件内容完全实现时，那么能源安全这一理念将遍布各州及各地方政府及企业。(COPS 的具体定义详见术语表)。

　　如其他章节所述，成功的 CHP 系统必须满足相当苛刻的条件，任何复杂的、混合的和综合的系统都必须满足这些条件。燃气联产机组的供能价格与当地电价相比是否有竞争力，取决于地方税率、设备容量、建筑负荷以及政府和联邦机构的其他财政鼓励措施。

　　目前带有备用供能系统的热电联产系统是非常普遍的。许多项目是根据 1978 年政府发布的《联邦公用事业监管政策法案》（PURRA 法案）中第 210 部分的内容促进建设的。无论在 CHP 能源站处于孤岛模式运行将产生的全部能量供给某一设施，还是当能源站和公用电网同时运行仅向某一设施提供部分能量时，备用供能系统始终都需要保持可用的状态。COPS废热的回收使应急管理装置更加接近实际负荷，但同时也应适当降低成本分析的重要性，因为能源站要同时满足国土安全任务所需的电能、热能和冷能。

（1）风险管理

保证安全性是政府用以保证其品牌价值和名誉的核心功能之一。城市管理者深知消防部门的曝光度能够影响经济活力，这源于许多商人对政府在灾害中的应变能力非常敏感。地方政府应权衡规避风险的成本及风险所带来的不确定性收益。这些后期规避的开支被用于评价灾难保险的收益。

但CHP系统有其自身的风险，包括但不限于下列内容：

• 市场风险。能源站必须能够购买主要和辅助的燃料，并且在经济上是能够承受的。两种燃料之间的转化必须实现无缝连接。用于满足其总热负荷的燃料费用必须低于单体建筑的电费加上锅炉和制冷机的费用。

• 施工风险。当涉及公共资金投资时，逐步渐进式投资将会使项目受到的阻力降到最低。在现有建筑面积上进行局部改进工程比新建建筑更加困难，但这也是为了遵守适用于建筑领域的规范，如NEC等法规要求的唯一实用的途径，同时也体现了供能系统的不断完善及提升的过程。

• 监管和融资风险。从概念和监管方面来看，货币的成本会改变能源和排放的边际关系。继于1978年推出PURRA法案之后，政府又推出了EPAACT 1992和EPACT 2005两项政策。能源政策决定了市场，而能源市场又反过来影响了能源政策。

现代风险管理面临着多种多样的风险挑战，而解决这些风险需要将工程和经济学方法进行融合应用。例如，在保险领域对控制权进行谨慎投资很贴切地说明了这一点。下一代最有效率的应急措施所花费的边际成本与购买保险获得的边际收益相等。不可控的风险必须用一种合理的方式分配给利益相关者，通常拥有控制权是承担风险的最佳选择。

初看CHP系统会觉得天然气、水和电之间相互依赖增加了风险的可能性，虽然只有当热负荷出现时，才能通过热电联产获得电力，但CHP系统至少可以抵消市政所需的关键运营电力系统的资金成本。

（2）两个案例研究

将热电联产系统作为后备电源系统需要对政策因素、经济因素和技术因素（如三联供和微电网的发展）之间复杂的相互影响进行调查。

目前在公众视野范围内缺乏CHP作为应急管理设施的具体实际运行的案例。然而本章利用两个案例研究作为基准，阐述了将CHP系统作为应急管理设备的积极前景这一重要概念：

• 美国环境保护协会基于太平洋煤气与电力公司和电力研究所联合研究项目的现场实测数据发起了一项经济案例研究。研究结果证实，从简单投资回收角度来看，具有备用电源功能的1500kW的CHP系统要比不具备应急电源功能的CHP系统效率要提升16.9%。

• 美国电机电子工程师学会基于美国陆军工程兵团能源可靠性提升项目的故障率数据做了一项可靠性研究。结果显示，在一年中装有CHP的1000kW径向系统的故障停机时间是没有CHP系统的一半。

许多人认为在大规模的分布式能源技术，如 CHP，变得更普遍之前对电力市场进行重新设计。而其他人则认为电力安全是第一位的。也有一部分人认为电力市场的重新设计与电力安全是密不可分的。如果国土安全所要达到的目标环境需要建设备用能源，那么决策部门应该考虑推广经过验证的技术，如 CHP 等技术的实际应用。

23.1　国土安全目标

由于城镇中心、经济发展和应急管理区域的规划构想决定了能源基础设施的发展，所以决策部门应该在公共政策的核心部分充分考虑以上因素对社会的影响。在许多美国城市中，能源基础设施依照城市的几何形状来确定发展趋势。当决策部门同时考虑国土和能源安全目标时，城市规划师不得不更认真地思考下面这个问题：人口的聚集是否应该以未来 100 年后电力的可用性为基准来规划发展。从概念上来说，这与过去城市的建设围绕着交通线路规划发展的路径是相似的。

文件第 708 号的范围如下：

关键能源操作系统是由市政、州、联邦、其他拥有司法权的机构或建设该系统所必需的设备工程文件所定义的系统。这些系统包括却不仅限于能源系统、HVAC、火警、安保机构、通信系统和关键区域的信号系统。

FPN NO.1：关键能源系统通常在关键的基础设施处建造，如果发生故障或损坏，将会影响国家安全、经济和公共卫生安全。政府当局也意识到为保证连续的运转而强化电气基础设施是十分必要的。

遵守安全目标由风险评估开始，并对单点故障进行识别以及建立对各相互依赖的系统进行周期性功能性测试的程序。如果想达到更高的可靠性则要消除所有的单点故障，这些单点故障包含了模块级别以及系统级别的冗余。具有管辖权的地方政府机构必须检查和验证 COPS "铭牌标注的可靠性"的实际效果。

NEC 的新术语——指定关键操作区域（DCOA）——是指 COPS 系统所供能的实际建筑面积。在本章中，我们将 COPS 作为 DCOA 的一部分进行讨论，其中 DCOA 又是更大的应急管理机构（EMA）或高层建筑应急管理区域的一部分。在这一混合区域当中，合并的警察局和消防站是非常普及的，这也是在灾难发生时保持政府机构运行的重要信息系统的一种延伸形式。

每个城市都必须回答这样一个问题：应急管理设施资产的分散是否超出了风险收益曲线的承受范围？图 23-1 显示了资产分散的概念图（粗线框里面的能源站具有可观的合适的热负荷）。此外，图 23-1 提供了一个县域的关键操作示意图：2008 国家电气规程第 708.64 章节要求的风险缓解计划应该涵盖：众多单体建筑的应急管理资产以及广泛地分散分布但是以网络连接作为一个整体运行的经济管理资产。虽然避免了单点失败的风险，但是分布式 COPS 资产网络增加了资金成本。

尽管章节 708 只明确规定了三天的燃料供应，城市规划师和工程师应周密考虑 COPS 城市发展，并考虑发生重大区域性事件后 30 天内的城市能源供应需求，以此作为标杆值。靠近一次能源燃料以及二次能源燃料供应地区是非常重要的一点。靠近一次燃料和二次燃料是必须的。由于产生能量需要用到冷却水，而能量又用来输送水，所以水的可用量需要成为风险方程中的一个因素。这些准则与土木工程师在进行暴风雨水利基础设施设计时使用的 10 年和 100 年准则是相近的。

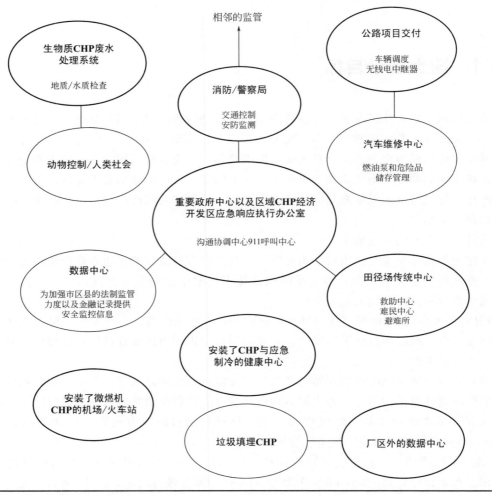

图23-1 全县范围的操作流程图

23.2 建筑节能目标

　　能源专业人员在 CHP 计划中关心燃料成本和稳定性都仅仅停留在表面阶段。燃气和电力的现货市场现象——所谓的"火星效应"——能够在仅仅 15min 的停运或极端天气时使许多当地政府机构的财政预算产生严重的失衡。

　　效益最好的热电联产系统在全功率输出下能保持一周七天每天 24h 运行，尽管他们仅满足所有电负荷和热负荷的一部分——通常在 50%～80% 之间。当机组容量减小时，单位产出的投资、运行维护成本相应增加，需要降低燃气价格来保证企业生存。热负荷因子决定了联产机组在只承担基础热负荷时发电量的多少。

应急管理机构可以应用 CHP-COPS 作为自身的分布式调峰能源。原动机的容量可由 COPS 和其他设备的电负荷需求来按比例设定。一个经济策略包括从公用电网购电而减少对当地微网的能源需求。当微电网仅满足 2%～3% 用能需求时，这种安排却能显著的减少总的能量需求，此时效益最好。

有多显著？一条经验法则指出，为了达到调峰的目的，任何超过 COPS 20%～25% 的负荷都是不经济的（因为现场的能源比大电网、中央电站的能源更贵）。

COPS 与区域供热的集成

为市政中心关键操作提供能量的区域能源系统能够达成单体建筑通常无法满足的经济目标。区域能源系统能够使用许多燃料，如石油和天然气，这些都是最有竞争力的燃料。集中供能操作和维护管理系统提供了最佳经济规模、最低运输费用和废气排放。

在一些费用结构中，正常和替代供应方案是如下设备的组合：带补燃余热锅炉和非补燃余热锅炉、蒸汽轮机和燃气轮机、柴油发电机组，能够满足负荷需求的同时保证灵活性和可靠性。调整发电功率的同时保证所需蒸汽和燃气的压力和温度是设计时应考虑的重要系统功能之一。

在一些成本结构中，CHP 系统可连续向 DCOA 提供电能，节省了每天的运行成本。在这种配置当中，CHP 系统的容量由设备的基本热负荷和电负荷决定。当外网故障时，COPS 发电机会提高电负荷，仅用来满足 COPS 系统负荷。吸收式制冷机会连续生产冷量，直接满足数据中心和一些有空气调节需要的灾害管理系统中特殊区域的负荷。

在其他费用结构中，电网中的备用能源通常用来满足 DCOA 系统的高峰能量负荷，在 CHP 系统因为计划中和计划外停机时提供所有设备需要的能量。

文件 708 的 2008 版本并没有直接给出当 CHP 系统提供所有现场能量负荷时的微网配置。尽管最近 NEC 的修正版本强调作者已经针对分布式能源技术正在进行的创新进行了改编，但 NEC 仍围绕着电网"公用服务"的假设编写，开关装置的特殊需要也受制于国家公共事业委员会关于安全和可靠性的要求。拥有立法权的有关部门必须通过完善 708 号文件和 NEC 中的有关部分来改善主要现场能源和备用系统的可用性。

在过去的十年中，主要地区的意外事故证明区域蒸汽供热系统的可靠性可达 99.8%。区域供热系统是唯一能够在以下条件下提供连续不间断服务的公用事业：

- 1989 年旧金山洛马普列塔地震（7.1 里氏震级）自然灾害。
- 1998 年渥太华大冰雹。
- 2001 年西雅图毁灭性的 6.8 级尼斯阔利地震。

根据美国新闻与世界报道，2006 年全美前 20 名医院中的 17 家都是由区域能源系统供能的。许多大学在 2003 年美国东北部和加拿大的大型区域意外事件中，能够为自身用户端设备提供一定数量的电力设备。如果按照本章开始部分描述的趋势继续发展下去，将会呼吁教育设备将会被号召在国土安全中发挥更大的作用。

区域供热是一种长期责任，而不是关注于短期回收投资成本。它不得不和已建成的燃气管网竞争，而后者能够向大多数建筑提供使用点供热。它需要政界人士、规划师、开发商、市场参与者和公民在一系列问题上共同合作，从而提供如本文所述的重要利益。

23.3　原动机可能性

大多数备用发电机组都是为了满足 NEPA 的生命安全规范而建设的，在大修之前，每年允许工作不超过 200h。这些发电机组中的大部分都很少使用，运行的大部分时间都是进行强制性测试。这些发电机组最严格的性能要求是 10s 内启动紧急疏散照明并运行 90min；这种需求有时由静态储备，如电池来满足。其他生命安全基础设施，如消防泵、电梯和消防报警系统需要原动机提供更多的能量。在满足关乎生命安全的负荷前提下，NEC 允许一台原动机作为其他负荷的备用电源。

图 23-2 给出了理想化的应急管理区域供电系统，该系统带有可再生分布式能源并装载了综合的 CHP 系统。复杂的 SCADA 要求、信号系统和控制系统没有在图中给出，具体见

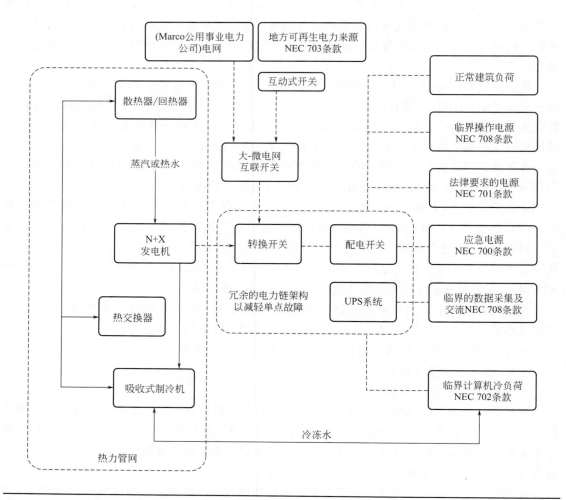

图23-2　应急管理设备中 CHP 系统结构图

2008 版 NEC 的附录 G。此外，图 23-2 还给出了应急管理机构中 CHP 的设计概念：新的美国国家电气规程 708 号文件——关键能源操作系统要求应急管理设备按公用服务 100% 停止来设计，第二公用电力能源并不视为补充供应，现场燃料必须可供三天使用。

如果平均电负荷：

- 小于 250kW，则最可能应用的技术为往复式发电机组或微燃机，也有可能是燃料电池。

- 250～800kW 时，主要的选择为往复式发电机组。

- 在 800kW～5MW 之间，可采用往复式发电机组、燃气轮机或蒸汽轮机。

这些机组的效率差别很大。柴油发电机的容量具有很高的可扩展性，每千瓦容量的价格也低于天然气发电机组。这些机组是在工厂生产并作为整体机组送到现场的，这使得安装变得相当简捷。然而对于超过 1000kW 的柴油机组来说，很难被允许建造，在大部分地区运行时间也受限制，还存在现场燃料存放问题。

CHP 系统使用的蒸汽轮机每年最多可运行达 8000h，其蒸汽锅炉使用天然气作为主要燃料。一些微燃机甚至可以运行 20000h 而不用进行实质性的维修。微燃机在分布式能源技术中得以广泛应用；这一事实可能归功于它作为唯一获得联邦税收优惠的 CHP 技术的地位。

备用发电机组可以在停电期间以额定功率运行，但不能在额定功率下用于 CHP 系统的连续运行。因相比于长期运行的机组，备用发电机经常在高输出、高温升下运行。因此，发电机组可根据燃料种类、承载负荷和可承载时间进行分类。一些发电机组可在非额定负荷下运行较长时间（更多细节见第 12 章）。

一个标准的设计方案以两个或更多的小机组为特征，作为积木块概念的一部分，当资金到位后，后续机组分期建设；这样也使维修变得简单。当公用电网故障而 CHP 系统达到运行平衡时，一台或更多台发电机会自动运行来满足不断波动的负荷。当主发动机持续运行时，另外一台发动机同时自动地与第一台平行运行。

在一些设备中，最大的单台发电机和总发电量之比很高，一台发电机的强制停机会造成电能频率的影响。对于这种频率变化，其造成的扰动可由其他同步设备来控制。

23.3.1　黑启动

一个为满足 COPS 的 CHP 计划需要一些应急安排，在设备发生停转事故时能够重新启动。恢复一个停机能量系统的进程通常称为"黑启动"。在外网，黑启动包含孤立电站独立启动和逐渐重新互相连接以形成互联系统。

大型柴油发电机组的启动由一些很小的汽油发动机完成，小型燃机由电站动力电池带动的电动机启动，而电站动力电池则由黑启动发电机支持。一台有内置引擎启动的燃气轮机能够带动同一站址的其他燃气轮机。一台或两台柴油或燃气轮机就足以启动很大的蒸汽轮机机组。

大量用于维持发电量和负荷之间平衡的控制能够避免黑启动。在 CHP-COPS 中使用黑启动发电设备的应进行全成本分析。黑启动的辅助发电系统和闲置的应急发电机组非常相似，所以 CHP-COPS 系统最开始打算将其替换为后者。下一节讨论在有些应用场合，一些小型的黑启动发电设备可以用来抵消高容量的应急发电设备成本。

23.3.2　应急能源

　　应急能源的要求并不起源于美国国家电气规程，这有时对建筑产业的人来说是一件令人惊讶的事。作为建设规范，NEC 仅为安全实践提供引导。而消防泵、疏散照明、消防报警系统或电梯是否需要一台紧急发电机或其他后备能源是在 NEPA 101 生命安全规范中规定的。另一个相关的规范，NEPA 110 应急和备用能源系统规范通过引用 NEC 和生命安全规范也得以应用。NEPA 110 根据种类、类型和级别对备用系统进行了分类，使得我们能够根据土地占有类型、启动秒数和需要运行的分钟数分别对系统的性能进行区别。任何 CHP 系统的建立都要保证在应用所需的时间范围内能量平衡是可以达到的。

　　根据 NEC 的 700.5 节，一个备用或第二电源在满足应急、规范规定的备用负荷、优化的备用负荷前提下，可以作为调峰使用。无论备用（第二）电源何时暂时停止运行，必须存在一个便携的或暂时的第二电源可以利用。在其他工厂的实践文档中记录了各种减轻损失的要求。

　　总结来说：CHP-COPS 能通过以下方式增强可用性和安全性：
- 通过允许 CHP 系统满足非紧急负荷来减少应急发电机的容量。
- 减少应急发电机的启动次数和持续时间。
- 在公用电网故障或受扰动时，允许更多的"商业重要"负荷保持供应。如果电网有波动，CHP 系统原动机会调整，使其缓和下来；如果用户端电力系统发生电压瞬变（就像突然启动一台发动机），则电网用于抑制和缓和这种瞬变。

23.3.3　接入系统

　　接入系统问题遍及所有容量的独立发电机。除了操作安全和测量考虑，所有的接入系统必须能够在并网模式和孤岛模式之间平滑和同步的切换。

　　市政公用工程人员对接入系统技术非常敏感，这是因为大多数公用电网的末端仍是以中央电站的形式安装的。习惯上，公用电网所运行的经济环境是实施既定电价，而不是市场电价；而为了适应用户所拥有的 CHP 系统，对电网末端改造的费用不得不列入公用事业委员会所制定的税率中。

　　就许多美国监管问题来说，接入系统是非常复杂的，这是因为公用事业的管理是在国家这样大的层面上进行的。对于所有 CHP 接入系统，CHP 应负责系统可靠性及相关的接入系统升级费用。这些影响由公用事业对每个工程研究确定，而这些研究结果应考虑该工程之前所有其他的分布式能源工程。

　　最终可靠性需求和费用取决于具体项目。由于这些选定的工程通常并不是研究报告中假设的工程，所以这种情况增加了不确定和延迟的可能。一些公共服务委员会制定了排队管理协议，为了缓和工程与工程之间队列方法造成的一些矛盾。

　　最早关于大电网和微网接入的标准是 IEEE 1547 一系列的文件，这些文件中的一部分现在仍然是草案阶段。在 IEEE 1547 规范发展的过程中，工业思想领导者意识到外网配电系统的孤岛部分能够增加美国电网主要控制区域的可靠性。IEEE 1547 一系列标准文件为设计、运行和微网集成提供了可选择的方法和很好的实践案例，并且提及了向当地孤立能源系统供能时从外网分离和重新连接的能力。

23.3.4　其他考虑

- 当地执行部门决定供应的天然气是否足以作为"现场"燃料来使用。
- 任何关于 COPS 可行性的研究都应涵盖该地区其他发电机的信息。有时后备发电机的信息是在消防部门注册的，而不是在建筑部门或空气质量部门注册的。
- 城市的大多数区域根据 NO_x 和 SO_x 排放等级的要求对每年柴油发电机的运行小时数予以限制。调峰时运行应获得独立的空气质量许可。
- 备用燃料供应链同样是电网和燃气网络，这是输送的基本特点。当主燃料供应链收紧时，备用燃料供应的价格应与之相同。
- 双燃料发电机对 COPS 系统来说是非常理想的，是 CHP 系统良好的开端。许多试验正在国家各地进行，这些试验是使用以 80％ 天然气和 20％ 柴油为燃料的发电机。一些欧洲的制造商能够提供在气油比为 90：10 时能连续运转的快装发电机。

23.4　电负荷级别

本章始终都在使用"备用（Backup）"这一术语来描述在正常电源无法工作时，一系列负荷满足的技术。当备用能源能够承担全部的负荷时，我们使用"第二（Alternate）"能源这一术语。然而，用一个专业名词来概括电负荷级别之间的细微差别已经困扰着 IEEE 和 NEPA 的领先实践委员会的思想领导者们。但对于实践者来说，精确的术语能否使他们在特殊的应用环境中理解这其中的差别，这是非常令人矛盾的。

但是负荷级别之间的差别是非常重要的。它是使电负荷与热负荷相匹配的主要参数。在大多数情况下，EMA 所拥有的资金仅仅足够在传统的 DCOA 上进行改进，负荷级别的差别对于保持资本预算和运营预算的真实性来说是非常必要的。考虑下列所提：

- NEPA 标准中使用的"应急（Emergency）"一词表述建筑安全的意思，与 IEEE 文件中有关电力系统的表述时使用的相同词的概念并不一致。
- 联邦能源管理委员在其官方条例中使用"必要（Essential）"这一术语，而鉴定卫生服务的联合委员会收录该术语作为医院负荷的子类。
- 国家电力可靠性委员会在关键基础设施保护标准中使用"关键（Critical）"一词，而 NEC 的 517 号文件收录该术语作为医院负荷的子类。
- FERC 提出了为具有资格设备提供的四种级别的服务：补充能源、可中断能源、维护能源和备用能源。
- "关键任务（Mission Critical）"这一术语是受版权保护的。

如果没有这些区别的话，这些技术可能达不到其应有的容量、可靠性或标准成本。

无论 CHP 系统满足所有或部分的 DCOA 或 EMA 设备负荷，COPS 负荷必须与其他设备的非重要负荷相隔离。重要负荷隔离的手段可以是手动的，也可以是自动的，安装时包含与 CHP 系统容量相匹配的动态优化。

在削峰和调峰的体制下，控制方法应该包括重要负荷中断逻辑，该逻辑能在检测到应急负荷能量不足时自动延缓削峰。同样的逻辑将削峰负荷从应急或备用的能源再转移或分离至能够立即转化为应急负荷的后备能源处。这减少了能量输送的时间。由于应急或备用能源始终保持运行，所以应急负荷的供应中断次数显著减少。

在减负荷计划的每一步中，操作的负荷都应保证足够补偿预期中最大的超载现象。减负荷次数的选择必须与表 23-1 中所示每个系统需要的负荷和时间相协调。当第 7 章中，特殊系统的核心概念并列给出时，我们就容易发现 708 号文件所作出的补充。在建筑内，这些不同的能源系统必须相互隔离——通常用专用开关、单独管网系统和中央防火管道来实现，其中中央防火管道用以保证电力线路和控制线路的完整性和耐久性。

标题	范围或定义	注释
700 应急系统	在发生无法正常供应事件或系统供应、分配、控制电力和人员必要安全照明设备故障事件时,这些系统有目的地自动向制定区域提供照明和电力	FPN NO.3:应急系统通常建造在人员密集区,并用于人工照明。人工照明在宾馆、剧院、运动场、医疗保险机构等类似的机构起到安全疏散和控制大量人员恐慌的作用。应急系统还对维护人员生命的职能部门提供能量,如通风、火灾探测器、火灾报警器、电梯、消防水泵、公共安全通信系统、一旦中断就会对生命安全和健康产生危害的工业对象和类似的职能部门等
701 法定备用系统	这些系统是为了在正常能源无法供应时,向指定负荷(不同于应急系统规定的负荷)自动供应能量	FPN:安装法定备用系统通常是为了向供热制冷系统、通信系统、通风和消防排烟系统、污水处理系统、照明系统和一旦中断就会妨碍救援和灭火操作的工业对象等提供能量
702 可选择的备用系统	这些系统是为了向公用或私有设备,其性能对生命安全不起决定性作用的系统提供能量的。可选择的备用系统可以自动或手动地根据负荷提供电能	FPN:安装可选择的备用系统通常是为了向工业和商业建筑、农场、住宅提供备用电源,同时还满足供热和制冷系统、数据处理和通信系统、一旦停电故障就会造成工程和产品生产大受影响的工业生产过程
708.2 关键能源操作系统 (COPS)	设备或部分设备的能源系统需要以公共安全、应急管理、国家安全或业务连续性为目的的连续操作	FPN NO.1:关键能源操作系统通常建设在至关重要的基础设施设备中,这些设备如果被损坏或无法运行时会对国家安全、经济、公共健康和安全造成影响。政府机构愈来愈重视加强电力基础设施运行的连续性

注：来源：Copyright NFPA，Quincy，Massachusetts。

表 23-1 NEC 第 7 章文件概要

在这种策略下，不是特别严重的负荷超载将会导致超出正常需要的负荷分离开来。另一方面，如果涉及过多的减负荷次数，将会在保护继电器中产生协调问题。典型的减负荷策略应该有三个级别（在一些程序控制包中广泛应用 32 个级别）。一条经验规则建议负荷的削减不能超过正常负荷的 30%。

满足多功能建筑联邦对配基金的所有标准需要一些特殊的经济试验手段。当这些没有轻松完成时，多种形式基础设施的费用在内部财务上的分离能够实现负荷等级的物理分离。

23.5 可靠性价值

CHP 系统关键操作能力的评估从考虑运行中断的特性和运行时间开始。在可靠性研究中通常有以下两种公共基线：

- 短期的：5~10s，最大。
- 长期的：10s，最小。

短期运行中断的影响可由惯性轮或电池等设备缓解。长期运行中断可通过应急管理设备根据当地公共服务排行的区域存储进行缓解。CHP-COPS 的可行性研究应该包括这些方面的考虑。

23.5.1 环保局经济性研究

一项案例研究——保持持续的可靠性思考是由美国环境保护协会发起的。在这项研究中，可靠服务的意义由一台以孤岛模式运行，为代表性商业用户 PG&E 供能的 1500kW 的 CHP 系统决定。当功率输出中断时，用户端所造成的商业损失远大于未能正常输送的电的价值。尽管电费率由服务成本决定，但对于每个用户来说服务的价值是不同的。

关于短期运行中断次数和长期运行中断总时间的典型年值能够在公共事业账单或设备记录中得到（许多机构都为追寻功率损耗恢复成本而设立了一个工作岗位）。短期运行中断对成本的直接影响通过美元/每次事故或美元/每分钟为基准来进行计算。如果短期的运行中断造成了设备长期的中断，则长期运行中断对成本的直接影响以美元/每分钟或美元/每小时为基准来进行计算。

成本价值代表了一年的直接运行成本，恰当的 CHP 系统能够避免这种成本。在 CHP 系统可行性分析中，这被看作是运行节约。将总成本价值按照运行中断所导致未送达能量的数量进行划分（以 kW 为单位的平均能量需求乘以小时为单位的年运行中断时间）得出了服务成本估算值，如表 23-2 所示。

设备运行中断影响		年运行中断		年费用损失	
运行中断种类	每次事故造成的运行中断持续时间	每次事故中设备受干扰时间	每年的事故次数	设备年总中断时间	每小时运行中断损失	年总损失
短期运行中断	5.3s	0.5h	2.5	1.3h	$45000	$56250
长期运行中断	60min	5.0h	0.5	2.5h	$45000	$112500
总计				3h		$168750
每小时未送出的能量(基于 1500kW 的平均负荷)			1500kW·h			
用户端估算的服务成本($/未提供服务的 kW·h)			$30/未提供服务的 kW·h			
标准年运行中断损失($/kW·a)			$113/kW·a			

注：本表格是关于怎样计算由短期和长期运行中断造成的设备扰动损失的案例。事故次数的得出是根据 EPRI 从 PG&E 用户处得到的数据。特殊中断的影响是由用户指定的。

表 23-2 服务成本——直接估算成本和 CHP 成本

　　从表 23-2 可以得出，即使是短期运行中断都会在日常贸易中导致长期的影响。以 30min 作为假定的恢复时间；如 HACV 设备在中断后需要人为重置或个人计算机工作站在中断后需要进行强制启动。以 PG&E 商业用户为代表的运行中断损失根据运行历史进行估算为每小时 45000 美元。假设工厂的平均能需为 1500kW，运行中断导致未送达的能量成本 (VOS) 估算为每千瓦时 30 美元 ［$30/(kW·h)］；如果是商业用户，运行中断损失可能会偏向估值区间低值。

　　因为运行中断很少发生，发生次数和持续时间也不尽相同，所以决定运行中断的年损失是很困难的。如果县级应急管理机构为了使自身与整个州的能源安全需要相匹配，或是为了保护其在经济发展计划中的品牌标识来投资建设备用发电设备，这些投资都代表了他们在维护能源安全上的支付意愿 (WTP)。

　　表 23-3 给出了 EPA 假定以天然气为燃料的 1500kW 的 CHP 系统，在电网故障时能够和不能提供备用能源两种情况下的费用对比。增强可靠性的影响按以下两种方法进行计算：

　　① VOS。对于未送达服务价值 (VOS) 为 $30/(kW·h) 和年总运行中断时间为 3.8h 的用户，CHP 工程实例的内部收益率由标准 CHP 系统的 12.2% 增至带有备用容量的一些系统的 17.5%。净现值增长了四倍 ($1239507 除以 $311302)。

　　② WTP。对带有 WTP 的用户来说，由于备用容量被集成到 CHP 系统中，所以不再需要 1500kW 备用发电机组、控制和转换开关，成本得以降低。EPA 报告确认极少数的现场发电设备需要黑启动，但这种黑启动所增加的成本要比备用发电机组相应的成本要高。利用 WTP 方法，CHP 系统的投资回收周期由 6.8 年降至 5.3 年，内部收益率增至 16.9%。

CHP 系统组件	标准 CHP 系统（无备用能源）	以蒸汽发电机为备用能源的 CHP 系统的服务价值	以柴油发电机为后备能源的 CHP 系统的支付意愿
发电容量/kW	1500	1500	1500
CHP 系统建设费用/($/kW)	1800	1800	1800
额外控制和转换开关成本/($/kW)	N/A	175	175
典型备用发电机组、控制模块和转换开关费用/($/kW)	N/A	未直接定价	(550)
CHP 系统总建设成本/($/kW)	1800	1975	1425
CHP 系统总建设成本/ $	2700000	2962500	2137500
年净节能费用/ $	400000	400000	400000
年运行中断时间/(h/a)	0	3.8	未直接定价
用户服务成本($/kW·a)	N/A	113	未直接定价
年运行中断损失/ $	400000	568750	400000
投资回收周期/a	6.8	5.2	5.3
内部收益率/%	12.20	17.50	16.90
净现值(按 10% 的折扣率)/ $	$311302	1239507	822665

表 23-3　带有和不带有备用能源的 CHP 系统对比

23.5.2　电气和电子工程师协会可靠性研究

　　可靠性研究案例——保持持续的成本思考——引自 IEEE/ANSI 标准 439 页 "可靠的工

业和商业能量系统设计的推荐规程"。

电气与电子工程师协会对一个理想的径向能量系统做了通用的、精确严谨的可靠性研究，该研究使用了由美国陆军工程兵团能量可靠性加强项目收集的现场设备的实测可靠性数据。模拟了两个径向系统：

① 第一个为 CHP 系统与典型公共电网并网运行（原理图如图 23-3 所示）。

② 第二个不带有 CHP 系统（原理图未给出，但除了没有连续运行的 13.8kV 的燃气轮

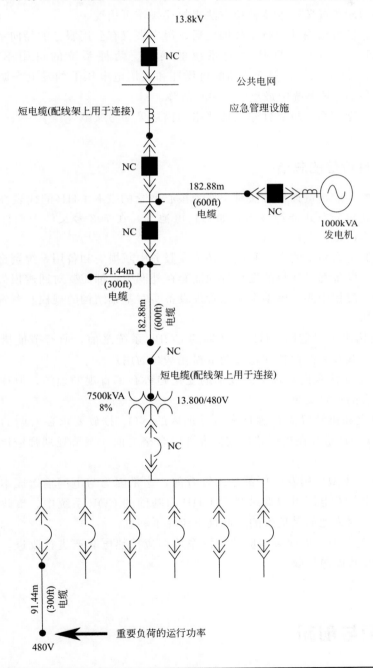

图23-3 带有 CHP 的单一电力径向系统 ［来源：IEEE/ANSI 493-2007 （Ref. 13）］

机外，和图 23-3 有同样的能量链结构）。

　　两个径向系统采取同样的事故率——每年 1.64 次事故，采取同样平均事故时间——每次事故 2.58h。利用这些数据，计算得到公用服务的可用率为 0.999705338。

　　正式的可靠性研究在能量系统中的每个设备上都将事故率应用在其现场数据上。在本例中，动力链上的所有主要设备——从通常和 13.8kV 的发电机并网运行的公用电网起，至变压器、断路器、开关和每英尺的电缆都有其计算用的可靠性指标。动力链模型被转化成应用程序，该程序使用割集或蒙特卡罗模拟方法来描述操作可用度。

　　当建立了可靠性方框图并运行了数据之后，得出来仅有公用服务的径向系统得出了年平均运行中断时间是带有热电联产径向系统的两倍。两种系统的可用率几乎相同——0.999511730 和 0.999801235，但变压器的可用性和在用电电压下的发电来源的影响是显而易见的。变压器是 IEEE 系统中最重要的单点故障。

　　关于关键能源操作系统可靠性建模更严格的描述见参考文献 [14]。

23.5.3　可靠性价值的总结

　　本章计算中展示的定量评价方法对于作为核心概念的带有 CHP 的代表性的发电技术来说是理想化的。其他分布式能源技术，如燃料电池等，在 708 号文件中允许作为原动机使用，但本章中不作讨论。

　　新建或升级的电力系统的类型和范围必须在服务中断损失和备用系统资金成本之间进行仔细的平衡。每个设备都以独特的运行特性嵌套在外网中，都需要对回避损失进行独立的敏感性分析，在分析过程中要考虑整个应急管理设备实时基础结构的规模和配置。

　　其他考虑包括：

　　• 在司法机构决定建造以 CHP 为基础的 COPS 系统之前，所有节能措施都应布置完毕。首先移除所有低效率的设备和超过能量损耗基线的用户。

　　• 定值美元方法使我们对真实的成本的变化趋势有了直观的理解，但往往会低估资本的持有成本和现有的投资交替。

　　• 小型的热电联供装置需要满足未达标地区的 NO_x 排放要求在所谓的污染设定量之下。一个改进的 CHP 系统在当地碳排放标准评定合格之前，城市规划师应该检查其柴油发电机的排放级别。

　　• 现存的许多小型公用发电厂都是闲置着的，这是因为与电网输送成本相比，其运行费用过高。这些小的发电厂可以改装进以 CHP 为基础的 COP 系统中。市政公用事业在融资方面有其优点，因为他们是免税的，而且也免除了利息。

　　• 现有的传统石油、煤或柴油应急能源系统都应按热电联产进行改进，只要现场能耗降低就可以免除联邦能源税收。

23.6　监管与创新

　　许多前沿的分布式能源技术都有所创新，现在关键系统的创新使得相似的技术，如热电联供技术来到其转折点。地缘政治条件、能源和国家安全都不再那么遥不可及。真正的挑战可能并不在于物理现象上，而是在于政策。如 708 文件的标准能够让 CHP 在市场上重新定位。

在本章中给出的可能的发展方法要求我们带着灵感和工具去观察那些细节。其他的欧洲国家，如荷兰和丹麦，都在 CHP 上获得了很大的成功。

作为最后的、特殊的案例，英国南部的一个拥有 90000 人口的自治市（因 H. G. Wells 的经典科幻小说中天主教徒最先登陆的城市而闻名）在 2006 年建设了一个 CHP 系统向市中心开发区的公民办公室、当地停车场、两个酒店和体育活动中心提供热能和电力。它以一台 1000kW 和一台 950kW 的发电机、一台 200kW 的燃料电池和许多光电池为特色，由以盈利为目的的私营能源服务公司运营。

美国为何没能普及区域供暖？这是一个罗夏测验视角问题。美国最早的商业发电厂（爱迪生在 1882 年建造）实际上是一个热电联供工厂。有些人惋惜再没有像爱迪生一样的在地方一级的单项工程；以利润为导向的人会对资本投资机会进行负责，也会从购买商业能源、电网供电以及发电设备和购买当地其他燃料等不同角度进行思考的基础上对投资进行负责。其他人抱怨开发商在面对社会阻力时拥有"BANANA"综合征，不断强调"绝对不在靠近任何人的任何地方建任何东西"。

如果我们对能源安全拥有很严肃的态度的话，我们不应浪费这个时期。我们应该研发这个系统，实现能量在两端的相互传输：CHP 能量可以输送上网，网路能量可以输送至 CHP。最终的目的应该使热能和电能在外网和内网中达到互相协同支持的稳定点。

参 考 文 献

[1] Connecticut：Capstone Turbine Case Study of East Hartford High School，2006，by United Technologies Power Company.

[2] State of New York Public Service Law A. 10438 (Kavanagh) /S. 3433 (La Valle) Facilities of Refuge (June 2008) (c) City of Chicago Preon Power Case Study (2008)：available at www. preon. com/microturbines. php. Last accessed in 2008.

[3] Town Epping, New Hampshire, case study：available at www. nh. gov/oep/programs/MRPA/conferences/documents/IIIB-Fall06-Mitchell. pdf. Last accessed in 2008.

[4] NFPA 70-2008：National Electric Code，National Fire Protection Association，Quincy，MA.

[5] M. A. Anthony，"Talkin' NEC 708," Consulting-Specifying Engineer，May 2007. Oak Brook，Illinois，IL：Reed Business Information.

[6] M. A. Anthony，R. G. Arno，and E. Stoyas，"Article 708：Critical Operations Power Systems," Electrical Construction & Maintenance，November 1，2007. Overland Park，Kansas，KS：Penton Media.

[7] "Frequently Asked Questions," International District Energy Association，Westborough，MA，available at http：//www. districtenergy. org/faq. htm. Last accessed in 2008.

[8] "Financial Management Guide," U. S. Department of Homeland Security：Preparedness Directorate，January 2006.

[9] M. A. Anthony，"The Generator in Your Backyard," Facilities Manager Magazine，January/February 2007. Alexandria，Virginia，VA：APPA (Association of Physical Plant Administrators).

[10] T. Basso，IEEE Standard for Interconnecting Distributed Resources with the Electric Power System，IEEE Power Engineering Society Meeting，June 9，2004，available at http：//www. nrel. gov/eis/pdfs/interconnection _ standards. pdf. Last accessed in 2008.

[11] "Distributed Generation Frameset," Purchasing Advisor，Copyright 2006 E Source Companies LLC. Boulder，Colorado，CO.

［12］ "Valuing the Reliability of Combined Heat and Power," U. S. Environmental Protection Agency Combined Heat and Power Partnership，January 2007.

［13］ IEEE/ANSI 493-2007：Recommended Practice for the Design of Reliable Industrial and Commercial Power Systems.

［14］ R. Arno，R. Schuerger，and E. Stoyas，"Critical Operations Power Systems," International Association of Electrical Inspectors. IAEI Magazine，November/December 2008. Richardson，Texas，TX：IAEI News.

［15］ S. Dijkstra，"Applying the WADE Economic Model," Cogeneration and On-Site Power Production，May 2006，available at http：//www. cospp. com/display _ article/273024/122/ARTCL/none/MARKT/1/UK-decentralized. Last accessed in 2008.

第 **24** 章

案例研究 6: 分布式 CHP 系统和 EPGS
系统生态影响的比较

(Milton Meckler

Lucas B. Hyman

Kyle Landis)

本章比较了三组分布式 CHP 系统备选方案与参照系统的环境影响，参照系统为典型的与用户端有一定距离的热效率为 30％ 的公用/商业发电站（EPGS），该发电站计划为加利福尼亚中央校区供能，而另有方案建议校园安装 3.5kW 的燃气轮机满足其自身供能需求。

事实证明（ASHRAE 2007 年度报告 ♯ DA-07-009），对于使用可持续性热电联供系统的大型商业综合体项目来说，常规的多功能的热电联供系统会设计使用较大的余热锅炉，以及配备全天 24h 服务的固定工程人员，而这种设计将会产生较大的碳排放并且成本也更多。如果热电联供系统采取简单的设计，那么系统在未来产生较低的年运行费用，当然这样项目的收益也相应地变得更低。

上述专家评审通过的 2007 年度报告介绍了预制的、撬装的、拥有内置处理系统的混合蒸汽发电机，它与燃气轮机（CGT）排气后的低压余热回收盘管（替代 HRSG）整合为一个系统。CGT 余热回收装置利用环境友好型热传输介质来回收 CGT 排放的余热，满足校园多功能建筑全年的冷负荷、热负荷和生活热水负荷。维持 CGT 余热回收装置全年的高温差有助于促进系统的热平衡，降低 CGT 背压，节省寿命周期成本。本章将会比较以下三个系统：首先是本章上述提到的两种以更高运行经济性为目的的 CHP 能源站系统方案，其次是第三种 CHP 备选方案，即使用燃气轮机废气驱动带补燃的双效吸收式制冷机的 CHP 系统。最后将三个 CHP 系统与之前提到的满足用户年用电要求的 EPGS 系统进行生态环境影响和生命周期成本两个方面的对比。

最终以 EPGS 系统对生态环境的影响为比较基准，选择上述三种 CHP 系统中最优的方案实施，并将该方案作为减排进入"碳排放总量管制与交易"市场进行交易的有利候选，从而进一步减少项目的初投资，从能源和温室气体排放两个方面增加项目的可持续性。

24.1　介绍

"可持续性"意味着什么？建筑可持续性和 CHP 可持续性之间有什么样的区别么？援引 Interface Inc. 公司主席 Ray Anderson 的表述"可持续性意味着一代人满足自身需求的同时而不剥夺后代满足自身需求的权利"。美国制冷与空调工程师学会（ASHRAE）的董事会在 2002 年 7 月 23 日批准了工作文件"建筑可持续性"，该文件中表述 ASHRAE 支持建筑可持续性定义为提供安全、健康、舒适的室内环境的方式，同时降低对地球自然资源影响。

Anderson 先生用"允许一代人满足其自身需求"来解释 CHP 可持续性中敏感的附加部分。机械、电力和管道顾问之后的工作是证明 CHP 对用户的增值效益。利用 LCC 方法从传统方案中选择，或是更有吸引力的 CHP 备选方案，选取方案的过程中，决策者们考虑以下几个方面：怎么做才能确保所选方案可以保障对客户的承诺，应用怎样的方法才能够更好地为 CHP 吸引投资，最终加强整体绿色工程的可持续性？

LLC 分析方法之外的其他决定方案的因素包括余热与基础能源的利用、建筑设备运行技巧、可靠性、当地公用事业能源的实时价格、相关环境影响，如温室气体排放、生态影响、碳收益等。这些因素在用户制定长期预算、建筑设计和运行参数时使用户重新关注安装 CHP 系统的初始目标。分布式 CHP 系统是否提供制冷部分或仅仅取决于当地的燃气和电力服务和价格。这些服务通常可以满足新建或改造、大规模、承租人拥有或租赁的建筑设备用能需求。在决定用能方案时，需要对以下问题进行实际性的思考：未来的能源成本将会以怎样的趋势发展，是否可对其进行预测？当今世界能源环境又是怎样的？

在当今市场许多可用的制冷技术当中，单效和双效溴化锂吸收式制冷机组被证实为最具成本效益的顶循环运行方式，并且在利用高温余热，如 350～400°F（177～204℃）的热水用于制取冷冻水方面也是最具经济性的。底循环末端中可用的级联低温余热（如 200～250°F，即 93～121℃），可在氨水吸收式制冷机组中为热能存储系统提供冷量，还可以用于除湿设备的干燥剂再生（如室外空调）。

尽管之前我们提到过间接燃烧的双效和单效溴化锂吸收式制冷机组是利用蒸汽或热水作为热量来源，但它们同样可以直接使用余热生产冷冻水。实际上，目前已经开始将燃机烟气直接送入改进的双效直燃型溴化锂吸收式制冷机设备（2004 年和 2005 年 Berry 等，2005 年 Meckler 和 Hyman，2005 年 Pathakji 等）。

为了使前述的用户端 CHP 系统发挥协调作用，设计者们需要思考如何"打破陈规"，在降低一次能源和全部投资成本情况下改善燃气轮机的性能。燃机使用双效或单效蒸汽（或热水）驱动的吸收式制冷机来进行进气冷却，这将很好地改善其动力输出性能。

24.2   参与比较系统的描述

三个进行对比的热电联供系统都能满足加利福尼亚大学中央校区的部分冷热电负荷。表 24-1 给出了校园负荷的明细表；即电负荷（kW）、冷负荷（t）和热负荷（MMBtu·h），均给出了其峰值、最小值和平均值。三个系统在燃机配置方面完全相同，但在余热回收和利用的方式上面存在差异。其中一种方案依照传统布置，利用余热锅炉（HRSG），而其他方案使用整体的 CHP 烟气冷却系统（ICHP/GCS）方法。图 24-1 给出的是传统的 CHP 能源站的原理图，图 24-2 给出的是 ICHP/GCS 能源站的原理图，图 24-3 给出的第三种考虑方案——燃机烟气直接驱动双效溴化锂吸收式制冷机组，同时生产热量和冷量。这三个方案中的 CHP 系统都按照校园平均基本电负荷来确定容量大小（大约 3.5MW）。然而为了使 3.5MW 的燃气轮机与电负荷相匹配，在周末和其他校园入住率相当低的时期内，燃气轮机停机不运行。这时能源站向公共电网出售电量是不经济的，这是由于能源站的发电成本通常要远高于公用电力公司规定的购买电价。分析所用的冷热电负荷是基于校园的实际数据以及一年四季当中每天 2h 的负荷数据计算得出的。所有方案中利用的 CGT 的假设燃料消耗量为 42.7×106Btu/h（12.5×106W）。方案中应用的锅炉的假设效率为 80%，每个方案中的电制冷机效率假设为 0.6kW/t（COP＝5.9）。

项目	电负荷/kW	冷负荷/t	热负荷/MMBtu·h
峰值	12831	1875	70.6
最小值	3725	206	6.8
平均值	6156	714	28.8

表 24-1   校园冷热电负荷

24.2.1   传统 CHP 能源站

如图 24-1 所示的传统 CHP 能源站使用 HRSG（余热锅炉）生产高压蒸汽（HPS），系统利用高压蒸汽驱动一台双效吸收式制冷机。高压蒸汽流量假定为 9lb/t（1.2kg/kW）。转化后生成的低压蒸汽（LPS）可以生产生活热水，并通过配送系统分配给校园用户使用。没有被能源站利用的能量排至凝汽器，最终通过冷却塔或散热器排至大气中。热电联供能源站未能满足的校园冷热负荷由燃气锅炉和电动离心式制冷机满足。

24.2.2   ICHP/GCS 能源站

图 24-2 描述了内部自动调节的 ICHP/GCS 方案，该方案满足了校园额定 1040t（3658kW）的制冷要求。方案通过采用更高效的商用低质量混合蒸汽发生器以及可利用的商用额定容量为 1040t（3658kW）、假设的热效率为 10600Btu/h/t（COP＝1.13）的双效高温

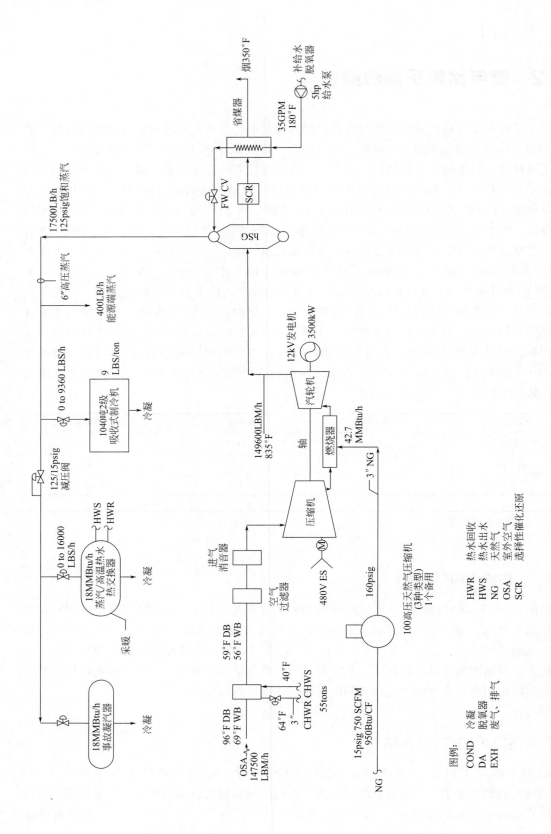

图24-1 传统 CHP 能源站原理图

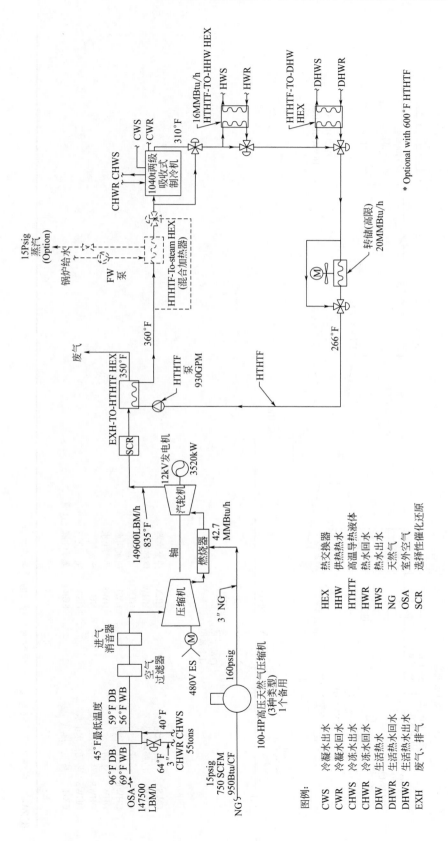

图 24-2 ICHP/GCS 能源站原理图

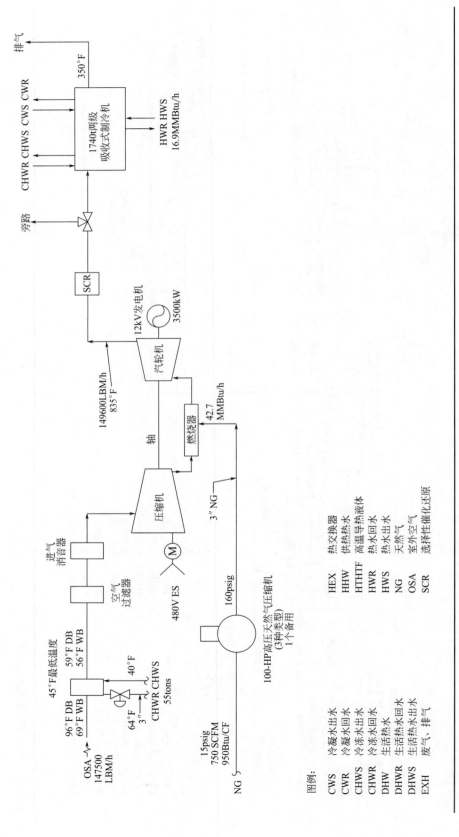

图24-3 燃气轮机排气直接驱动双效溴化锂吸收式制冷机组

图例：

CWS	冷凝水出水	HEX	热交换器
CWR	冷凝水回水	HHW	供热热水
CHWS	冷冻水出水	HTHTF	高温导热液体
CHWR	冷冻水回水	HWR	热水回水
DHW	生活热水	HWS	热水出水
DHWR	生活热水回水	NG	天然气
DHWS	生活热水出水	OSA	室外空气
EXH	废气、排气	SCR	选择性催化还原

导热液体（HTHTF）驱动的吸收式制冷机来实现制冷量。ICHP/GCS 能源站可以由控制单元、板式换热器、燃机进口冷却盘管、泵、连通管系、CGT 余热回收管和预制（最低限度可在现场直接安装的）热水型吸收式制冷机功能性集成得到。ICHP/GCS 能源站使用余热型高温导热液体（HTHTF）驱动的热交换器（HEX）回收余热。高温导热液体在换热器内从 250℉ 被加热至 600℉（316℃）回收余热。高温导热液体（HTHTF）先被输送至混合热交换器（HEX）中生产低压蒸汽（LPS）。低压蒸汽驱动单效吸收式制冷机做功。

HTHTF 接下来驱动双效吸收式制冷机做功，将余热送入板式换热器生产采暖热水。要注意的是生活热水也可以通过进一步利用回收余热而得到。然而，在案例的具体分析中，余热回收中的大部分用于校园供热和供冷，废弃的余热部分是很小的。热利用的顺序是由各种系统组件对热温度和质量的不同要求来决定的。比如说，双效吸收式制冷机进口最高温度为 425℉（218℃）。因此，根据 HTHTF 的供给温度，在将余热送入至双效制冷机之前，需要进一步利用它并降低它的温度。尽管利用余热的最高效方式是在送入双效吸收式制冷机之前生产 HHW（高温热水），但校园的热负荷和冷负荷是不一致的，这导致 HHW 换热器经常将高温导热流体的温度降低到 425℉（218℃）以下。由于 HHW 换热器比双效吸收式制冷机需要更低温度的导热流体，所以换热器应该安装在制冷机之后。与传统能源站类似，热电联供能源站未能满足的校园冷热负荷由燃气锅炉和电动离心式制冷机满足。

24.2.3　由燃气轮机排烟直接驱动的双效吸收式制冷机组

图 24-3 所示的由燃气轮机排烟直接驱动的双效吸收式制冷机组，包括一台能够生产冷冻水和热水的吸收式制冷机，并与 CGT 排汽直接相连。吸收式制冷机可以生产 1740 冷吨的冷量（仅制冷时）和近似 $17×10^6$ Btu/h（仅制热时）的热量。它内置热回收冷水机组，所以不需要 HRSG。需要注意的是冷负荷必须是热负荷的 30% 以上才能允许机组同时供热和供冷，所以假设冷负荷的占比始终在 30% 以下，那么吸收式制冷机组将只能以供热模式运行。

24.3　系统成本比较

24.3.1　投资成本比较

表 24-2～表 24-4 列出了主要设备的成本差异。每个能源站中相同的设备在估计中不予考虑。如表所示，传统能源站的主要设备成本要比 ICHP/GCS 能源站高出约 150000 美元。此外，燃机直接排气能源站要比 ICHP/GCS 能源站高出 560000 美元。

	$
HRSG	360000
1040t 双效吸收式制冷机	500000
900t 电制冷机	450000
16-MMBtu/h 蒸汽-热水换热器	80000
18-MMBtu/h 凝汽器	90000

续表

其他设备	100000
总计	1580000

表 24-2　传统热电联供能源站投资成本

$

IHT 换热器	240000
1040t 双效吸收式制冷机	600000
900t 电制冷机	450000
16-MMBtu/h 高温导热流体-热水换热器	90000
其他设备	50000
总计	1430000

表 24-3　ICHP/GCS 热电联供能源站投资成本

$

1682t 双效吸收式制冷机	1690000
500t 电制冷机	250000
其他设备	50000
总计	1990000

表 24-4　燃机直接排气能源站投资成本

24.3.2　能源成本对比

　　为计算不同能源站之间能源消耗和成本差异，设计者们建立了一个能源模型。表 24-5 列出了上述三个方案每年的天然气、电力和总能源成本。如表中所示，ICHP/GCS 能源站与传统能源站相比，每年大概要节约 70000 美元的能源成本，与燃机直接排气工厂相比，则大概节约 440000 美元。燃机直接排气能源站所增加的费用主要来自为满足供热需求对燃气锅炉产生的过度依赖。这导致燃机排气直接驱动的双效式溴化锂制冷机热水产量的降低（1.18MBtu/h 的输入，1.00MBtu/h 的输出）。

$

成本	传统能源站	ICHP/GCS 能源站	燃机直接排气能源站
天然气成本	4635000	4578000	5028000
电成本	2826000	2814000	2802000
总的能源成本	7461000	7392000	7830000

表 24-5　估算的能源成本总结

24.3.3　运行和维护费用比较

表 24-6 总结了不同能源站人力和维护成本之间的差异。ICHP/GCS 能源站和燃机直接排气能源站与传统能源站显著的成本差异是由于传统能源站在 HPS 模式下交替使用高压蒸汽（大于 15pisg），因此雇用了六名专职的运行人员进行每周 7d、每天 24h 运行维护工作（共 168h，每位操作者每周需要进行 40h 的监测和日常维护）。假设一名专职运行人员一年的成本为 80000 美元，这一假设的 80000 美元包括了所有的项目：薪水、工资税、社会保险、医疗保险、卫生保健和退休金。传统能源站的运行和维护费用要比 ICHP/GCS 能源站和燃气轮机直接排气能源站高 400000 美元。

$

传统热电联供能源站	
17500lb/h HP/LP 蒸汽系统	5000
操作员费用（FT 操作员）	480000
总计	485000
ICHP/GCS 和直接排气能源站	
操作员费用（FT 操作员）	80000
总计	80000

表 24-6　不同运行和维护成本估算

24.4　20 年寿命周期成本

根据上述的投资成本、能源成本、运行和维护成本等因素分析可以获得三个方案 20 年寿命周期成本（LLC）之间的比较。LCC 分析是计算整个系统寿命周期内的成本，而不是仅计算一个特定的时期。此外，LLC 分析中考虑了时间成本。LLC 分析假设折现率为 6%，运行和维护费用增长率为 3%，能源成本增长率为 2%。折现率使未来价值与现值相等。也就是说，折现率用来计算与给定未来价值相等的现值。一般来说，折现系数应该近似等于长期资金成本。表 24-7 总结了 LLC 之间的比较，并估算出 ICHP/GCS 能源站与传统能源站相比 LLC 节约了大概 700 万美元。

$

案例	生命周期成本	生命周期成本节约
传统热电联供能源站	108738000	
高温流体热电联供能源站	101752000	6986000
直接排气热电联供能源站	108189063	548937

表 24-7　生命周期成本总结

24.5 基于燃料层面的三种方案的环境影响分析

在比较将电与天然气配送至建筑物的计量表处所花费的成本时，备选方案产生的环境影响是不平衡的。天然气发电厂在 35％的年平均效率（或燃料能量利用率）的条件下运行，而 CHP 能源站则在燃料能量利用率为 50％～85％的条件下运行（取决于余热利用——总的供热供冷量），在比较天然气发电厂与 CHP 能源站的环境影响时，非常重要的一点是二者比较的基础数据应该是基于燃料来源计算，而不是根据输送至现场的燃料成本数据来计算。同样的，用燃气单位立方的价格或单位 kW 输送电力的价格来计算年平均成本，在任何地区都具备其特殊性，并取决于适用的税率结构。当从环境角度看能源站的可持续性时，应考虑运输损耗，无论是从公用电网购买每千瓦电力所耗的能量，还是燃气公司输送每 $1000ft^3$ 的天然气所消耗的总能量，以上计算过程都应考虑输送损耗的因素。

从表 24-8 中分析得知 CHP 系统减少了多达 20％的 CO_2 排放量。从表 24-9 中分析得知 CHP 系统减少了多达 37％的 NO_x 排放量。这些数据是根据美国环境署 2004 年发电厂排放数据计算得出的。由于不同地区的发电技术、燃料类型和能源站运行时间的差异，计算分别采用了美国西部、东北部和全国平均的数据进行比对。

项目	传统 CHP	ICHP/GCS CHP	直接排气 CHP
全国平均			
年 CO_2 减少量/lb	24906212	25849270	17457586
年 CO_2 减少量/％	19	20	14
东北部平均			
年 CO_2 减少量/lb	8175425	9068328	824391
年 CO_2 减少量/％	8	9	1
西部平均			
年 CO_2 减少量/lb	15492846	16407685	8099129
年 CO_2 减少量/％	14	14	7

表 24-8 CHP 和 EPGS CO_2 排放量对比

项目	传统 CHP	ICHP/GCS CHP	直接排气 CHP
全国平均			
年 NO_x 减少量/lb	60473	61408	53906
年 NO_x 减少量/％	37	37	33
东北部平均			
年 NO_x 减少量/lb	20614	21428	14279
年 NO_x 减少量/％	20	21	14
西部平均			

续表

项目	传统 CHP	ICHP/GCS CHP	直接排气 CHP
年 NO_x 减少量/lb	42787	43668	36322
年 NO_x 减少量/%	31	32	27

表 24-9　CHP 和 EPGS NO_x 排放量对比

24.6　结论

ICHP/GCS 系统更容易操作，本身也更人性化，而且与使用较小容量余热锅炉（HRSG）的传统小型 CHP 能源站相比，该系统更能适应不断变化的冷热负荷。还有一个主要的优点就是淘汰了规范中要求在传统 CHP 系统中设置的全日制固定工程师（需要注意，在 ICHP/GCS 系统中仍需要配置一名每周工作 40 个小时的运行人员）。图 24-2 中说明的 ICHP/GCS 系统使用了小型预制的垂直混合蒸汽发电机。这些设备可以做成撬装式，并且整合了管线和控制单元的模块，方便在现场快速安装。比如说在充入高温传热流体之前，热交换器和泵模块预先完成了配管工作，并预留了合适的接口，以便于现场互联。除了生命周期及运行成本因素之外，和其他系统相比，尤其是和传统上与 EPGS 系统连接相比，ICHP/GCS 系统拥有降低环境影响的潜力。

ICHP/GCS 系统的优点包括使用热质流量更小的混合蒸汽发电机，能够更快速地对不断变化的建筑 HVAC&R 负荷做出响应，另外，低压高温传热流体循环管路低压运行，从而减少了对运行人员数量的需求。此外，燃气轮机排气回收管道压损的降低也使得燃气轮机的性能得以提升。上述分析证明 ICHP/GCS 系统拥有更低的全生命周期成本，还能减少建造时间、操作复杂性、系统停机时间和总占地面积。

对此，ASHRAE 关于全球变暖的政策声明实际上承认了温室气体与全球气候变暖之间有着密切的关系，并要求协会成员必须对此予以高度重视。ASHRAE 的 MEP 会员单位负责平均寿命为 20~30 年的建筑设施的设计工作，他们倡导通过经济有效的可持续性的 CHP 系统来减缓全球变暖。ASHRAE 建筑的可持续性则通过以高效和价值为导向的分布式 CHP 系统来提升该目标实现的可能性，并且通过差异化利用 LCC 和生态影响等分析方法来实现。

参 考 文 献

[1] Berry，J. B.，Mardiat，E.，Schwass，R.，Braddock，C.，and Clark，E. 2004. "Innovative on-site integrated energy system tested." Proceedings of the World Renewable Energy Congress VIII，Denver，CO.

[2] Berry，J. B.，Schwass，R.，Teigen，J.，and Rhodes，K. 2005. "Advanced absorption chiller converts turbine exhaust to air conditioning." Proceedings of the International Sorption Heat Pump Conference，Denver，CO. Paper No. ISHPC-095-2005.

[3] Butler，C. H. 1984. Cogeneration Engineering，Design，Financing and Regulatory Compliance. New York：McGraw-Hill，Inc.

[4] Kehlhofer，R. 1991. Combined-Cycle Gas and Steam TurbinePower Plants. Lilburn，GA：The Fairmont Press，Inc.

[5] Mardiat，E. R. 2006. "Everything is big in Texas，including CHP." Seminar 36，Real Energy and Economic Out-

comes from CHP Plants. ASHRAE Seminar Recordings DVD, ASHRAE 2006 Winter Meeting, Chicago. Atlanta, GA: American Society of Heating, Refrigerating and Air-Conditioning Engineers, Inc.

[6] Meckler, M. 1997. "Cool prescription: Hybridcogen/ice-storage plant offers an energy efficient remedy for a Toledo, Ohio hospital/office complex." Consulting-Specifying Engineer, April.

[7] Meckler, M. 2002. "BCHP design for dual phase medical complex." Applied Thermal Engineering, November, pp. 535-543. Edinburg, U. K. : Permagon Press.

[8] Meckler, M. 2003. "Planning in uncertain times." IE Engineer, June. Farmington Hills, Michigan, MI: Gale Group Inc.

[9] Meckler, M. 2004. "Achieving building sustainability through innovation." Engineered Systems, January. Troy, Michigan, MI: BNP Media.

[10] Meckler, M., and Hyman, L. B., 2005. "Thermal tracking CHP and gas cooling." Engineered Systems, May. Troy, Michigan, MI: BNP Media.

[11] Meckler, M., Hyman, L. B., and Landis, K. 2007. Designing Sustainable On-Site CHP Systems. ASHRAE Transactions DA-07-009. Atlanta, GA: American Society of Heating, Refrigerating, and Air-Conditioning Engineers, Inc.

[12] Orlando, J. A. 1996. Cogeneration Design Guide. Atlanta, GA: American Society of Heating, Refrigerating and Air-Conditioning Engineers, Inc.

[13] Pathakji, N., Dyer, J., Berry, J. B., and Gabel, S. 2005. "Exhaust-driven absorption chillerheater and reference designs advance the use of IES technology." Proceedings of the International Sorption Heat Pump Conference, Denver, CO, Paper No. ISHPC-096-2005.

[14] Payne, F. W. 1997. Cogeneration Management Reference Guide. Lilburn, GA: The Fairmont Press, Inc.

[15] Piper, J. 2002. "HRSG's must be designed for cycling." Power Engineering, May, pp. 63-70. Oklahoma, OK: PennWell.

[16] Punwali, D. V. and Hulbert, C. M. 2006. "To cool or not to cool." Power Engineering, February, pp. 18-23. Oklahoma, OK: PennWell.

[17] Swankamp, R. 2002. "Handling nine-chrome steel in HRSG's: Steam-plant industry wrestles with increased use of P91/T91 and other advanced alloys." Power Engineering, February, pp. 38-50. Oklahoma, OK: PennWell.

第 25 章

案例研究 7：集成 CHP 系统以改善整体玉米乙醇经济性

（Milton Meckler
Son H. Ho）

25.1 摘要

　　本文提出了改善现有玉米乙醇汽油经济性的实际解决措施。本章中我们同样关注到 DDGS 的提炼和使用干磨工艺的玉米乙醇技术，为解决方案提供了实质性的机遇。使用玉米乙醇湿磨机来提取面筋蛋白粉制作牲畜饲料也在本文中作了简短的介绍。

　　为了在干磨工艺中提取玉米乙醇和利用可溶物蒸馏干谷物，本案例提出了采用混合式集成蒸汽喷射式制冷/冷冻浓缩系统（ISJR/FCS）。实际案例证实了该技术可以大幅度减少玉米乙醇在一个生命周期中的投资成本、当前运行成本和温室气体排放量。

25.2 介绍

　　DDGS 代表含有可溶性物（S）的蒸馏干谷物（DDG）。玉米经过酵母发酵之后，将酒精（或者乙醇）除去，剩下的釜馏物经过冷凝和干燥等环节产生的副产品的成分便是 DDGS。玉米是快速扩张的乙醇制造工艺当中使用的主要谷物。乙醇与汽油混合之后的乙醇汽油减少了美国对进口原油持续上涨的依赖，以及释放了有限的炼油产能。也因此，乙醇汽油满足美国未来可预见的能源需求。

2003 年美国国内的干磨乙醇生产过程中，生产了大约 3800000t 的 DDG。乙醇制造成了美国玉米的重要营销市场，根据美国国家谷物生产者协会的数据，2006 年超过了 18000000 蒲式耳❶的玉米消费量生产了 48000000 加仑的可再生燃料。DDGS 的生产是通过离心式设备将粗纤维的 DDG 物质从母液 S' 中与细微的悬浮部分物质分离而形成的。留下的液体或 S' 馏分被继续蒸发浓缩成糖浆或 S，然后和粗 DDG 纤维馏分混合生产成为 DDGS。DDGS 在包装之前先在热空气干燥器中干燥，最终作为牛和奶牛、猪和家禽的代替饲料售出。

使用建议的 ISJR/FCS 系统能够减少对前面提及的昂贵的直燃蒸发装置（为了浓缩 S'）的需求，这是通过预先安排送入该系统的 S' 实现的。通过冷冻浓缩 S' 获得"产品"水和"副产品"S，S 接下来和 DDG 相结合生产 DDGS。

我们计划利用一个实际案例研究来证明大幅度减少一个生命周期内玉米乙醇投资成本、当前运行成本和温室气体排放量在技术上是完全可行的。案例主要研究成果表明 3.5MW 的用户端燃气轮机（CGT）热电联供系统（热电联供，CHP）排放的废气经过余热锅炉（HRSG）利用后得到高压蒸汽，与 ISJR/FCS 系统的玉米乙醇干磨工艺相连接，能够实质性的减少乙醇投资成本和运行成本，并减少相关的 GHG 排放量。

生物技术的研究进展和农作物的生产实践使得种植者能够在土地面积基本不变的情况下收获更多的谷物。这缓和了人们早期对于使用谷物生产燃料会改变玉米的用途，以及玉米作为人类和牲畜粮食价格上涨的担忧。

不断增长的生产率也使得 DDGS 供应量不断增加，市场减少了对牲畜饲料用玉米的需求，同时也可以降低部分未用于生产乙醇而作为人类粮食的玉米的市场价格。尽管部分美国玉米产区在 2006 年遭受了旱灾，但每亩地的产量将近 149 蒲式耳，这相当于美国有史以来第二高的玉米产量。根据 NCGA 提供的 15 年间玉米产量的变化趋势，到 2015 年每亩地平均产量能达到 173 蒲式耳。因此，DDGS 生产量和相应的工艺成本已经成为整个玉米乙醇经济的重要影响因素。

虽然燃料用玉米乙醇工厂得到快速扩张发展，但仍存在着一些值得关心的问题。我们必须重新评估我们的生产方法，最终选出最具经济效益和环境友好的方法来实施生产。正确的酒精生产能够帮助减轻美国目前对国外石油的过度依赖，同时减少能够改变环境的相关产物的排放（GHG）。制造商们极速地扩张酒精生产，却不对工艺的经济性进行彻底的、定期的评价。这一行为将会对玉米乙醇汽油作为石油的目标替代物产生消极影响，同时也会增加 GHG 排放量。本文的目的是为了在最终达成国家能源政策目标的前提下评估当前玉米乙醇生产工艺在技术和经济性上所面临的挑战。

作为 2007 能源独立和安全法案的一部分，国会批准到 2022 年，美国的乙醇产量将在现有基础上实现五倍增长。该数目不到一半的指标将来自玉米乙醇，虽然玉米乙醇成为主要市场来源的时间已经很长了，但考虑到进口原油不断增长的成本和令人怀疑的可持续性，玉米乙醇还会不断向前发展。

---

❶ 蒲式耳：英文为"Bushel"，美国的定量容器，相当于 36.268L。

其余的原料来源主要来自其他可用生物燃料的原材料，例如，柳枝、小树和其他植物。然而，这些所提及的替代生物燃料原料离商业规模生产仍然有很大距离。幸运的是 2007 年法案提出了许多环保要求。最重要的一项要求则为，在每英里每加仑的计算基础上，乙醇汽油比传统汽油的 GHG 排放量要低 20％。

国会将计算和监测各种乙醇来源 GHG 排放的任务交给了美国环境保护署（EPA）。这些相应的计算必须包括直接排放，如与玉米生长、收获、玉米加工的直接排放和其他生物燃料原料相关的间接排放，比如说由生产粮食用地转变为生产燃料的用地变更相关的排放。此外，合适的计算必须不仅仅包括玉米生长至生产乙醇所吸收的碳，还应包括当土地准备种植额外的玉米时释放到大气中的碳。

然而，EPA 在计算中对下列状况不予考虑：

① 跟利用余热相比，使用天然气和其他化石能源生产乙醇产生的 GHG 排放差别和年运行费用。

② 对生产玉米乙醇过程中取得恰当的副产品，例如，DDGS，能够提供高能量、高蛋白的食物供应，因此，能够减少牲畜用饲料对玉米的需求，同时增加了拥有更低的市场价格作为人类消费使用的非乙醇谷物的可能性。

③ 回收的 DDGS 成本效益加上约 120％的玉米粉的能量价值在提高玉米乙醇制造业的经济性方面扮演着至关重要的角色。玉米粉含有丰富的谷物及残留的蛋白质、能量、矿物质、维他命和生长因子。

④ 增长的 GHG 排放与区域公用/商业发电站（EPGS）的发电过程相关，相对应的功能集成的用户端分布式 CHP 能源站，在年燃料利用率为 75％～85％之间的条件下发电，产生的可用余热用于玉米乙醇干燥工艺和满足湿磨机的生产需求。

当比较商业可生产的生物燃料并决定选择一种利用时，业主需要在细节方面衡量上述目标。因为细节在平衡及评估环境影响方面是至关重要的。乙醇原料和加工工艺提供了最佳的经济效益，而它产生的环境影响也是最低的。

25.3　生物燃料的环境可持续性

2007 美国能源安全和独立法案规定到 2022 年美国市场上可再生燃料的份额为 360 亿加仑。图 25-1 展示了剑桥能源研究协会（CERA）公布的关于新能源法案（2007）当中规定的玉米乙醇和先进的（纤维的和其他）生物燃料的市场份额对比数据。以年为单位，比较基础为历史和预测的上述燃料的市场份额。图表很清晰的表达了一点就是目前可再生燃料市场的重要参与者为玉米乙醇，那么我们可由此推断，同等时期内，玉米乙醇汽油的生命周期内的 GHG 排放依旧比传统汽油生命周期内的 GHG 排放要少 50％。所以如果美国达成这些目标，从玉米淀粉中获取的乙醇将占世界生物燃料生产总量的 40％，这将对以石油为基础的交通燃料市场产生重大的影响。

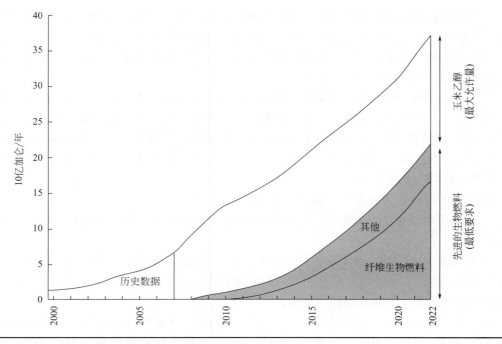

图25-1 美国生物燃料需求量（2000～2022 年）

25.4 当今玉米乙醇生产工艺

玉米乙醇目前主要的生产工艺有两种：干磨法和湿磨法。如图 25-2 所示的湿磨机能加工大量的玉米，通常建造的湿磨机每年能生产近 1 亿或更多加仑的乙醇。湿磨工艺的设计理念是将玉米分解成许多有用的产品，包括作为牲畜饲料成分的麸质饲料和玉米蛋白，乙醇通过蒸馏和除去共沸水之后被浓缩成浓度为 95％ 的恒沸酒精。最终，使用 5％ 的汽油对包含发酵过程中产生的杂醇的燃料级别的酒精进行变性处理之后再出货运出。

如图 25-3 所示的干磨机在规模上稍小一些，一年生产约 3000 万～5000 万加仑的乙醇；同时利用从蒸馏塔底部获得的麦芽浆生产大量的有价值的 DDGS，DDGS 可以生产浓度为 190％ 的恒沸酒精，在除去共沸水后，剩余燃料级别的酒精用 5％ 的汽油进行变性处理之后再出货。

当对比如下两种系统，一种系统是外部电网供电，蒸馏设备使用天然气或其他化石能源；另一种系统则是用户端分布式 CHP 系统供电，废热驱动蒸汽型 ISJR/FCS，很难测量这两种系统的资金成本以及玉米酒精生产工艺中的能源消耗。溴化锂蒸汽再压缩，溴化锂发生器和蒸馏装置能够减少现有系统的生产成本、年欠款和新的干磨工艺系统的生产成本。

Shapouri 等人已经认识到可以将用于整个系统的每单位购买价格的能源消耗部分用于推断资本能源贡献的重要性。农业和乙醇生产的贡献大约是乙醇生产总投入的 1％。此外，其它产品（如肥料、化学物品和精炼燃料）的生产上不应该实质性地改变这种方法。因为与各自生产成本的可变费用相比，这些行业的资本费用相对较小。

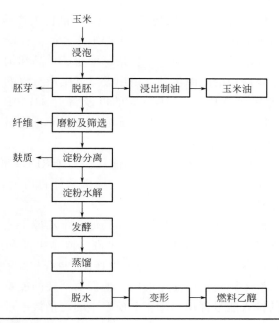

图25-2 玉米湿磨法工艺流程

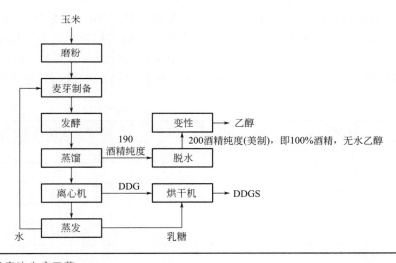

图25-3 玉米干磨法生产工艺

25.5　净能源平衡考虑

　　Shapouri 等人的报告中指出将玉米从当地存储设施运送至乙醇工厂的平均能耗为每蒲式耳玉米 5636Btu 或每加仑玉米乙醇消耗大约 2120Btu 的能量；这是通过使用 GREET 模型计算得出的。与 Dr. Pimentel 的 2003 年报告不同，Shapouri 的上述报告是直接基于 2001 年农业资源管理调查所得到高度重视的质量数据做出的。该调查是由 USDA 经济研究处、美国国家农业统计局所作出的 USDA2001 农药使用和 2001 粮食生产报告和 2001 乙醇工厂调查共同发布的数据。建造干磨机工厂主要是为了生产玉米乙醇。而湿磨机工厂使用生物提炼技术，生产许多种产物，如乙醇、高果糖玉米糖浆、淀粉、食品和饲料添加剂及维他命。热能和电能是干磨机工厂主要应用的能源类型，使用天然气生产蒸汽的同时也要从发电系统购电，生产每加仑的玉米乙醇要消耗 1.09kW·h 的电或将近 34700Btu 的热能（低位热值，LHV）。如果考虑生产电和天然气过程中的能量损耗，2001 年干磨机玉米乙醇工厂生产一加仑玉米乙醇要消耗 47116Btu 的一次能源。

将玉米乙醇从工厂运送到加油站所需的平均能耗经过 GREET 模型计算为 1487Btu/加仑。报告中 Shapouri 等人还用了 ASPEN Plus 工艺模拟软件将所消耗的能量分摊给用干磨机生产玉米乙醇和 DDGS 副产品。

种植和运输玉米至乙醇工厂的能耗也按淀粉和其他玉米乙醇工艺的产品进行了分摊。然而，淀粉只能够转换成为乙醇。所以平均来说，淀粉分摊了生产和运输玉米的 66% 能耗，也就等同于分摊给乙醇，而剩余的 34% 能耗用于生产副产物。二级原材料的生产耗能，如农业机械设备、水泥、乙醇工厂建造中使用的钢，他们所消耗的能量并没有考虑在内。在生产玉米乙醇过程中所有的输入能量都用 GREET 模型中的能量效率进行调整，如天然气能量效率为 94%，电为 39.6%，还包括 1.09% 的运输损失。

表 25-1 总结了 2001 年输入能量的需求，包括了无副产品的玉米乙醇生产过程的每个阶段，同时还包括总能耗、净能量值和能量比，其数据是基于 Btu/加仑单位能耗所得出的。表 25-2 给出了与表 25-1 相同的信息，但根据副产品能耗做了相应的调整。能量比等于酒精中所含有的能量（76000Btu/加仑）除以乙醇生产中化石燃料输入的能量。因此，表 25-1 和表 25-2 中能量比高于 1.0 时就意味着正能量平衡，而表 25-2 中的数据甚至在减去副产品所分配的能耗前都是高于 1.0 的。

生产流程	每加仑的净能量值
玉米生产/Btu	18875
玉米运输/Btu	2138
转换为乙醇/Btu	47116
乙醇分配/Btu	1487
总能耗/Btu	69616
净能量值/Btu	6714
能量比	1.10

表 25-1　2001 年无副产品干磨流程的能耗分布

生产流程	每加仑的净能量值
玉米生产/Btu	12457
玉米运输/Btu	1411
转换为乙醇/Btu	27799
乙醇分配/Btu	1467
总能耗/Btu	43134

续表

生产流程	每加仑的净能量值
净能量值/Btu	33196
能量比	177

表 25-2　2001 年带有副产品干磨流程的能耗分布

参考表 25-2，我们注意到，2001 年利用带有 DDGS 副产品的干磨工艺，转化每加仑乙醇的净能量值估测为 27799Btu。此外，与 DDGS 相关的每加仑净能量值估计为 19317Btu，约为总能耗的 41%，这一数据是相当大的。如图 25-3 所示，这也是为何我们目前研究的方向是减少转化 DDGS 所需的能量和使用蒸汽形式的可用余热来减少玉米乙醇蒸馏和蒸发所需的一次能源。

25.6　第二定律考虑

从第二定律（火用）的观点来看，通过将用户端分布式发电、CTG 高温排气的综合利用系统与存在输送损耗的电网 EPGS 购电、燃烧天然气运行蒸馏与蒸发设备的系统相比较，以及通过探究现有的以及建议玉米乙醇干磨生产方式可用性的问题，结果反映了我们所建议的以热电联产为基础的 ISJR/FCS 备选方案对天然气（NG）一次能源的高效利用，并证实了该系统在这方面存在优势。

第二定律效率最基本的定义为：

$$\eta_{II} = \frac{有用产品或工艺中可用的能量}{供应的“燃料”中可用的能量} \tag{25-1}$$

幸运的是我们已经建立了有用的方法来计算各种物理、化学和热能工艺中的上述效率。因此，式（25-1）可以用如下方式表达，即第一定律能量比的每一项乘以品质因子 C。品质因子 C 反映了可回收的可用能量：

$$\eta_{II} = \frac{C_2 \Delta E_2}{C_1 \Delta E_1} \tag{25-2}$$

幸运的是，许多热能及其他工质的质量因子已经计算出来。对于电和烃类燃料，质量因子 C 为 1.0，而蒸汽的质量因子则是压力的函数。需要注意的是，在大多数吸收式制冷系统中使用的是图 25-6 和图 25-7 中展示的混合制冷浓缩工艺，溴化锂溶液的再生占据了可溶性母液蒸发过程中主要 NG 输入能源的大部分，但在混合蒸汽再压缩吸收器和溴化锂发生器的操作是由 CTG 余热以涡轮废气形式排放至大气之前产生的蒸汽提供的。

此外，式（25-2）中的比率 ΔE 相当于工艺的第一定律效率，所以第二定律效率表达式可以简化为：

$$\eta_{II} = \frac{C_2}{C_1} \eta_I \tag{25-3}$$

注意到式（25-3）中 η_{II} 始终 $\leqslant 1$。一些先进的 EPGS 蒸汽发电的第一定律效率接近 $\eta_I = 45\%$，相应的第二定律效率计算为 $\eta_{II} = 33\%$。

由于许多不可逆的损失都发生在 EPGS 蒸汽锅炉中，对于一个典型的 EPGS 机组的锅炉来说 $\eta_{\mathrm{I}}=91\%$，而 $\eta_{\mathrm{II}}=49\%$。因此，为了比较之前提到的现有乙醇干磨工艺和我们从可利用性角度出发所建议的以热电联产为基础的 ISJR/FCS 系统对工艺进行改造的备选方案，可以使用实际能源消耗比乘以第二定律效率比 R_{II} 对两个系统进行计算，即，

$$R_{\mathrm{II}}=\frac{\Delta E_1}{\Delta E_2}=\frac{\eta_{\mathrm{II}_2}}{\eta_{\mathrm{II}_1}} \tag{25-4}$$

可以看出式（25-4）中的第二定律效率是用来将最初可用的天然气（烃类）燃料中消费的真实能量进行标准化。R_{II} 的值＞1 时，则表示工艺（希望是我们提议的基于 CHP 的方案）是更高效的。

Graboski 已经估算出在 2000 年湿磨法和干磨法生产的每桶乙醇可平均节省 0.58 桶原油，这是基于标准酒精度为 200 的乙醇每加仑输入能量为 55049Btu 所得出的结论。在接下来的四年（2000～2004 年）中工业技术的进步使乙醇生产需要的能量和副产品成本减少了13%，这在 Btu/加仑中也有所体现。

Graboski 还考虑了净能量与隐性能量之和小于系统输入能量的问题。在这里，净能量指的是所有与乙醇相关的能量之和，隐性能量指的是干磨或湿磨副产品所带的能量。他接下来定义了能量比为乙醇的输出能量除以经副产品调整后的输入能量。所以，正的净能量意味着该工艺产品的输出能量要比输入的化石燃料的能量要高。同样净能量比大于1.0 时意味着该工艺生产的液体燃料比消耗的化石燃料含有更多的能量，对温室气体的排放也有着重要影响。他在 2000 年报告中的能量比为 1.21，2004 年推测增长为 1.32，2012 年推测为 1.4。

25.7　乙醇经济性再分析

2008 年 2 月 2 日，St. Petersburg Times 发表了一篇题为"最新研究显示：乙醇比汽油对地球危害更大，但为何佛罗里达州仍花费上百万美元来发展它？"的专题文章。在我们准备的分析过程中也向自己提出了同样的问题，这些分析使用的大部分当前数据是通过下列来源获得的：佛罗里达州环保局、佛罗里达州农业和消费者服务部、美国能源信息管理和可再生能源协会。

① 2007 年美国生产了 650 亿加仑的乙醇。
② 这 650 亿加仑的乙醇可以供全美驾驶者消费 17 天。
③ 在 2007 年和 2008 年，佛罗里达州共向乙醇项目投入了 5 千万美元。
④ 2007 年佛罗里达没有生产乙醇。
⑤ 预测 2017 年佛罗里达州乙醇的产量为 7500 万加仑。
⑥ 预测 2017 年佛罗里达州年汽油消费量为 119 亿加仑。

斯坦福大学的 Mark Z. Jacobson 教授对佛罗里达州能源办公室主任 Jeremy Susac 的观点提出质疑，Jacobson 认为："最新的研究结果是有瑕疵的，虽然玉米乙醇减少了大量温室气体排放，但它也成了一项主要污染源，和汽油一样糟糕。Jeremy Susac 仍然支持乙醇，因此我们为什么不鼓励内部生产呢？"。

　　Jacobson 教授支持其所做的研究，引用他的话"使用乙醇替代汽油会使空气质量变差，所以认为乙醇能够减少碳排量是缺乏根据的，因为世界上没有合理的研究能够证明这一点。"

　　根据现有乙醇制造的生产技术，我们趋向于同意 Jacobson 教授的说法。然而，根据我们在现有干磨工艺生产乙醇过程中的独立计算结果，由图 25-3 可知，现有的生产工艺中浪费了过多的一次能源。假如浪费能源的现象能够被治理，Susac 的陈述可能有其值得考虑的优点。

　　例如，考虑我们能大大减少能耗和相关 GHG 排放的可能性，如果利用现场燃气 CGT 发电机产生的废热进行联产，而不是将其排放至大气中，驱动新型冷冻浓缩装置来替代化石燃料燃烧和提取生产 S 的蒸发设备，同时节省了乙醇蒸馏所需的能量，用废热代替了一次能源天然气和煤，通过省略浓缩前述母液 S′ 蒸发物有效减少了购电量（从大电网），如图 25-3 所示。采用图 25-4 所示例的备选乙醇工艺系统配置可以使用废热蒸汽替换天然气燃料能源来减少 GHG 排放，进一步为制造商带来收益。图 25-5 展示了 CHP 系统流程与乙醇工艺的技术的集成。

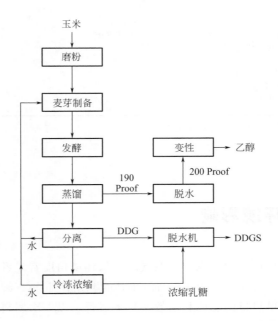

图25-4　备选乙醇工艺

　　因此，我们必须立即开始寻求方法来解决以下问题：

　　① 最小化玉米乙醇燃料生产中的一次能源消耗量。这可以通过吸收和高效利用来自联产系统的高温余热来实现，比如说现场燃气轮机或发动机驱动的发电设备可产生高温余热。

　　② 如果乙醇工厂达到了图 25-1 所示的项目规模，制造商通过联合以及整合成流线型工艺可以减少乙醇工业的一次能源消耗。为了避免 Jacobson 及其他工程专家们对于乙醇工艺对环境产生负面影响的认知，我们需要重新检验现有的玉米乙醇工艺方法来减少它的复杂性和高成本。

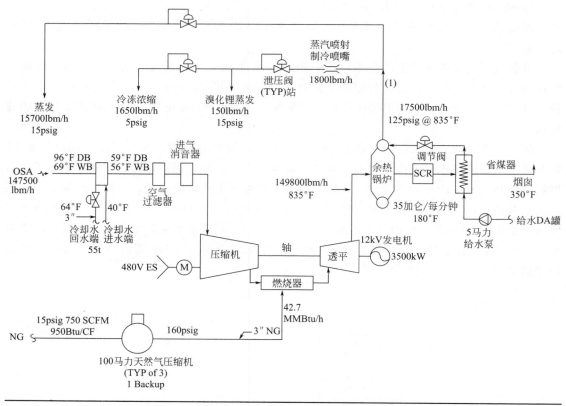

图25-5 集成了 CHP 系统的乙醇工艺的原理图

25.8 相关的环境影响

当比较输送至建筑计量表侧的电和天然气时，从环境角度看二者是不平衡的。考虑到天然气发电厂在 35% 的年发电效率下运行，而 CHP 能源站在 70%～85% 的能源利用效率（考虑余热利用，计入供冷供热量的总体利用效率）下运行，以一次燃料量而非现场测量到的成本为基础比较上述两种系统对环境影响是非常必要的。此外，在美国任何地区天然气每单位价格和输送每千瓦电的成本都是因地制宜的，根据各地适用的税率结构而各不相同。当从环境角度考虑可持续性时，我们必须先估算发电设施产电每千瓦时的一次能源消耗量，或考虑进管网损失后的每 $1000ft^3$（$28.3m^3$）天然气所包含的能源量。

因此，如果目前干磨工艺生产玉米乙醇过程中需要使用大量一次能源，那么可由集成的用户端 CHP 设备中的 CGT 废热来替代，同时与之匹配的发电机组可以提供所有的现场电力需求，包括冷冻浓缩、离心分离和相关泵所需的电能，这些泵是用于促进吸收和蒸汽喷射式制冷进而通过离心作用直接浓缩 S′ 的电（见图 25-5）。

冷冻浓缩使用集成的双效盐水制冷剂在 S′ 原料液中产生冰，得到浓缩的 S 糖浆副产品和水（融冰）产品。如图 25-6 所示，我们注意到第一级包括一个蒸汽喷射式冷冻装置，能够使氯化钠（NaCl）通过高压蒸汽喷嘴真空冷冻来满足输入 S′的冷却需求和在下游吸收器—冷凝器中浓缩溴化锂水溶液的需求。

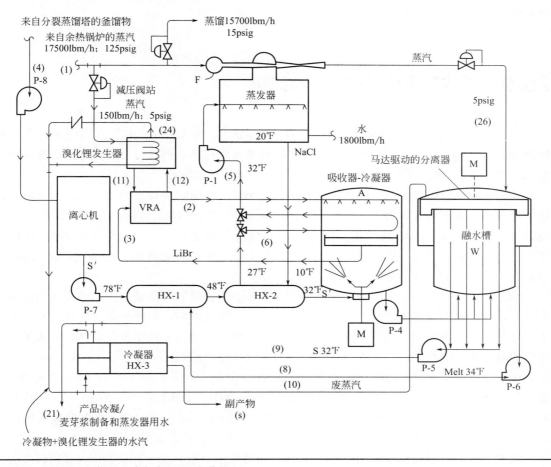

图25-6　ISJR/FCS 蒸汽、冷凝和 VRA 流程图

上游 VRA 生产的 LiBr 浓溶液在吸收器—冷凝器中的直接吸收冷却提供了第二级制冷。输入的 S′原料先在热交换器 HX-1 中被来自融冰槽（W）的融冰冷却，接下来输送至 HX-2 中被 NaCl 水溶液冷却，之后进入吸收器—冷凝器下室中的旋转喷头。冷却的 S′接下来被送至融冰槽生产制冷效应，使冰晶附着在腔壁上。从吸收器出来冷却的 LiBr 稀溶液送至 VRA 继续浓缩，之后变为 LiBr 浓溶液再返回吸收器—冷凝器的喷头。

融冰槽与浮选槽类似，旋转分离器将 S′母液中的冰移除，形成浓缩的糖浆。蒸汽喷射制冷喷嘴出来的蒸汽被分配到 3 个减压阀（PRV）。通过减压后的底压蒸汽将分别进入蒸馏塔、融冰槽（熔融洗涤器）以及溴化器发生器。通过这些过程蒸汽中的水蒸气将得到去除。余热从融冰槽中出来并在进入 HX-3 之前会与水蒸气进行结合。在 HX-3 中，蒸汽被冷冻的糖浆冷凝浓缩之后形成另一种产品纯净水。

如图 25-5 所示，系统利用 CGT 的排气经余热锅炉（HRSG）生产 125pisg 蒸汽，结合图 25-6 中建议的新式蒸汽喷射制冷、冷冻浓缩和蒸汽再压缩吸收器（VRA），完成脱水的过程。这一过程的能耗约为 144Btu/lbm，替代了图 25-3 中所示的目前能源集中型蒸发器，对

S′进行浓缩消耗了约 970Btu/lbm 的能量。因此，脱水过程节省了 826Btu/lbm 的能源。而这一节约总量相当于 S′在浓缩之前在常规干燥器内与 DDG 结合生成高能量副产品 DDGS 所消耗的化石燃料能源。

25.9　玉米乙醇工艺的一些改进

图 25-6 说明了之前提到的，从与 HRSG 连接开始，将 125pisg 的蒸汽供应至蒸汽喷射制冷的射流喷嘴，来维持蒸汽闪蒸罐中低温氯化钠溶液循环，再通过泵 P-1 为吸收器—冷凝器 A（回路♯6）和热交换器 HX-2（回路♯5）提供氯化钠溶液。

从上述蒸汽射流喷嘴出来的蒸汽送入 15pisg 和 5pisg 的减压阀（PRV）站，为下游精馏塔中生产乙醇提供热能，为 VRA 发生器中 LiBr 稀溶液的浓缩提供能量（见图 25-7），供吸收器—冷凝器使用。DDG 固体和液体 S′在离心机内分离之后，剩下的是 S 稀溶液（即 S′）作为原料先后通过 HX-1 和 HX-2，然后经底部旋转喷雾进入吸收器—冷凝器，再用泵 P-4 将其送入融冰槽的底部，如图 25-6 所示。

融冰槽包括一个圆形导流管将溶液引至外壳及垂直处理的洗涤装置，当溶液达到浮选水平线后，则会排出流态冰产物。融冰槽还包括一个凸缘或围堰，电动机带动的分离器在上面水平运行，使在表面积累的流态冰放射型排出。一个圆形外壳从顶部罩住筒体，形成了一个环形的融化腔，废热产生的蒸汽通入其中将冰融化为净化的水。

接下来泵 P-6 将融化的产物用逆流的方式通过管壳式热交换器 HX-1，用以冷却泵 P-9 输入的稀 S′溶液原料，同时提升了出口融化产物的温度。多余的蒸汽（回路♯10）和 LiBr 发生器中出来的蒸汽混合先送入冷凝换热器 HX-3，和来自融冰槽的融化水混合成为纯净的水。水接下来返回蒸馏塔（通过回路♯21）（逆流）和蒸发器，如图 25-6 所示。

浓缩的 S 溶液通过泵 P-5（回路♯9）的作用离开融冰槽，送至冷凝器 HX-3 用以冷凝射流喷嘴多余的蒸汽（回路♯10）和 LiBr 发生器中产生的蒸汽（回路♯9）；副产物 S 和产物水排出 HX-3 换热器。

再次参照图 25-6，我们注意到吸收器—冷凝器拥有一级 NaCl 溶液和二级 LiBr 溶液，分别包括回路♯6、♯2 和♯3。后者用来降低 S′原料的温度，并通过结晶和以下游融冰槽中（通过电动分离器）薄融冰（回路♯8）的形式促进水的分离，射流喷嘴多余的蒸汽和 LiBr 发生器中产生的蒸汽（回路♯10、♯2、♯3）相混合，与浓缩的 S 溶液（回路♯9）一起送入冷凝换热器 HX-3，并以产物水的形式排出。如图 25-6 所示副产品 S 也同样排出 HX-3 换热器，并按图 25-4 中所述被后续加工。

图 25-7 给出了循环 VRA 机组的横断面，该机组由两个不同的腔室组成：

① 一个在 VRA 高压力下运行。

② 一个以吸收器—冷凝器的中间压力运行（如图 25-6 所示）。

在 VRA 高压室内完成吸收过程，在中间压力的腔室内完成解吸附过程。两个腔室由传热表面分隔。一台用于增压的变速离心式压缩机由电机驱动并连接着两个腔室和同心墙，维持 COP 约为 1.2 所需的压差。

从外部蒸汽加热的 LiBr 发生器中输出的 LiBr 浓溶液（回路♯11），在 VRA 高压室喷向

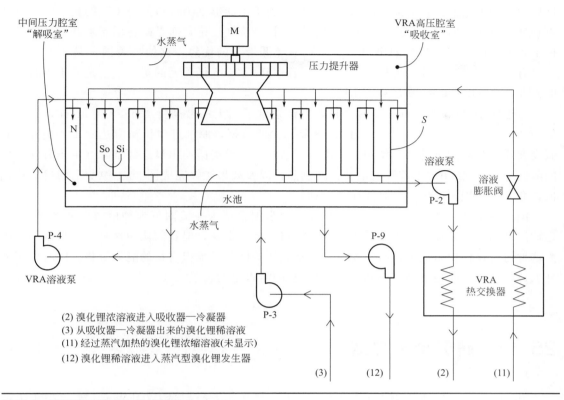

图25-7　蒸汽再压缩吸收器流程图

其传热面内侧（Si）。同时泵 P-3 将回路♯3 中的稀溶液送入 VRA 的中间压力腔室，再经 VRA 液泵喷向传热面外侧（So）。LiBr 浓溶液在泵 P-8 的作用下经回路♯2 返回到吸收器—冷凝器的喷雾嘴中。利用之前提到连接两个腔室的蒸汽制冷压缩机产生的温差使冷剂水在腔室中蒸发。蒸发得到在中间压力下的冷剂蒸汽经过压缩机的入口侧，从回路♯11 直接送至 VRA 高压腔室的内表面（Si），被从 LiBr 发生器来的浓溶液吸收，再通过泵 P-9 经回路♯12 返回 LiBr 发生器进行稀溶液再生。LiBr 发生器蒸发后，产生的蒸汽与来自融冰槽的过量蒸汽混合，通过回路♯10 先在换热器 HX-3 中冷凝，然后作为产物水排出，如图 25-6 所示。

　　如图 25-7 所示，剩余的 LiBr 浓溶液在离开 VRA 之前，在一个较高的温度和浓度下被槽上的共用汇管收集，在中压下通过泵 P-8 经回路♯2 送出 VRA。在图 25-7 给出的部分冷冻浓缩循环中，Lodovisi 等人提出所需的 VRA 在为了完善组合蒸汽喷射制冷、冷冻浓缩循环，需要作为第二级 LiBr 吸收式制冷热泵/再生器时运行。如图 25-4 所示，其目的在于减少离心机浓缩母液 S′时对蒸发器的需求，和减少在 S 和 DDG 重组之前对蒸发器的需求。

25.10　美国的贸易差额问题

2008 年 3 月 12 日，华尔街日报报道了一篇题为"美国贸易逆差一月份小幅上涨：由于进口油价的不断上涨，目前美国出口贸易已经到了不能够抵消进口的地步"的文章。文章并没有从正反两方面对乙醇连续扩张的可行性进行经济性讨论，而是阐述不断攀升的油价抵消掉了我们理解的因"强劲的出口"美元汇率降低带来的优势，这使得美国贸易差额不断增长。有趣的是进口原油的价格在 2009 年一月达到了 3.95 亿美元的纪录，这是基于当时记录的原油价格 84.9 美元/桶计算得出的。

将近四个月后的 2009 年 5 月 9 日，原油达到了当天的最高价 126.20 美元/桶，比一月份的"记录"高了约 50%。但基于 2008 年预测的数据，原油进口价格应达到 150 美元/桶。假设在需求和高油价的综合作用下，进口额增加；假设美国的出口总额下降（由于海外市场的限制），那么使用玉米乙醇汽油替代油制品，以及如果能够完成图 25-1 中所示的目标比例值，会为整个美国的发展带来实质性的利好。

国会近期要求削减美国乙醇产量目标，因为国会认为在美国玉米种植效率和产量增长、运输能耗增长的前提下，预期世界粮食价格将会持续走高，但我们认为这是缺乏根据的。因为这种讨论仅仅使石油出口国家受益，但却会让美国公民承担增长的能源价格，同时由于海外人口的增长（变得更加富有），人类对粮食的需求也增长了。

25.11 研究结果总结

Shapouri 等人报告称干磨工艺中生产 1 加仑的玉米乙醇需要 $1.09 kW \cdot h$ 或 34700Btu 的电力供应。在图 25-5 中展示了装有一台 3.5MW CGT 的分布式能源站的系统图，该系统提供了设想的研究案例所需的电能。依靠同步发电机保证了设定的 3211 加仑/h 的乙醇生产率。从表 25-1 中我们注意到目前乙醇生产所需的能量为 47111Btu/加仑，这些能量中包括了通过图 25-3 所示的干磨工艺输入的电和主要热能。利用这个数据，我们能够从表 25-3 中（47111－34700＝12411Btu/加仑）单独计算出主要热能的量，或按乙醇 80% 转化效率得出的 NG 等效输入量为 16.3ft³/加仑。

参考 Sheriff 等人的研究结果，我们能够使用公布的数据估算图 25-5 和图 25-6 中所示的蒸汽射流喷嘴的性能。再次参照图 25-5，在额定设计工况下，CTG 的排气温度为 835℉，流量速度为 149600lbm/h。排气在余热锅炉热交换器中经过热交换制得压力为 125psig、流量为 17500lbm/h、焓为 1220Btu/lbm 的蒸汽。未被回收的废热温度降低至 350℉，并经烟囱排放至大气。接下来，17500lbm/h 的蒸汽经过首次提取后，流量速度降为 15700lbm/h。这一流量的蒸汽在精馏塔中经过减压后，压力降为 15pisg。减压直接节约了 4767Btu/加仑的乙醇。提取后，剩下的流量为 1800lbm/h、压力为 125psig（或者 80 巴）、温度为 374℉（190℃）的新鲜蒸汽通过蒸汽射流喷嘴达到维持 NaCl 制冷蒸发要求的蒸汽压力。在排出之前，各蒸汽流按图 25-5 所示进入各自的减压阀，再如图 25-6 所示为冷冻浓缩融冰槽（W）、相关的 VRA 设备和 LiBr 发生器的运行供热。

如图 25-6 所示，融冰槽（W）多余蒸汽和 LiBr 发生器中产生的蒸汽在换热器 HX-3 中冷凝，该换热器在 ISJR/FCS 制冷循环中起到蒸汽喷射式冷凝器的作用，该循环设计 COP 值为 0.8，使 NaCl 盐溶液维持在设计条件下工作。

全国平均	
年 CO_2 减排量/lb	24906202
年 CO_2 减排率/%	19
东北部平均	
年 CO_2 减排量/lb	8175425
年 CO_2 减排率/%	8
西部平均	
年 CO_2 减排量/lb	15492846
年 CO_2 减排率/%	14

表 25-3　3.5MW CHP 系统与 EPGS 系统 CO_2 减排量对比

生产流程	每加仑的净能量值
玉米生产/Btu	12457
玉米运输/Btu	1411
乙醇转化/Btu	15974
乙醇分配/Btu	1467
总能耗/Btu	31309
净能量值/Btu	44691
能量比	2.43

表 25-4　生产副产品 DDGS 和节能 11285Btu/加仑的干磨工艺能量利用分布

为了降低当前干磨工艺生产乙醇所需的 NG 热能，可以通过 ISJR/FCS 利用废热来替代 S′蒸发器，这样能够额外节省 1800lbm/h×（975－144）的能量，转化为每加仑乙醇节省 465Btu 能量的 NG（见图 25-5）。接下来，系统使用 15700lbm/h 的废热蒸汽驱动精馏塔运行，又能节省额外的 4767Btu/加仑乙醇，所以每加仑乙醇共节能 5232Btu。此外，由于环境保护署（EPA）的数据是根据全国平均 EPGS 能耗水平计算得出的，要比图 25-5 所示的传统 CHP 系统多消耗 19% 的 NG，基于乙醇标准能量为 76000Btu/加仑得出的能量比，使如图 25-5 所示的传统 CGT 驱动的用户端 CHP 系统电力热当量从 34700 降至 28107Btu/加仑乙醇，相当于节约了 6539Btu/加仑乙醇的能源量，如表 25-4 所示，总节能量达到 11835Btu/加仑乙醇。

接下来比较表 25-4 和表 25-2 中的能量比，我们可以注意到两表中各自的数值有相当大的差别，所反映的 37.3% 的增加量应归功于所提议改进的 ISJR/FCS 干磨工艺。

最终我们能够由之前得到的节能量估算出年运行费用节约量，进而推断出包括了估算的 ISJR/FC 系统额外成本（减去蒸发器成本）（如图 25-3、图 25-5、图 25-7 所示）在内的 CHP 系统，总计 700 万美元初投资所需的回收年限。假设现有的天然气燃烧设备换热效率为 80%，变为由废热蒸汽供热，则能够节省 5232/950（低位热值 LHV）Btu/ft³ NG×0.8＝6.88ft³/gallon·h 的天然气（NG）；以 NG 价格为 \$10/1000ft³ 计算基础，玉米乙醇生产速度为 3211 加仑/h，如果每年运行 7200h，那么我们可以估算出提议的 ISJR/FCS 年运行费用将会节约 1590800 美元，如果实施建议的干磨工艺加强方案，那么该方案的初投资回收期需要 4.4 年。

25.12　CHP 和 EPGS 系统的环境影响对比

从表 25-5 看出传统 CGT 驱动的 CHP 系统（见图 25-5）比相应的 EPGS 系统 CO_2 排放量要少 20％。此外，表 25-5 还说明这样的 CHP 系统要比相应的 EPGS 系统少排放多达 37％的 NO_x。这些结果是利用 EPA 的 eGRID 2006 中给出的 2004 年发电厂排放数据计算得出的。由于不同地区的发电技术、燃料类型和工厂年龄都不尽相同，计算结果包括了对美国西部、美国东北部和全国平均数据的对比。

全国平均	
年 NO_x 减排量/lb	60473
年 NO_x 减排率/%	37
东北部平均	
年 NO_x 减排量/lb	20614
年 NO_x 减排率/%	20
西部平均	
年 NO_x 减排量/lb	42787
年 NO_x 减排率/%	31

表 25-5　3.5MW CHP 系统与 EPGS 系统 NO_x 减排量对比

Shapouri 等人的报告同样提出了 2001 年不带副产品能耗的干磨工艺分布式能源能量比为 1.10，而同样的干磨工艺带有副产品能耗时的能量比为 1.77。所以使用混合 ISJR/FCS 工艺带来的直接利益为降低了[(2.43－1.77)/1.77]的能量比或 37％的生产用能。如果使用这种工艺，那么能够提高现有干磨工艺乙醇生产的经济性。这将导致人们对以下问题的关注：即乙醇汽油能否在较低的玉米成本价格以及没有政府补贴的前提下代替精炼汽油。同样，人们关心的问题还有：国会正在讨论以价格因素为考虑基础，是否应该实质性的对乙醇产量进行削减。

25.13　结论

如果玉米乙醇汽油的年产量增长能够符合图 25-1 中化石燃料替代率的预期，那么该行业的发展必须在经济性和环境方面是可持续的，并且要遵循之前提到的 2007 年 12 月布什总统签署的由国会提出新的能源法案中的要求。

但很显然在玉米乙醇工业贸易集团和生产者、拥有司法权的州和联邦官方设计、政府政策专业人员、知识渊博的工程师、科学家、种植者、农业和工程学者看来，事实发展并非如此。

同样重要的是能源专家和政策专家的观点必须达成一致，这样才能使消费者以 Btu/加仑和 km/加仑为基础在对商业乙醇和加油站的汽油成本进行对比以后获得能源节省。同样重要的还有环境专家和经济学专家必须在下述观点上达成一致：即随着玉米乙醇产能的提升，美国的环境不会发生不可逆转的问题，并且所有相关的 GHG 排放也不会随之增加；其次由于玉米乙醇产能的提升，美国粮食消费者的成本、以玉米为原料的食品和牲畜饲料也不会受到负面的影响。

在对当今干磨工艺生产乙醇的技术、可用的乙醇生产能源利用统计资料、研究和相关 GHG 排放进行论述后可以得出结论，如果用户端 CHP 系统和图 25-5 所示的干磨乙醇生产工艺结合后在经济性方面是可行的，那么投资成本、年能耗节约量和相关的 GHG 减排量显然会降低。也就是说，假设 CHP 系统可以全天运行，以余热利用替代一次能源的使用，那么可以显著地减少温室气体的排放。

所以按照上述标准我们假设：在年运行效率为 75％～80％的蒸汽 EPGS 锅炉内，生产乙醇的单位能耗要分别消耗 4.9～4.6Btu 的天然气。最终通过对 CGT 的废热进行双重利用——产生的蒸汽和用提议的 ISJR/FCS 浓缩替代现有的蒸发器，理论上用提议的冷冻工艺除去一磅的水比传统的直燃蒸发器的方法在耗能上要节约近 85％。

目前行业内的共识为：现有的发电站的年平均热效率为 30％，而 CHP 系统的燃料利用和设备运行效率为 75％～80％。

更进一步分析，考虑年平均 10％的电力输送损耗和 9％的天然气输送损耗后，EPGS 燃烧燃气用量和 GHG 排放量分别是用户端 CHP 系统以 75％～80％年运行效率运行时产生的排放量的 5.4～5.1 倍。

如果美国市场也像欧洲一样实行碳排放"总量管制与交易"等政策，即使电价与气价上涨，那么增加的"CHP"的投资成本分摊的时间将会有希望大幅度下降。碳交易市场规模近年来增长迅速。例如，2005 年碳交易市场规模预估为 150 亿美元，2006 年预计增长至 350 亿美元，最近预估的 2007 年碳交易市值将达到 620 亿美元。

目前国会正在探讨碳排放与交易实施方法，"碳交易机制"将会根据现有设备运行条件建立一个年 GHG 排放"上限"，如果企业的碳排放量超出这个上限的话，那么就要向另一家经过减排改造后降低了 GHG 排放量的工厂购买经核证的"排放量"。购买方式为直接购买或者通过代理购买。因此，如果国会通过了这项草案，在美国实施一个相似的"碳排放与交易"政策，那么采用了相似或等价的 GHG 减排措施的乙醇生产厂家就能够向其他公司出售其"GHG 减排量"，进而抵消增加的 CHP 和 ISJR/FCS 系统资本投资。

石油输出国组织（OPEC）并不倾向于在现有产量下增加原油产量。OPEC 在 47 年前的成立之初，仅是名义上的行业联盟。原油价格在 1999 年达到了 110 美元/桶，1997～1998 年亚洲经济危机导致石油需求量降低，但是石油国的石油供应量并没有对此进行调整。因此，沙特阿拉伯决定会见其他主要石油生产国，并就大幅降低产量达成协议，以此来避免未来石油收入暴跌。自此 OPEC 才成为真正意义上的石油国家联盟。

原油进口占我们年能源消费量的 60％，如果不扩大乙醇生产规模和实施类似的碳排放与交易政策来降低对原油进口的依赖，这将会使我们的经济变得萧条，最终降低人们的生活水平。OPEC 通过供应量和价格控制世界原油市场已经成为事实。受制于地缘政治，我们应对原油供应问题进行考虑。在此背景下，我们当前乙醇津贴方面的效益成本和汽油对乙醇每公里净能量成本比较等问题都开始发挥作用。

综上所述，我们必须扩大来自玉米的乙醇汽油生产能力，这样可以将生产能耗和相关 GHG 排放降至预计水平。

关于 EPGS 的 GHG 和 NO_x 减排方面的相关环境影响，我们能够从图 25-5 中看出，3.5MW 的 CHP 能够降低 EPGS 8%～14%的 CO_2 排放量，而该减排的全国平均值为 19%（见表 25-3）；另外 CHP 还能降低 EPGS 20%～37%的 NO_x 排放量（见表 25-5），这是根据产能为 2.3 千万加仑/a 的干磨乙醇生产工厂的数据计算得出的结论。

25.14　术语表

C　品质因数的可用性

R　效率比

希腊字母

ΔE　能量变化

η　效率

下标

Ⅰ　第一定律

Ⅱ　第二定律

1　供应的；流程 1

2　有用的；流程 2

参 考 文 献

[1]　U. S. Patent 6，050，083，2000，"Gas Turbine and Steam Turbine Powered Chiller System."

[2]　Meckler，M.，Hyman，L. B.，and Landis，K.，2007，"Designing Sustainable On-Site CHP Systems," ASHRAE Transactions，American Society of Heating，Refrigerating and Air-Conditioning Engineers，Atlanta，GA，Paper No. DA-07-009.

[3]　Meckler，M.，1997，"Cool Prescription：Hybrid Cogen/Ice-Storage Plant Offers an Energy Efficient Remedy for a Toledo，Ohio Hospital/Office Complex," Consulting-Specifying Engineer.

[4]　Meckler，M.，2002，"BCHP Design for Dual Phase Medical Complex," Applied Thermal Engineering，22（5），pp. 535-543.

[5]　Meckler，M.，and Hyman，L.，2005，"Thermal Tracking CHP and Gas Cooling," Engineered Systems，May.

[6]　Butler，C. H.，1984，Cogeneration Engineering，Design，Financing，and Regulatory Compliance，McGraw-Hill，New York，NY.

[7]　Orlando，J. A.，1996，Cogeneration Design Guide，American Society of Heating，Refrigerating and Air-Conditioning Engineers，Atlanta，GA.

[8]　Payne，F. W.，1997，Cogeneration Management Reference Guide，Fairmont Press，Lilburn，GA.

[9]　Berry，J. B.，Mardiat，E.，Schwass，R.，Braddock，C.，and Clark，E.，2004，"Innovative On-Site Integrated Energy System Tested," Proc. World Renewable Energy Congress VIII，Denver，CO.

[10]　Meckler，M，Hyman，L. B.，and Landis，K.，2008，"Comparing the Eco-Footprint of On-Site CHP vs. EPGS Systems Forthcoming," Proc. Energy Sustainability ES2008，American Society of Mechanical Engineers，Paper No. ES2008-54241.

[11]　Wall Street Journal，2008，"Focus on Ethanol：CERAWEEK 2008 (Cambridge Energy Research Associates Inc.)，"

February.

[12] Shapouri, H., Duffield, J., McAloon, and A. Wang, M., 2004, "The 2001 Net Energy Balance of Corn-Ethanol," U. S. Department of Agriculture.

[13] Pimentel, D., 2003, "Ethanol Fuels: Energy Balance, Economics, and Environmental Impacts are Negative," Natural Resources Research, 12 (2), pp. 127-134.

[14] Gytfopoulos, E. D., and Widmer, T. F., 1980, "Availability Analysis: The Combined Energy and Entropy Balance," in: Thermodynamics: Second Law Analysis, R. A. Gaggioli (ed.) American Chemical Society (ACS), ACS Symposium Series 122.

[15] Petit, P. J., and Gaggioli, R. A., 1980, "Second Law Procedures for Evaluating Processes," in: Thermodynamics: Second Law Analysis, R. A. Gaggioli (ed.) American Chemical Society (ACS) ACS Symposium Series 122.

[16] U. S. Patent 5, 816, 070, 1998, "Enhanced Lithium Bromide Absorption Cycle Water Vapor Recompression Absorber."

[17] Graboski, M. S., 2002, Fossil Energy Use in the Manufacturing of Corn Ethanol, Colorado School of Mines, Denver, CO.

[18] Ludovisi, D., Worek, W., and Meckler, M., 2006, "Improve Simulation of a Double-Effect Absorber Cooling System Operating at Elevated Vapor Compression Levels," HVAC&R, Vol. 12, Number 3, American Society of Heating, Refrigerating and Air-Conditioning Engineers, Atlanta, GA.

[19] Ludovisi, D., Worek, W., and Meckler, M., 2007, "VRA Enhancement of Two Stage LiBr Chiller Performance Improves Sustainability," Proc. Energy Sustainability ES2007, American Society of Mechanical Engineers, Paper No. ES2007-36109.

[20] Sherif, S. A., Goswami, D. Y., Mathur, G. D., Iyer, S. V., Davanagere, B. S., Natarajan, S., and Colacino, F., 1998, "A Feasibility Study of Steam-Jet Refrigeration," International Journal of Energy Research, 22 (15), pp. 1323-1336.

[21] Meckler, M., Ho, Son, 2008, "Integrate CHP to Improve Overall Corn Economics," Paper No. IMECE2008-66295, 2008 ASME International Mechanical Engineering Congress and Exposition, November, Boston, MA.

[22] Abboud, Leila, 2008, Wall Street Journal, "Economist Strikes Gold in Climate-Change Fight," March.

[23] Samuelson, R. J., 2008, "The Triumph of OPEC," Newsweek, March 17.

[24] Meckler, M., 2004, "Achieving Building Sustainability through Innovation," Engineered Systems, Jan. Troy, Michigan, MI: BNP Media.

[25] Meckler, M., 2003, "Planning in Uncertain Times," Industrial Engineer, 35 (6), pp. 45-51.

第26章

案例研究 8: 8. 5MW IRS CHP 工厂的节能措施分析

（Milton Meckler）

本章描述了位于长岛布鲁克海文镇的美国总务管理局（GSA）租给美国国税局（IRS）使用的面积为 522000ft² 、楼高 5 层的建筑能源应用备选方案及节能量的测量结果（ECMs）。美国国税局在全国范围内有很多这样区域性数据自动处理中心，但这是我们在进行能量管理系统（EMS）调查时发现的由分布式 CHP 系统供能的数据中心。

东北区 IRS 中心在最初调试时，该地区正处于"能源和燃料危机"之下，当地电力设施不能保证这一关键 GSA 设备电力的连续供应。因此，IRS 提出建设分布式能源系统，为满足全天的实时负荷需要并保障中心内复杂的电脑设备每天 24h 的电力供应安全。

Envirodyne 能源服务公司（EES）是 Envirodyne 公司（EI）的子公司，总部位于在加利福尼亚州的贝弗利希尔斯，负责管理和运行 8.5MW，3600 冷吨的 CHP 系统（由另一 EI 子公司设计）。该系统包含了 6 台 10 缸双燃料发动机驱动的同步发电机组，系统从内热机缸套水和排烟热交换器进行余热回收（见图 26-1）。CHP 能源站拥有三台电动制冷机和两台吸收式制冷机，还包括一个以天然气为燃料电机驱动的离心式冷水机组和辅助燃气锅炉。在对系统进行设计时，考虑并预留了使用辅助锅炉系统保障 100％ 系统的供热能力，此外还预留了 50％ 的制冷和空调供应能力。CHP 系统是当地公用电源应急能源需求的唯一来源，因此系统配备了三班运行人员，每周每天 24h 对系统持续进行监测。因此，接入系统的成本可以降到最低，而且不用牺牲整年的可靠性和正常服务需要为代价保障系统运行，同时避免了任何单独 CHP 设备发生潜在故障等问题。

接下来，当镇议会最初提议实施 ECM 项目时，EES 公司拥有独特的优势。因为它不仅拥有可以实施 CHP 系统设计和运行的公司（以及该公司的前任公司），而且还可以为整个

IRS 提供全天候运行和维护服务。此外，EES 还可以提供 IRS 能源配送系统的业务服务。总而言之，该公司具备的业务能力使得它可以承担较大的责任。

图26-1　10 缸双燃料发动机驱动的同步发电机组

最初节能系统将全部的 IRS 设备分为十个主要区域并针对 CHP 能源站进行了一些低成本改造。当地 EES 工作人员研究发现了大量低成本 ECM 节约案例并对其进行了评估。举例来说，调整温度控制器能够实现每年 9600MBtu 的节能量。增加门窗布局控制系统使 IRS 工作人员能够控制窗户的形状，进一步实现每年 40MBtu 的节能量，节能系统的投资成本较低，约为 10000 美元，EES 向镇议会指出该项投资可通过上述燃料消费量的降低实现快速回收。

EES 推荐和应用的 ECM 技术包括：

① 重置约 300 个 IRS 内部温度控制器的控制温度，从最初的 75℉ 调至 70℉；后来调至 68℉。预估节能量：9600MBtu/a。

② 从最初安装的 5000 个四灯座天花板吊灯中，每个吊灯去除两个 40kW 的荧光灯后仍然满足 IRS 工作人员工作所需的照明等级。预估节能量：32MBtu/a。

③ 在非工作时间关闭所有空闲办公区域的照明器材。预估节能量：15MBtu/a。

④ IRS 工作人员和到访者停车场内的近 65 个四灯座灯杆，每个都移除两盏 1000W 的汞蒸汽灯，仍然满足安全照明标准。预估节能量：1600MBtu/a。

⑤ 重置湿露点控制，从最初的 54℉ 设定值调至 60℉。预估节能量：19MBtu/a。

⑥ 关闭之前提到的停车场内的融雪设备，同时运行额外的发电机组来满足 1700kW 潜在的严寒天气的负荷。预估节能量：1900MBtu/a。

⑦ 在非工作时间关闭所有空气处理机组。预估节能量：3300MBtu/a。

为了评估以厂房为边界的 CHP 效率，以及寻求更好的节能途径，EES 工作人员对 CHP 内的所有设备和控制系统进行彻底检查。检查对象通常为运行了 2 年以上的 CHP 能源站。EES 运行人员针对每个 CHP 能源生产、控制和使用系统做类似检查。对 CHP 能源站的运行进行调整，通过检查、调整和再校准，对制冷机组和空调系统流动进行重新平衡。在评估整个 ECM 计划的效果时，EES 必须选择以一年为单位的对比时期进行比较，并且对 CHP 能源站和 IRS 办公室实施标准化能源使用情况监测。监测的数据包括天气、工作天数、能源站和 IRS 设备运行小时。CHP 能源站产能量应和 IRS 办公室的能源耗量保持一致。所以通过对一些随意选择的时间段和一年后对应的相同时间段内燃料消费量的比较，我们可计算出能源消费的减少量。比如说，按最冷月份即从 12 月 1 日～2 月 28 日这三个月时间段为基准，平均每月用电量确定为 1173333kW·h。在一年后的同样时间段内应用了上述的 ECM 系统，那么 12 月 1 日～2 月 28 日的三个月内平均每月用电量下降为 933333kW·h，用电量下降幅度约 20.5%。

在同样的基准时期，总燃料耗量为平均每月 255533 加仑；该值代表了燃油和天然气（NG）的使用量（天然气能量计算值为对等的燃料油能量价值）。在下一年中同样的时段内，包括 CHP 能源站在内的整个 IRS 设备平均每月的燃料消耗量只有 124755 加仑，因此系统的燃料成本减少了 51.2%。我们客户的燃料成本是根据之前签订的以固定成本为基础的 GSA 合同来决定的。在没有考虑上涨率的情况下，协议的燃料价格并不按照前一年的燃料油价格趋势而发生变化。

EES 内部工作人员通过比较每年标准化的年用能费用账单，证实了总能耗平均减少了 30%～40%。平均说来，IRS 设施的 CHP 系统设计运行效率为 65%～70% 之间。

系统采用保守的较低的 65% 效率运行带来的节能量使得系统对基础燃料的需求降低了 20%～25%。这部分节能量使用户端 CHP 能源站的年均总成本比从公用电网购电的年均总成本降低 40%。如果按照净能量的使用进行比较，这一成本差值则可达 60%。

在 EES 员工的努力之下，城市中心的客户用相对较低的初投资，得到了较大的节能收益并降低了能耗成本。无论是现在还是未来，CHP 业主及其经营者都应当对 CHP 系统的优势给予重视，尤其就目前来说，美国和世界上其他国家都进入了对电网整体可靠性和基础设施进行升级而面临的高成本运行的时代。

从上述案例中得出的一个重要经验便是如何减少应急能源年累计成本的方法，即使用可靠的分布式应急能源来替代大电网供电。

26.1 评估可靠应急能源系统的 CHP 方案

在过去的几年中，不仅对单个的电力用户，而且对国家和世界经济来说，电力供应的连续性变得越来越重要。同时，在负载过重和老化的电网中出现了如 2000 年芝加哥卢普区断电、2001 年加利福尼亚州轮流停电、2003 年东北部停电和欧洲 2003 年和 2006 年断电等事件，这使得公用电网维持电力连续性的信心受挫。为了在需要时能够保证电力供应，许多企业都通过建立用户端分布式发电设备来实现电力持续供应的目的。

26.2 考虑下列应急能源选项

不间断能源供应（UPS）对满足关键的计算机负荷、连续的工艺流程或对任何不允许运行中断的用电地区来讲都是至关重要的。UPS 能够保证电力在短期中断后到发电机再次投入运行期间内实行不间断供电。阀控式铅酸电池、湿式铅酸电池和旋转飞轮是 UPS 能源储存的常用方法。

在电网故障时间（备用发电机运行时间）小于 100h/a 的地区，电力用户通常选用往复式柴油发电机作为备用能源。由于其具有初投资低、维护费用低和燃料存储方便的优点，因此柴油发电机组用作备用能源是非常受欢迎的。由于备用能源设备的年运行次数较少，所以使用柴油就不会产生较高的能耗。此外，美国环保署的排放限制通常是比较宽松的。

天然气内燃机更适合作为如调峰或热电联产等小型应用中的原动机或连续发电机。同样功率大小的天然气发电机和柴油发电机进行比较，前者需要近两倍的活动部件运动行程，因此天然气内燃机的安装成本较高。此外现场还需要存储丙烷作为天然气管网供应出现事故时的后备能源。如果天然气发动机每年预计运行 2000h 以上，则其较低的燃料成本和排放量会弥补高建设成本和丙烷存储成本上的不足。

使用蒸汽、天然气或石油作为能源的涡轮发电机更适用于大型原动机或连续发电机。这种设备有相当大的总建设成本，但却是可靠的、紧凑的和噪声低的，且联产机组的排放等级也是相当低的。涡轮机的启动需要 30s 至几分钟，所以通常不适用于应急能源的应用。

由于低排放标准，未来燃料电池有希望得到应用；而较高的建设费用和运行费用使得它目前无法替代现有的往复式和涡轮机技术。当技术逐渐成熟后，成本也会相应降低。

此外，也可考虑安装 CHP 作为应急能源发电机，并通过长期运行来平衡高额的投资费用。一台发电机本身的热效率只有 20%～35%，但热电联供后，系统热效率能够达到 80% 或更高。一台效率为 30% 的发电机剩余 70% 的废热可以看作是一台由免费电力驱动的效率为 70% 的锅炉。一台原动机如果配有 $N+2$ 的冗余量，就能够达到传统发电机 UPS 系统的可靠性。

调峰是降低运行费用的另一种方法。一些公用电网提供其"可中断率"，用户需要启动其发电机并从公用配电系统分离。此外，一些公用部门利用更高的高峰负荷和分时电价，使用户在特殊的时间段内每天切换至发电机能拥有更高的经济性状态。

26.3 应用的标准和规范

在一个满足短期备用能源需求的 CHP 系统的设计阶段，设计者们需要考虑联邦、州和当地的要求，以及考虑合适的选址条件、备用需求和一些规范和标准中的规定。适用于指导发电机建造的标准规范包括但不限于下列所示：

① 文件 702，可选的备用系统，NFPA70。

② 文件445，发电机，NFPA70。

③ 标准TIA-942，数据中心的远程通信设施。

④ 文件517，卫生设施，NFPA70。

⑤ 文件701，法律规定的备用系统，NFPA70。

⑥ 文件705，互联电力生产来源。

⑦ 文件7020，应急系统。

相关电气问题的其他信息请参照第11章。

参 考 文 献

[1] Bearn，P.，2008，"EPO：Emergency Power，Pure Power (magazine)，" Winter/08. Mayer，J.，1974，"Saving Energy in an All-Fuel Plant，" Power，October.